ESTRUCTURAS GEODÉSICAS

Interpretando al cálculo vectorial como una herramienta necesaria en su construcción

Un libro pensado para ingenieros, arquitectos, constructores y público en general que deseen aventurarse a la investigación del mundo fascinante, de la construcción de domos geodésicos. Aquí encontrará definiciones fundamentales en la materia, sistemas de cálculo, criterios para su diseño a medida o la de su cliente. Y al final encontrará tablas completas para los tres sólidos platónicos más difundidos en la construcción de estas estructuras con una frecuencia particular (v=4).

DANIEL FERNANDO MOLINA GONZÁLEZ

ESTRUCTURAS GEODÉSICAS

(en español)

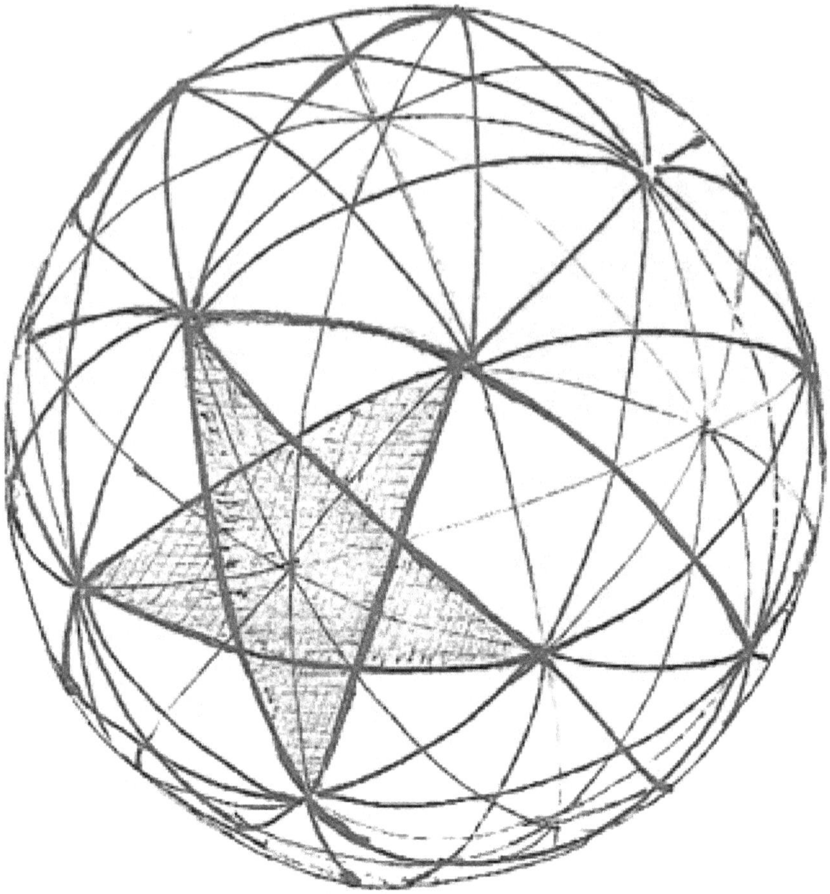

Interpretando al cálculo vectorial como una herramienta necesaria en su construcción

DANIEL FERNANDO MOLINA GONAZÁLEZ

Autor: Daniel Fernando Molina González
Texto e ilustraciones: Daniel Fernando Molina González
Ilustración portada: Juan Molina Galera

dfmolina@gmail.com

Primera edición

Impreso en España

Depósito legal: AL 2275-2024
I.S.B.N. 978-84-09-63850-5 (versión papel)
I.S.B.N. 978-84-09-65540-3 (versión digital)

Tabla de contenido

Prólogo

Por ser alguien cercano al escritor y después de haber compartido con Él, muchas horas de trabajo y proyectos, puedo expresar algunas consideraciones a modo resumen que seguramente orientarán al lector a incursionar en el contenido de este texto.
Está creado para todo aquel que quiera incursionar en el mundo de las estructuras geodésicas, sin distinción de profesiones u oficios. Se beneficiarán de este material, desde profesionales de ciencias exactas, diseñadores, profesores, arquitectos, ingenieros, ingeniosos, artistas, autodidactas, constructores, ensambladores hasta cualquier entidad o persona física que estén dispuestas a interactuar con estas figuras.
La obra es una valiosa y potente herramienta de diseño, cálculo y métodos de construcción de una de estas estructuras: el domo geodésico.
Como se aprecia, está redactada íntegramente en idioma español y tiene una historia justificante:

- Daniel (El Autor), es un Ingeniero apasionado del diseño mecánico y en varios de sus proyectos ha experimentado la dificultad y pérdida de tiempo a la hora de consultar bibliografía relacionada con esta disciplina, encontrando un frustrante vacío de material técnico en este idioma. Viéndose en la necesidad de recurrir a consultas en otras lenguas.

Debido a estas circunstancias, nace este tratado donde el autor (y su sensibilidad con lo expuesto), ha decidido ofrecer y compartir su labor de investigación y desarrollo con todo público interesado en este tema.
El libro comienza con algunas definiciones matemáticas, geométricas y físicas elementales: como la diferencia entre una línea geodésica y una línea recta, marcando la importancia de ambas. Se menciona el concepto de los sólidos platónicos, su identificación con código *Schläfli* y las dos leyes elementales relacionadas con ellos en forma geométrica y estructural (ley de *Euler* y ley de *Maxwell*).
El trabajo se ha ejecutado utilizando el álgebra vectorial para obtener las coordenadas de todos los puntos espaciales necesarios para vincular y armar dichos reticulados.
A efectos constructivos el lector tiene también la opción del uso de tablas incluidas en el texto, donde encontrará los valores ya calculados de cada punto de unión (coordenadas, ángulos, etc.) para una frecuencia específica.
Puede leerse también a modo de comentario, las diferentes estructuras factibles de diseño, los diversos usos posibles (industriales, comerciales, habitacionales, agropecuarios, recreacionales, etc...), lo amigables que son con la naturaleza y la importancia de ser unidades muy livianas y capaces de soportar grandes esfuerzos.
En resumen, además del cálculo y diseño, se da un gran abanico de posibles emplazamientos, augurando un gran futuro evolutivo de estos modelos.
Como conclusión: un excelente material para la biblioteca, la oficina, el taller y el terreno de trabajo.

Gracias Daniel por tan valiosa información.

Juan Molina Galera

CAPÍTULO 1

CONOCIENDO LAS ESTRUCTURAS GEODESICAS

INTRODUCCIÓN

En este texto, se describen algunos de los métodos usados en técnicas de construcción para estructuras geodésicas. Lo expuesto sobre estas técnicas de trabajo, surge de la lectura de reportes y libros de renombre internacional escritos en lengua inglesa[1].

La intención es ofrecer un material con los elementos básicos de este conocimiento, pero en idioma español y con algoritmos capaces de desarrollarse con el uso de herramientas domésticas como es el paquete Office (en este caso todos los cálculos y planillas presentadas están desarrolladas con Excel).

La intención es dar la posibilidad a muchas mentes ávidas de este saber, brillantes y de habla hispana, de introducirse con un texto amigable y en su lengua nativa; en este mundo tan fascinante.

Como introducción a tal mundo se comenta la primera gran característica de estas estructuras:

Por su forma, una estructura geodésica, es capaz de soportar grandes cargas, a través de miembros estructurales muy livianos y de baja sección transversal, en comparación con las grandes superficies que son capaces de cubrir.

Esto es porque su forma le permite hacer una distribución uniforme de todas las solicitaciones aplicadas sobre ella, sin la necesidad de instalar miembros interiores como apoyos o soportes intermedios. Su análisis estructural es fácil de resolver, dado que se lo puede considerar como una estructura reticular espacial que solo soporta cargas aplicadas en sus nudos. Este tipo de análisis facilita muchísimo los modos de cálculos.

Esta sorprendente y potente **Cualidad** de estas estructuras, es posible, debido a que su origen proviene de solidos con propiedades geométricas de simetría y reflexión únicas en la naturaleza y que le dan parte de estos atributos.

Esto crea espacios cubiertos con ***Excelente calidad de aire***, facilitando también el suministro de oxígeno y la circulación de la masa aérea de su interior. Creando además, condiciones de temperaturas más eficientes para el desarrollo de distintas formas de vida[2].

El desarrollo aquí mostrado, *habla del aspecto geométrico*, que posee la familia de los ***sólidos platónicos*** (los cuales tienen sus caras formadas por figuras geométricas regulares e iguales y lo mismo ocurre con sus vértices).

Para el desarrollo de este material, se han elegido solo tres de estos sólidos platónicos: **Tetraedro**, **Octaedro** e **Icosaedro**, cuyas caras están formadas por triángulos equiláteros[3].

Esta elección se sustenta en el hecho que estos solidos por naturaleza cumplen con la *ley de Maxwell* y es posible lograr la estabilidad estructural sin adicionar algún miembro (lado) a sus formas originales.
También facilita mucho la comprensión sobre cómo *subdividir las caras* del poliedro elegido y ver cómo resultan definidos los distintos tipos de grilla, retícula o tejado. Ahora bien en el inicio del desarrollo para la concepción de una estructura de este tipo se parte de la elección de un sólido platónico, seguido se realiza una subdivisión de los lados de una cara seleccionada previamente y se calculan las coordenadas, en algún sistema de referencia, de los puntos que resulten de tal subdivisión. El resultado definirá lo que más adelante se conoce como grilla, retícula o tejado.
El conjunto de todas las técnicas de subdivisión de los lados se hace habitualmente de dos formas[4]:
La primera técnica; consiste en tomar los lados de una cara del solido elegido y dividirlas en tantos segmentos iguales como se desee.

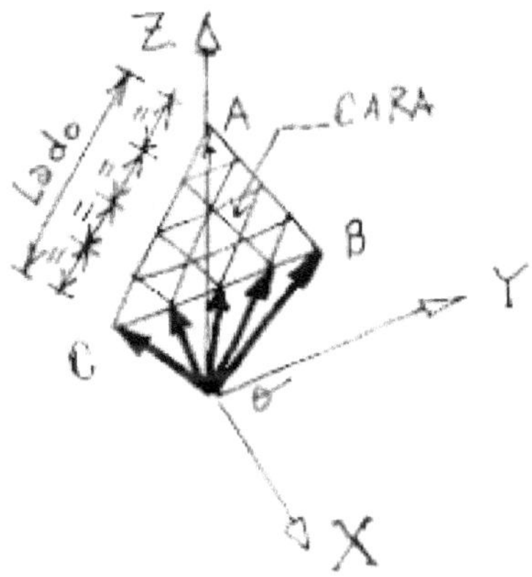

La segunda técnica, consiste en tomar el arco del sector definido por los extremos de cada lado del sólido, medido desde su centro de gravedad y dividirlos en tantos arcos de igual longitud como se desee.

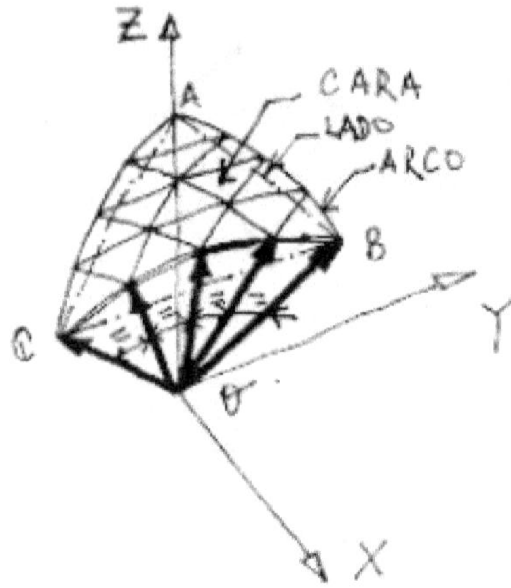

Este concepto matemático de divisiones infinitas, ya sea de lados como de arcos, en la práctica se reduce a un número que no suele pasar las 16 divisiones (que son muchísimas).
De todos modos las técnicas mostradas aquí funcionan para todas las divisiones que respeten la expresión 2^n, siendo n cualquier número natural.

Aplicando las *técnicas de subdivisión a los tres lados o arcos de una cara*, se obtiene una retícula o grilla formada por triángulos más pequeños. Luego con ayuda de álgebra se logra replicar esto sobre el resto de las caras del sólido y así completar la estructura deseada.

Aprender a subdividir de este modo los tres lados o arcos de las caras de los sólidos, proporciona una base firme para desarrollar otras técnicas de subdivisión con otros tipos de figuras geométricas distinta al triángulo.

Más adelante se verá que este concepto que contempla la cantidad de divisiones sobre los lados o arcos se denomina ***frecuencia*** (**v**) de la grilla.

APLICACIONES

Gracias a su forma, una estructura geodésica, ofrece la posibilidad de diseñar y construir ambientes donde sea posible desarrollar actividades de: vivienda, estudio, auditorio, sala de sonido, observatorios, "home office", laboratorios, talleres, hangares, recreación, "Green house", zoom de meditación, casa de mascotas, juguetes, tiendas de campaña, cultivos, receptores de biogás, acopio de material a granel, etc.

La viabilidad de estos proyectos permite además interactuar con el medio que nos rodea de un modo más armonioso donde su emplazamiento asegure un impacto ambiental menos ofensivo, con la naturaleza que los rodea.

El uso de *estructuras geodésicas* en espacios habitacionales tiene ventajas excepcionales desde el punto de vista del aprovechamiento de la energía, dado que si se quiere, permiten captarla de una forma y transformarla en otra; (en el caso del sol: de energía lumínica a energía eléctrica y térmica).

También permiten disponer interiormente de una buena oxigenación y calidad del aire, gracias a la excelente circulación que genera su diseño abovedado.

Otro aspecto a tener en cuenta es el ahorro notable en la cantidad de materiales empleados para su construcción, comparados con una construcción convencional. En ocasiones, hasta se pueden construir sin tabiques intermedios.

Estas asombrosas estructuras también distribuyen de un modo más uniforme los esfuerzos a sus cimentaciones, lo que lleva a la creación de vínculos con menor sección.

Cabe adicionar como característica notable de estas construcciones es que tienen la misma durabilidad que las convencionales, además de otras ventajas como por ejemplo, la de ser una vivienda totalmente desmontable y transportable, creando un nuevo concepto en el diseño de un espacio habitacional: ***Tu espacio de confort se mueve contigo.***

Por citar un ejemplo de este concepto, esto se ofreció a la vista de todo el mundo en el estadio 974 de QATAR (mundial de futbol masculino 2022). Este se desmonto y se transportó a otra parte del mundo para otra aplicación.

También es posible concebir estructuras de orientación a una dirección elegida previamente. Solo por citar alguno ejemplo:

a) Una vivienda que se oriente siempre al sol

Una correcta disposición de ventanas permitiría más horas de exposición solar y por consiguiente ahorros significativos en calefacción, uso de energía para iluminación, ambientes más cálidos y claros.

También es posible captar mayor cantidad de horas luz a través de mecanismos seguidores de la trayectoria del sol, con un sistema de rotación en la estructura posicionándola en todo momento con orientación hacia la fuente de energía.

Lo expuesto anteriormente es aplicable tanto para el uso en viviendas como para el ejemplo del siguiente punto.

b) Crear una huerta donde el agua puede ser escasa o no (la primera opción es la más desfavorable, pero la idea es aplicable a ambas situaciones). Esta se riega una única vez, en proporción a la superficie cubierta; después se autoalimenta a través de fotosíntesis, lo que permite aislarla del exterior el tiempo que sea necesario para el desarrollo del cultivo, captando así la mayor cantidad de energía y poder cumplir con su ciclo exitosamente.

El progreso en hábitat adaptable para especies vegetales de consumo humano con *auto ecosistema*, es muy importante para el desarrollo de una alimentación saludable y ecológica.

La alimentación saludable y ecológica sustentada en el uso de semillas no transgénicas, sumado al consumo de agua correctamente mineralizada, permite mejorar la conductividad eléctrica en los seres vivos. Esto hace que dichos cuerpos se vuelvan más alcalinos, es decir menos ácidos: un cuerpo no ácido reduce la generación de tumores y otros problemas que dificultan el buen vivir.

Construir con este tipo de estructuras, también tiene la ventaja de contener mayores volúmenes por superficie cubierta.

Esta es una visión elemental de quien escribe; hay otras personas que contemplan a estas estructuras como esenciales para realizar complejos habitacionales para nuestra especie, en caso de tener que ir a habitar otros mundos. Bajo este concepto hay cosas que escapan de la imaginación de quien redacta.

Lo que se leerá de aquí en adelante es el posicionamientos de puntos ordenados sobre la superficie de una esfera partiendo de sólidos encontrados en nuestra naturaleza como base para su desarrollo y que por mucho tiempo se estudian sus propiedades y cualidades y en base a lo descubierto se desarrollaron técnicas que llevaron a la concepción de lo que hoy se conoce con el nombre de estructuras geodésicas.

CAPÍTULO 2

ASPECTOS MATEMÁTICOS, GEOMÉTRICOS Y FÍSICOS

Se iniciará con ciertos aspectos matemáticos, geométricos y físicos básicos para abordar la concepción de las ***estructuras geodésicas*** y posterior uso en un módulo habitacional que se desee. Esta última posibilidad la llevará a cabo el lector, con las herramientas que se facilitan, en parte por este texto.

Con el empleo de solidos platónicos, como punto base y considerando a un subgrupo de ellos (los que tienen sus caras formadas por triángulos), se da una descripción de las técnicas necesarias para determinar los datos esenciales para la confección de una estructura de este tipo.

Dado que la intención es conectar puntos que se apoyan sobre una superficie esférica, en esta condición es necesario conocer cuáles son las líneas que unen dos puntos en el espacio contenido en tal superficie, (la de una esfera en este caso): la línea geodésica y la línea recta, es decir, la cuerda contenidas en un plano que pasa por el origen de un sistema de coordenadas y los puntos extremos que las definen:

LÍNEA GEODÉSICA

Por definición una <u>*línea geodésica*</u>: es la mínima distancia que se mide entre dos puntos en una superficie esférica (Ai), lo equivalente a una línea recta que une dos puntos en el plano.

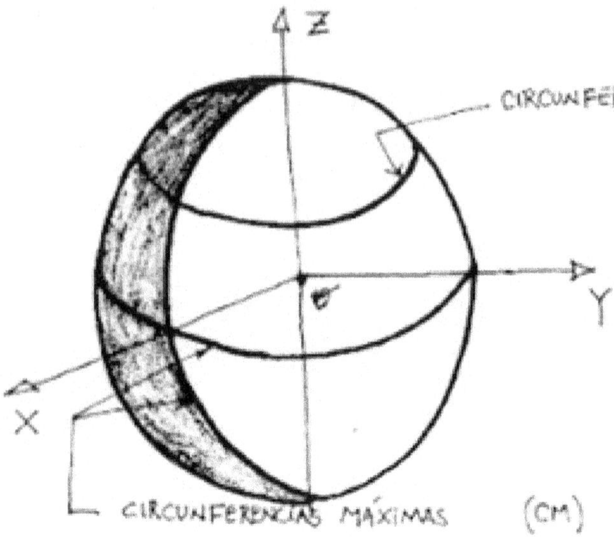

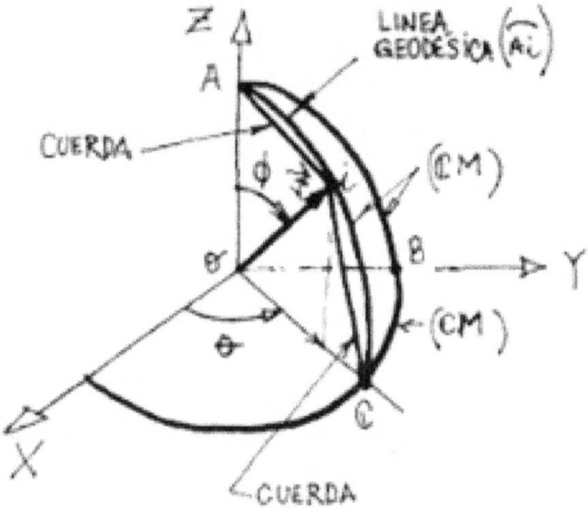

Con este concepto y con ayuda de la trigonometría esférica y el álgebra vectorial es posible diseñar y construir estructuras de <u>conectores curvos (ARCS FACTOR=AF)</u>, (tema que no se desarrollará en este escrito).

En adelante, la atención se centrará en lo que se conoce como domos geodésicos: estructuras de <u>conectores rectos (CHORD FACTOR=CF)</u>. En estas estructuras se unen los puntos correspondientes sobre la superficie esférica por medio de conectores, que tienen por longitud el valor de <u>*la cuerda*</u> que une esos puntos.

Dicho esto, se definirá lo que para este texto es el espacio inicial de trabajo.

SÓLIDOS PLATÓNICOS.

Son sólidos cuyas caras están formadas por figuras geométricas regulares e iguales entre sí, manteniendo sus ángulos iguales ***(tetraedro, cubo, octaedro, dodecaedro e icosaedro)***
Dentro de este grupo la atención se centrará en aquellos que sus caras están formadas originalmente por triángulos equiláteros ***(tetraedro, octaedro e icosaedro)***:

¿Por qué es de importancia definir a los sólidos platónicos?

Es importante dado que de sus vértices se obtienen una parte de esos puntos de la grilla, la cual a su vez se hará, a través, de una subdivisión de cada uno de sus lados.

¿Y cómo se identificará cada uno de esos puntos?

La manera que se hará en este texto, será a través del uso de vectores espaciales.

Al hablar de vectores, es necesario asociarlos a un sistema de coordenadas ortogonales.
Este sistema tendrá su origen en el centro de gravedad del sólido de trabajo, definiendo cada punto coordenado (vértice), con un radio vector, cuyo origen es el centro de gravedad del poliedro.

Una vez definidos e identificados todos los puntos necesarios, el paso siguiente será llevarlos a la superficie de una esfera de radio igual a uno.

¿Cómo es posible, que vectores de cualquier magnitud, lleguen a ubicarse en la superficie de una esfera de radio igual a la unidad?

Apoyándose en el álgebra vectorial y utilizando lo que se conoce como: proceso de **normalización de vectores**, es que se logra tal resultado.

NORMALIZACIÓN DE VECTORES

Al dividir un vector, cualquiera fuera éste, por su **módulo**, que no es más que es la longitud del segmento orientado que lo define y cual se define, como la raíz cuadrada de la suma de sus componentes al cuadrado: ($\sqrt{(x^2 + y^2 + z^2)}$), el resultado es un radio vector unitario. Es decir este nuevo vector tiene ahora una magnitud igual a uno.

Por ejemplo considérese un vector cualquiera, distinto de cero.

$\vec{U} = (x,y,z)$, entonces $|\vec{U}| = \sqrt{(x^2 + y^2 + z^2)}$ es su módulo y en consecuencia $\vec{u} = \frac{\vec{U}}{|\vec{U}|}$, será su vector unitario de magnitud igual a la unidad $|\vec{u}| = 1$.

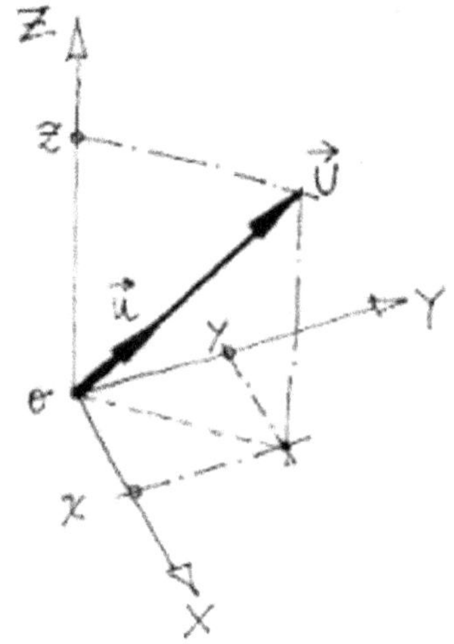

Este proceso de dividir a un vector por su **módulo** es lo que se conoce como **normalización de un vector**.

Aplicando esta técnica a cada vértice, lo que se logra es posicionar todos esos puntos sobre una esfera de radio igual a uno.

Con este sistema de trabajo, se busca solucionar dos aspectos fundamentales para un constructor/diseñador:

1st. El tratamiento de los puntos coordenados a través de vectores normalizados, agiliza el cálculo de ángulos necesarios para la confección de la estructura.

2nd. Obtener expresiones matemáticas generales que dependan de un solo parámetro constructivo: el radio de la estructura seleccionada.

También es verdad que el uso de vectores, permite trabajar con varios sistemas de coordenadas y así será más simple conmutar entre uno y otro. Según lo que se quiera calcular o mostrar.

SISTEMAS DE COORDENADAS

Definir un sistema de coordenadas en necesario, dado que se necesita una referencia, no solo para posicionar la estructura en el espacio, sino que también es importantísimo para medir y realizar cualquier tipo de comparación. Los sistemas más empleados habitualmente en este tipo de cálculo son los de: ***coordenadas rectangulares y coordenadas esféricas***[5].

En coordenadas rectangulares, cada punto queda definido por una terna: (x; y; z). Mientras, en coordenadas esféricas, todo punto se define por un radio ($r = \left\| \overrightarrow{oi} \right\|$ *), una única* ***colatitud (ϕ)*** *y un único* ***acimut (θ)***.

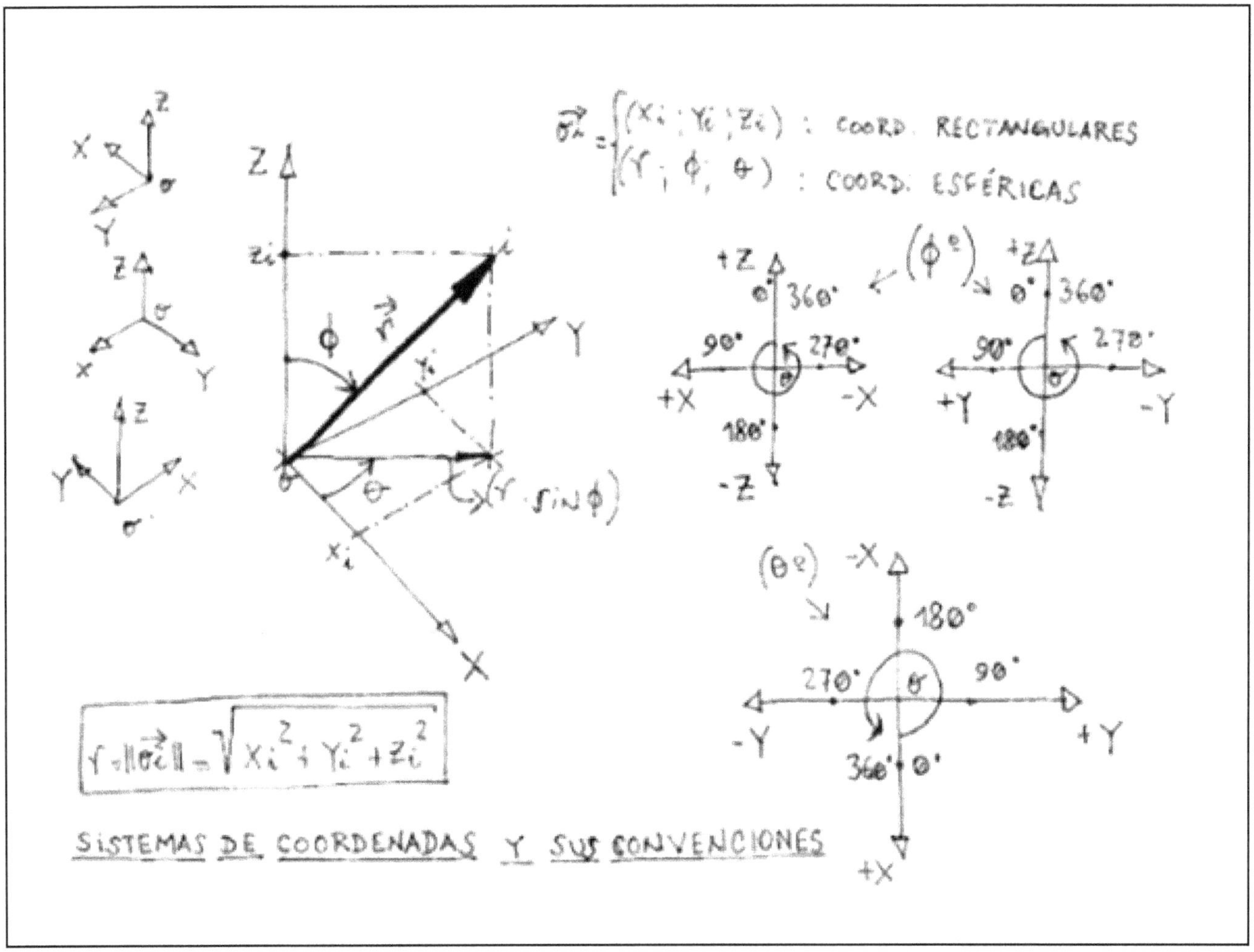

La relación que existe entre estos sistemas, lo muestran las expresiones de abajo:

$$x = r \times \sin\phi \times \cos\theta$$

$$y = r \times \sin\phi \times \sin\theta$$

$$z = r \times \cos\phi$$

$$\emptyset = \cos^{-1}(z)$$

x	y	θ
0	0	0°
+	0	0°
+	+	$\left[\tan^{-1}\left(\frac{y}{x}\right)\right]^{\circ}$
0	+	90°
-	+	$180° + \left[\tan^{-1}\left(\frac{y}{x}\right)\right]^{\circ}$
-	0	180°
-	-	$180° + \left[\tan^{-1}\left(\frac{y}{x}\right)\right]^{\circ}$
0	-	270°
+	-	$360° + \left[\tan^{-1}\left(\frac{y}{x}\right)\right]^{\circ}$

Esto es un punto de vital importancia, dado que las fórmulas serán generales y el tamaño real de todos los conectores, quedará definido, una vez que se asigne un radio específico para la estructura en diseño.

OTRAS PARTICULARIDADES DE LOS SÓLIDOS PLATÓNICOS

Dado que los sólidos que se describirán en esta parte, tiene sus caras en forma de triángulo (y las grillas quedan definidas por la misma figura), es necesario mencionar una propiedad del triángulo como elemento estructural, muy importante:

Conceptualmente una estructura formada por un triángulo cuyos nudos posean cierta elasticidad y que reciben cargas que se trasmiten a sus conectores, es una estructura indeformable, esto significa que la distancia entre sus extremos no cambia, asumiendo que no se superará el límite elástico del material que se use para su construcción y cumplan con la fórmula de estabilidad (que no ocurra pandeo global y/o local), según el caso en estudio.

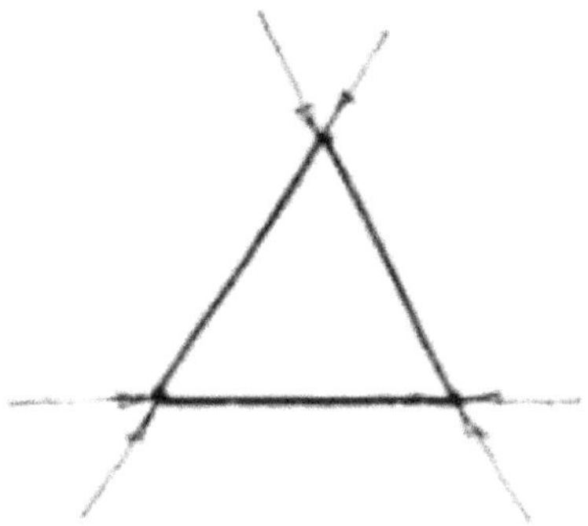

Se puede construir un poliedro (*sólido platónico* para este caso en estudio) con conectores estructurales rectos y cargados sobre su eje axial de manera que sean solicitados a tracción o a compresión. Sin posibilidad a otro esfuerzo en su alma (idealización empleada para simplificar los cálculos estructurales, que definirán la sección transversal de los conectores calculados).
En estos términos una versión espacial del triángulo es el tetraedro, considerándolo como la mínima célula estructural indeformable.

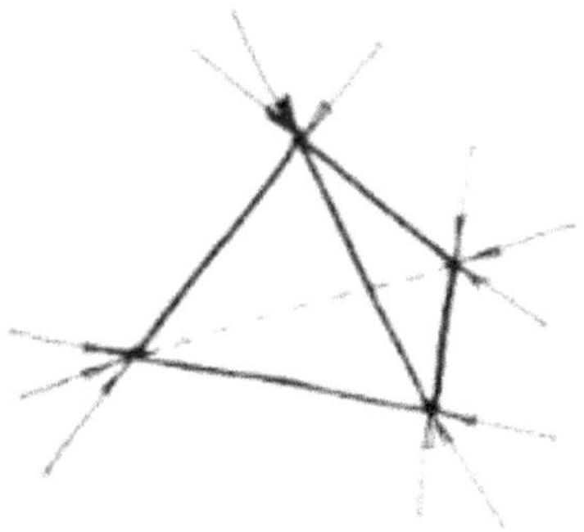

Para que una estructura con este tipo de uniones sea estable e indeformable, su condición geométrica lo obliga a tener al menos:

$$\boxed{3 * (V) - 6}$$

Conectores, donde (**V**) es el número de vértices y (**6**) la cantidad mínima de vínculos para fijar un punto en el espacio[6].
Para los casos en estudios, los sólidos seleccionados (por naturaleza) cumplen con esta fórmula, la que es conocida como: *fórmula de Maxwell*.

¡ATENCIÓN!

Una vez dispuestos a trabajar con otro tipo de subdivisión diferente al triángulo, ***es fundamental realizar ciertas configuraciones que aseguren el cumplimiento de la LEY DE MAXWELL para la estructura en su conjunto.***

Si esto no se cumple, la situación es CRÍTICA y GRAVE. Y ¡NO ES POSIBLE ASEGURAR LA ESTABILIDAD DE LA ESTRUCTURA!

No cumplir con este mínimo requisito puede llevar al diseño a un terreno catastrófico, con daños materiales y las pérdidas de vidas.

Y en simultáneo también cumplen con la de Euler, que es la fórmula fundamental para poliedros.
Euler expresa que: si al total de vértices (**V**) (en un poliedro) se le suma la cantidad de caras (**F**) que posee, el resultado es igual al total de sus lados (**E**) incrementado en dos. Es decir:

$$(V) + (F) = (E) + 2$$

Ver los resultados en el siguiente cuadro, donde se verifica lo escrito:

Nombre	Forma	Símbolo Schläfli (*)	Formula de Euler	Formula de Maxwell
TETRAEDRO	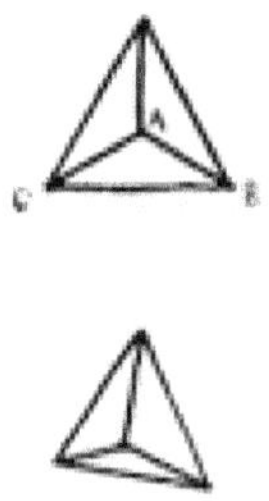	{3,3}	V=4; F=4; E=6 4+4=6+2	V=4 3*(4)-6= 6
OCTAEDRO	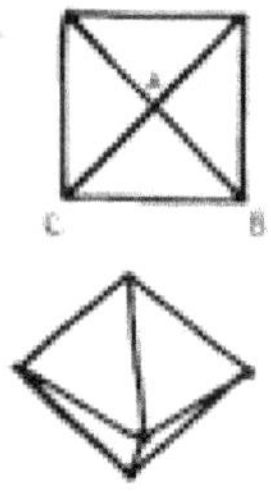	{3,4}	V=6; F=8; E=12 6+8=12+2	V=6 3*(6)-6= 12
ICOSAEDRO	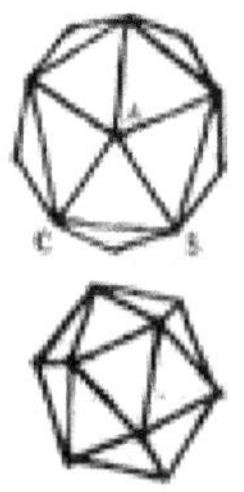	{3,5}	V=12; F=20; E=30 12+20=30+2	V=12 3*(12)-6= 30

(*): ***Símbolo Schläfli*: es similar a una codificación para los sólidos, dado que cada uno tiene su símbolo único**; expresando lo siguiente: *El primer índice nos dice el total de lados que tiene cada polígono regular que forma la cara del* *sólido y el segundo, la cantidad de lados que concurren en cada vértice*[7].

También cabe señalar los sólidos seleccionados, tienen asociada tres esferas[8]:

- ✓ *CIRCUMSCRIBING SPHERE o CIRCUMSPHERE (toca todos los vértices del poliedro analizado)*
- ✓ *INTERSPHERE o MIDSPHERE toca todos los puntos medios de todos los lados*
- ✓ *INSPHERE toca el baricentro de todas sus caras.*

Se deja una tabla con los valores relativos a cada circumsphere por sólido:

SÓLIDO	CIRCUMSCRIBING SPHERE o CIRCUMSPHERE	INTERSPHERE o MIDSPHERE	INSPHERE
TETRAEDRO	*1,73205080756888*/1,73205080756888 =1	*1*/1,73205080756888 =0,577350269189626	*0,577350269189626*/1,7320508075688 =0,333333333333333
OCTAEDRO	*1,4142135623731*/1,4142135623731 =1	*1*/1,4142135623731 =0,707106781186547	*0,816496580927726*/1,4142135623731 =0,577350269189626
ICOSAEDRO	*1,90211303281*/1,90211303281 =1	*1,618033989*/1,90211303281 =0,85065080839	*1,51152262831*/1,90211303281 =0,794654462463

Por tanto, si se normalizan todos los vectores de los elementos característicos de un poliedro (es decir, sus vértices y lados) se logrará que todos los vértices toquen la superficie de una esfera de radio igual a uno (esfera: **CIRCUMSPHERE=1)**. De este modo se obtiene un sólido platónico esférico. (También aplicable cuando los lados o conectores son curvos: *geodesia*).

Nombre	Forma sólido platónico esférico	Símbolo Schläfli
TETRAEDRO	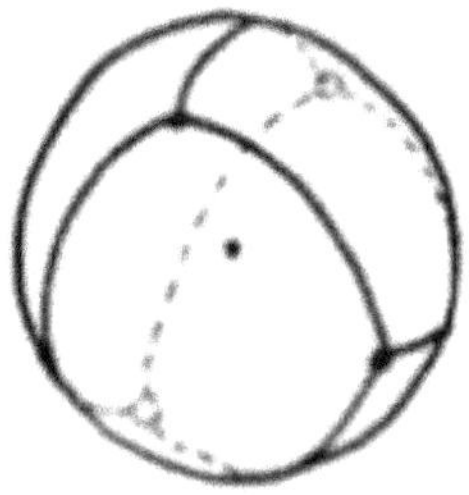	{3,3}
OCTAEDRO	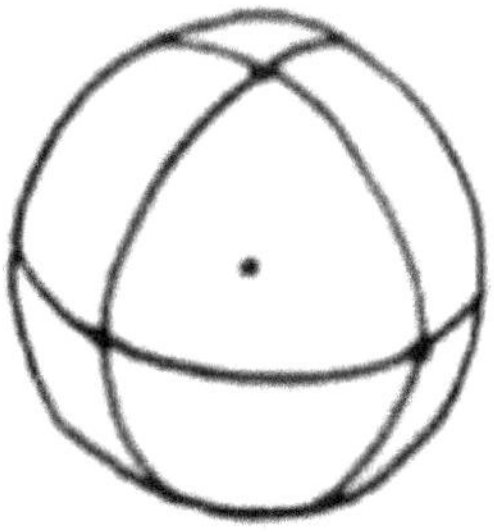	{3,4}
ICOSAEDRO	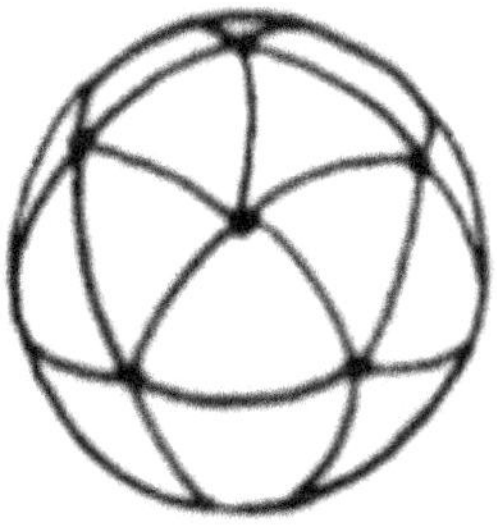	{3,5}

Este proceso será de ayuda a la confección de los métodos que permitan dividir cada cara de estos sólidos y lograr así una *estructura reticular espacial triangular* capaz de cubrir la esfera en su totalidad.
Es muy importante apuntar que los lados de estas caras (de sólidos esféricos) están formados por arcos de circunferencia principales máximas (es decir, que sus radios son igual al de la esfera de trabajo).

DENOMINACIONES HABITUALES EN LA CARA DE UN SÓLIDO

Es común que la cara elegida como espacio de trabajo se la conozca con el nombre de ***cara triangular principal del poliedro (PPT: Principal Polyhedral Triangle)***. Y un lado: ***lado principal (PS: Principal Side)***[9].

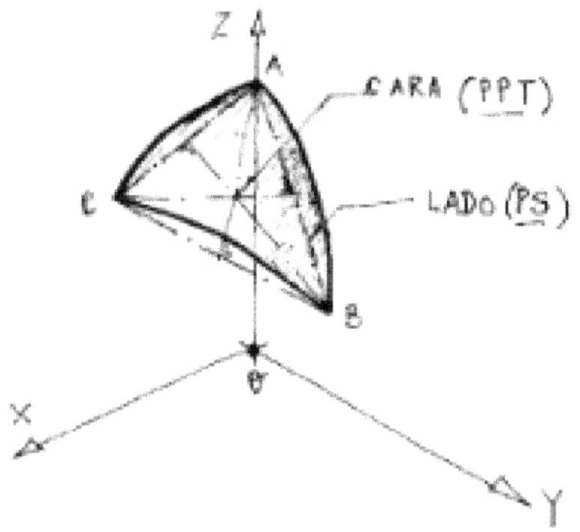

Sobre esta cara, se definen los tipos de grillas triangulares (*estructura reticular espacial triangular*), que son las empleadas para el diseño del tejado de la estructura

Por su parte, estas grillas se identifican según su orientación respecto a los lados del poliedro sólido o esférico que se subdivide, algunas pueden ser paralelas, perpendiculares o inclinadas[10].

FRECUENCIA (V)

Para desarrollar una grilla es necesario introducir un término conocido con el nombre de ***frecuencia (v)***; *ésta se define como el número de divisiones que se le aplica a un lado de la cara del sólido (y será la misma para el resto de los lados)* y es la que permite definir la red de puntos sobre la superficie de la esfera, que luego definirán el largo de los conectores: los Chord factor.

Abajo, en los dos gráficos se puede ver: a la izquierda, la división de cada lado y a la derecha cuando se unen dichos puntos como queda la grilla o tejado generados. En este ejemplo los lados se seccionaron en 4 (cuatro), entonces la grilla resultante es de frecuencia cuatro: ***v=4***.

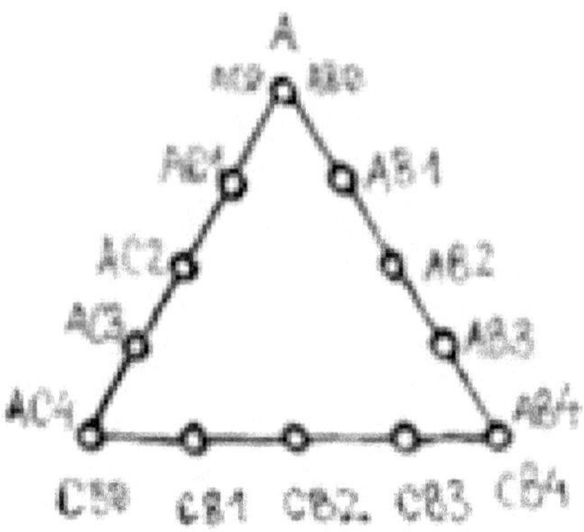

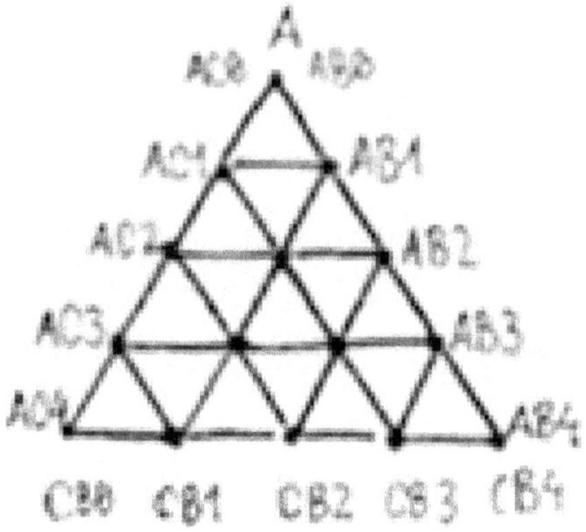

Con la introducción de este concepto, es posible trabajar con otro muy potente y utilizado en estos cálculos, el cual se define a continuación.

DESIGNACIÓN GEODÉSICA {P, Q+} B, C[11].

Se constituye por el símbolo Schläfli de cada poliedro y dos sub índices que sumados nos dan la frecuencia: **$\{p, q+\}_{b, c}$**. Estos sub índices, en función de los valores que puedan tomar, definirán la orientación de la grilla con respecto al lado (CB) . Nunca serán negativos y ambos no pueden ser cero.
El símbolo "+", indica que **q** se repite en los otros vértices del poliedro en estudio. Y **p**, dará la forma de la grilla (*triangular: p=3, siempre para lo que se desarrollará en este texto*).
Por esa razón, aquí, la designación geodésica será: **$\{3, q+\}_{b, c}$**. Y **q**, tomara tres posibles valores: ***3 para el tetraedro, 4 para el octaedro y 5 para el icosaedro,*** *que no es otra cosa que la valencia del vértice hacia las caras.*[12] En términos generales, esto se entiende como la cantidad de caras que convergen a un vértice.

Esta ***designación geodésica***, en términos de su utilidad, permite ver cosas como las siguientes:

I. La orientación de la grilla con respecto al lado base de subdivisión del poliedro (lado CB).
II. El total de conectores que llegan a un vértice
III. Establece el tipo de división de la grilla,
IV. La densidad de la grilla.

Ahora bien, haciendo uso de la designación geodésica, se puede decir que:

a) Si **b**=0, y **c** cualquier entero no negativo y distinto de cero, la grilla será paralela a los lados del sólido platónico.

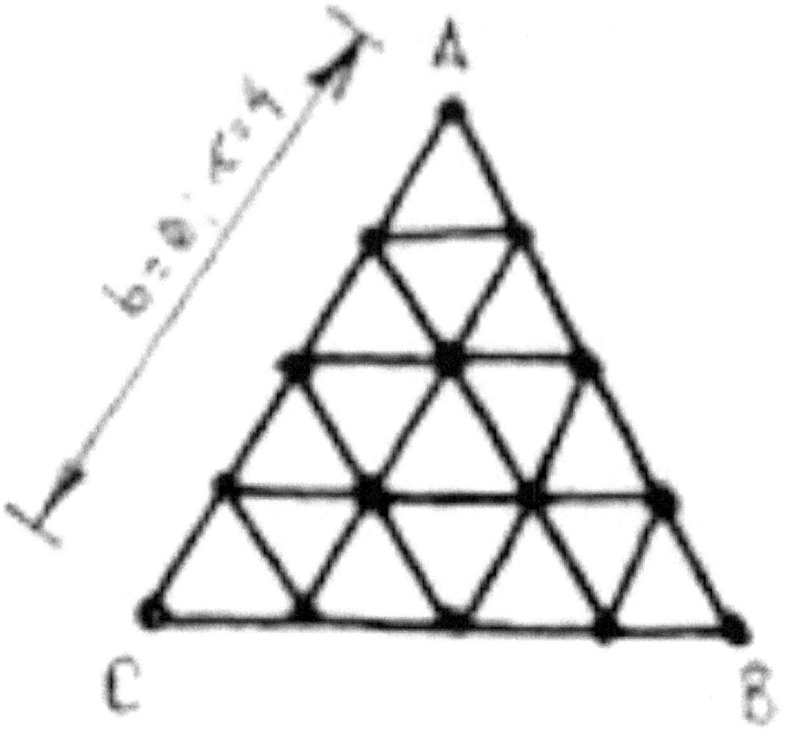

Designación geodésica por solido: $\{p, q+\}_{b,c}$	
Tetraedro:	$\{3, 3+\}_{0, 4}$
Octaedro:	$\{3, 4+\}_{0, 4}$
Icosaedro:	$\{3, 5+\}_{0, 4}$

b) Si **b**=**c**, (valor entero no negativo y distinto de cero) la grilla será perpendicular a los lados del sólido platónico esférico.

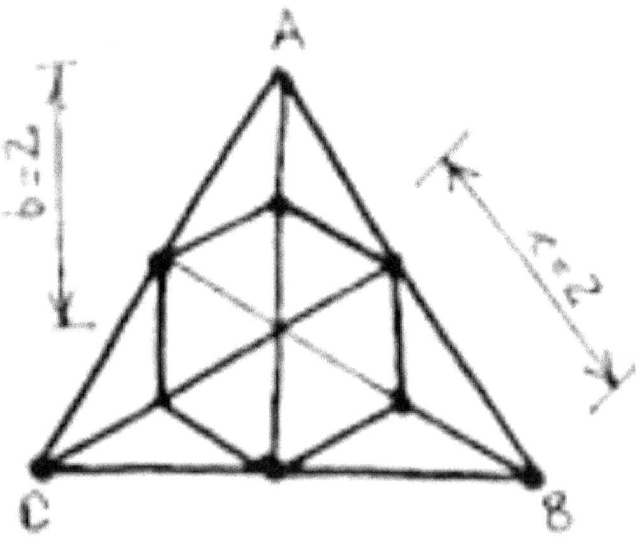

Designación geodésica por solido: {p, q+} b, c	
Tetraedro:	{3, 3+} 2, 2
Octaedro:	{3, 4+} 2, 2
Icosaedro:	{3, 5+} 2, 2

c) Si **b** ≠ **c,** son magnitudes enteras no negativas y distintas de cero, la grilla tendrá una orientación respecto de los lados del sólido (se dice que es inclinada, sesgada o asimétrica).

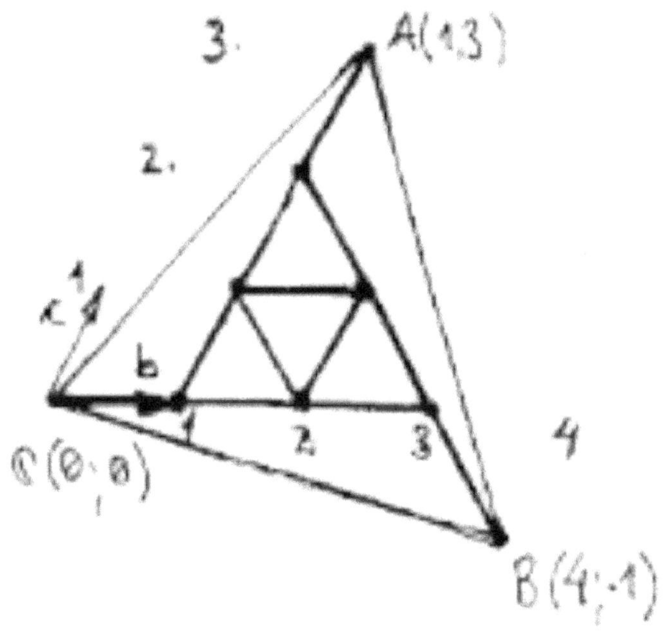

Designación geodésica por solido: $\{p, q+\}_{b, c}$	
Tetraedro:	$\{3, 3+\}_{1, 3}$
Octaedro:	$\{3, 4+\}_{1, 3}$
Icosaedro:	$\{3, 5+\}_{1, 3}$

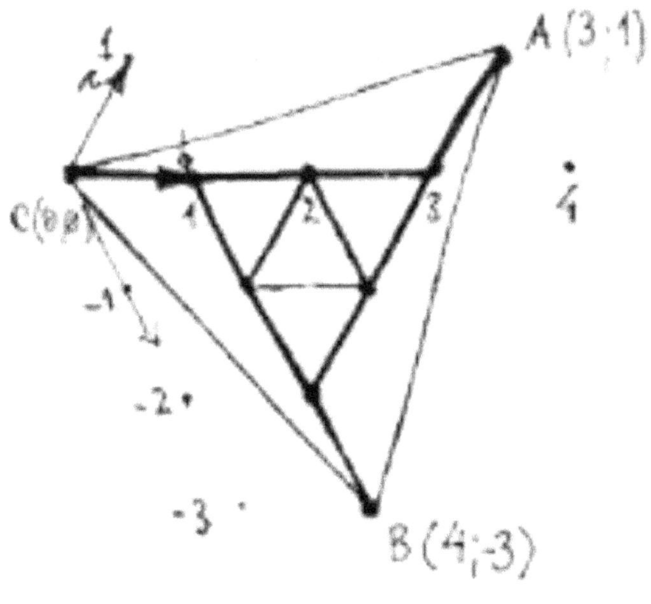

Designación geodésica por solido: $\{p, q+\}_{b, c}$	
Tetraedro:	$\{3, 3+\}_{3,1}$
Octaedro:	$\{3, 4+\}_{3,1}$
Icosaedro:	$\{3, 5+\}_{3,1}$

CAPÍTULO 3

TIPOS DE GRILLAS

La orientación de la grilla respecto a los lados del sólido define lo que se conoce como ***esquemas de subdivisión***[13].
Denominando al caso a) como **esquema I (class I)**, al b) **esquema II (class II o triacon)** y al c) **esquema III (class III o inclinada, sesgada o asimétrica)**.
A su vez el ***esquema I*** tiene sus variantes:

ESQUEMA I (CLASS I)

MÉTODO ALTERNATIVO:

Define la grilla dividiendo los lados del sólido platónico en partes iguales.

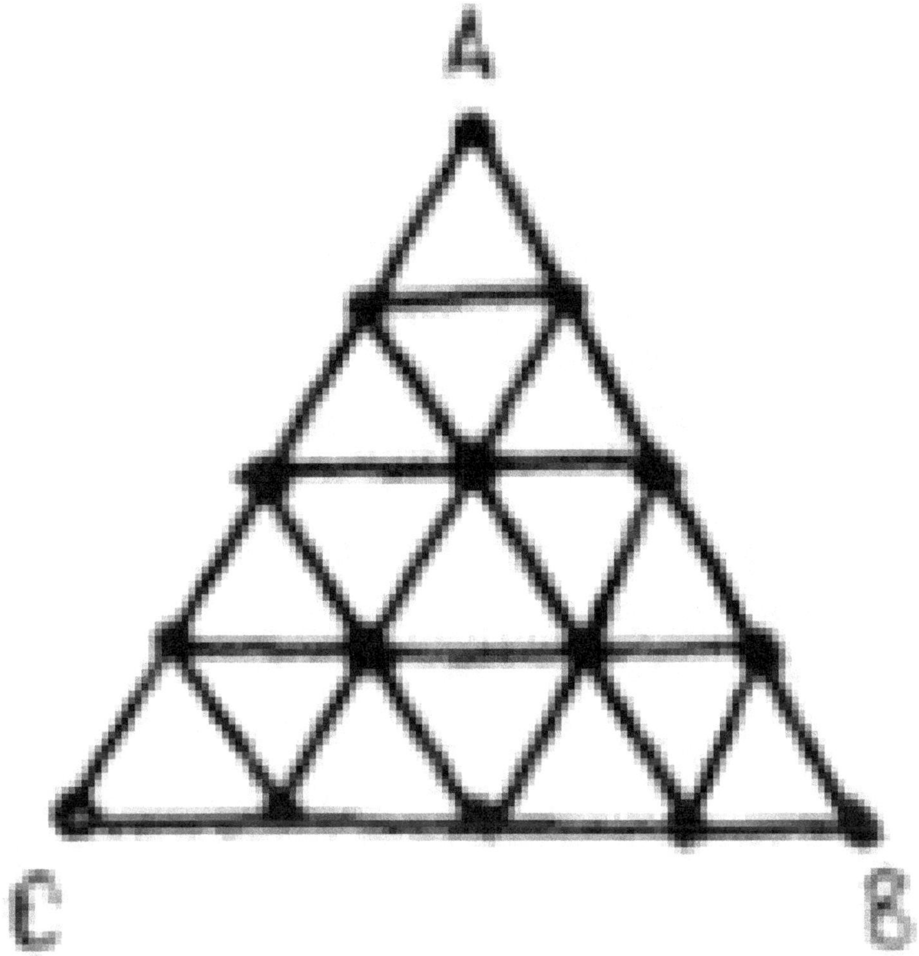

2CP: MÉTODO INTERSECCIÓN DE DOS CIRCUNFERENCIAS PRINCIPALES

Define a la grilla dividiendo los lados del sólido platónico esférico en arcos iguales y los puntos interiores quedan definidos por la intersección de dos circunferencias principales o máximas.

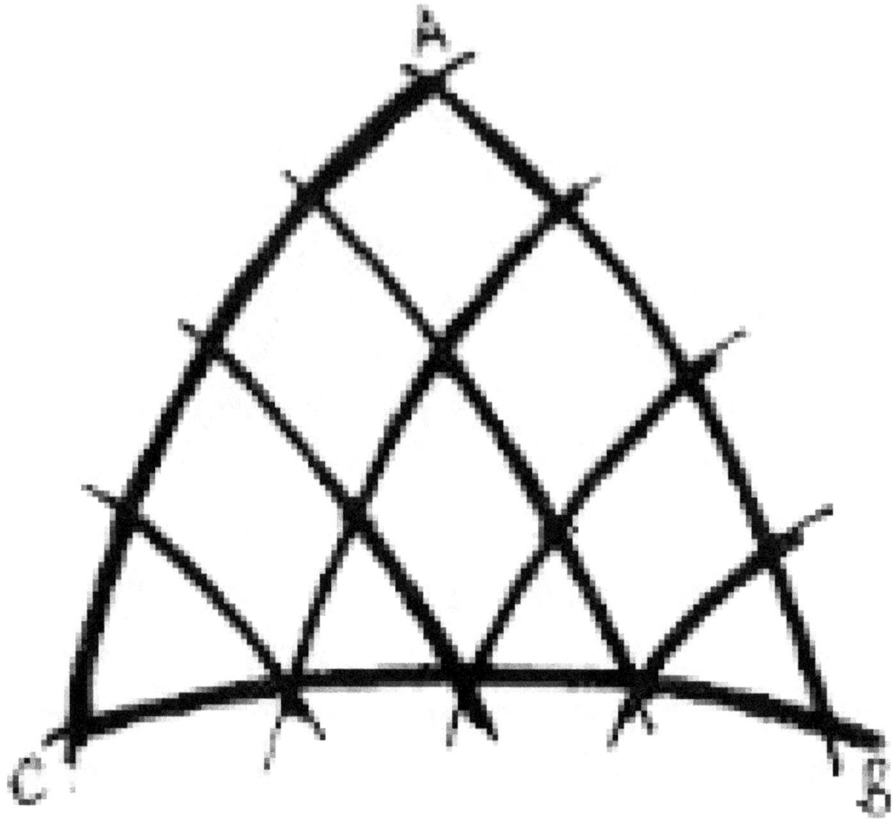

3CP: MÉTODO INTERSECCIÓN DE TRES CIRCUNFERENCIAS PRINCIPALES

Define a la grilla dividiendo los lados del sólido platónico esférico en arcos iguales y los puntos interiores quedan definidos dentro de un área delimitada por la intersección de tres circunferencias principales o máximas.
Aquí se debe apuntar, que la intersección de tres circunferencias máximas, no definen un punto único, sino que crean un área triangular donde cada uno de sus vértices queda definido por la intersección de dos de ellas. Y el punto que interesa, es determinado a través de la media aritmética entre los tres puntos definidos y su posterior normalización.

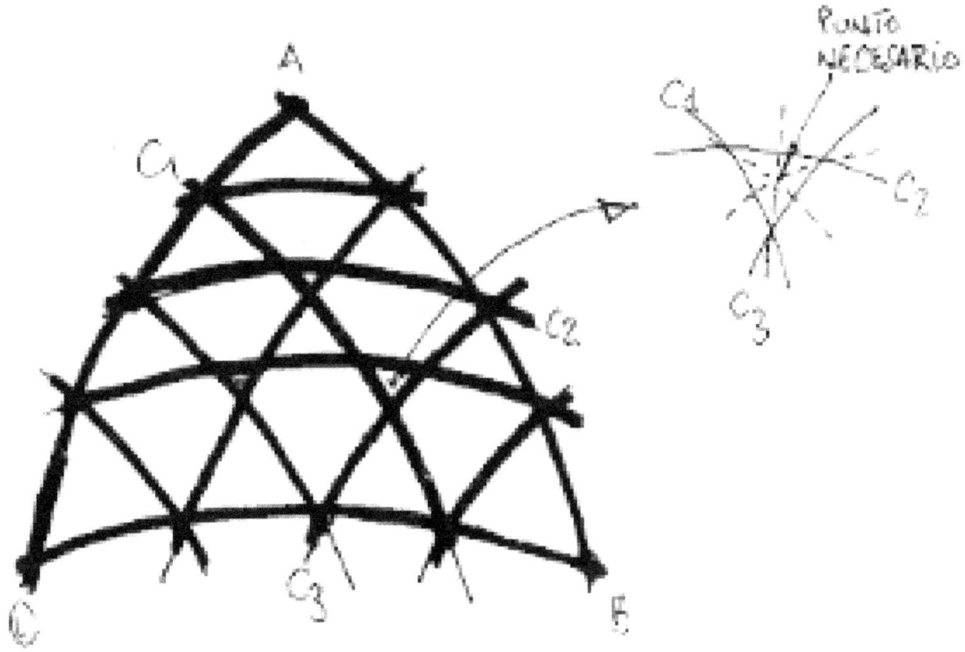

MÉTODO ARCOS MEDIOS:

Define a la grilla dividiendo los lados del sólido platónico esférico en arcos medios; los puntos interiores de la grilla quedan definidos del mismo modo (de los arcos medios), entre dos puntos previamente calculados.

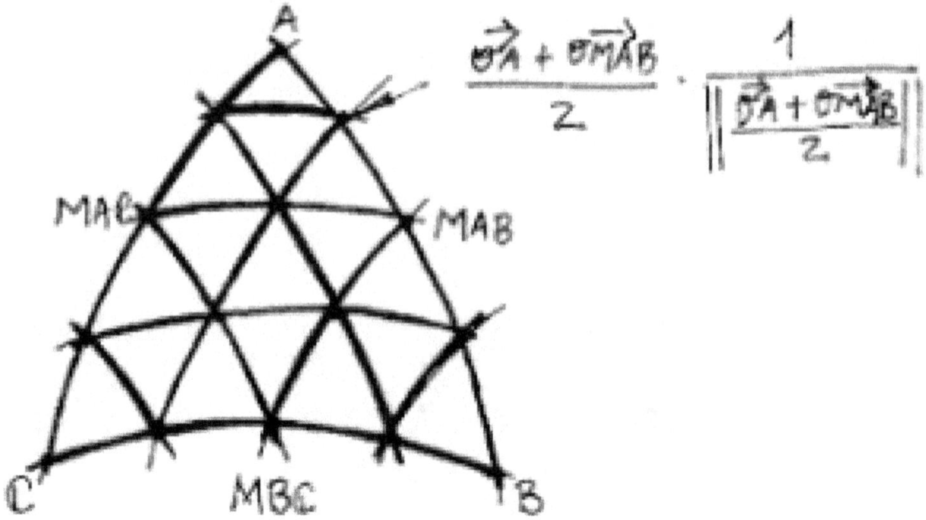

En esta variante solo se desarrollan subdivisiones o frecuencia en potencias de 2.

ESQUEMA II (CLASS II)

TRIACON:

Genera grillas que son perpendiculares a los lados del sólido platónico esféricos. En esta variante también generan subdivisiones o frecuencia en potencias de 2, únicamente.

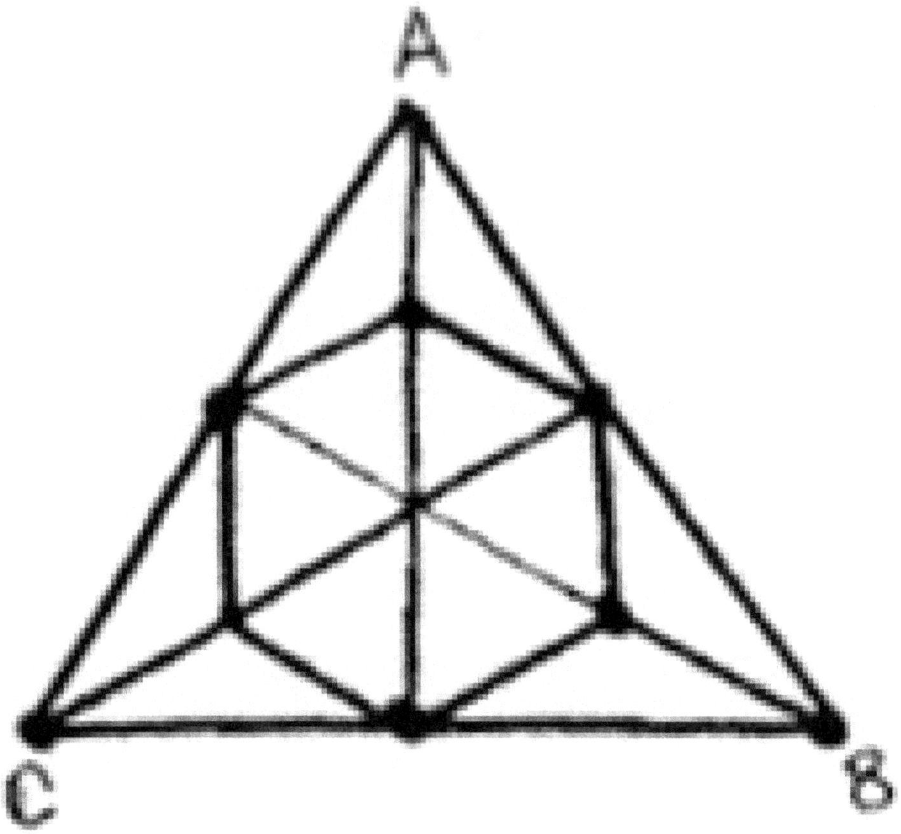

ESQUEMA III (CLASS III)

ASIMÉTRICO:

Las grillas que se definen con este esquema son inclinadas respectos a los lados del sólido platónico esférico. Pueden generarse con frecuencias pares e impares, pero sus coeficientes (**b** y **c**), *nunca pueden ser iguales y ninguno de ellos alcanza el valor cero*.
También cabe observar que en esta subdivisión, los lados del sólido, nos son parte de la grilla.

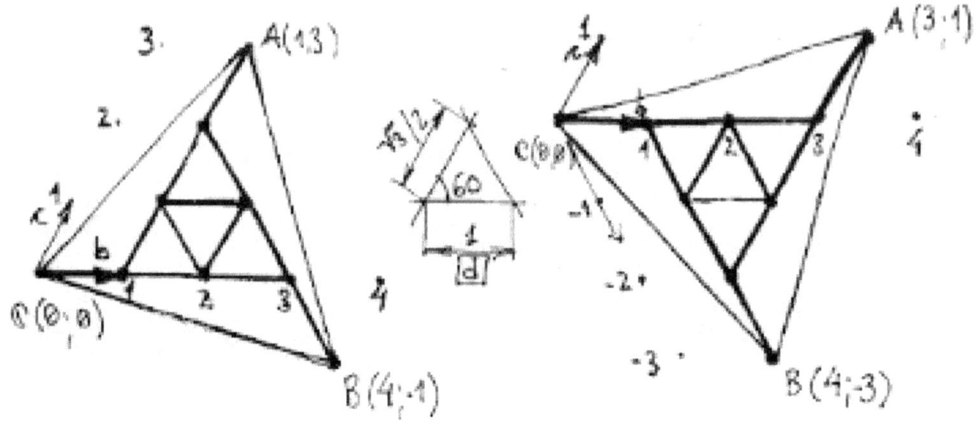

Conocida la ***designación geodésica*** y los tipos de esquemas que se generan, surgirá la necesidad de saber:

¿Cuántos miembros son necesarios para formar la estructura, según el esquema seleccionado y su frecuencia, identificada por sus respectivos subíndices distintivos?

Para estos cálculos, se utilizará el **número de triangulación (T); Triangulation Number**[14]:

<u>**NÚMERO DE TRIANGULACIÓN (T)**</u>

$$T = b^2 + b * c + c^2$$

, con este valor se predice <u>cuantas</u> caras, lados y vértices se generan con las grillas seleccionadas para el diseño y cálculo.
Su empleo para tal determinación se muestra a continuación:
<u>**Total Caras definidas por la Grilla (TCG)**</u> = T × número de caras (F) del poliedro,
<u>**Total Lados definidos por la Grilla (TLG)**</u> = T × número de lados (E) del poliedro,
<u>**Total Vértices definidos por la Grilla (TVG)**</u> = T ((2 × **Valencia**) / (6 – **Valencia**)) + 2
Valencia[15]: en este caso, se conoce como número (**r**): *valencia del vértice hacia los lados*. Y para estos solidos coincide con el número ***p*** que lo denominan: *valencia del vértice hacia las caras*, (aquí reemplazado por **q**). Para este texto tomará el valor: ***3 (tetraedro), 4 (octaedro) y 5 (icosaedro).***

El número (**T**) aplicado a un caso concreto se muestra en las tablas de abajo para cada sólido, que muestra su utilidad de forma práctica. En este caso, calculado para la frecuencia 4.

Tetraedro			
ESQUEMA I (class I)			
b	0	c	4
T	**16**	Valencia	3
Caras	64	F	4
Lados	96	E	6
Vértices	34	V	4

Octaedro			
ESQUEMA I (class I)			
b	0	c	4
T	**16**	Valencia	4
Caras	128	F	8
Lados	192	E	12
Vértices	66	V	6

Octaedro			
ESQUEMA I (class I)			
b	0	c	4
T	**16**	Valencia	5
Caras	320	F	20
Lados	480	E	30
Vértices	162	V	12

Tetraedro			
ESQUEMA II (class II)			
b	2	c	2
T	**12**	Valencia	3
Caras	48	F	4
Lados	72	E	6
Vértices	26	V	4

Octaedro			
ESQUEMA II (class II)			
b	2	c	2
T	**12**	Valencia	4
Caras	96	F	8
Lados	144	E	12
Vértices	50	V	6

Octaedro			
ESQUEMA II (class II)			
b	2	c	2
T	**12**	Valencia	5
Caras	240	F	20
Lados	360	E	30
Vértices	122	V	12

Tetraedro			
ESQUEMA III (class III)			
b	1	c	3
T	**13**	Valencia	3
Caras	52	F	4
Lados	78	E	6
Vértices	28	V	4

Octaedro			
ESQUEMA III (class III)			
b	1	c	3
T	**13**	Valencia	4
Caras	104	F	8
Lados	156	E	12
Vértices	54	V	6

Octaedro			
ESQUEMA III (class III)			
b	1	c	3
T	**13**	Valencia	5
Caras	260	F	20
Lados	390	E	30
Vértices	132	V	12

El esquema II para cada sólido, muestra a éste, como el que menos componentes genera para completar la grilla en su totalidad.

Esto es solamente un comentario a modo comparativo entre esquemas, ya que posteriormente cada diseñador, elegirá: primero el sólido, la frecuencia y finalmente el esquema que más prefiera o se adapte a su diseño.

También es bueno observar, que del uso del número T, cuando se determina la cantidad de vértices; se obtiene el primer índice de referencia para estimar la distribución de las cargas exteriores y dar un preliminar sobre las dimensiones de sus conectores, en lo que se refiere a la sección transversal de los mismos.

Repasando, lo visto hasta aquí, antes de ver cómo se genera cada grilla, es necesario:

a. seleccionar un sólido; comenzar con su posición, respecto a un sistema de coordenadas y
b. que una de sus caras quede simétrica respecto de algunos de los planos coordenados (YZ), (XY) o (XZ)[16], según corresponda.

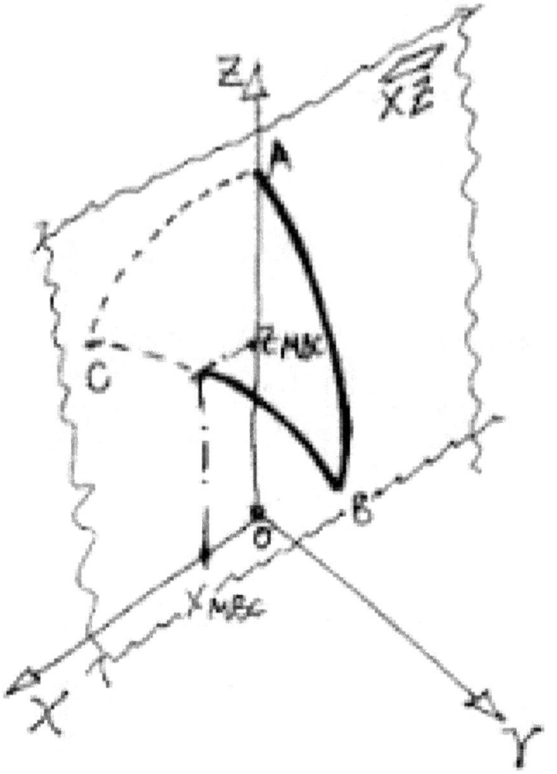

El sistema, será el de coordenadas rectangulares, cuyo origen coincide con el centro de gravedad de cada sólido y será el origen de todos los radios vectores que definen a cada punto; el otro extremo de estos radios vectores serán los puntos ubicados sobre la superficie del sólido.

Esto permite luego inscribir fácilmente (a través de la normalización) cada sólido en su esfera unitaria **CIRCUMSPHERE** (la más grande).

El primer paso será: la ubicación de todos los vértices, el baricentro de cada cara y el punto medio de cada lado (asociados todos a los tres sólidos en estudio).

El segundo paso será: calcular los ángulos característicos[17].

Con la definición de estos puntos, a través de vectores unitarios, el segundo paso es mucho más sencillo: determinar una serie de ángulos que son fundamentales para la construcción geodésica y que se describe a continuación.

CAPÍTULO 4

ÁNGULOS CARACTERÍSTICOS

ÁNGULO CENTRAL (ACE):

Ángulo definido entre dos radios vectores.

$$total\ ACe = N^{o}\ de\ lados\ del\ sólido$$

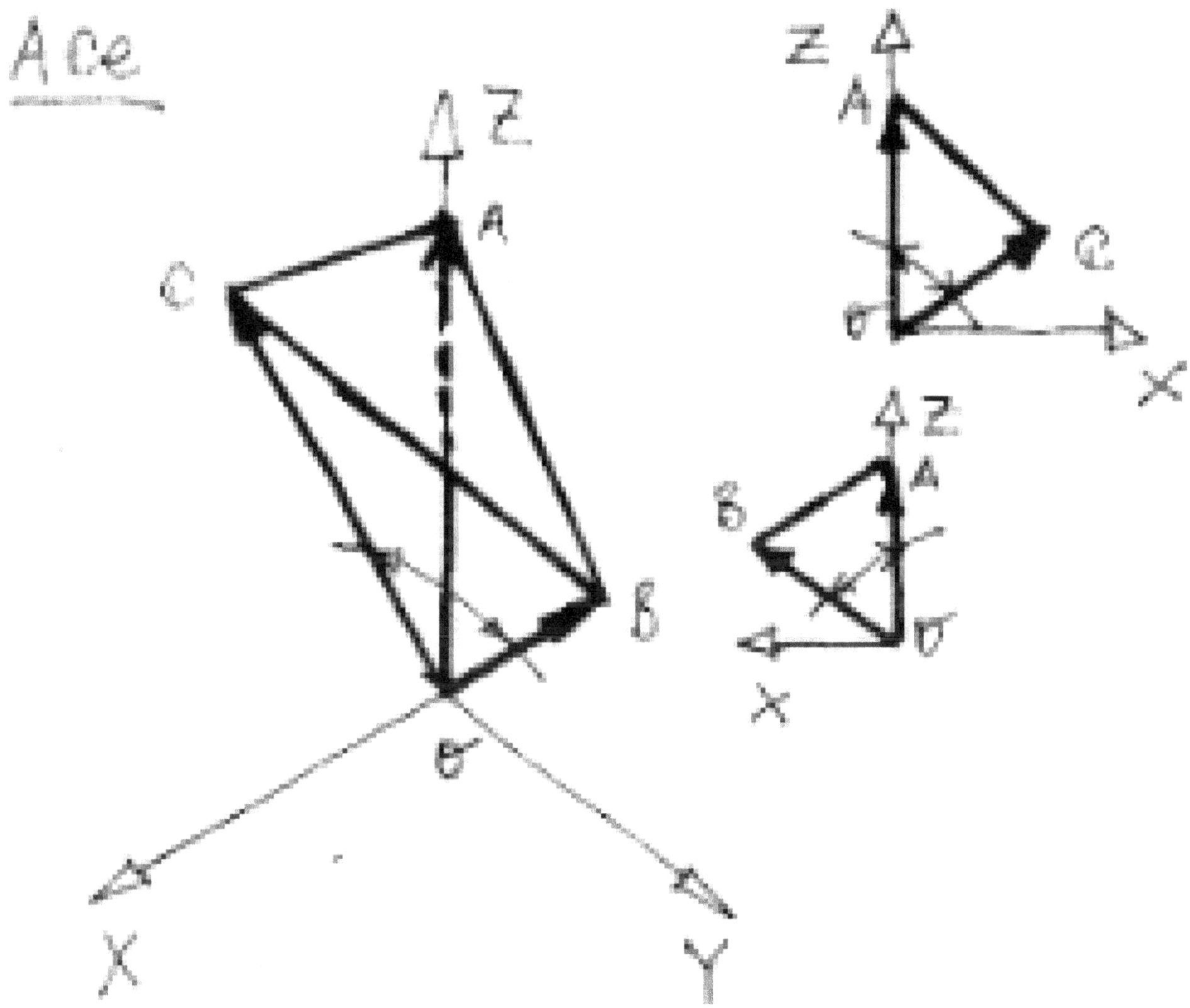

Este es el ángulo que se utiliza para hacer las divisiones de los lados en el método I; 2CP, 3CP y MP. Y la mitad de este ángulo define el lado menor del LCD (menor triangulo esférico rectángulo), que se define más adelante.

ÁNGULO AXIAL (AAX):

Ángulo definido entre un radio vector y el otro vector coincidente con la dirección de un lado (cuerda, CF)

$$total\ AAx = 2 \times (N^{\underline{o}}\ de\ lados\ del\ sólido)$$

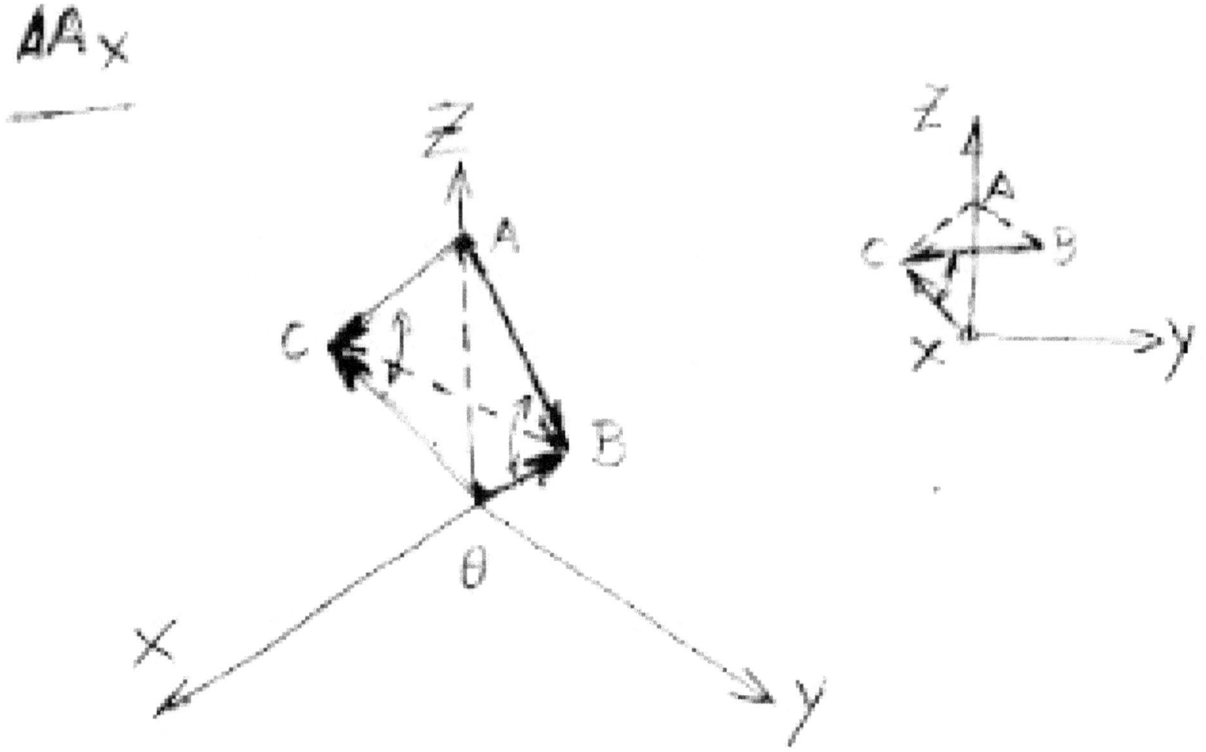

Esta magnitud es la encargada de que todas las fuerzas se dirijan al centro de la estructura. También permite el encastre perfecto del vértice, donde concurre el conector.

ÁNGULO DIEDRO (DIE):

Ángulo definido por dos caras del sólido, a través de un lado en común, (en términos rigurosos el ángulo de interés es el Ángulo conjugado del ángulo Diedro: CDie).

$$total\ CDie = N^{\underline{o}}\ de\ lados\ del\ sólido$$

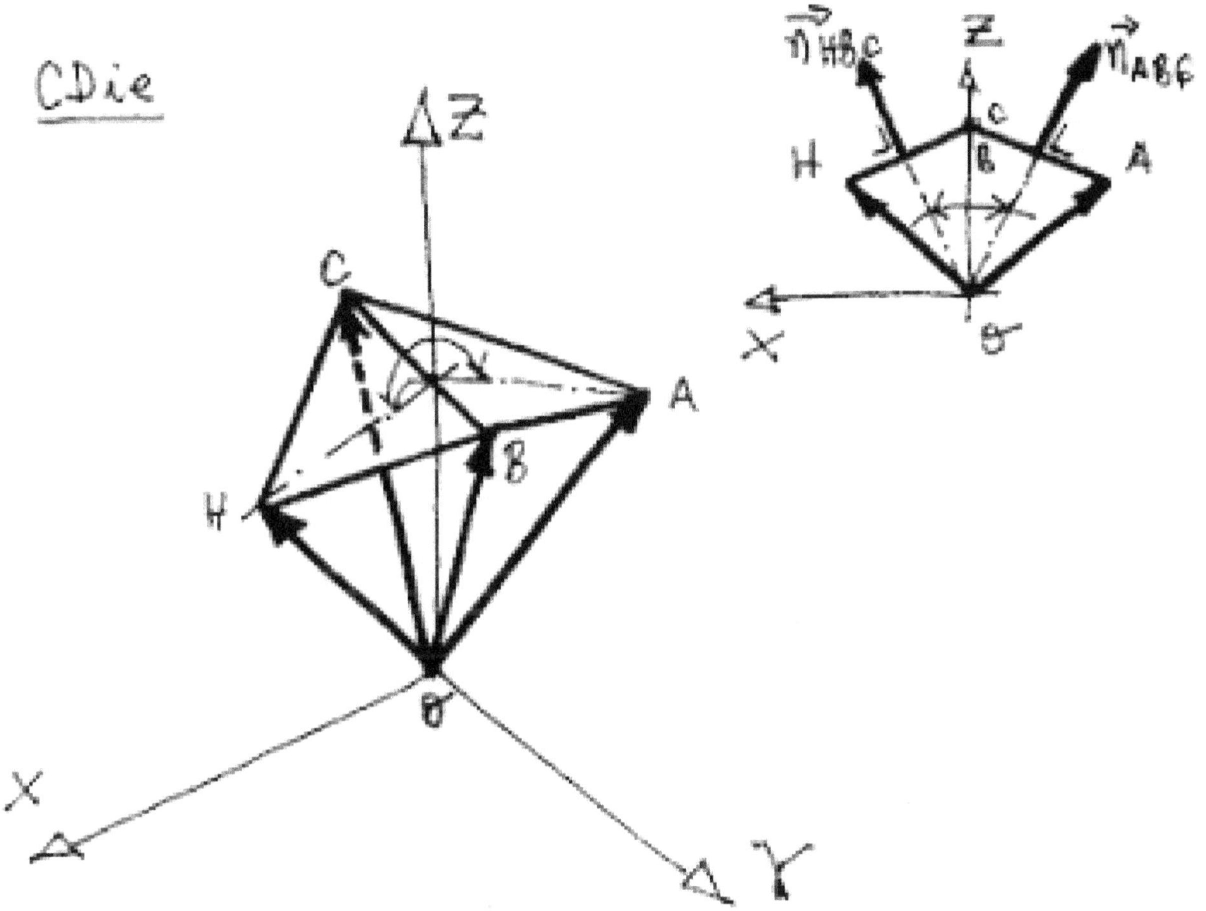

Este ángulo es bueno conocer como se calcula y permite definir claramente la inclinación que existe entre dos caras adyacentes.

ÁNGULO DE CARA (ACAR):

Ángulo definido en la cara del sólido y se calcula, a través de los vectores, concurrentes en el vértice en análisis y que tienen la misma dirección que los lados que definen dicho vértice.

$$total\ ACar = 3 \times (N^{\underline{o}}\ de\ caras\ del\ sólido\ )$$

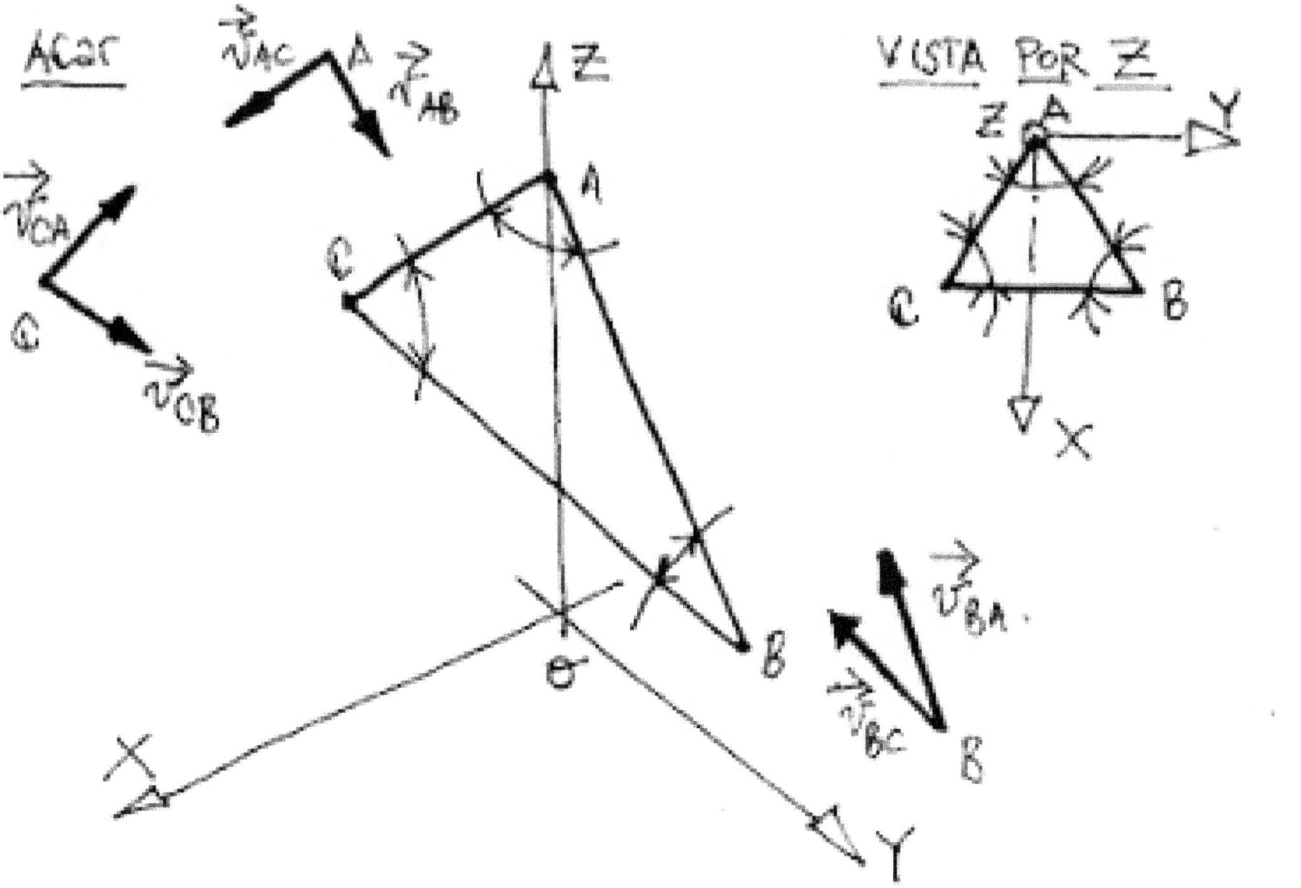

Cuando se definen los tres ángulos para una cara, se está en condiciones de cortar el material que se utilizará para el revestimiento del proyecto desarrollado.

ÁNGULO DE LA SECCIÓN TRANSVERSAL DEL PERFIL (ASTP):

Para este ángulo se necesita calcular el ortocentro de la cara. Este punto es la intersección de las tres alturas definidas en dicha cara.
Dependiendo de las caras del solido de trabajo, este punto puede caer dentro de la cara como fuera de la misma, Ello depende de si el triángulo que define la cara es acutángulo u obtusángulo.

Viendo el grafico de abajo; este ángulo (Astp), es el formado por el vector $\overrightarrow{ABhC}$ y el vector $\overrightarrow{OABh}$
Observar que el punto ABh; es un punto tal que cuando se lo une al punto, C, define al vector director que permite calcular la altura del triángulo ABC (su base sería el lado AB). Esto deja a la vista que $\overrightarrow{ABhC}$ es perpendicular a $\overrightarrow{AB}$

$$total\ Astp = 3 \times (N^{\underline{o}}\ de\ caras\ del\ sólido\ )$$

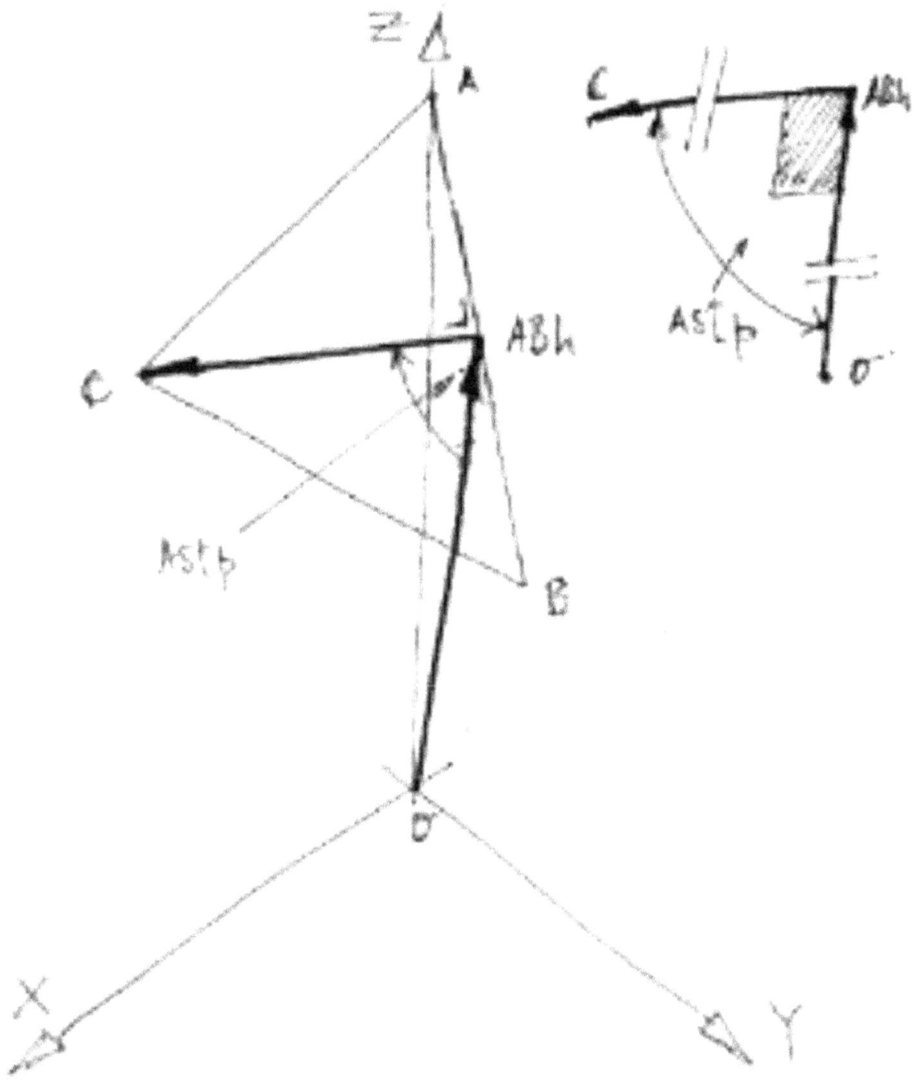

El cálculo de este ángulo requiere la determinación del punto ABh, que pertenece a dos rectas que son

perpendiculares entre sí. Una tiene la dirección AB y la otra ABhC.
Como en todo este texto, se trabaja con vectores, es necesario mencionar un teorema para calcular los vectores necesarios para obtener el valor de este ángulo.

Teorema[18]: sea v un vector distinto de cero. Entonces para cualquier otro vector u:

$$w = u - \left(\frac{u.v}{|v|^2}\right).v$$

, es ortogonal a v.

Definición. Proyección: sea u y v dos vectores distintos de cero. Entonces la proyección de u sobre v, denotada ($proj_v u$) se define como:

$$proj_v u = \left(\frac{u.v}{|v|^2}\right).v$$

,

La componente de u en la dirección de v está dada por: $\left(\frac{u.v}{|v|}\right)$

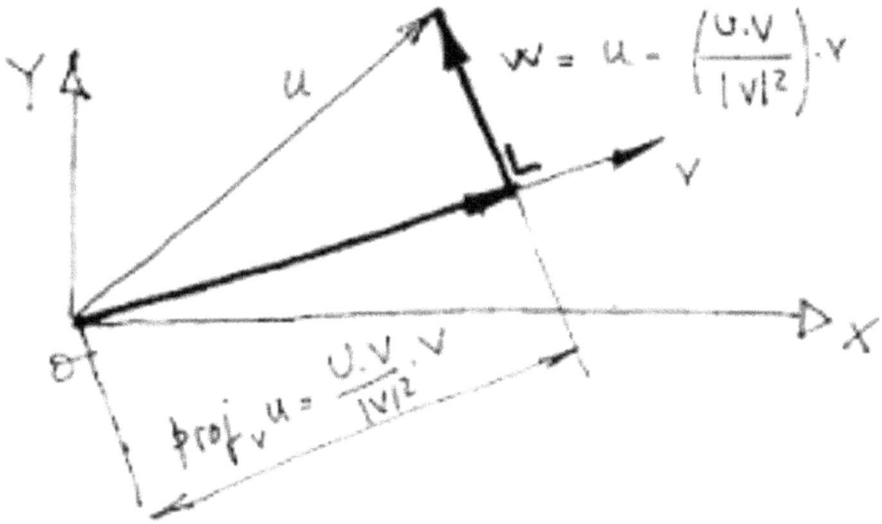

Ahora con todas las definiciones realizadas y los conceptos descriptos; se está en condición de desarrolla los cálculos que interesan para la construcción de una estructura geodésica. Se comienza con *construcción geométrica de los sólidos platónicos.*

CAPÍTULO 5

CONSTRUCCIÓN GEOMÉTRICA DE LOS SÓLIDOS PLATÓNICOS

TETRAEDRO

Está definido por V=4 (Vértices); F=4 (Caras); E=6 (Lados).
Todas sus caras son triángulos equiláteros.
El *tetraedro*[19], para una fácil construcción se inscribe en un cubo, cuya longitud de sus lados es igual a 2 y los puntos característicos tienen las siguientes coordenadas:

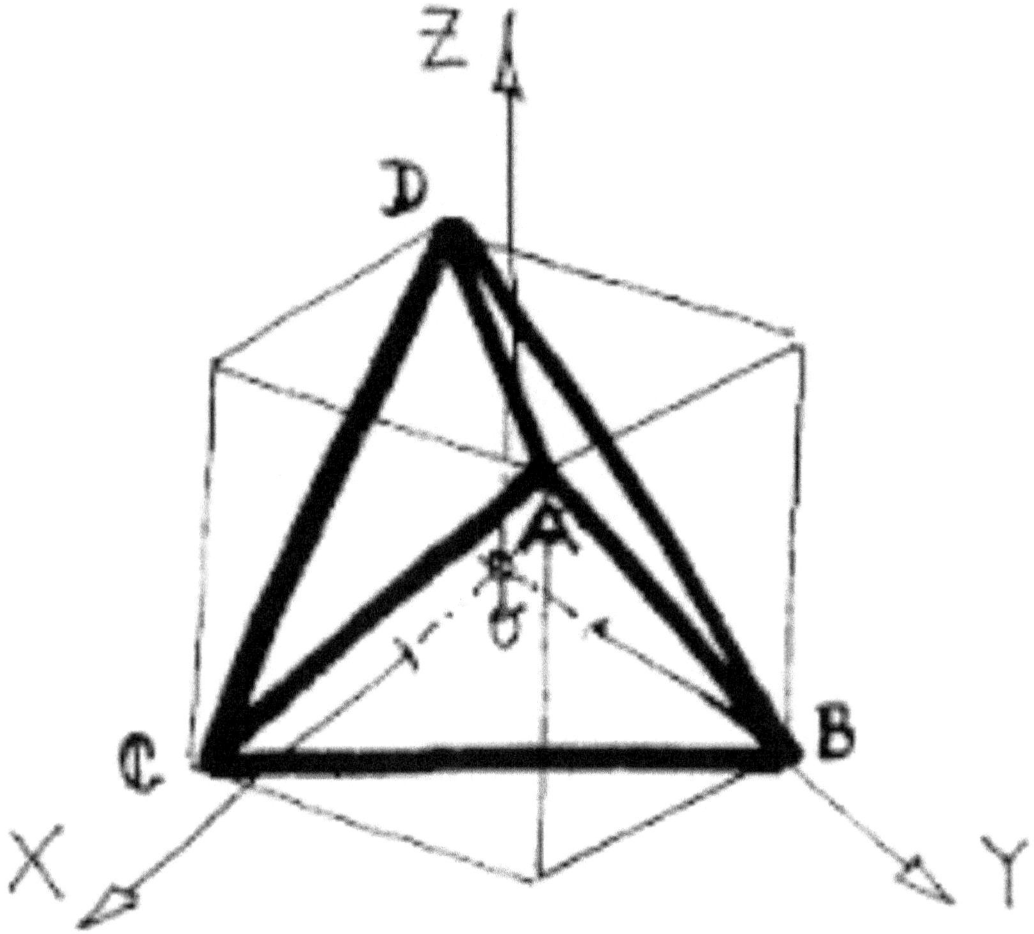

Tetraedro								
ítems	Vector	coordenadas			Vector unitario	coordenadas normalizadas		
		X	Y	Z		x	y	z
1	**OA**	1,000000000000	1,000000000000	1,000000000000	**Oa**	0,577350269190	0,577350269190	0,577350269190
2	**OB**	-1,000000000000	1,000000000000	-1,000000000000	**Ob**	-0,577350269190	0,577350269190	-0,577350269190
3	**OC**	1,000000000000	-1,000000000000	-1,000000000000	**Oc**	0,577350269190	-0,577350269190	-0,577350269190
4	**OD**	-1,000000000000	-1,000000000000	1,000000000000	**Od**	-0,577350269190	-0,577350269190	0,577350269190
5	**CD**	-2,000000000000	0,000000000000	2,000000000000	**cd**	-0,707106781187	0,000000000000	0,707106781187
6	**CA**	0,000000000000	2,000000000000	2,000000000000	**ca**	0,000000000000	0,707106781187	0,707106781187
7	**BD**	0,000000000000	-2,000000000000	2,000000000000	**bd**	0,000000000000	-0,707106781187	0,707106781187
8	**BA**	2,000000000000	0,000000000000	2,000000000000	**ba**	0,707106781187	0,000000000000	0,707106781187
9	**DA**	2,000000000000	2,000000000000	0,000000000000	**da**	0,707106781187	0,707106781187	0,000000000000
10	**CB**	-2,000000000000	2,000000000000	0,000000000000	**cb**	-0,707106781187	0,707106781187	0,000000000000
11	**OCGCDA**	0,333333333333	-0,333333333333	0,333333333333	**Ocgcda**	0,577350269190	-0,577350269190	0,577350269190
12	**OMDA**	0,000000000000	0,000000000000	1,000000000000	**Omda**	0,000000000000	0,000000000000	1,000000000000
13	**OMAC**	1,000000000000	0,000000000000	0,000000000000	**Omac**	1,000000000000	0,000000000000	0,000000000000
14	**OMCD**	0,000000000000	-1,000000000000	0,000000000000	**Omcd**	0,000000000000	-1,000000000000	0,000000000000
15	**OCGCDB**	-0,333333333333	-0,333333333333	-0,333333333333	**Ocgcdb**	-0,577350269190	-0,577350269190	-0,577350269190
16	**OMDB**	-1,000000000000	0,000000000000	0,000000000000	**Omdb**	-1,000000000000	0,000000000000	0,000000000000
17	**OMBC**	0,000000000000	0,000000000000	-1,000000000000	**Ombc**	0,000000000000	0,000000000000	-1,000000000000
18	**OCGDAB**	-0,333333333333	0,333333333333	0,333333333333	**Ocgdab**	-0,577350269190	0,577350269190	0,577350269190
19	**OMDB**	-1,000000000000	0,000000000000	0,000000000000	**Omdb**	-1,000000000000	0,000000000000	0,000000000000
20	**OMBA**	0,000000000000	1,000000000000	0,000000000000	**Omba**	0,000000000000	1,000000000000	0,000000000000
21	**OCGCAB**	0,333333333333	0,333333333333	-0,333333333333	**Ocgcab**	0,577350269190	0,577350269190	-0,577350269190
22	**OMCB**	0,000000000000	0,000000000000	-1,000000000000	**Omcb**	0,000000000000	0,000000000000	-1,000000000000
23	**MDA-B**	-1,000000000000	1,000000000000	-2,000000000000	**mda-b**	-0,408248290464	0,408248290464	-0,816496580928
24	**MDA-C**	1,000000000000	-1,000000000000	-2,000000000000	**mda-c**	0,408248290464	-0,408248290464	-0,816496580928
25	**MAC-B**	-2,000000000000	1,000000000000	-1,000000000000	**mac-b**	-0,816496580928	0,408248290464	-0,408248290464
26	**MAC-D**	-2,000000000000	-1,000000000000	1,000000000000	**mac-d**	-0,816496580928	-0,408248290464	0,408248290464
27	**MCD-A**	1,000000000000	2,000000000000	1,000000000000	**mcd-a**	0,408248290464	0,816496580928	0,408248290464
28	**MCD-B**	-1,000000000000	2,000000000000	-1,000000000000	**mcd-b**	-0,408248290464	0,816496580928	-0,408248290464
29	**MDB-A**	2,000000000000	1,000000000000	1,000000000000	**mdb-a**	0,816496580928	0,408248290464	0,408248290464
30	**MDB-C**	2,000000000000	-1,000000000000	-1,000000000000	**mdb-c**	0,816496580928	-0,408248290464	-0,408248290464
31	**MBA-C**	1,000000000000	-2,000000000000	-1,000000000000	**mba-c**	0,408248290464	-0,816496580928	-0,408248290464
32	**MBA-D**	-1,000000000000	-2,000000000000	1,000000000000	**mba-d**	-0,408248290464	-0,816496580928	0,408248290464
33	**MBC-A**	1,000000000000	1,000000000000	2,000000000000	**mbc-a**	0,408248290464	0,408248290464	0,816496580928
34	**MBC-D**	-1,000000000000	-1,000000000000	2,000000000000	**mbc-d**	-0,408248290464	-0,408248290464	0,816496580928

Los radios vectores como $\overrightarrow{OA}$, se obtienen por definición del sólido.

$$\overrightarrow{OA} = \mathbf{A} - \mathbf{0};$$

$$X_{OA} = (X_A - 0)$$

$$Y_{OA} = (Y_A - 0)$$

$$Z_{OA} = (Z_A - 0)$$

$$\overrightarrow{OA} = (1; 1; 1)$$

Los vectores que definen cada lado (por ejemplo: $\overrightarrow{CD}$), son obtenidos por diferencia entre los radios vectores que definen ambos extremos.

$$\overrightarrow{CD} = \overrightarrow{OD} - \overrightarrow{OC}$$

$$X_{CD} = (X_D - X_C)$$

$$Y_{CD} = (Y_D - Y_C)$$

$$Z_{CD} = (Z_D - Z_C)$$

$$\overrightarrow{CD} = (-2; 0; 2)$$

Los radios vectores que definen el baricentro de cada cara (por ejemplo: **OCGCDA**) se obtienen, a través, de calcular la media aritmética con los radios vectores que definen cada vértice.

$$\overrightarrow{\mathbf{OCGCDA}} = \left[\frac{\overrightarrow{\mathbf{OC}} + \overrightarrow{\mathbf{OD}} + \overrightarrow{\mathbf{OA}}}{3}\right]$$

$$\overrightarrow{\mathbf{OCGCDA}} = \left(\overrightarrow{\mathbf{X_{OCGCDA}}};\overrightarrow{\mathbf{Y_{OCGCDA}}};\overrightarrow{\mathbf{Z_{OCGCDA}}}\right)$$

$$\overrightarrow{\mathbf{OCGCDA}} = \left(\frac{\overrightarrow{\mathbf{X_C}} + \overrightarrow{\mathbf{X_D}} + \overrightarrow{\mathbf{X_A}}}{\mathbf{3}};\frac{\overrightarrow{\mathbf{Y_C}} + \overrightarrow{\mathbf{Y_D}} + \overrightarrow{\mathbf{Y_A}}}{\mathbf{3}};\frac{\overrightarrow{\mathbf{Z_C}} + \overrightarrow{\mathbf{Z_D}} + \overrightarrow{\mathbf{Z_A}}}{\mathbf{3}}\right)$$

$$\overrightarrow{\mathbf{OCGCDA}} = (\mathbf{0{,}3333333333}; -\mathbf{0{,}3333333333}; \mathbf{0{,}3333333333})$$

Los radios vectores que definen la posición del punto medio de cada lado (por ejemplo: **OMDA**), se obtiene de un modo semejante (con la media aritmética), utilizando los radios vectores de sus extremos.

$$\overrightarrow{\mathbf{OMDA}} = \left[\frac{\overrightarrow{\mathbf{OD}} + \overrightarrow{\mathbf{OA}}}{\mathbf{2}}\right]$$

$$\overrightarrow{\mathbf{OMDA}} = \left(\overrightarrow{\mathbf{X_{OMDA}}};\overrightarrow{\mathbf{Y_{OMDA}}};\overrightarrow{\mathbf{Z_{OMDA}}}\right)$$

$$\overrightarrow{\mathbf{OMDA}} = \left(\frac{\overrightarrow{\mathbf{X_D}} + \overrightarrow{\mathbf{X_A}}}{\mathbf{2}};\frac{\overrightarrow{\mathbf{Y_D}} + \overrightarrow{\mathbf{Y_A}}}{\mathbf{2}};\frac{\overrightarrow{\mathbf{Z_D}} + \overrightarrow{\mathbf{Z_A}}}{\mathbf{2}}\right)$$

$$\overrightarrow{\mathbf{OMDA}} = (\mathbf{0;0;1})$$

Los vectores normalizados, se obtienen dividiendo cada vector por su módulo.
Ejemplo:

$$\overrightarrow{OA} = (X_A;Y_A;Z_A) = (\mathbf{1;1;1})$$

Se calcula su módulo como:

$$\left|\overrightarrow{\mathbf{OA}}\right| = \sqrt{\left(X_A^2 + Y_A^2 + Z_A^2\right)} = \sqrt{\left(1^2 + 1^2 + 1^2\right)} = \sqrt{3}$$

Por lo tanto:

$$\overrightarrow{Oa} = \left(\frac{X_A}{\sqrt{(X_A^2 + Y_A^2 + Z_A^2)}}; \frac{Y_A}{\sqrt{(X_A^2 + Y_A^2 + Z_A^2)}}; \frac{Z_A}{\sqrt{(X_A^2 + Y_A^2 + Z_A^2)}} \right)$$

$$\overrightarrow{Oa} = \left(\frac{1}{\sqrt{3}}; \frac{1}{\sqrt{3}}; \frac{1}{\sqrt{3}} \right)$$

$$\overrightarrow{Oa} = (0{,}5773502692;\ 0{,}5773502692;\ 0{,}5773502692)$$

Finalmente, $\overrightarrow{Oa}$ es el vector unitario o normalizado de $\overrightarrow{OA}$

ÁNGULOS CARACTERÍSTICOS

Central (∡ACe)		Axial (∡AAx)		Conjugado del Diedro (∡CDie)		Cara (∡ACar)	
∡AOB	109,4712206°	∡ODA	35,2643896828°	∡BCDA	70,52877937°	∡DAC	60°

El tetraedro posee:

- 6 (seis) ∡ACe: Ángulos centrales
- 12 (doce) ∡AAx: Ángulos axiales
- 6 (seis) ∡CDie: Ángulos conjugados del Diedro
- 12 (doce) ∡ACar: Ángulos de cara

Considerando la definición de cada uno de ellos se indicará cómo se determinan (usando los vectores ya calculados).

Ángulo central (∡ACe): se obtiene a través del *producto punto* entre dos radios vectores por la siguiente fórmula:

$$\cos(∡AOB) = \frac{\overrightarrow{OA} . \overrightarrow{OB}}{|\overrightarrow{OA}| . |\overrightarrow{OB}|}$$

Por comodidad y rapidez, se utilizan los vectores unitarios, entonces:

$$∡AOB = \cos^{-1}\left(\overrightarrow{Oa}.\overrightarrow{Ob}\right)$$

Ángulo axial (∡AAx); se obtiene a través del *producto punto* entre un radio vector y el vector en dirección del lado. En este punto hay que prestar mucha atención, dado que se calculan dos ángulos axiales por cada lado y teniendo en cuenta como se definen los vectores; uno tendrá el valor verdadero (el buscado) y el otro será el complemento del ángulo buscado.

¿Cómo hacer?: orientar los vectores según lo que se quiere calcular. En el caso expuesto, al momento de obtener el ángulo axial (**∡OAD)**, el sentido de los vectores a calcular será $\overrightarrow{OA}$ y $\overrightarrow{DA}$. Y al momento de calcular el axial

(∡ODA), el sentido de los vectores a calcular será $\overrightarrow{\mathbf{OD}}$ y $\overrightarrow{\mathbf{AD}}$.

Ángulo conjugado del ángulo diedro (∡CDie):

Se calcula en primero los vectores perpendiculares a cada cara. Y en segunda instancia, determinar su valor a través, del *producto punto* entre estos vectores normales.

P.CRUZ	xn	yn	zn	Módulo	Conjugado del Diedro (CDie)	
cd x ca	-0,5	0,5	-0,5	0,866025404	∡AMCDB	70,52877937°
bd x ba	-0,5	0,5	0,5	0,866025404		

¡Importante: ver los comentarios para el cálculo de los ángulos axiales!

Ángulo de Cara (∡ACar): se obtiene a través del *producto punto* entre vectores que definen los lados del sólido. Recordar la importancia de la orientación utilizada para los vectores.

En el ejemplo desarrollado, los vectores utilizados para su cálculo son: $\overrightarrow{AC}$ y $\overrightarrow{AB}$ y el ángulo de cara es ACar (∡CAB).

OCTAEDRO

Está definido por V=**6** (Vértices); F=**8** (Caras); E=**12** (Lados).
Todas sus caras son triángulos equiláteros.

Para una fácil construcción, se inscribe en tres cuadrados perpendiculares entre sí y los tres poseen una diagonal coplanaria con la de los otros. Cada vértice del octaedro se obtiene por la intersección de dos de estos cuadrados[20]. Sus coordenadas son:

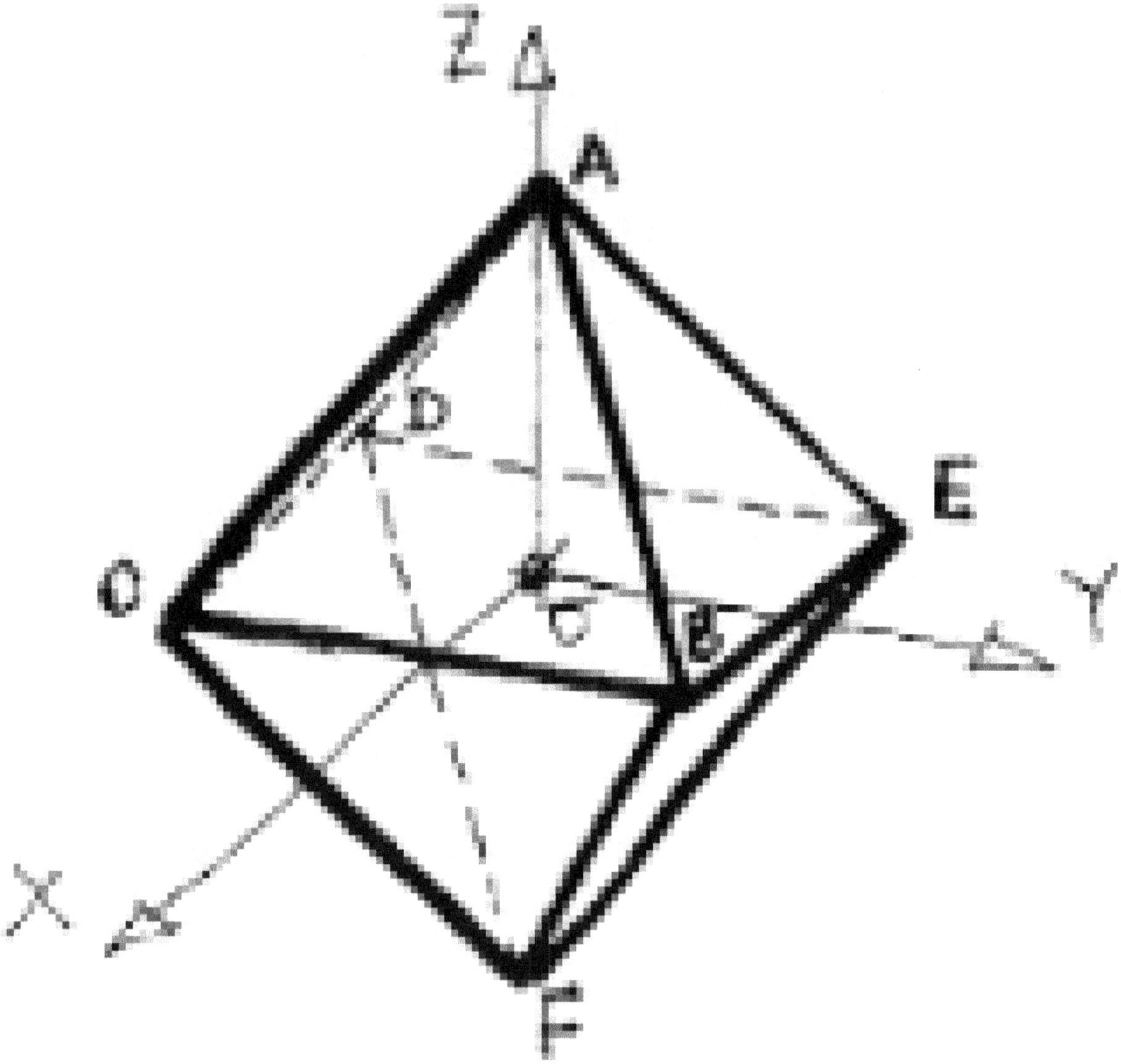

Octaedro								
ítems	Vector	Coordenadas			Vector	Coordenadas normalizadas		
		X	Y	Z	unitario	x	y	z
1	**OA**	0,000000000000	0,000000000000	1,414213562373	**Oa**	0,000000000000	0,000000000000	1,000000000000
2	**OB**	1,000000000000	1,000000000000	0,000000000000	**Ob**	0,707106781187	0,707106781187	0,000000000000
3	**OC**	1,000000000000	-1,000000000000	0,000000000000	**Oc**	0,707106781187	-0,707106781187	0,000000000000
4	**OD**	-1,000000000000	-1,000000000000	0,000000000000	**Od**	-0,707106781187	-0,707106781187	0,000000000000
5	**OE**	-1,000000000000	1,000000000000	0,000000000000	**Oe**	-0,707106781187	0,707106781187	0,000000000000
6	**OF**	0,000000000000	0,000000000000	-1,414213562373	**Of**	0,000000000000	0,000000000000	-1,000000000000
7	**CD**	-2,000000000000	0,000000000000	0,000000000000	**cd**	-1,000000000000	0,000000000000	0,000000000000
8	**CA**	-1,000000000000	1,000000000000	1,414213562373	**ca**	-0,500000000000	0,500000000000	0,707106781187
9	**CB**	0,000000000000	2,000000000000	0,000000000000	**cb**	0,000000000000	1,000000000000	0,000000000000
10	**CF**	-1,000000000000	1,000000000000	-1,414213562373	**cf**	-0,500000000000	0,500000000000	-0,707106781187
11	**BA**	-1,000000000000	-1,000000000000	1,414213562373	**ba**	-0,500000000000	-0,500000000000	0,707106781187
12	**BE**	-2,000000000000	0,000000000000	0,000000000000	**be**	-1,000000000000	0,000000000000	0,000000000000
13	**BF**	-1,000000000000	-1,000000000000	-1,414213562373	**bf**	-0,500000000000	-0,500000000000	-0,707106781187
14	**DA**	1,000000000000	1,000000000000	1,414213562373	**da**	0,500000000000	0,500000000000	0,707106781187
15	**DE**	0,000000000000	2,000000000000	0,000000000000	**de**	0,000000000000	1,000000000000	0,000000000000
16	**DF**	1,000000000000	1,000000000000	-1,414213562373	**df**	0,500000000000	0,500000000000	-0,707106781187
17	**EA**	1,000000000000	-1,000000000000	1,414213562373	**ea**	0,500000000000	-0,500000000000	0,707106781187
18	**EF**	1,000000000000	-1,000000000000	-1,414213562373	**ef**	0,500000000000	-0,500000000000	-0,707106781187
19	**OCGCABC**	0,666666666667	0,000000000000	0,471404520791	**Ocgcabc**	0,816496580928	0,000000000000	0,577350269190
20	**OMBC**	1,000000000000	0,000000000000	0,000000000000	**Ombc**	1,000000000000	0,000000000000	0,000000000000
21	**OMBA**	0,500000000000	0,500000000000	0,707106781187	**Omba**	0,500000000000	0,500000000000	0,707106781187
22	**OMCA**	0,500000000000	-0,500000000000	0,707106781187	**Omca**	0,500000000000	-0,500000000000	0,707106781187
23	**OCGCADC**	0,000000000000	-0,666666666667	0,471404520791	**Ocgcadc**	0,000000000000	-0,816496580928	0,577350269190
24	**OMDA**	-0,500000000000	-0,500000000000	0,707106781187	**Omda**	-0,500000000000	-0,500000000000	0,707106781187
25	**OMDC**	0,000000000000	-1,000000000000	0,000000000000	**Omdc**	0,000000000000	-1,000000000000	0,000000000000
26	**OCGCADE**	-0,666666666667	0,000000000000	0,471404520791	**Ocgcade**	-0,816496580928	0,000000000000	0,577350269190
27	**OMDE**	-1,000000000000	0,000000000000	0,000000000000	**Omde**	-1,000000000000	0,000000000000	0,000000000000
28	**OMEA**	0,500000000000	-0,500000000000	0,707106781187	**Omea**	0,500000000000	-0,500000000000	0,707106781187
29	**OCGCAEB**	0,000000000000	0,666666666667	0,471404520791	**Ocgcaeb**	0,000000000000	0,816496580928	0,577350269190
30	**OMBE**	0,000000000000	1,000000000000	0,000000000000	**Ombe**	0,000000000000	1,000000000000	0,000000000000
31	**OCGCFBC**	0,666666666667	0,000000000000	-0,471404520791	**Ocgcfbc**	0,816496580928	0,000000000000	-0,577350269190
32	**OMBF**	0,500000000000	0,500000000000	-0,707106781187	**Ombf**	0,500000000000	0,500000000000	-0,707106781187
33	**OMCF**	0,500000000000	-0,500000000000	-0,707106781187	**Omcf**	0,500000000000	-0,500000000000	-0,707106781187
34	**OCGCFCD**	0,000000000000	-0,666666666667	-0,471404520791	**Ocgcfcd**	0,000000000000	-0,816496580928	-0,577350269190
35	**OMDF**	-0,500000000000	-0,500000000000	-0,707106781187	**Omdf**	-0,500000000000	-0,500000000000	-0,707106781187
36	**OCGCFDE**	-0,666666666667	0,000000000000	-0,471404520791	**Ocgcfde**	-0,816496580928	0,000000000000	-0,577350269190
37	**OMEF**	-0,500000000000	0,500000000000	-0,707106781187	**Omef**	-0,500000000000	0,500000000000	-0,707106781187
38	**OCGCFEB**	0,000000000000	0,666666666667	-0,471404520791	**Ocgcfeb**	0,000000000000	0,816496580928	-0,577350269190
39	**MBC-A**	-1,000000000000	0,000000000000	1,414213562373	**mbc-a**	-0,577350269190	0,000000000000	0,816496580928
40	**MBA-C**	0,500000000000	-1,500000000000	-0,707106781187	**mba-c**	0,288675134595	-0,866025403784	-0,408248290464
41	**MCA-B**	0,500000000000	1,500000000000	-0,707106781187	**mca-b**	0,288675134595	0,866025403784	-0,408248290464
42	**MDC-A**	0,000000000000	1,000000000000	1,414213562373	**mdc-a**	0,000000000000	0,577350269190	0,816496580928
43	**MCA-D**	-1,500000000000	-0,500000000000	-0,707106781187	**mca-d**	-0,866025403784	-0,288675134595	-0,408248290464
44	**MDA-C**	1,500000000000	-0,500000000000	-0,707106781187	**mda-c**	0,866025403784	-0,288675134595	-0,408248290464
45	**MDE-A**	1,000000000000	0,000000000000	1,414213562373	**mde-a**	0,577350269190	0,000000000000	0,816496580928
46	**MDA-E**	-0,500000000000	1,500000000000	-0,707106781187	**mda-e**	-0,288675134595	0,866025403784	-0,408248290464
47	**MEA-D**	-1,500000000000	-0,500000000000	-0,707106781187	**mea-d**	-0,866025403784	-0,288675134595	-0,408248290464
48	**MBE-A**	0,000000000000	-1,000000000000	1,414213562373	**mbe-a**	0,000000000000	-0,577350269190	0,816496580928
49	**MEA-B**	0,500000000000	1,500000000000	-0,707106781187	**mea-b**	0,288675134595	0,866025403784	-0,408248290464
50	**MBA-E**	-1,500000000000	0,500000000000	-0,707106781187	**mba-e**	-0,866025403784	0,288675134595	-0,408248290464
51	**MBC-F**	-1,000000000000	0,000000000000	-1,414213562373	**mbc-f**	-0,577350269190	0,000000000000	-0,816496580928
52	**MBF-C**	0,500000000000	-1,500000000000	0,707106781187	**mbf-c**	0,288675134595	-0,866025403784	0,408248290464
53	**MCF-B**	0,500000000000	1,500000000000	0,707106781187	**mcf-b**	0,288675134595	0,866025403784	0,408248290464
54	**MDC-F**	0,000000000000	1,000000000000	-1,414213562373	**mdc-f**	0,000000000000	0,577350269190	-0,816496580928
55	**MCF-D**	-1,500000000000	-0,500000000000	0,707106781187	**mcf-d**	-0,866025403784	-0,288675134595	0,408248290464
56	**MDF-C**	1,500000000000	-0,500000000000	0,707106781187	**mdf-c**	0,866025403784	-0,288675134595	0,408248290464
57	**MDE-F**	1,000000000000	0,000000000000	-1,414213562373	**mde-f**	0,577350269190	0,000000000000	-0,816496580928
58	**MDF-E**	-0,500000000000	1,500000000000	0,707106781187	**mdf-e**	-0,288675134595	0,866025403784	0,408248290464
59	**MEF-D**	-0,500000000000	-1,500000000000	0,707106781187	**mef-d**	-0,288675134595	-0,866025403784	0,408248290464
60	**MBE-F**	0,000000000000	-1,000000000000	-1,414213562373	**mbe-f**	0,000000000000	-0,577350269190	-0,816496580928
61	**MEF-B**	1,500000000000	0,500000000000	0,707106781187	**mef-b**	0,866025403784	0,288675134595	0,408248290464
62	**MBF-E**	-1,500000000000	0,500000000000	0,707106781187	**mbf-e**	-0,866025403784	0,288675134595	0,408248290464

<u>ÁNGULOS CARACTERISTICOS</u>

Ángulos Característicos							
Central (∡ACe)		Axial (∡AAx)		Conjugado del Diedro (∡CDie)		Cara (∡ACar)	
∡AOB	90°	∡OAB	45°	∡AMBCF	109,4712206°	∡CAB	60°

El octaedro posee:

- 8 (ocho) ∡ACe: <u>Ángulos centrales</u>
- 24 (veinticuatro) ∡AAx: <u>Ángulos axiales</u>
- 12 (doce) ∡CDie: <u>Ángulos conjugados del Diedro</u>
- 24 (veinticuatro) ∡ACar: <u>Ángulos de cara</u>.

<u>Ángulo central (∡ACe)</u>: Se calcula realizando el <u>*producto punto*</u> entre dos radios vectores (suponemos OA y OB) por la siguiente formula:

$$\cos(\measuredangle AOB) = \frac{\overrightarrow{OA} \cdot \overrightarrow{OB}}{\left|\overrightarrow{OA}\right| \cdot \left|\overrightarrow{OB}\right|}$$

Se observa, que es más práctico utilizar los vectores unitarios (previo cálculo de los mismos), consiguiendo el valor buscado con la expresión:

$$\measuredangle \mathbf{AOB} = \cos^{-1}\left(\overrightarrow{Oa}.\overrightarrow{Ob}\right)$$

Ángulo axial (∡AAx); se obtiene a través del *producto punto* entre un radio vector $\left(\overrightarrow{OA}\right)$ y el vector en dirección del lado $\left(\overrightarrow{BA}\right)$. No olvidar que se calculan dos ángulos axiales por lado.
Recordar también la orientación de los vectores utilizados.

Ángulo conjugado del ángulo diedro (∡CDie):
Se calcula en principio los vectores perpendiculares a cada cara. Y en segunda instancia se determina su valor a través del *producto punto* entre estos vectores normales.

PRUDUCTO VECTORIAL						
P.CRUZ	**xn**	**yn**	**zn**	**Módulo**	**Conjugado del Diedro (CDie)**	
(ba) x ca	0	1	1	0,866025404	∡AMBCF	109,471221°
cf x bf	0	-1	1	0,866025404		

¡Tener en cuenta aquí los comentarios para el cálculo de los ángulos axiales!

Ángulo de Cara (∡ACar): se obtiene a través del *producto punto* entre vectores que definen los lados del sólido. Recordar la importancia de la orientación de los vectores empleada.

En el ejemplo desarrollado, el ángulo de cara es ACar (∡CAB) y los vectores utilizados: $\left(\overrightarrow{AC}\right)$ y $\left(\overrightarrow{AB}\right)$.

ICOSAEDRO

Está definido por: V=**12** (Vértices); F=**20** (Caras); E=**30** (Lados).
También todas sus caras son triángulos equiláteros.
Las coordenadas del icosaedro están relacionadas con la Proporción Áurea (Golden Ratio) φ=1.618033989[21].
Los vértices se definen por 3 rectángulos áureos; es decir, rectángulos cuyos lados tienen las proporciones de 1 a φ[22].
También son ortogonales entre ellos y cada uno está contenido en los planos de referencia (XY; YZ y XZ).

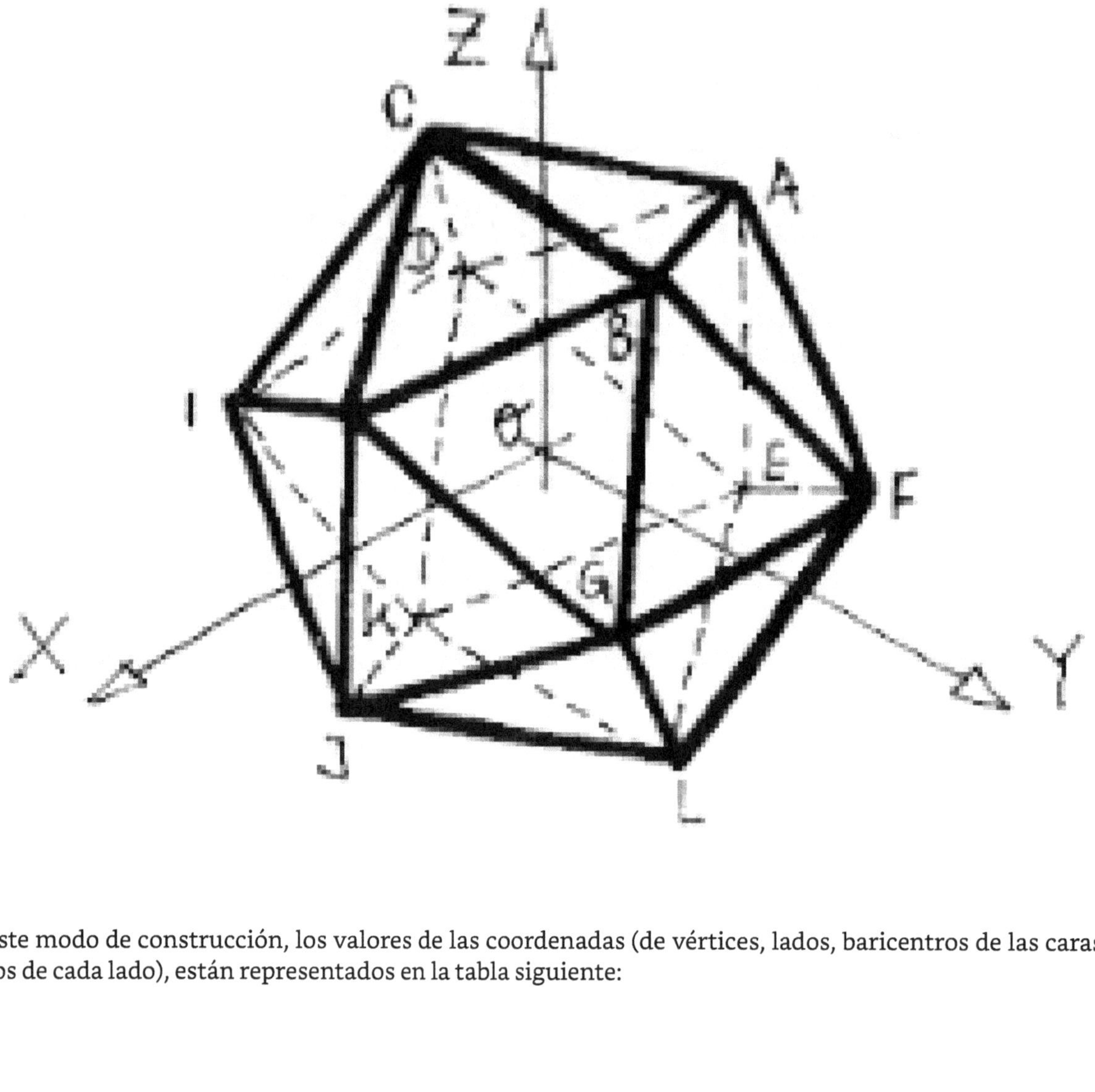

Con este modo de construcción, los valores de las coordenadas (de vértices, lados, baricentros de las caras y puntos medios de cada lado), están representados en la tabla siguiente:

Icosaedro								
ítems	Vector	Coordenadas			Vector unitario	Coordenadas normalizadas		
		X	Y	Z		x	y	z
1	OA	-1,618033989000	0,000000000000	1,000000000000	Oa	-0,850650808388	0,000000000000	0,525731112060
2	OB	0,000000000000	1,000000000000	1,618033989000	Ob	0,000000000000	0,525731112060	0,850650808388
3	OC	0,000000000000	-1,000000000000	1,618033989000	Oc	0,000000000000	-0,525731112060	0,850650808388
4	OD	-1,000000000000	-1,618033989000	0,000000000000	Od	-0,525731112060	-0,850650808388	0,000000000000
5	OE	-1,618033989000	0,000000000000	-1,000000000000	Oe	-0,850650808388	0,000000000000	-0,525731112060
6	OF	-1,000000000000	1,618033989000	0,000000000000	Of	-0,525731112060	0,850650808388	0,000000000000
7	OG	1,000000000000	1,618033989000	0,000000000000	Og	0,525731112060	0,850650808388	0,000000000000
8	OH	1,618033989000	0,000000000000	1,000000000000	Oh	0,850650808388	0,000000000000	0,525731112060
9	OI	1,000000000000	-1,618033989000	0,000000000000	Oi	0,525731112060	-0,850650808388	0,000000000000
10	OJ	1,618033989000	0,000000000000	-1,000000000000	Oj	0,850650808388	0,000000000000	-0,525731112060
11	OK	0,000000000000	-1,000000000000	-1,618033989000	Ok	0,000000000000	-0,525731112060	-0,850650808388
12	OL	0,000000000000	1,000000000000	-1,618033989000	Ol	0,000000000000	0,525731112060	-0,850650808388
13	AB	1,618033989000	1,000000000000	0,618033989000	ab	0,809016994387	0,499999999930	0,309016994457
14	AC	1,618033989000	-1,000000000000	0,618033989000	ac	0,809016994387	-0,499999999930	0,309016994457
15	AD	0,618033989000	-1,618033989000	-1,000000000000	ad	0,309016994457	-0,809016994387	-0,499999999930
16	AE	0,000000000000	0,000000000000	-2,000000000000	ae	0,000000000000	0,000000000000	-1,000000000000
17	AF	0,618033989000	1,618033989000	-1,000000000000	af	0,309016994457	0,809016994387	-0,499999999930
18	BC	0,000000000000	-2,000000000000	0,000000000000	bc	0,000000000000	-1,000000000000	0,000000000000
19	BF	-1,000000000000	0,618033989000	-1,618033989000	bf	-0,499999999930	0,309016994457	-0,809016994387
20	BG	1,000000000000	0,618033989000	-1,618033989000	bg	0,499999999930	0,309016994457	-0,809016994387
21	BH	1,618033989000	-1,000000000000	-0,618033989000	bh	0,809016994387	-0,499999999930	-0,309016994457
22	CD	-1,000000000000	-0,618033989000	-1,618033989000	cd	-0,499999999930	-0,309016994457	-0,809016994387
23	CH	1,618033989000	1,000000000000	-0,618033989000	ch	0,809016994387	0,499999999930	-0,309016994457
24	CI	1,000000000000	-0,618033989000	-1,618033989000	ci	0,499999999930	-0,309016994457	-0,809016994387
25	DE	-0,618033989000	1,618033989000	-1,000000000000	de	-0,309016994457	0,809016994387	-0,499999999930
26	DI	2,000000000000	0,000000000000	0,000000000000	di	1,000000000000	0,000000000000	0,000000000000
27	DK	1,000000000000	0,618033989000	-1,618033989000	dk	0,499999999930	0,309016994457	-0,809016994387
28	EF	0,618033989000	1,618033989000	1,000000000000	ef	0,309016994457	0,809016994387	0,499999999930
29	EK	1,618033989000	-1,000000000000	-0,618033989000	ek	0,809016994387	-0,499999999930	-0,309016994457
30	EL	1,618033989000	1,000000000000	-0,618033989000	el	0,809016994387	0,499999999930	-0,309016994457
31	FG	2,000000000000	0,000000000000	0,000000000000	fg	1,000000000000	0,000000000000	0,000000000000
32	FL	1,000000000000	-0,618033989000	-1,618033989000	fl	0,499999999930	-0,309016994457	-0,809016994387
33	GH	0,618033989000	-1,618033989000	1,000000000000	gh	0,309016994457	-0,809016994387	0,499999999930
34	GJ	0,618033989000	-1,618033989000	-1,000000000000	gj	0,309016994457	-0,809016994387	-0,499999999930
35	GL	-1,000000000000	-0,618033989000	-1,618033989000	gl	-0,499999999930	-0,309016994457	-0,809016994387
36	HI	-0,618033989000	-1,618033989000	-1,000000000000	hi	-0,309016994457	-0,809016994387	-0,499999999930
37	HJ	0,000000000000	0,000000000000	-2,000000000000	hj	0,000000000000	0,000000000000	-1,000000000000
38	IK	-1,000000000000	0,618033989000	-1,618033989000	ik	-0,499999999930	0,309016994457	-0,809016994387

Icosaedro								
Ítems	Vector	Coordenadas			Vector unitario	Coordenadas normalizadas		
		X	Y	Z		x	y	z
38	IK	-1,000000000000	0,618033989000	-1,618033989000	ik	-0,499999999930	0,309016994457	-0,809016994387
39	IJ	0,618033989000	1,618033989000	-1,000000000000	ij	0,309016994457	0,809016994387	-0,499999999930
40	JK	-1,618033989000	-1,000000000000	-0,618033989000	jk	-0,809016994387	-0,499999999930	-0,309016994457
41	JL	-1,618033989000	1,000000000000	-0,618033989000	jl	-0,809016994387	0,499999999930	-0,309016994457
42	KL	0,000000000000	2,000000000000	0,000000000000	kl	0,000000000000	1,000000000000	0,000000000000
43	OCGCABC	-0,539344663000	0,000000000000	1,412022659333	Ocgcabc	-0,356822089784	0,000000000000	0,934172358958
44	OMAB	-0,809016994500	0,500000000000	1,309016994500	Omab	-0,500000000027	0,309016994344	0,809016994370
45	OMAC	-0,809016994500	-0,500000000000	1,309016994500	Omac	-0,500000000027	-0,309016994344	0,809016994370
46	OCGCACD	-0,872677996333	-0,872677996333	0,872677996333	Ocgcacd	-0,577350269190	-0,577350269190	0,577350269190
47	OMCD	-0,500000000000	-1,309016994500	0,809016994500	Omcd	-0,309016994344	-0,809016994370	0,500000000027
48	OMAD	-1,309016994500	-0,809016994500	0,500000000000	Omad	-0,809016994370	-0,500000000027	0,309016994344
49	OCGCADE	-1,412022659333	-0,539344663000	0,000000000000	Ocgcade	-0,934172358958	-0,356822089784	0,000000000000
50	OMDE	-1,309016994500	-0,809016994500	-0,500000000000	Omde	-0,809016994370	-0,500000000027	-0,309016994344
51	OMAE	-1,618033989000	0,000000000000	0,000000000000	Omae	-1,000000000000	0,000000000000	0,000000000000
52	OCGCAEF	-1,412022659333	0,539344663000	0,000000000000	Ocgcaef	-0,934172358958	0,356822089784	0,000000000000
53	OMEF	-1,309016994500	0,809016994500	-0,500000000000	Omef	-0,809016994370	0,500000000027	-0,309016994344
54	OMAF	-1,309016994500	0,809016994500	0,500000000000	Omaf	-0,809016994370	0,500000000027	0,309016994344
55	OCGCAFB	-0,872677996333	0,872677996333	0,872677996333	Ocgcafb	-0,577350269190	0,577350269190	0,577350269190
56	OMBF	-0,500000000000	1,309016994500	0,809016994500	Ombf	-0,309016994344	0,809016994370	0,500000000027
57	OCGCBFG	0,000000000000	1,412022659333	0,539344663000	Ocgcbfg	0,000000000000	0,934172358958	0,356822089784
58	OMFG	0,000000000000	1,618033989000	0,000000000000	Omfg	0,000000000000	1,000000000000	0,000000000000
59	OMBG	0,500000000000	1,309016994500	0,809016994500	Ombg	0,309016994344	0,809016994370	0,500000000027
60	OCGCBGH	0,872677996333	0,872677996333	0,872677996333	Ocgcbgh	0,577350269190	0,577350269190	0,577350269190
61	OMGH	1,309016994500	0,809016994500	0,500000000000	Omgh	0,809016994370	0,500000000027	0,309016994344
62	OMBH	0,809016994500	0,500000000000	1,309016994500	Ombh	0,500000000027	0,309016994344	0,809016994370
63	OCGCBHC	0,539344663000	0,000000000000	1,412022659333	Ocgcbhc	0,356822089784	0,000000000000	0,934172358958
64	OMCH	0,809016994500	-0,500000000000	1,309016994500	Omch	0,500000000027	-0,309016994344	0,809016994370
65	OMBC	0,000000000000	0,000000000000	1,618033989000	Ombc	0,000000000000	0,000000000000	1,000000000000
66	OCGCCHI	0,872677996333	-0,872677996333	0,872677996333	Ocgcchi	0,577350269190	-0,577350269190	0,577350269190
67	OMHI	1,309016994500	-0,809016994500	0,500000000000	Omhi	0,809016994370	-0,500000000027	0,309016994344
68	OMCI	0,500000000000	-1,309016994500	0,809016994500	Omci	0,309016994344	-0,809016994370	0,500000000027
69	OCGCCID	0,000000000000	-1,412022659333	0,539344663000	Ocgccid	0,000000000000	-0,934172358958	0,356822089784
70	OMDI	0,000000000000	-1,618033989000	0,000000000000	Omdi	0,000000000000	-1,000000000000	0,000000000000
71	OCGCDEK	-0,872677996333	-0,872677996333	-0,872677996333	Ocgcdek	-0,577350269190	-0,577350269190	-0,577350269190
72	OMEK	-0,809016994500	-0,500000000000	-1,309016994500	Omek	-0,500000000027	-0,309016994344	-0,809016994370
73	OMDK	-0,500000000000	-1,309016994500	-0,809016994500	Omdk	-0,309016994344	-0,809016994370	-0,500000000027
74	OCGCDKI	0,000000000000	-1,412022659333	-0,539344663000	Ocgcdki	0,000000000000	-0,934172358958	-0,356822089784
75	OMIK	0,500000000000	-1,309016994500	-0,809016994500	Omik	0,309016994344	-0,809016994370	-0,500000000027
76	OCGCEFL	-0,872677996333	0,872677996333	-0,872677996333	Ocgcefl	-0,577350269190	0,577350269190	-0,577350269190
77	OMFL	-0,500000000000	1,309016994500	-0,809016994500	Omfl	-0,309016994344	0,809016994370	-0,500000000027
78	OMEL	-0,809016994500	0,500000000000	-1,309016994500	Omel	-0,500000000027	0,309016994344	-0,809016994370

Icosaedro								
Ítems	Vector	Coordenadas			Vector unitario	Coordenadas normalizadas		
		X	Y	Z		x	y	z
79	OCGCELK	-0,539344663000	0,000000000000	-1,412022659333	Ocgcelk	-0,356822089784	0,000000000000	-0,934172358958
80	OMKL	0,000000000000	0,000000000000	-1,618033989000	Omkl	0,000000000000	0,000000000000	-1,000000000000
81	OCGCFLG	0,000000000000	1,412022659333	-0,539344663000	Ocgcflg	0,000000000000	0,934172358958	-0,356822089784
82	OMGL	0,500000000000	1,309016994500	-0,809016994500	Omgl	0,309016994344	0,809016994370	-0,500000000027
83	OCGCGLJ	0,872677996333	0,872677996333	-0,872677996333	Ocgcglj	0,577350269190	0,577350269190	-0,577350269190
84	OMJL	0,809016994500	0,500000000000	-1,309016994500	Omjl	0,500000000027	0,309016994344	-0,809016994370
85	OMGJ	1,309016994500	0,809016994500	-0,500000000000	Omgj	0,809016994370	0,500000000027	-0,309016994344
86	OCGCHGJ	1,412022659333	0,539344663000	0,000000000000	Ocgchgj	0,934172358958	0,356822089784	0,000000000000
87	OMHJ	1,618033989000	0,000000000000	0,000000000000	Omhj	1,000000000000	0,000000000000	0,000000000000
88	OCGCHJI	1,412022659333	-0,539344663000	0,000000000000	Ocgchji	0,934172358958	-0,356822089784	0,000000000000
89	OMIJ	1,309016994500	-0,809016994500	-0,500000000000	Omij	0,809016994370	-0,500000000027	-0,309016994344
90	OCGCJIK	0,872677996333	-0,872677996333	-0,872677996333	Ocgcjik	0,577350269190	-0,577350269190	-0,577350269190
91	OMJK	0,809016994500	-0,500000000000	-1,309016994500	Omjk	0,500000000027	-0,309016994344	-0,809016994370
92	MBC-A	-1,618033989000	0,000000000000	-0,618033989000	mbc-a	-0,934172358933	0,000000000000	-0,356822089851
93	MBA-C	0,809016994500	-1,500000000000	0,309016994500	mba-c	0,467086179532	-0,866025403744	0,178411044950
94	MBC-A	-1,618033989000	0,000000000000	-0,618033989000	mbc-a	-0,934172358933	0,000000000000	-0,356822089851
95	MCD-A	-1,118033989000	1,309016994500	0,190983005500	mcd-a	-0,645497224422	0,755761314043	0,110264089621
96	MCA-D	-0,190983005500	-1,118033989000	-1,309016994500	mca-d	-0,110264089621	-0,645497224422	-0,755761314043
97	MDA-C	1,309016994500	-0,190983005500	1,118033989000	mda-c	0,755761314043	-0,110264089621	0,645497224422
98	MDE-A	-0,309016994500	0,809016994500	1,500000000000	mde-a	-0,178411044950	0,467086179532	0,866025403744
99	MDA-E	-0,309016994500	0,809016994500	-1,500000000000	mda-e	-0,178411044950	0,467086179532	-0,866025403744
100	MAE-D	0,618033989000	-1,618033989000	0,000000000000	mae-d	0,356822089851	-0,934172358933	0,000000000000
101	MEF-A	-0,309016994500	-0,809016994500	1,500000000000	mef-a	-0,178411044950	-0,467086179532	0,866025403744
102	MAE-F	0,618033989000	1,618033989000	0,000000000000	mae-f	0,356822089851	0,934172358933	0,000000000000
103	MAF-E	-0,309016994500	-0,809016994500	-1,500000000000	maf-e	-0,178411044950	-0,467086179532	-0,866025403744
104	MBF-A	-1,118033989000	-1,309016994500	0,190983005500	mbf-a	-0,645497224422	-0,755761314043	0,110264089621
105	MBA-F	-0,190983005500	1,118033989000	-1,309016994500	mba-f	-0,110264089621	0,645497224422	-0,755761314043
106	MAF-B	1,309016994500	0,190983005500	1,118033989000	maf-b	0,755761314043	0,110264089621	0,645497224422
107	MGF-B	0,000000000000	-0,618033989000	1,618033989000	mgf-b	0,000000000000	-0,356822089851	0,934172358933
108	MBF-G	1,500000000000	0,309016994500	-0,809016994500	mbf-g	0,866025403744	0,178411044950	-0,467086179532
109	MBG-F	-1,500000000000	0,309016994500	-0,809016994500	mbg-f	-0,866025403744	0,178411044950	-0,467086179532
110	MGH-B	-1,309016994500	0,190983005500	1,118033989000	mgh-b	-0,755761314043	0,110264089621	0,645497224422
111	MBG-H	1,118033989000	-1,309016994500	0,190983005500	mbg-h	0,645497224422	-0,755761314043	0,110264089621
112	MBH-G	0,190983005500	1,118033989000	-1,309016994500	mbh-g	0,110264089621	0,645497224422	-0,755761314043
113	MCH-B	-0,809016994500	1,500000000000	0,309016994500	mch-b	-0,467086179532	0,866025403744	0,178411044950
114	MBH-C	-0,809016994500	-1,500000000000	0,309016994500	mbh-c	-0,467086179532	-0,866025403744	0,178411044950
115	MBC-H	1,618033989000	0,000000000000	-0,618033989000	mbc-h	0,934172358933	0,000000000000	-0,356822089851
116	MHI-C	-1,309016994500	-0,190983005500	1,118033989000	mhi-c	-0,755761314043	-0,110264089621	0,645497224422
117	MCH-I	0,190983005500	-1,118033989000	-1,309016994500	mch-i	0,110264089621	-0,645497224422	-0,755761314043
118	MCI-H	1,118033989000	1,309016994500	0,190983005500	mci-h	0,645497224422	0,755761314043	0,110264089621
119	MID-C	0,000000000000	0,618033989000	1,618033989000	mid-c	0,000000000000	0,356822089851	0,934172358933

Icosaedro								
ítems	Vector	Coordenadas			Vector unitario	Coordenadas normalizadas		
		X	Y	Z		x	y	z
120	MCI-D	-1,500000000000	-0,309016994500	-0,809016994500	mci-d	-0,866025403744	-0,178411044950	-0,467086179532
121	MCD-I	1,500000000000	-0,309016994500	-0,809016994500	mcd-i	0,866025403744	-0,178411044950	-0,467086179532
122	MAE-D	0,618033989000	-1,618033989000	0,000000000000	mae-d	0,356822089851	-0,934172358933	0,000000000000
123	MDA-E	-0,309016994500	0,809016994500	-1,500000000000	mda-e	-0,178411044950	0,467086179532	-0,866025403744
124	MDE-A	-0,309016994500	0,809016994500	1,500000000000	mde-a	-0,178411044950	0,467086179532	0,866025403744
125	MEK-D	-0,190983005500	-1,118033989000	1,309016994500	mek-d	-0,110264089621	-0,645497224422	0,755761314043
126	MDE-K	1,309016994500	-0,190983005500	-1,118033989000	mde-k	0,755761314043	-0,110264089621	-0,645497224422
127	MDK-E	-1,118033989000	1,309016994500	-0,190983005500	mdk-e	-0,645497224422	0,755761314043	-0,110264089621
128	MIK-D	-1,500000000000	-0,309016994500	0,809016994500	mik-d	-0,866025403744	-0,178411044950	0,467086179532
129	MDI-K	0,000000000000	0,618033989000	-1,618033989000	mdi-k	0,000000000000	0,356822089851	-0,934172358933
130	MDK-I	1,500000000000	-0,309016994500	0,809016994500	mdk-i	0,866025403744	-0,178411044950	0,467086179532
131	MAF-E	-0,309016994500	-0,809016994500	-1,500000000000	maf-e	-0,178411044950	-0,467086179532	-0,866025403744
132	MAE-F	0,618033989000	1,618033989000	0,000000000000	mae-f	0,356822089851	0,934172358933	0,000000000000
133	MEF-A	-0,309016994500	-0,809016994500	1,500000000000	mef-a	-0,178411044950	-0,467086179532	0,866025403744
134	MKL-E	-1,618033989000	0,000000000000	0,618033989000	mkl-e	-0,934172358933	0,000000000000	0,356822089851
135	MEK-L	0,809016994500	1,500000000000	-0,309016994500	mek-l	0,467086179532	0,866025403744	-0,178411044950
136	MEL-K	0,809016994500	-1,500000000000	-0,309016994500	mel-k	0,467086179532	-0,866025403744	-0,178411044950
137	MGL-F	-1,500000000000	1,618033989000	0,000000000000	mgl-f	-0,679852123050	0,733349228393	0,000000000000
138	MFL-G	1,500000000000	0,309016994500	0,809016994500	mfl-g	0,866025403744	0,178411044950	0,467086179532
139	MFG-L	0,000000000000	-0,618033989000	-1,618033989000	mfg-l	0,000000000000	-0,356822089851	-0,934172358933
140	MJH-G	-0,618033989000	1,618033989000	0,000000000000	mjh-g	-0,356822089851	0,934172358933	0,000000000000
141	MGH-J	0,309016994500	-0,809016994500	-1,500000000000	mgh-j	0,178411044950	-0,467086179532	-0,866025403744
142	MGJ-H	0,309016994500	-0,809016994500	1,500000000000	mgj-h	0,178411044950	-0,467086179532	0,866025403744
143	MJL-G	0,190983005500	1,118033989000	1,309016994500	mjl-g	0,110264089621	0,645497224422	0,755761314043
144	MGJ-L	-1,309016994500	0,190983005500	-1,118033989000	mgj-l	-0,755761314043	0,110264089621	-0,645497224422
145	MGL-J	1,118033989000	0,000000000000	-1,000000000000	mgl-j	0,745355992574	0,000000000000	-0,666666666584
146	MJI-H	0,309016994500	0,809016994500	1,500000000000	mji-h	0,178411044950	0,467086179532	0,866025403744
147	MJH-I	-0,618033989000	-1,618033989000	0,000000000000	mjh-i	-0,356822089851	-0,934172358933	0,000000000000
148	MHI-J	0,309016994500	0,809016994500	-1,500000000000	mhi-j	0,178411044950	0,467086179532	-0,866025403744
149	MKL-J	1,618033989000	0,000000000000	0,618033989000	mkl-j	0,934172358933	0,000000000000	0,356822089851
150	MJL-K	-0,809016994500	-1,500000000000	-0,309016994500	mjl-k	-0,467086179532	-0,866025403744	-0,178411044950
151	MJK-L	-0,809016994500	1,500000000000	-0,309016994500	mjk-l	-0,467086179532	0,866025403744	-0,178411044950

ÁNGULOS CARACTERÍSTICOS

Ángulos Característicos							
Central (∡ACe)		Axial (∡AAx)		Conjugado del Diedro (∡CDie)		Cara (∡ACar)	
∡AOB	63,4349488249°	∡OAB	58,2825255875°	∡AMBCH	138,1896850947°	∡CAB	60°

El icosaedro posee:

- 30 (treinta) ∡ACe: Ángulos centrales
- 60 (sesenta) ∡AAx: Ángulos axiales
- 30 (treinta) ∡CDie: Ángulos conjugados del Diedro
- 60 (sesenta) ∡ACar: Ángulos de cara (3 por cara).

Ángulo central (∡ACe): Eligiendo a $\left(\overrightarrow{OA}\right)$ y $\left(\overrightarrow{OC}\right)$; se obtiene:

$$\cos\left(\measuredangle AOB\right) = \frac{\overrightarrow{OA}\,.\,\overrightarrow{OB}}{\left|\overrightarrow{OA}\right|\,.\left|\overrightarrow{OB}\right|}$$

A través de los correspondientes vectores unitarios, se obtiene la expresión:

$$\measuredangle \mathbf{AOB} = \mathbf{cos}^{-1}\left(\overrightarrow{Oa}.\overrightarrow{Ob}\right)$$

<u>Ángulo axial (∡AAx);</u> se halla a través del <u>*producto punto*</u> entre el vector $\left(\overrightarrow{OA}\right)$ y el $\left(\overrightarrow{CA}\right)$ para obtener el ángulo (∡OAC). No olvidar, que por lado se calculan dos ángulos axiales.
Por lo tanto la orientación de los vectores para los cálculos debe verificarse.

Axial (∡AAx)	
∡OAC	58,2825255875°

<u>Ángulo Conjugado del Diedro (∡CDie):</u>
El modo de obtenerlo es, en primer término se calculan los vectores perpendiculares a cada cara. Y en segunda instancia se determina su valor a través del <u>*producto punto*</u> entre estos vectores normales.

PRUDUCTO VECTORIAL					
P.CRUZ	xn	yn	zn	Módulo	Conjugado del Diedro (∡CDie)
ba x ac	0,309016994	0	-0,809016994	0,866025404	138,1896851°
bh x ch	0,309016994	0	0,809016994	0,866025404	

<u>Ángulo de Cara (∡ACar):</u> se obtiene a través del <u>*producto punto*</u> entre vectores que definen los lados del sólido. Recordar, la importancia de la orientación de los vectores empleada.

En el ejemplo desarrollado, para el ángulo de cara ACar (**∡HGB**), los vectores utilizados para su cálculo son: $\left(\overrightarrow{GB}\right)$ y $\left(\overrightarrow{GH}\right)$.

Así finaliza la ubicación de las coordenadas para: todos los vértices, los lados, los baricentros de todas las caras, puntos medios de los lados y ángulos fundamentales.
Todas estas magnitudes, están asociadas a un sistema de coordenadas de referencia (system of reference).
Es necesario, conocer la ubicación de estos puntos para confeccionar un espacio de trabajo y de verificación de todos los cálculos.
Esto se desarrolla así, ya que lo normal es tratar a cada tipo de subdivisión como si pertenecieran a una posición preestablecida del sólido respecto del sistema de referencia.
Por eso se dice que existen estructuras geodésicas con un vértice, un lado o una cara, del sólido base, sobre su techo[23].
Las distintas posiciones se logran, a través de la rotación del sólido respecto de los ejes del sistema de referencia.

CAPÍTULO 6

ESQUEMAS DE SUBDIVISIÓN: CLASIFICACIÓN

A partir de ahora, en función de estos últimos comentarios, es posible desarrollar los ***esquemas*** de subdivisión de los lados de una cara del sólido y obtener así, cada ***grilla*** y posteriormente manipularlas con rotaciones para obtener los modelos completos.

ESQUEMA I: EL SÓLIDO TIENE UN VÉRTICE EN SU TECHO

Se orienta con un vértice coincidente con la dirección de Z positivo. Los otros dos vértices de esa cara (PPT) están simétricos respecto del plano XZ y paralelos al plano XY.

Tetraedro	Octaedro	Icosaedro
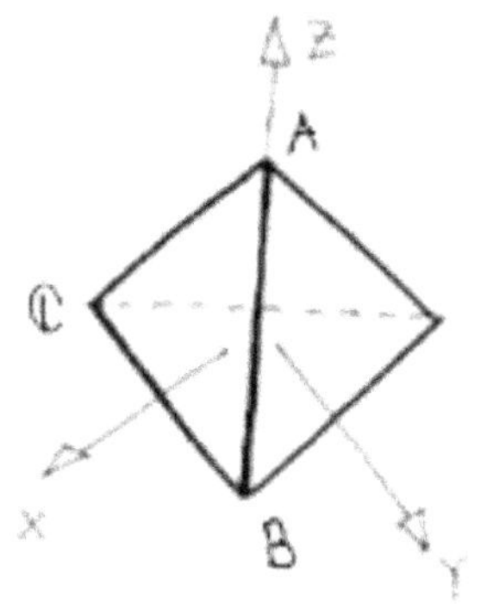	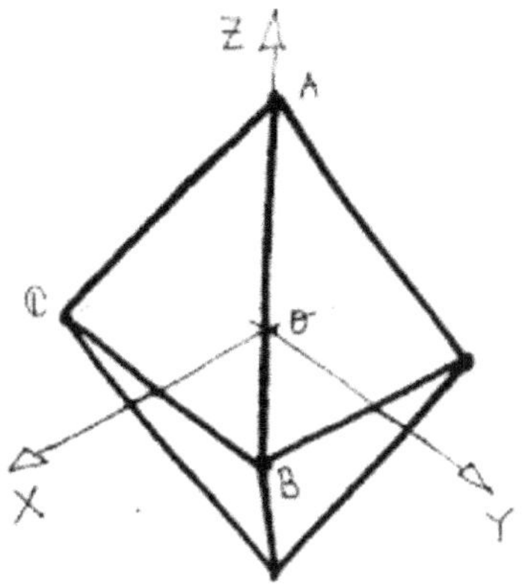	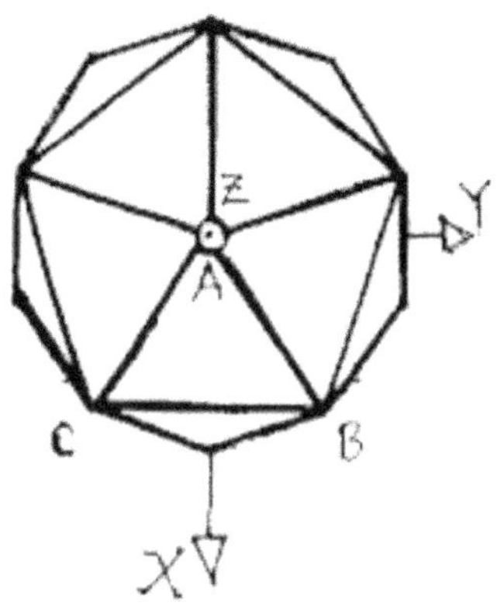

ESQUEMA II: EL SÓLIDO TIENE UN LADO EN SU TECHO

Se orienta con un lado (PS) perpendicular a la dirección de Z positivo, perpendicular al plano YZ y paralelos al plano XZ.

Tetraedro	Octaedro	Icosaedro
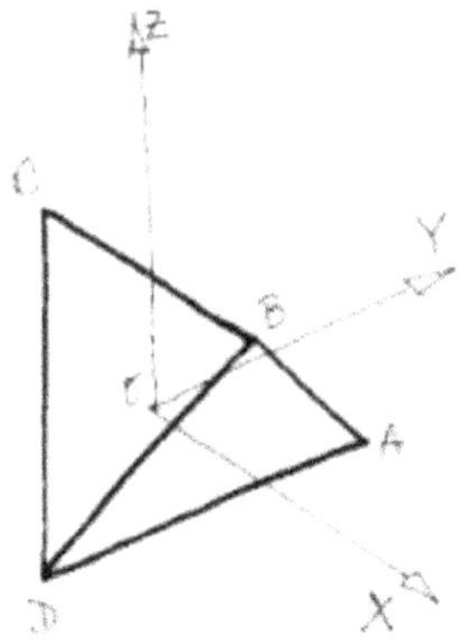	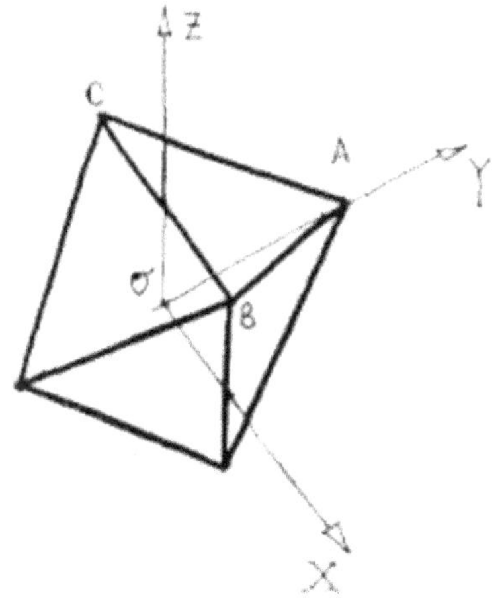	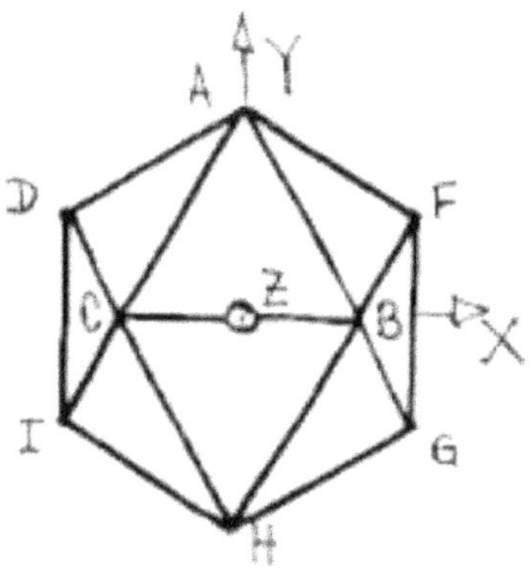

ESQUEMA III: EL SÓLIDO TIENE UNA CARA EN SU TECHO

El sólido está orientado con una cara (PPT) de referencia perpendicular a la dirección positiva del eje Z y paralela al plano XY (originalmente).

Tetraedro	Octaedro	Icosaedro
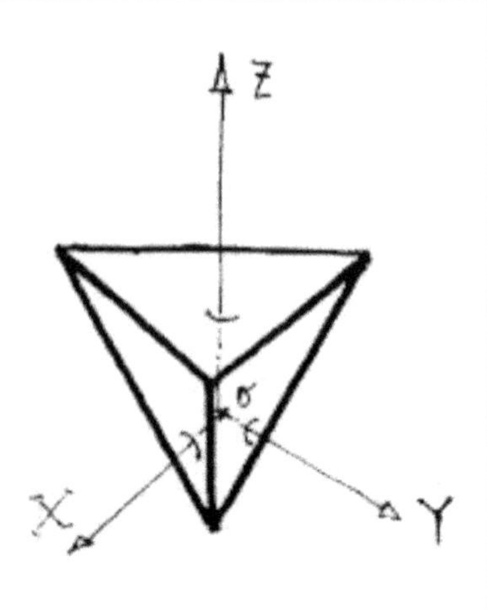	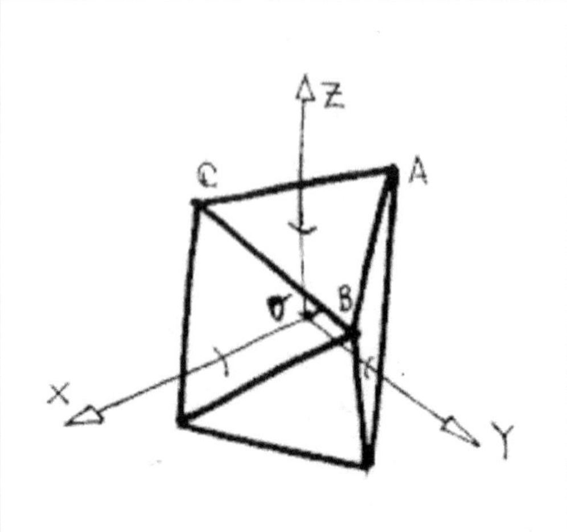	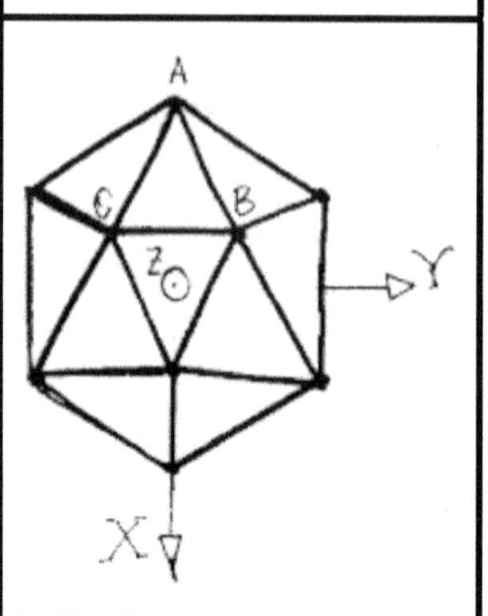

Esto es útil para la generación de las grillas más difundidas. Pero es posible, en algunos casos, que estas posiciones no vayan de la mano con la ubicación que se desea para un proyecto determinado. Por lo tanto, la posición del sólido y por ende de las grillas, es posible variarla a través del uso de **rotaciones** respecto de ejes seleccionados cuidadosamente.

CAPÍTULO 7

ROTACIONES

Este capítulo describe como la posición del sólido es modificable, a través, del uso de **rotaciones ordenadas** posicionándolo como mejor se adapte al diseño pensado.
Bajo este aspecto y en términos generales, se emplea la siguiente técnica:

> *Con un sólido elegido, se definen todos los puntos de la grilla (posición y ángulos) y se calculan sus conectores asociados a* ***una sola cara.*** *En segunda instancia se completa el resto del sólido a través de* ***rotaciones ordenadas de esa cara*** *respecto a los ejes seleccionados cuidadosamente (X, Y o Z).*

Las **rotaciones ordenadas** responden a la regla de la mano derecha (***el dedo índice apunta en el sentido del eje X positivo, dedo mayor apunta en el sentido del eje Y positivo y pulgar en el sentido del eje Z positivo***).

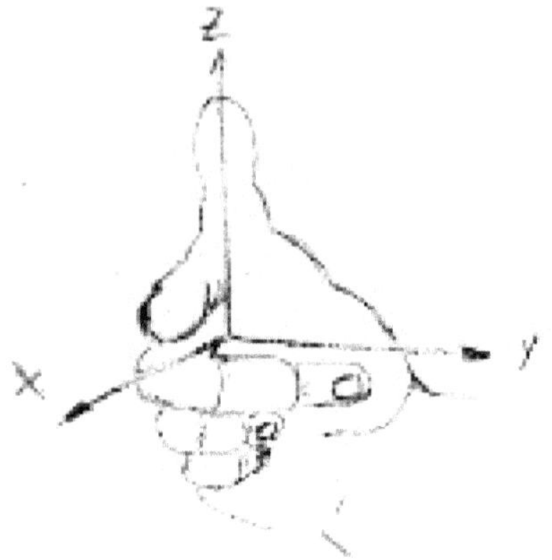

Otra situación posible en el desarrollo de estas grillas, es que se requiera rotar una parte o la totalidad de la misma respecto de un eje arbitrario que no coincida con ninguno de los ejes coordenados.
Para trabajar con estas situaciones, se presenta primero el caso general de rotación de un sistema respecto a otro sistema que comparte origen y en segundo lugar: la rotación de un sistema respecto de un eje arbitrario.

ROTACIÓN GENÉRICA DE UN SISTEMA RESPECTO DE OTRO

Una vez que sobre la cara del sólido se hayan definido todos los datos relevantes a la grilla, es posible cubrir el total de la superficie esférica que contiene todos los puntos de la misma, a través de rotaciones respecto de ejes del sistema de referencia debidamente seleccionados.
Tanto el eje de rotación, como el valor de las magnitudes para las rotaciones y el número de éstas a realizar, dependen del sólido elegido.

A modo de ejemplo, del uso de rotaciones, se pueden girar el tetraedro y el icosaedro a efectos que posean la misma orientación que el octaedro. Las caras a definir son las de trabajo, PPT:

- (CAB) para el tetraedro,
- (CAB) para el icosaedro.

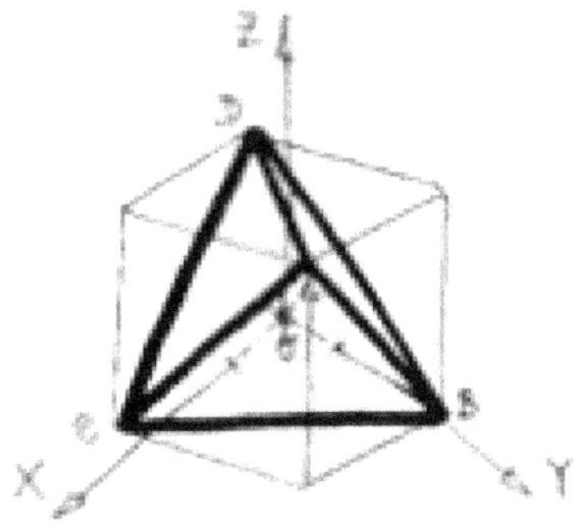

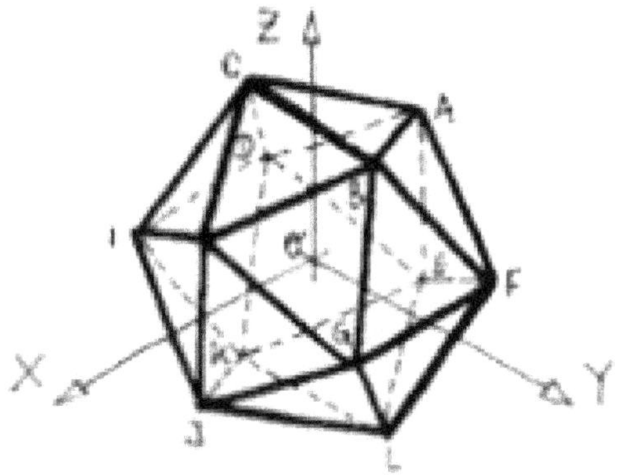

Ahora bien, suponiendo que se tiene un sólido al cual se le asocian dos sistemas de referencias, que comparten origen, coincidente con su centro de gravedad, pero que están rotados uno respecto del otro una cantidad arbitraria.
Asumiendo, también que uno de los sistemas de coordenadas es el sistema de referencia (X; Y; Z) con una base de vectores unitarios y ortogonales (i; j; k):

$$\vec{i} = \begin{bmatrix}1\\0\\0\end{bmatrix}; \vec{j} = \begin{bmatrix}0\\1\\0\end{bmatrix}; \vec{k} = \begin{bmatrix}0\\0\\1\end{bmatrix}$$

Y el otro sistema semejante (Xs; Ys; Zs), con una base de vectores unitarios y ortogonales (is; js; ks), denominado **sistema fijo al sólido**.

$$\overrightarrow{is} = \begin{bmatrix}1\\0\\0\end{bmatrix}; \overrightarrow{js} = \begin{bmatrix}0\\1\\0\end{bmatrix}; \overrightarrow{ks} = \begin{bmatrix}0\\0\\1\end{bmatrix}$$

Si el sistema fijo al sólido está orientado de tal modo que su eje Zs contiene al vértice A del sólido y lo que se busca es que este punto coincida con el eje Z del sistema de referencia, en términos algebraicos esto equivale a proyectar el sistema fijo al sólido sobre el sistema de referencia.
Esta proyección, que puede interpretarse como una rotación y cualquier otra se resuelven con el uso de una matriz de rotación genérica cuya expresión es la indicada a continuación:

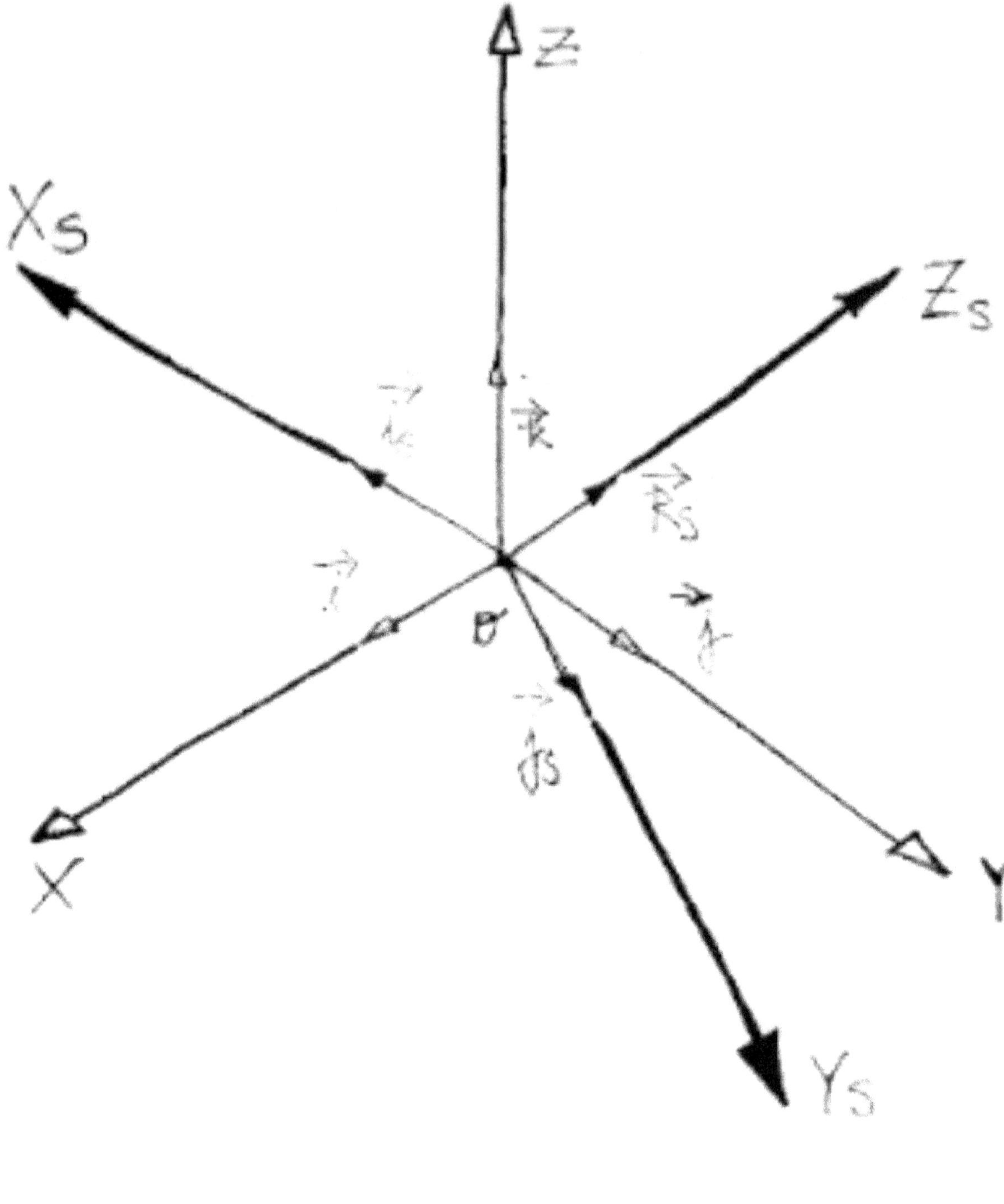

$$\begin{bmatrix} (\overrightarrow{is}.\vec{i}) & (\overrightarrow{js}.\vec{i}) & (\overrightarrow{ks}.\vec{i}) \\ (\overrightarrow{is}.\vec{j}) & (\overrightarrow{js}.\vec{j}) & (\overrightarrow{ks}.\vec{j}) \\ (\overrightarrow{is}.\vec{k}) & (\overrightarrow{js}.\vec{k}) & (\overrightarrow{ks}.\vec{k}) \end{bmatrix}$$

La matriz así formada, no es más que los cosenos directores de los ángulos entre dos vectores unitarios, perteneciendo uno al sistema fijo al sólido y el otro al sistema de referencia. Por lo tanto, para llevar las coordenadas del sistema fijo al sólido a otra posición, debe multiplicarse por la matriz genérica correspondiente:

$$\begin{bmatrix} \cos(\measuredangle(\overrightarrow{\boldsymbol{is}};\vec{\boldsymbol{i}})) & \cos(\measuredangle(\overrightarrow{\boldsymbol{js}};\vec{\boldsymbol{i}})) & \cos(\measuredangle(\overrightarrow{\boldsymbol{ks}};\vec{\boldsymbol{i}})) \\ \cos(\measuredangle(\overrightarrow{\boldsymbol{is}};\vec{\boldsymbol{j}})) & \cos(\measuredangle(\overrightarrow{\boldsymbol{js}};\vec{\boldsymbol{j}})) & \cos(\measuredangle(\overrightarrow{\boldsymbol{ks}};\vec{\boldsymbol{j}})) \\ \cos(\measuredangle(\overrightarrow{\boldsymbol{is}};\vec{\boldsymbol{k}})) & \cos(\measuredangle(\overrightarrow{\boldsymbol{js}};\vec{\boldsymbol{k}})) & \cos(\measuredangle(\overrightarrow{\boldsymbol{ks}};\vec{\boldsymbol{k}})) \end{bmatrix}$$

<u>Observación</u>:

Si se quisiera rotar el sistema de referencia en vez del *sistema fijo al sólido*, se usa la matriz transpuesta.

$$\begin{bmatrix} \cos(\measuredangle(\vec{\boldsymbol{i}};\overrightarrow{\boldsymbol{is}};)) & \cos(\measuredangle(\vec{\boldsymbol{j}};\overrightarrow{\boldsymbol{is}})) & \cos(\measuredangle(\vec{\boldsymbol{k}};\overrightarrow{\boldsymbol{is}})) \\ \cos(\measuredangle(\vec{\boldsymbol{i}};\overrightarrow{\boldsymbol{js}};)) & \cos(\measuredangle(\vec{\boldsymbol{j}};\overrightarrow{\boldsymbol{js}})) & \cos(\measuredangle(\vec{\boldsymbol{k}};\overrightarrow{\boldsymbol{js}})) \\ \cos(\measuredangle(\vec{\boldsymbol{i}};\overrightarrow{\boldsymbol{ks}})) & \cos(\measuredangle(\vec{\boldsymbol{j}};\overrightarrow{\boldsymbol{ks}})) & \cos(\measuredangle(\vec{\boldsymbol{k}};\overrightarrow{\boldsymbol{ks}})) \end{bmatrix}$$

Las rotaciones positivas sobre los ejes coordenados son casos puntuales de esta matriz de rotación, en donde un eje del sistema fijo al sólido coincide con un eje del sistema de referencia.
Aquí se realiza el giro sobre esos ejes, la cantidad que se desee.
A modo de ejemplo se muestran las rotaciones respecto a los tres ejes de referencia: X, Y, Z; las cuales son rotaciones simples o puras.

MATRICES DE ROTACIÓN CON GIROS POSITIVOS, CON RELACIÓN A LOS TRES EJES COORDENADOS:

<table>
<tr>
<td>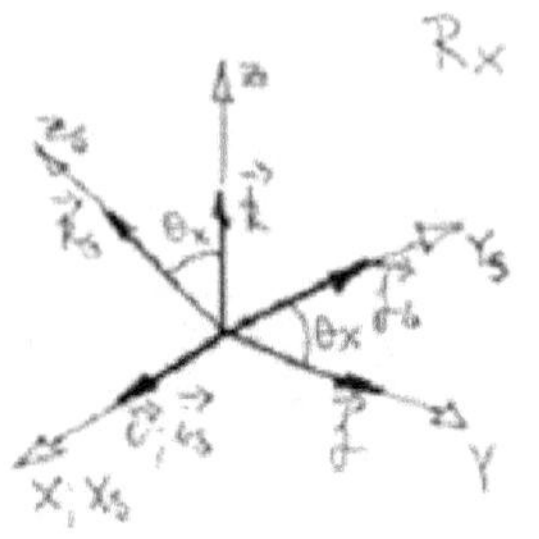
</td>
<td>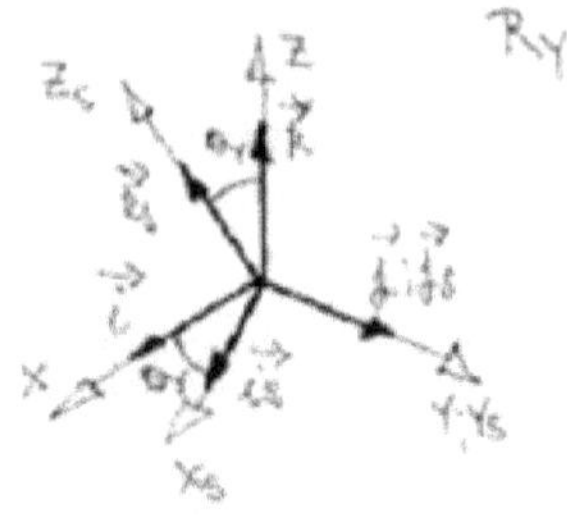
</td>
<td>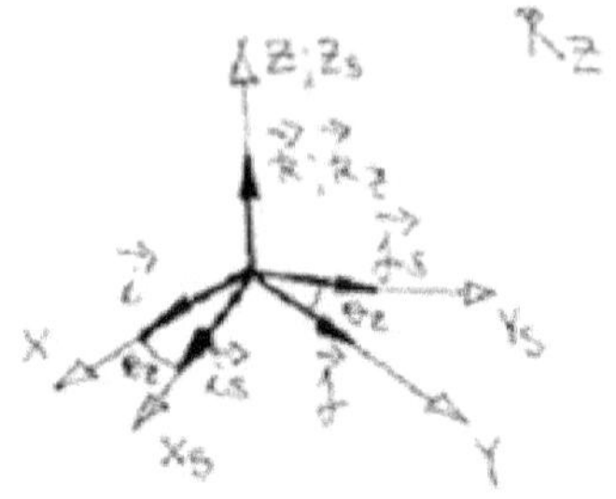
</td>
</tr>
<tr>
<td>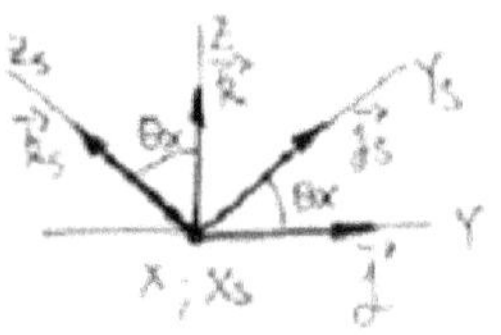
</td>
<td>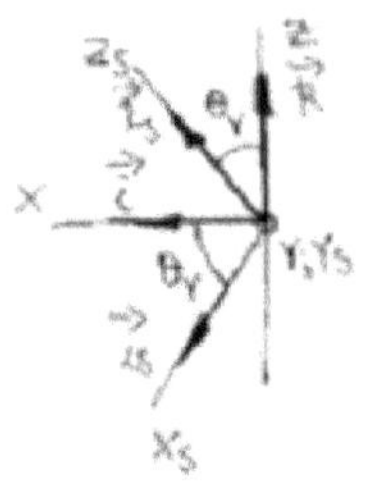
</td>
<td>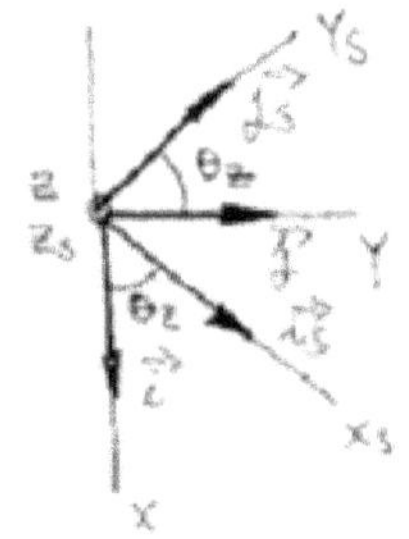
</td>
</tr>
<tr>
<td>$$\begin{bmatrix} \cos(0) & \cos(90) & \cos(90) \\ \cos(90) & \cos(\theta x) & \cos(90+\theta x) \\ \cos(90) & \cos(90-\theta x) & \cos(\theta x) \end{bmatrix}$$</td>
<td>$$\begin{bmatrix} \cos(\theta y) & \cos(90) & \cos(90-\theta y) \\ \cos(90) & \cos(0) & \cos(90) \\ \cos(90+\theta y) & \cos(90) & \cos(\theta y) \end{bmatrix}$$</td>
<td>$$\begin{bmatrix} \cos(\theta z) & \cos(90+\theta z) & \cos(90) \\ \cos(90-\theta z) & \cos(\theta z) & \cos(90) \\ \cos(90) & \cos(90) & \cos(0) \end{bmatrix}$$</td>
</tr>
</table>

ROTACIONES EN RELACIÓN A DIRECCIONES ARBITRARIAS[24]

Por lo tanto, para la rotación respecto de un eje cualquiera, también conocida como *rotación compuesta*, es necesario:

a) Definir el eje arbitrario.

Este siempre pasará por el origen (O) del sistema de coordenada elegido para el trabajo y otro punto representativo que pertenecerá a la superficie del sólido platónico esférico (por ejemplo, C).

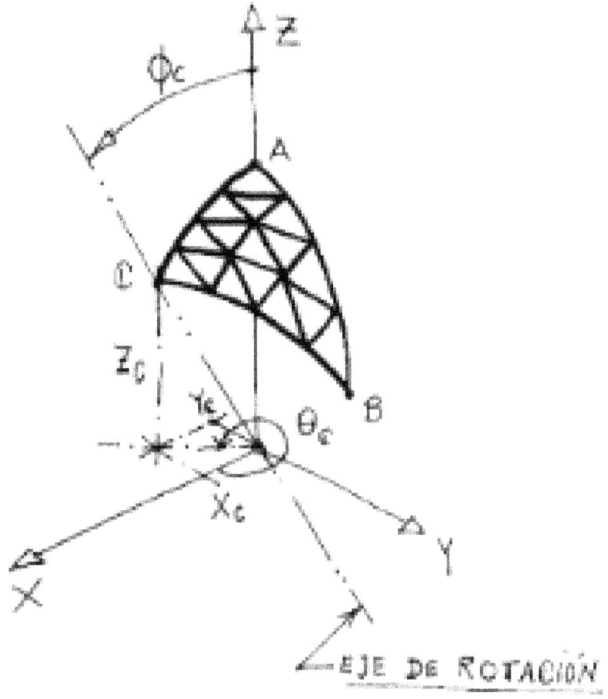

Para iniciar el método de rotación compuesta, conociendo un vector en su dirección que permita usar sus ángulos esféricos ϕ, y θ, es decir, la colatitud y el acimut.

b) Se rota la grilla en torno al eje Z, una cantidad igual al acimut del punto (C) y en sentido contrario a las manecillas del reloj (es decir: –θ).

$$\left[R_{(-\theta)Z}\right] = \begin{bmatrix} \cos(-\theta) & -\sin(-\theta) & 0 \\ \sin(-\theta) & \cos(-\theta) & 0 \\ 0 & 0 & 1 \end{bmatrix}$$

c) La próxima acción es, rotar la grilla respecto del eje (Y) una cantidad igual a la colatitud del punto (por ejemplo C) y en sentido contrario a las manecillas del reloj (es decir: –ϕ).

$$\left[R_{(-\phi)Y}\right] = \begin{bmatrix} \cos(-\phi) & 0 & \sin(-\phi) \\ 0 & 1 & 0 \\ -\sin(-\phi) & 0 & \cos(-\phi) \end{bmatrix}$$

d) Ahora es posible girar la grilla alrededor del eje +Z el ángulo que esta necesita respecto del eje arbitrario. Suponiendo, primero una cantidad (+α):

$$\left[R_{(+\alpha)Z}\right] = \begin{bmatrix} \cos(+\alpha) & -.\sin(+\alpha) & 0 \\ \sin(+\alpha) & \cos(+\alpha) & 0 \\ 0 & 0 & 1 \end{bmatrix}$$

Y en una segunda instancia una cantidad (+β):

$$\left[R_{(+\beta)Z}\right] = \begin{bmatrix} \cos(+\beta) & -\sin(+\beta) & 0 \\ \sin(+\beta) & \cos(+\beta) & 0 \\ 0 & 0 & 1 \end{bmatrix}$$

e) Para reflejar los resultados (de rotar respecto del eje arbitrario dos cantidades determinadas (+α y +β)); se necesita llevar el eje arbitrario a su posición original y de ese modo se verá la grilla con las posiciones buscadas.
Para ello, hay que rotar, primero, de modo inverso una cantidad igual a la colatitud del eje y en sentido de las manecillas del reloj (es decir: +ϕ), en torno del eje (Y),

$$\left[R_{(+\phi)Y}\right] = \begin{bmatrix} \cos(+\phi) & 0 & \sin(+\phi) \\ 0 & 1 & 0 \\ -\sin(+\phi) & 0 & \cos(+\phi) \end{bmatrix}$$

Y en una segunda instancia rotar una cantidad igual al acimut del eje y en sentido de las manecillas del reloj, es decir: +θ en torno del eje (Z):

$$\left[R_{(+\theta)Z}\right] = \begin{bmatrix} \cos(+\theta) & -\sin(+\theta) & 0 \\ \sin(+\theta) & \cos(+\theta) & 0 \\ 0 & 0 & 1 \end{bmatrix}$$

Es posible después de presentar esta secuencia, obtener una única matriz que resuma todas las operaciones necesarias para un conjunto de rotaciones específicas respecto de un eje arbitrario, que facilite el sistema de cálculo a realizar.

Esta matriz es de la forma:

$$\left[R_{calculo}\right] = \left[R_{(+\theta)Z}\right] * \left[R_{(+\phi)Y}\right] * \left[R_{(+\beta)Z}\right] * \left[R_{(+\alpha)Z}\right] * \left[R_{(-\phi)Y}\right] * \left[R_{(-\theta)Z}\right]$$

Por lo tanto, cualquier punto de la grilla cuyas coordenadas sean del tipo $\left[X_{GRILLA}; Y_{GRILLA}; Z_{GRILLA}\right]$, que deba rotar las cantidades (+α) y (+β) respecto de un eje arbitrario, se tiene que multiplicar por la matriz de cálculo $\left[R_{calculo}\right]$, es decir:

$$\begin{bmatrix} X_{ROTADA} \\ Y_{ROTADA} \\ Z_{ROTADA} \end{bmatrix} = \left[R_{calculo}\right] * \begin{bmatrix} X_{GRILLA} \\ Y_{GRILLA} \\ Z_{GRILLA} \end{bmatrix}$$

Ahora con la ayuda de esta herramienta (las ***rotaciones ordenadas***), se está en condiciones de realizar la primera manipulación de puntos de un sólido (tetraedro e icosaedro) con la intención que la cara ABC tenga su vértice (A) coincidente con el eje (Z) y los vértices (B y C) queden simétricos con respecto al plano (XZ).

En el **tetraedro** esto se logra girando primeramente en Z (θz= -45°) y luego en Y (θy = -54,73561032°):

$$[R_{(-45°)Z}] = \begin{bmatrix} \cos(-45°) & -\sin(-45°) & 0 \\ \sin(-45°) & \cos(-45°) & 0 \\ 0 & 0 & 1 \end{bmatrix}$$

$$[R_{(-45°)Z}] = \begin{bmatrix} 0.707106781186548 & 0.707106781186548 & 0 \\ -0.707106781186548 & 0.707106781186548 & 0 \\ 0 & 0 & 1 \end{bmatrix}$$

$$[R_{(-54.73561032°)Y}] = \begin{bmatrix} \cos(-54.73561032°) & 0 & \sin(-54.73561032°) \\ 0 & 1 & 0 \\ -\sin(-54.73561032°) & 0 & \cos(-54.73561032°) \end{bmatrix}$$

$$[R_{(-54.73561032°)Y}] = \begin{bmatrix} 0.57735026915037 & 0 & -0.816496580955484 \\ 0 & 1 & 0 \\ 0.816496580955484 & 0 & 0.57735026915037 \end{bmatrix}$$

$$[R_{calculo}] = [R_{(-\phi)Y}] * [R_{(-\theta)Z}]$$

$$[R_{calculo}] = \begin{bmatrix} 0.408248290436105 & 0.408248290436105 & -0.816496580955484 \\ -0.707106781186547 & 0.707106781186548 & 0 \\ 0.577350269209253 & 0.577350269209253 & 0.57735026915037 \end{bmatrix}$$

Y en el **icosaedro**, se logra con solo una rotación respecto del eje (Y) (θy=58,282525592°)

$$[R_{(+58.282525592°)Y}] = \begin{bmatrix} \cos(+58.282525592°) & 0 & \sin(+58.282525592°) \\ 0 & 1 & 0 \\ -\sin(+58.282525592°) & 0 & \cos(+58.282525592°) \end{bmatrix}$$

$$[R_{(+58.282525592°)Y}] = \begin{bmatrix} 0.525731112060326 & 0 & 0.850650808388385 \\ 0 & 1 & 0 \\ -0.850650808388385 & 0 & 0.525731112060326 \end{bmatrix}$$

Así con la aplicación de estas rotaciones, tanto el tetraedro como el icosaedro, quedaran orientados como el octaedro, con un vértice sobre el eje (+Z).

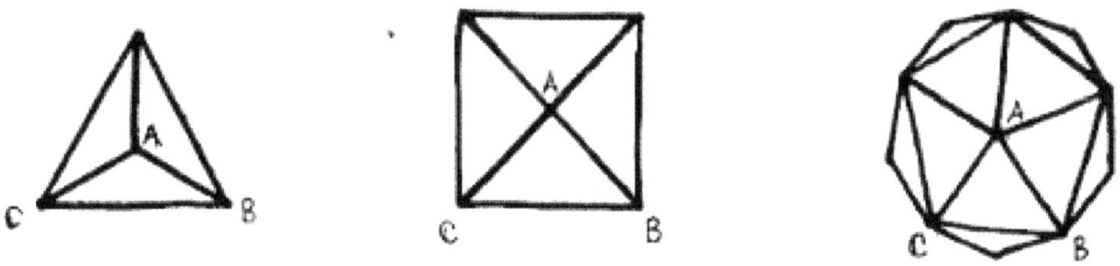

Retomando con los sólidos orientados (los tres de manera semejante en relación al sistema de coordenadas), se está en condiciones de iniciar el desarrollo para las grillas de la cara seleccionada. Recordar que esta cara es la que se denomina: **PPT**.
Las coordenadas para esta cara (**PPT**), asociadas a cada uno de los tres sólidos, son las de la figura de abajo.

				Tetrahedron				
ítems	Vector	coordenadas			Vector unitario	coordenadas normalizadas		
		X	Y	Z		x	y	z
1	OA	1	1	1	Oa	0,577350269	0,577350269	0,577350269
2	OB	-1	1	-1	Ob	-0,577350269	0,577350269	-0,577350269
3	OC	1	-1	-1	Oc	0,577350269	-0,577350269	-0,577350269
35	***OArot***	***-8,32731E-11***	***1,11022E-16***	***1,732050808***	***Oarzy***	***-4,80777E-11***	***6,40988E-17***	***1***
36	***OBrot***	***0,816496581***	***1,414213562***	***-0,577350269***	***Obrzy***	***0,471404521***	***0,816496581***	***-0,333333333***
37	***OCrot***	***0,816496581***	***-1,414213562***	***-0,577350269***	***Ocrzy***	***0,471404521***	***-0,816496581***	***-0,333333333***
				Octahedron				
ítems	Vector	Coordenadas			Vector unitario	Coordenadas normalizadas		
		X	Y	Z		x	y	z
1	OA	0	0	1,414213562	Oa	0	0	1
2	OB	-1	1	0	Ob	-0,707106781	0,707106781	0
3	OC	1	1	0	Oc	0,707106781	0,707106781	0
				Icosahedron				
ítems	Vector	Coordenadas			Vector unitario	Coordenadas normalizadas		
		X	Y	Z		x	y	z
1	OA	-1,618033989	0	1	Oa	-0,850650808	0	0,525731112
2	OB	0	1	1,618033989	Ob	0	0,525731112	0,850650808
3	OC	0	-1	1,618033989	Oc	0	-0,525731112	0,850650808
152	***OArot***	***1,05471E-14***	***0***	***1,902113033***	***Oarz***	***5,54495E-15***	***0***	***1***
153	***OBrot***	***1,376381921***	***1***	***0,850650808***	***Obrz***	***0,723606798***	***0,525731112***	***0,447213595***
154	***OCrot***	***1,376381921***	***-1***	***0,850650808***	***Ocrz***	***0,723606798***	***-0,525731112***	***0,447213595***

Los valores en recuadro, en la tabla de arriba, son las coordenadas rotadas para el tetraedro (las superiores) y para el icosaedro (las inferiores).

Con estas dos reorientaciones se comienza con el desarrollo del esquema I para los tres sólidos.

CAPÍTULO 8

ECUACIONES DESCRIPTIVAS, DEFINICIÓN DE GRILLA

ESQUEMA I: EL SÓLIDO TIENE UN VÉRTICE EN SU TECHO

MÉTODO ALTERNATIVO [25]

El primer paso es elegir un lado del sólido platónico, (se opta por AC) y se lo subdivide en la frecuencia deseada, por ejemplo: ***v =4***.
El lado AB, se obtiene por simetría con AC, respecto del plano XZ.

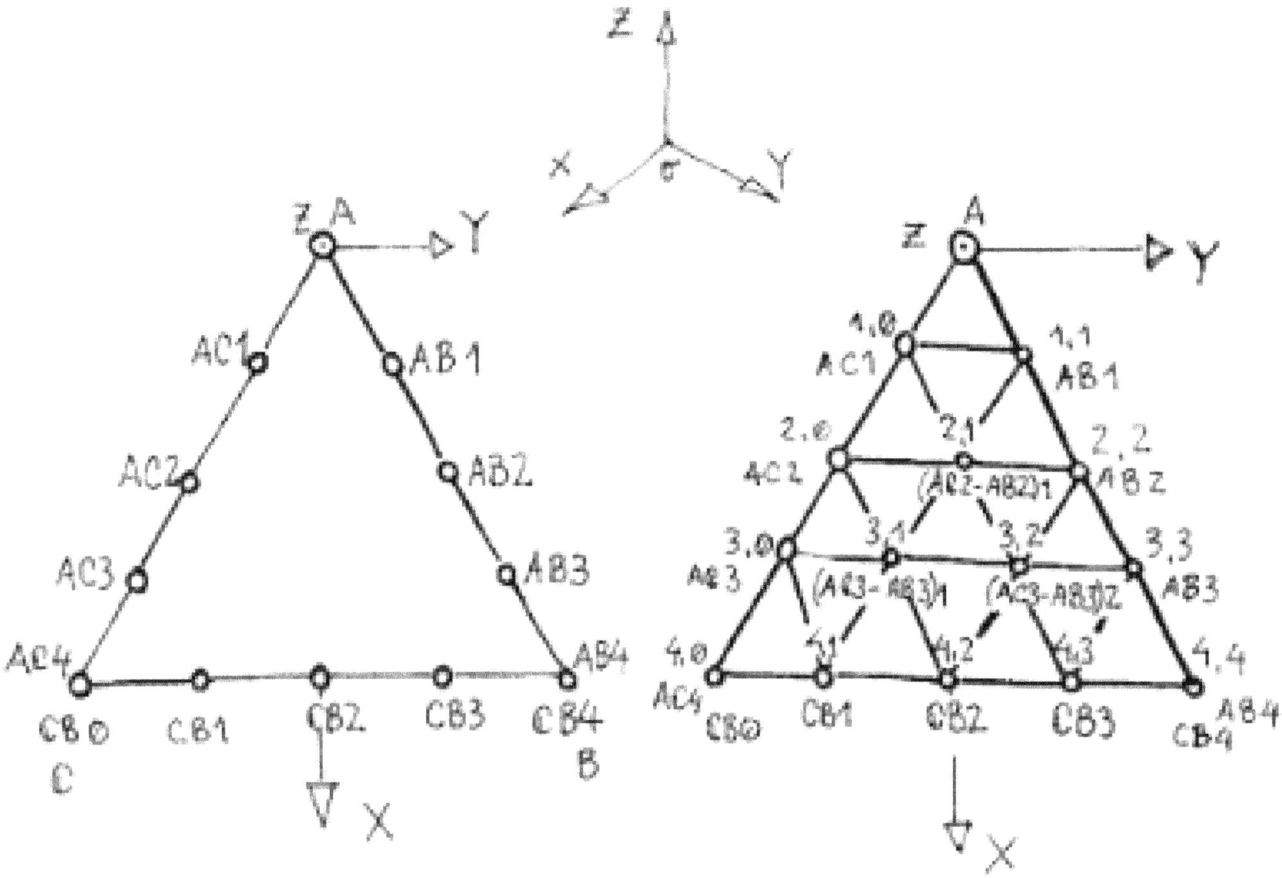

Por su parte el lado CB, se subdivide como AC o bien aplicando la técnica de ubicación de puntos intermedios que se muestra a continuación. Cualquiera de los dos arroja el mismo resultado.
Para identificar los puntos intermedios entre A y C; *se parte definiendo en forma paramétrica la ecuación de la recta que pasa por esos dos puntos.*

Esta expresión es de la forma:

$$X_{int} = X_A + t.(X_C - X_A)$$
$$Y_{int} = Y_A + t.(Y_C - Y_A)$$
$$Z_{int} = Z_A + t.(Z_C - Z_A)$$

Con esta expresión los valores intermedios se encuentran variando el parámetro (t), que guarda relación directa con la frecuencia, como se ve a continuación.

Se comienza de A hacia C.

El primer punto AC1, queda definido para un valor de t=1/4.

$$X_{AC1} = X_A + (\frac{1}{4}).(X_C - X_A)$$

$$Y_{AC1} = Y_A + (\frac{1}{4}).(Y_C - Y_A)$$

$$Z_{AC1} = Z_A + (\frac{1}{4}).(Z_C - Z_A)$$

El punto AC2, queda definido para un valor de t=2*(1/4).

$$X_{AC2} = X_A + 2.(\frac{1}{4}).(X_C - X_A)$$

$$Y_{AC2} = Y_A + 2.(\frac{1}{4}).(Y_C - Y_A)$$

$$Z_{AC2} = Z_A + 2.(\frac{1}{4}).(Z_C - Z_A)$$

El punto AC3, queda definido para un valor de t=3*(1/4).

$$X_{AC3} = X_A + 3.(\frac{1}{4}).(X_C - X_A)$$

$$Y_{AC3} = Y_A + 3.(\frac{1}{4}).(Y_C - Y_A)$$

$$Z_{AC3} = Z_A + 3.(\frac{1}{4}).(Z_C - Z_A)$$

Generalizando, para un punto ACj y una frecuencia $\boldsymbol{\nu_o}$ queda definido para un valor de $t=j^*(1/\nu_o)$.

$$X_{ACj} = X_A + j.(\frac{1}{\nu o}).(X_C - X_A)$$

$$Y_{ACj} = Y_A + j.(\frac{1}{\nu o}).(Y_C - Y_A)$$

$$Z_{ACj} = Z_A + j.(\frac{1}{\nu o}).(Z_C - Z_A);$$

Con (j) variando de 1 a ν_o-1.

Observando este conjunto de valores respecto al origen del sistema de coordenadas, obtenemos los distintos radios vectores para la división del lado AC.

Los puntos sobre AB, se obtienen por simetría con respecto al plano XZ.

También se puede considerar una expresión genérica para calcular todos los puntos sobre el segmento de recta AB. Esta tiene la forma:

$$X_{ABk} = X_A + k.(\frac{1}{\nu o}).(X_B - X_A)$$

$$Y_{ABk} = Y_A + k.(\frac{1}{\nu o}).(Y_B - Y_A)$$

$$Z_{ABk} = Z_A + k.(\frac{1}{\nu o}).(Z_B - Z_A)$$

Con (k) variando de 1 a ν_o-1.

Una expresión semejante existe para los puntos intermedios del segmento de la recta que contiene a CB, cuyo punto genérico es (h):

$$X_{CBh} = X_C + h.(\frac{1}{\nu o}).(X_B - X_C)$$

$$Y_{CBh} = Y_C + h.(\frac{1}{\nu o}).(Y_B - Y_C)$$

$$Z_{CBh} = Z_C + h.(\frac{1}{\nu o}).(Z_B - Z_B)$$

Con (h) variando de 1 a ν_o-1.

Seguidamente, para determinar los puntos internos de la grilla, se aplica el mismo método que para la división de los lados del sólido platónico, trabajando por niveles, contando el punto A, como el nivel 0 (cero), la recta AC1-AB1 como el nivel 1(uno), la recta AC2-AB2 como el nivel 2 (dos), la recta ACj-ABj como el nivel j (jota), hasta la recta AC ν_o -AB ν_o = CB que será el nivel $\nu_o = \nu$.

Para todas las grillas triangulares, que se desarrollan, el primer nivel que tiene puntos internos es el nivel 2, con 1 (un) punto interno, el nivel tres con 2 (dos) puntos internos, el 4 con 3 (tres) puntos internos, etc. *Es decir, que la cantidad de puntos internos en un nivel es igual al número del nivel, disminuido en una unidad*.

Comenzando por el nivel que tiene el primer punto interno (el Nº2). Es necesario determinar la ecuación paramétrica de la recta que pasa por los puntos AC2 y AB2

$$X_{AC2-AB2} = X_{AC2} + \left(\frac{i}{s}\right).(X_{AB2} - X_{AC2}) = X_{AC2} + \left(\frac{1}{2}\right).(X_{AB2} - X_{AC2})$$

$$Y_{AC2-AB2} = Y_{AC2} + \left(\frac{i}{s}\right).(Y_{AB2} - Y_{AC2}) = Y_{AC2} + \left(\frac{1}{2}\right).(Y_{AB2} - Y_{AC2})$$

$$Z_{AC2-AB2} = Z_{AC2} + \left(\frac{i}{s}\right).(Z_{AB2} - Z_{AC2}) = Z_{AC2} + (\frac{1}{2}).(Z_{AB2} - Z_{AC2})$$

Para los puntos internos del nivel 3, (*i*) tomara dos valores posibles. 1 y 2, con una expresión genérica de la recta que contiene los puntos internos de la forma siguiente:

$$X_{AC3-AB3} = X_{AC3} + (\frac{i}{s}).(X_{AB3} - X_{AC3})$$

$$Y_{AC3-AB3} = Y_{AC3} + (\frac{i}{s}).(Y_{AB3} - Y_{AC3})$$

$$Z_{AC3-AB3} = Z_{AC3} + (\frac{i}{s}).(Z_{AB3} - Z_{AC3})$$

Por lo tanto, (s) toma el valor del nivel en observación (s=2), entonces se está sobre el nivel 2 (dos), si (s=3), se está en el nivel 3 (tres), etc. Y el contador i =1,2,....., p=(s-1); está indicando la cantidad de puntos internos a calcular por nivel.

Generalizando, se puede decir que la ecuación paramétrica de la recta que contiene los puntos internos entre los puntos ACj y ABj, tiene la forma:

$$X_{ACj-ABj} = X_{ACj} + (\frac{i}{s}).(X_{ABj} - X_{ACj})$$

$$Y_{ACj-ABj} = Y_{ACj} + (\frac{i}{s}).(Y_{ABj} - Y_{ACj})$$

$$Z_{ACj-ABj} = Z_{ACj} + (\frac{i}{s}).(Z_{ABj} - Z_{ACj})$$

Todos los puntos calculados, que definen la grilla generada, se apoyan sobre la cara del sólido platónico.
Ahora hay que llevarlos a la superficie del sólido platónico esférico (a la superficie de una esfera de radio unitario). Esto se logra a través de la **normalización** de todos los radios vectores calculados hasta ahora. Para ello se dan las fórmulas generales que permite calcular todos los puntos externos e internos de la grilla.
Aplicando una notación más sencilla:

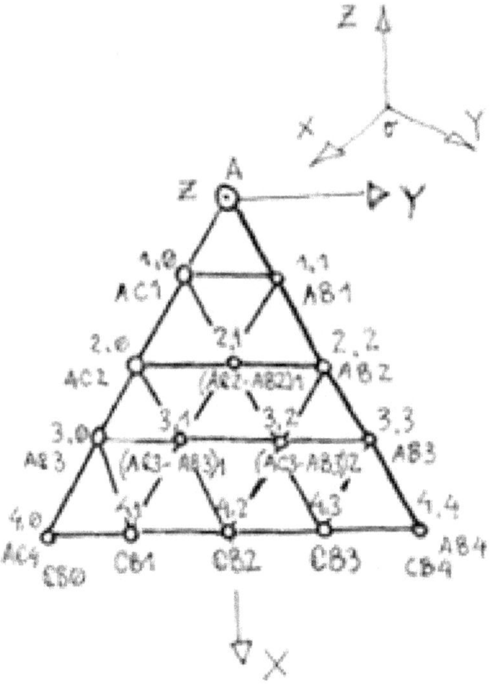

Fórmula para los puntos perimetrales:

I. Punto (0,0), (*sus coordenadas coinciden con las del punto A*)

$$X_{ji} = X_{00} = X_A$$
$$Y_{ji} = Y_{00} = Y_A$$
$$Z_{ji} = Z_{00} = Z_A$$

$$[X_A;Y_A;Z_A] = [X_{00};Y_{00};Z_{00}]$$

II. Para j= ν_o ;i=0, el punto se denomina (ν_o,0) y coincide con las coordenadas del punto C

$$X_{ji} = X_{\text{vo}0} = X_C$$
$$Y_{ji} = Y_{\text{vo}0} = Y_C$$
$$Z_{ji} = Z_{\text{vo}0} = Z_C$$
$$[X_C;Y_C;Z_C] = [X_{\text{vo}0};Y_{\text{vo}0};Z_{\text{vo}0}]$$

Para el resto de los valores de j (j=1,2,......., (ν_o-1)), manteniendo i=0, se denomina (j, 0), al punto calculado.

$$\boldsymbol{X_{j0}} = X_{00} + \left(\frac{j}{\text{vo}}\right).(X_{\text{vo}0} - X_{00}) = \boldsymbol{X_{jj}}$$

$$\boldsymbol{Y_{j0}} = Y_{00} + \left(\frac{j}{\text{vo}}\right).(Y_{\text{vo}0} - Y_{00}) = -(\boldsymbol{Y_{jj}})$$

$$\boldsymbol{Z_{j0}} = Z_{00} + \left(\frac{j}{\text{vo}}\right).(Z_{\text{vo}0} - Z_{00}) = \boldsymbol{Z_{jj}}$$

$$[\boldsymbol{X_{j0}};\boldsymbol{Y_{j0}};\boldsymbol{Z_{j0}}] = [\boldsymbol{X_{jj}}; -(\boldsymbol{Y_{jj}});\boldsymbol{Z_{jj}}]$$

III. ***<u>Fórmula para los puntos internos:</u>*** se calculan por nivel, es decir, (j) toma un valor, e (i) varía de 1 hasta el valor de h= (j-1) y el punto se denomina (j, i).

$$X_{ji} = X_{j0} + (\frac{i}{j}).(X_{jj} - X_{j0})$$

$$Y_{ji} = Y_{j0} + (\frac{i}{j}).(Y_{jj} - Y_{j0})$$

$$Z_{ji} = Z_{j0} + (\frac{i}{j}).(Z_{jj} - Z_{j0})$$

$$[X_{ji};Y_{ji};Z_{ji}] = \left[X_{j0} + (\frac{i}{j}).(X_{jj} - X_{j0});Y_{j0} + (\frac{i}{j}).(Y_{jj} - Y_{j0});Z_{j0} + (\frac{i}{j}).(Z_{jj} - Z_{j0})\right]$$

<u>Con esta nueva designación se expresan los valores para las coordenadas sobre el sólido esférico</u>:

i.

$$(0;0) = (x00;y00;z00) = \frac{(X_{00};Y_{00};Z_{00})}{\sqrt{(X_{00}^2 + Y_{00}^2 + Z_{00}^2)}}$$

ii. $$(v_0;0) = (xv_00;yv_00;zv_00) = \frac{(Xv_00;Yv_00;Zv_00)}{\sqrt{\left(X_{v_00}^{\,2} + Y_{v_00}^{\,2} + Z_{v_00}^{\,2}\right)}}$$

iii. $$(j;0) = (xj0;yj0;zj0) = \frac{(\boldsymbol{X_{j0}};\boldsymbol{Y_{j0}};\boldsymbol{Z_{j0}})}{\sqrt{\left(X_{j0}^2 + Y_{j0}^2 + Z_{j0}^2\right)}}$$; con j=1,2,..., (v_0-1).

iv. $$(j;i) = (xji;yji;zji) = \frac{(X_{ji};Y_{ji};Z_{ji})}{\sqrt{\left(X_{ji}^2 + Y_{ji}^2 + Z_{ji}^2\right)}}$$; con j=cte, e i=1,2,.., (j-1)

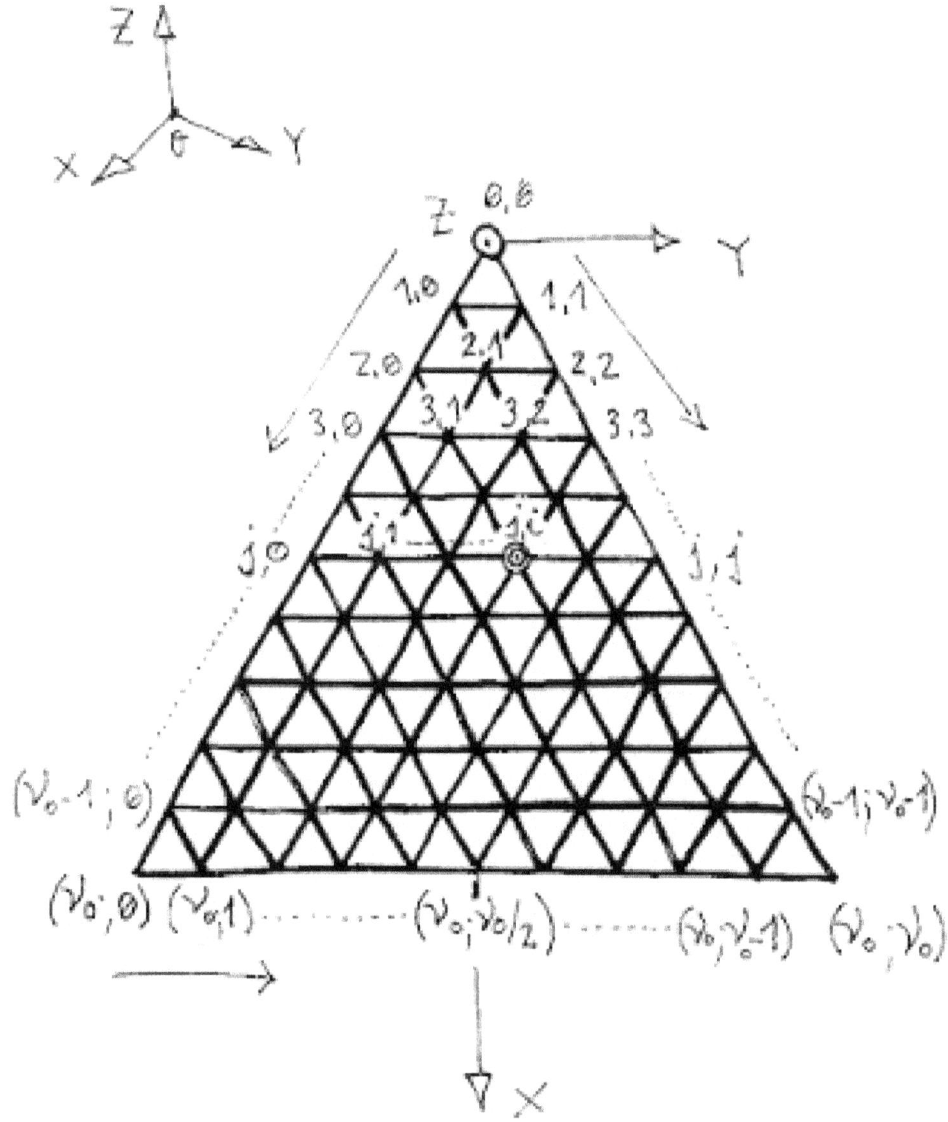

EJEMPLO MÉTODO ALTERNATIVO

Solido elegido:
Icosaedro
$\{3,5\}_{0,4}$

Frecuencia de subdivisión:
ν = 4

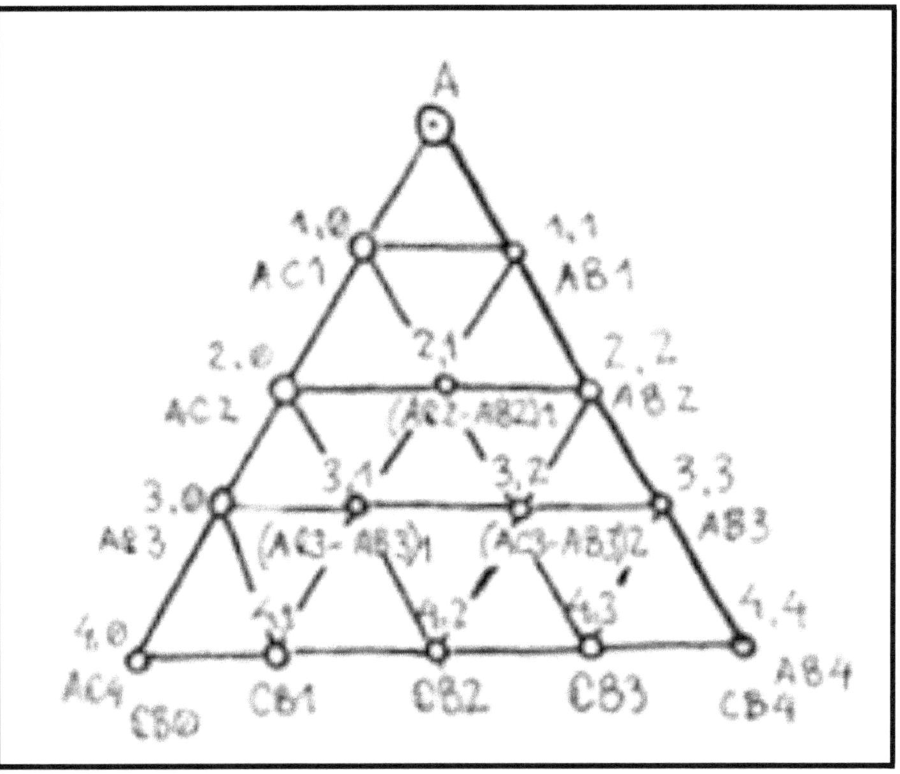

Ítems	Puntos		Coordenada Sólido Platónico			Coordenada Sólido Platónico Esférica			Coordenada Geodésica	
	1º Designación	2º Designación	xsp	ysp	zsp	xspe	yspe	zspe	ϕ	θ
1	A	0,0	0	0	1,902113033	0	0	1	0	0
2	AC1	1,0	0,34409548	0,25	1,639247477	0,203182744	-0,147620904	0,96794878	14,54543656	324
3	AB1	1,1	**0,34409548**	**0,25**	**1,639247477**	**0,203182744**	**0,147620904**	**0,96794878**	**14,54543656**	**36**
4	AC2	2,0	0,68819096	-0,5	1,376381921	0,425325404	-0,309016994	0,850650808	31,71747441	324
5	(AC2-AB2)1	2,1	0,68819096	0	1,376381921	0,447213596	0	0,894427191	26,56505118	0
6	AB2	2,2	0,68819096	0,5	1,376381921	0,425325404	0,309016994	0,850650808	31,71747441	36
7	AC3	3,0	**1,032286441**	**-0,75**	**1,113516364**	**0,609548232**	**-0,442862713**	**0,657513171**	**48,88951226**	**324**
8	(AC3-AB3)1	3,1	1,032286441	-0,25	1,113516364	0,670820393	-0,162459848	0,723606798	43,64692711	346,386178
9	(AC3-AB3)2	3,2	1,032286441	0,25	1,113516364	0,670820393	0,162459848	0,723606798	43,64692711	13,61382244
10	AB3	3,3	**1,032286441**	**0,75**	**1,113516364**	**0,609548232**	**0,442862713**	**0,657513171**	**48,88951226**	**36**
11	C=AC4	4,0	**1,376381921**	**-1**	**0,850650808**	**0,723606798**	**-0,525731112**	**0,447213595**	**63,43494882**	**324**
12	(AC4-AB4)1	4,1	1,376381921	-0,5	0,850650808	0,812730976	-0,295241809	0,502295367	59,84802322	340,035371
13	(AC4-AB4)2	4,2	1,376381921	0	0,850650808	0,850650808	0	0,525731112	58,28252559	0
14	(AC4-AB4)3	4,3	1,376381921	0,5	0,850650808	0,812730976	0,295241809	0,502295367	59,84802322	19,96462874
15	B=AB4	4,4	**1,376381921**	**1**	**0,850650808**	**0,723606798**	**0,525731112**	**0,447213595**	**63,43494882**	**36**

$$X_{10} = 0 + \left(\frac{1}{4}\right).(1{,}376381921 - 0) = 0{,}34409548$$

$$Y_{10} = 0 + \left(\frac{1}{4}\right).(-1 - 0) =- 0{,}25$$

$$Z_{10} = 1{,}902113033 + \left(\frac{1}{4}\right).(0{,}850650808 - 1{,}902113033) = 1{,}639247477$$

$$[X_{10}; Y_{10}; Z_{10}] = [X_{11}; -(Y_{11}); Z_{11}]$$

$$[X_{10};Y_{10};Z_{10}] = [0{,}34409548;\ -0{,}25;1{,}639247477];$$
$$[X_{11};(Y_{11});Z_{11}] = [0{,}34409548;\ +0{,}25;1{,}639247477]$$

$$\|[X_{10};Y_{10};Z_{10}]\| = \sqrt{0{,}34409548^2 + (-0{,}25)^2 + 1{,}639247477^2} = 1{,}69352708576$$

;

Normalizando, se mueve el punto a la superficie del solido platónico esférico de radio unitario:

$$[xspe_{10};yspe_{10};zspe_{10}] = \frac{[X_{10};Y_{10};Z_{10}]}{\|[X_{10};Y_{10};Z_{10}]\|} = [\mathbf{0{,}203182744};-\mathbf{0{,}147620904};\mathbf{0{,}96794878}]$$

$$\|[xspe_{10};yspe_{10};zspe_{10}]\| = \sqrt{\mathbf{0{,}203182744}^2 + (-\mathbf{0{,}147620904})^2 + \mathbf{0{,}96794878}^2} = 1$$

Expresando esta terna en coordenadas esféricas para un radio unitario:

$$\theta = 360 + \tan^{-1}\left(\frac{yspe_{10}}{xspe_{10}}\right) = 224°$$

; dado que x>0 e y<0

$$\phi = \cos^{-1}(zspe_{10}) = 14{,}54543656°$$

2CP: MÉTODO INTERSECCIÓN DE DOS CIRCUNFERENCIAS PRINCIPALES[26]

Con este método, ***la cara y las coordenadas de los puntos empleados son del sólido platónico esférico***. Esto obliga a utilizar algunas herramientas trigonométricas diferentes, previas a la obtención de los vectores de trabajo.
En primer término, se determinan las coordenadas esféricas de cada punto en que se divide cada lado de la cara del sólido elegido. En una segunda instancia se hace la conversión al sistema de coordenadas rectangulares. Con los puntos en este sistema es más fácil, definir las circunferencias máximas que permiten encontrar las coordenadas de los puntos internos de la grilla, a través del uso de vectores.
Dado que la subdivisión que define a ésta grilla se hace sobre los arcos de circunferencia máxima que atraviesan la cara del sólido platónico esférico, es necesario ver cómo es posible materializar los vectores que las representan y ver su empleo en la determinación de los puntos buscados.
Antes de avanzar, cabe aclarar que en los cálculos se utilizan ángulos centesimales, que son empleados a la hora de medir y construir estructura. Y t*ambién es importante señalar que en el desarrollo de algoritmos o para el uso de cualquier programa de cálculo, es común utilizar la unidad de medida de los ángulos en RADIANES (rad).*
La relación entre ambas magnitudes es:

$$(1\,rad) = \frac{180^{\circ}}{\pi} = 57{,}2957795131^{\circ}$$

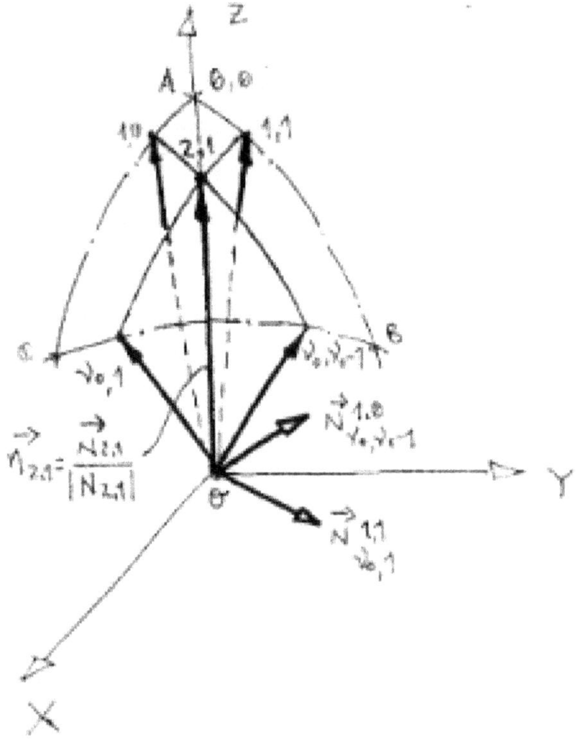

Ahora bien, en modo análogo, al primer esquema (Método Alternativo: *CUERDAS IGUALES=CF*), se inicia con un lado, el AC por ejemplo, partiendo por el arco definido por el ángulo central que tiene como extremo los puntos A y C, con vértice en el origen del centro de coordenadas.
La menor división (0,0; 1,0) se consigue como: la relación entre la longitud de arco AC y la frecuencia elegida para la grilla (aquí se supone un valor para la frecuencia: ν=4), desde A= (0,0) y C= (4, 0):

$$arc(0,0;1,0) = (\frac{1}{4}).arc(0,0;4,0)$$

Lo que se logra de este modo es que la longitud de arco entre cada punto de la grilla, sea constante.
El segundo punto (2, 0), se ubica, contando desde A=0,0:

$$arc(0,0;2,0) = (\frac{2}{4}).arc(0,0;4,0)$$

El tercer punto (3, 0), se ubica, contando desde A=0,0:

$$arc(0,0;3,0) = (\frac{3}{4}).arc(0,0;4,0)$$

Por lo tanto, cualquier punto j (j, 0), se ubica, contando desde A=0,0 de una grilla con frecuencia $\nu=\nu_0$:

$$arc(0,0;j,0) = (\frac{j}{\nu_o}).arc(0,0;\nu_o,0)$$

; j=1, 2, 3,........., ν_0-1.

Y el anteúltimo punto (νo-1, 0)

$$arc(0,0;(\nu_o - 1),0) = (\frac{\nu_o - 1}{\nu_o}).arc(0,0;\nu_o,0)$$

Estos arcos así definidos no son otra cosa que la componente del sistema de coordenadas esféricas ($\phi_i = (\frac{i}{\nu_o}).arc(0,0;\nu_o,0)$), es decir, las co*latitudes*. Mientras que la otra componente, el *acimut* (θ), queda definida por la posición de la cara de trabajo, θ=300° para el tetraedro, octaedro θ=315° y 324° para el icosaedro, siempre hablando para el lado AC. Para el lado AB, dichos valores serán: θ= 60° para el tetraedro y octaedro, θ= 45° y θ= 36° para el icosaedro.

Volviendo al lado AC, solo resta llevar estos valores a coordenadas cartesianas para expresarlos en modo de terna: (X, Y, Z).

$$X = \cos(\theta).\sin((\frac{i}{v_o}).arc(0,0;v_o,0))$$

$$Y = \sin(\theta).\sin((\frac{i}{v_o}).arc(0,0;v_o,0))$$

$$Z = \cos((\frac{i}{v_o}).arc(0,0;v_o,0))$$

Con i=1, 2, 3,........., v_0-1.

Dado que la posición del arco AC es fija respecto al sistema de coordenadas, por cada valor de φ (colatitud), el ángulo θ (acimut) se mantienen constante, entonces las ecuaciones anteriores para el arco AC toman la forma:

- Para el **tetraedro** (θ=300°)

$$X = (0,5).\sin((\frac{i}{v_o}).109,471220634491°)$$

$$Y = (-0,8666025403784).\sin((\frac{i}{v_o}).109,471220634491°)$$

$$Z = \cos((\frac{i}{v_o}).109,471220634491°)$$

- Para el **octaedro** (θ=315°)

$$X = (0{,}707106781187).\sin\left(\left(\frac{i}{\nu_o}\right).90°\right)$$

$$Y = (-0{,}707106781187).\sin\left(\left(\frac{i}{\nu_o}\right).90°\right)$$

$$Z = \cos\left(\left(\frac{i}{\nu_o}\right).90°\right)$$

- Para el **icosaedro** (θ= 324°)

$$X = (0{,}8090166994375).\sin\left(\left(\frac{i}{\nu_o}\right).63{,}4349488249024°\right)$$

$$Y = (-0{,}587785252292).\sin\left(\left(\frac{i}{\nu_o}\right).63{,}4349488249024°\right)$$

$$Z = \cos\left(\left(\frac{i}{\nu_o}\right).63{,}4349488249024°\right)$$

Los puntos sobre el arco AB, se consiguen del mismo modo, o aprovechando la posición de la cara respecto al sistema de coordenadas, por simétrica con AC.

Para el arco CB, también se aprovecha la posición de la cara, pero se trabaja con la ayuda de la *trigonometría esférica, aplicada a triángulos rectángulos*. Ya que sobre este lado varían los dos parámetros (colatitud φ y acimut θ), de un punto a otro.

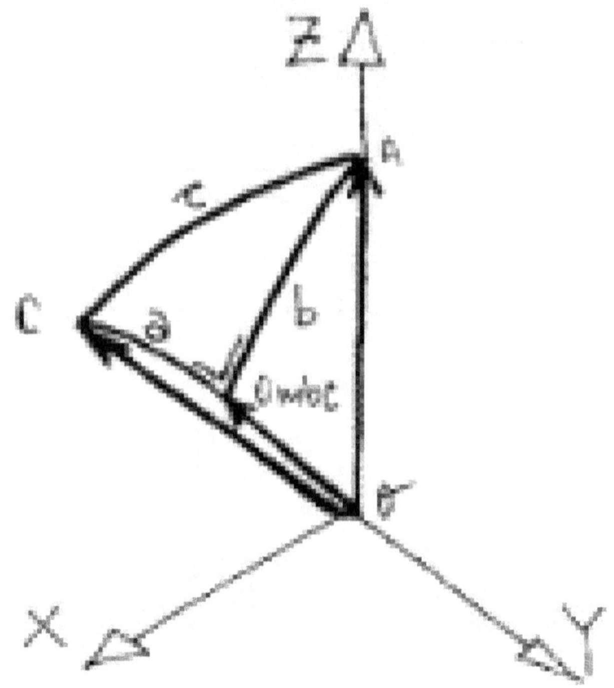

De las relaciones existentes para la trigonometría esférica, aplicada a triángulos esféricos rectángulos, solo se muestran las que tienen relevancia para los cálculos desarrollados: fórmula del coseno y seno:

- **Fórmula del coseno**

$$\cos(c) = \cos(\mathrm{a}).\cos(b)$$

- **Fórmula del seno**

$$\sin(A) = \frac{\sin(\mathrm{a})}{\sin(c)} = \frac{\sqrt{1 - (\cos^2 a)}}{\sqrt{1 - (\cos^2 c)}}$$

Con estas dos nuevas fórmulas se avanza en el cálculo para la ubicación de los puntos sobre el arco CB:
Del triángulo esférico se conoce, los tres lados; el definido por los vectores OC y Ombc cuya denominación será (c), otro lado por el vector OA y el vector Ombc, denominado (*b*) los cuales definen un ángulo: 125,264389682755”para el tetraedro, 45° para el octaedro y

58,2825255924997° para el icosaedro. Estos dos lados en el vértice mbc, forman un ángulo recto (90°). Y por último el lado (2.a) formado por el arco CB y definido por los vectores OC y OB.

El lado (a) en términos generales para un frecuencia $\nu=\nu_0$ es: (a $= \measuredangle$ (ν_0, 1; ν_0, ν_0 /2)). Entonces, la expresión general para cualquier división de este lado, se expresará por:

1st.

$$a_i = \left(\frac{\frac{\nu_0}{2} - i}{\frac{\nu_0}{2}}\right) \cdot \left[\frac{1}{2} \times \left(\measuredangle\left(\nu_0,0;\ \nu_0,\nu_0\right)\right)\right];\ \text{con } i = 1,2\ldots,q = \left(\frac{\nu_0}{2} - 1\right)$$

; siendo el ángulo:

$$\left(\measuredangle\left(\nu_0,0;\ \nu_0,\nu_0\right)\right) = \begin{cases} 109{,}471220634491°, \textit{para tetraedro} \\ 90°, \textit{para octaedro} \\ 63{,}4349488249024°, \textit{para icosaedro} \end{cases}$$

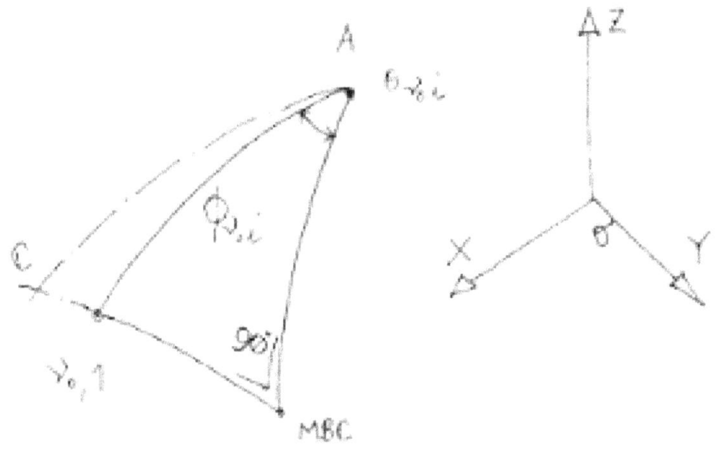

2nd. **Ángulo lado hipotenusa del triángulo esférico $\varphi_{\nu 0i}$ (colatitud)**

$$\cos\phi_{\nu 0i} = \left(\cos a_i\right).\left(\cos AOmbc\right);\ \text{con } i = 1,2\ldots,\ q = \left(\frac{\nu_0}{2} - 1\right)$$

$$\left(\measuredangle AOmbc\right) = \begin{cases} 125{,}264389682755° \\ 90° \\ 58{,}2825255924997° \end{cases}$$

Este es uno de los ángulos polares buscado y con él es posible determinar el restante:

3rd. **Ángulo vértice del triángulo esférico $\theta_{\nu 0i}$(acimut)**

$$\sin\theta_{\nu 0i} = \frac{\sin a_i}{\sin\phi_{\nu 0i}} = \frac{\sqrt{1-\left(\cos^2 a_i\right)}}{\sqrt{1-\left(\cos^2\phi_{\nu 0i}\right)}};\ \text{con } i = 1,2\ldots,q = \left(\frac{\nu_0}{2} - 1\right)$$

Con estas dos expresiones totalmente generales, se ubican todos los puntos sobre el arco CB de la cara PPT. Notar que estos puntos están sobre la superficie de la esfera de radio 1 (uno). Es decir, que son las componentes de vectores unitarios.

Las coordenadas para los puntos entre C y mbc, se calculan:

$$X = \cos(360 - \theta_{v0i}).\sin(\phi_{v0i})$$

$$Y = \sin(360 - \theta_{v0i}).\sin(\phi_{v0i})$$

$$Z = \cos(\phi_{v0i})$$

La otra mitad, es decir, de mbc a B:

$$X = \cos(\theta_{v0i}).\sin(\phi_{v0i})$$

$$Y = \sin(\theta_{\nu 0i}).\sin(\phi_{\nu 0i})$$
$$Z = \cos(\phi_{\nu 0i})$$

Los puntos internos se consiguen fácilmente, aplicando el siguiente razonamiento:

i. Se toma la primera subdivisión del arco AC y la última subdivisión del arco BC. Estos dos puntos pertenecen a la circunferencia máxima que está contenida en el mismo plano que los puntos seleccionados y el origen de coordenadas del sistema de referencia.

ii. Haciendo lo mismo con los puntos simétricos a los anteriores, es decir, sobre el arco AB, se elige la primera subdivisión y sobre el arco BC se elige la primera subdivisión. Estos dos puntos pertenecen a la circunferencia máxima que está contenida en el mismo plano que los puntos seleccionados y el origen de coordenadas del sistema de referencia.

Recordar que en el espacio, una de las maneras de definir un plano es conociendo al menos tres puntos contenidos en él. Otra, la más sencilla, conociendo un vector perpendicular a él y un punto suyo.

Ahora con estas consideraciones se ubican los puntos internos como la intersección de esas dos circunferencias máximas o lo que es lo mismo con la intersección de los dos planos que las contienen.

Como la intersección de dos planos en el espacio define una recta, es posible encontrar el vector director que define la dirección de esta recta y tendrá como origen el del sistema de referencia y extremo el punto buscado para la grilla.

El modo de calcular el vector perteneciente a la recta intersección de los dos planos, puede resolverse del modo que se comenta a continuación:

iii. Hay que calcular el vector normal a cada plano, a partir de dos vectores contenidos en el plano considerado. Por practicidad se usan los puntos elegidos en i) y ii), para definir los vectores contenidos en dichos planos y así calcular los vectores normales comentados.

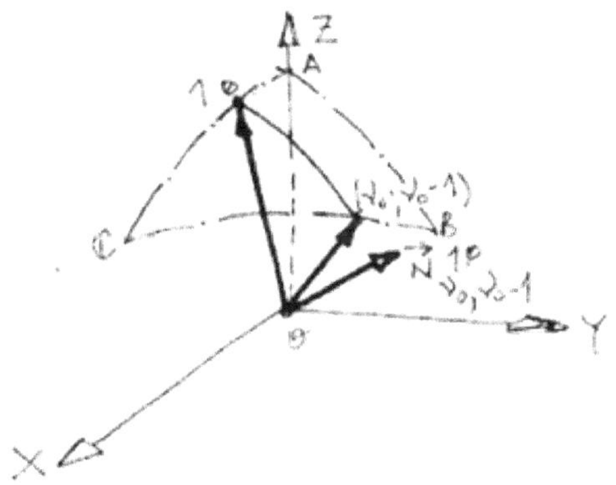

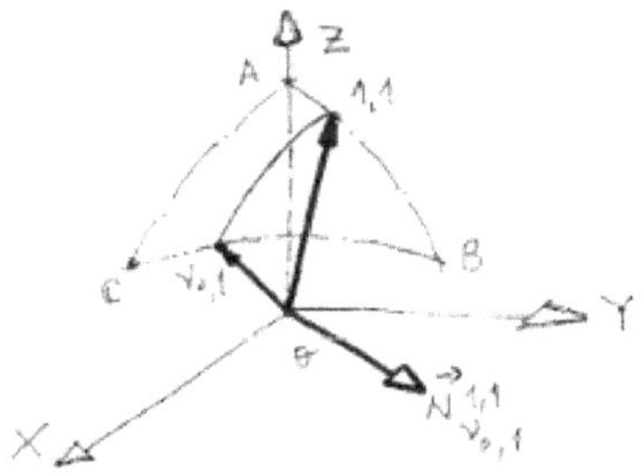

$$\overrightarrow{N^{1,1}_{v_O,1}} = \overrightarrow{(O;1,1)} \times \overrightarrow{(O;v_O,1)}$$

$$\overrightarrow{N^{1,0}_{v_O,v_O-1}} = \overrightarrow{(O;1,0)} \times \overrightarrow{(O;v_O,v_O-1)}$$

iv. Se obtiene el vector que contiene el punto de la grilla buscado, haciendo otro producto vectorial, con los dos vectores normales calculados anteriormente. Que es el vector con dirección a la recta definida por la intersección de estos dos planos

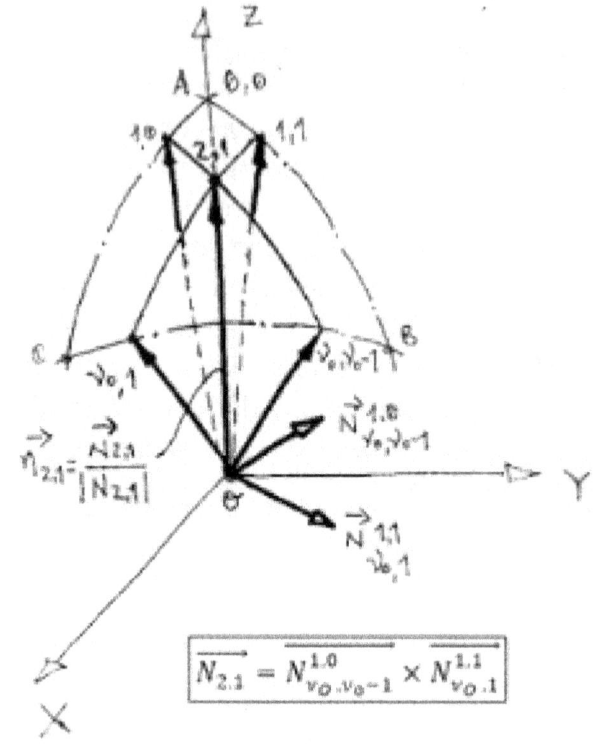

v. Con este vector (al normalizarlo) se define el punto buscado

$$\overrightarrow{n_{2,1}} = \frac{\overrightarrow{N_{2,1}}}{\left|\overrightarrow{N_{2,1}}\right|}$$

En el cuadro se muestra la generalización del cálculo explicado

×	$\frac{\overrightarrow{N_{(v_0;v_0-1)}^{(1;1)}}}{\left\lvert \overrightarrow{N_{(v_0;v_0-1)}^{(1;1)}} \right\rvert}$	$\frac{\overrightarrow{N_{(v_0;j)}^{(j;j)}}}{\left\lvert \overrightarrow{N_{(v_0;j)}^{(j;j)}} \right\rvert}$	$\frac{\overrightarrow{N_{(v_0;v_0-2_0)}^{(v_0-2;v_0-2)}}}{\left\lvert \overrightarrow{N_{(v_0;v_0-2_0)}^{(v_0-2;v_0-2)}} \right\rvert}$
$\frac{\overrightarrow{N_{(v_0;(v_0-1))}^{(1;0)}}}{\left\lvert \overrightarrow{N_{(v_0;(v_0-1))}^{(1;0)}} \right\rvert}$	$(2;1)$	$1 < j < v_0 - 2$ $\rightarrow$	$(v_0 - 1; v_0 - 2)$
$\frac{\overrightarrow{N_{(v_0;(v_0-i))}^{(i;0)}}}{\left\lvert \overrightarrow{N_{(v_0;(v_0-i))}^{(i;0)}} \right\rvert}$			
$\downarrow$ $1 < i < v_0 - 2$			
$\frac{\overrightarrow{N_{(v_0;2)}^{(v_0-2;0)}}}{\left\lvert \overrightarrow{N_{(v_0;2)}^{(v_0-2;0)}} \right\rvert}$	$(v_0 - 1; 1)$		

Este cuadro tiene dos interpretaciones:

La primera dice que si j=1 e i varia de (1 a v_0-2), se obtienen todos los primeros puntos de cada nivel. Si se repite el proceso, aumentado ahora a j=2 y con (i) variando de (1 a v_0-3), se obtienen todos los segundos puntos de cada nivel.

La segunda situación sería, fijar i=1 y variar j de (1 a v_0-2), en este caso se obtendrían todos los últimos puntos de cada nivel.

Si se basa en la primera suposición: para ubicar los primeros puntos internos de cada nivel, se deja fijo al vector con el contador en j = 1 $\frac{\overrightarrow{N_{(v_0;j)}^{(j;j)}}}{|\overrightarrow{N_{(v_0;j)}^{(j;j)}}|} = \frac{\overrightarrow{N_{(v_0;1)}^{(1;1)}}}{|\overrightarrow{N_{(v_0;1)}^{(1;1)}}|}$ y se multiplica por todos los vectores: $\frac{\overrightarrow{N_{(v_0;(v_0-i))}^{(i;0)}}}{|\overrightarrow{N_{(v_0;(v_0-i))}^{(i;0)}}|}$ con ($1 < i < v_0 - 2$).

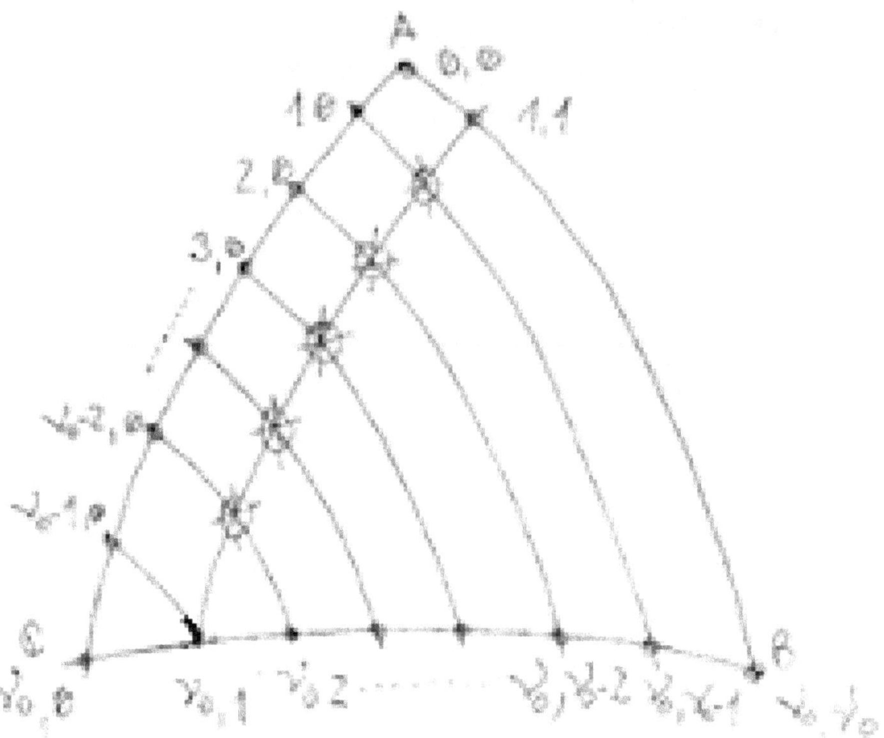

Una vez finalizado el contador `$i$´ se incrementa en 1 (uno) el contador `j´: $\frac{\overrightarrow{N_{(v_0;2)}^{(2;2)}}}{|\overrightarrow{N_{(v_0;2)}^{(2;2)}}|}$ con i: ($1 < \mathrm{i} < v_0 - 3$) y se multiplica por todos los vectores $\frac{\overrightarrow{N_{(v_0;(v_0-i))}^{(i;0)}}}{|\overrightarrow{N_{(v_0;(v_0-i))}^{(i;0)}}|}$, se obtienen todos los segundos puntos internos de cada nivel.

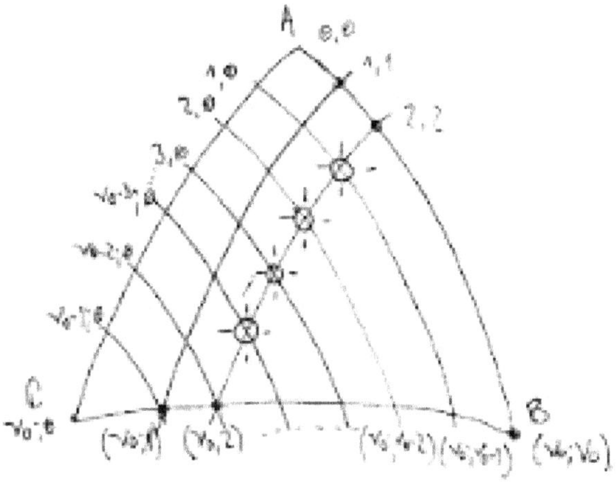

Generalizando esta idea es posible aumentar (j) cada vez una unidad y disminuir el contador (i) en la misma cantidad, hasta un nivel en que j= v_0-2, e (i) solo toma el valor i=1. Y en este momento se obtuvo la expresión de cálculo para cada punto internos de la grilla analizada.

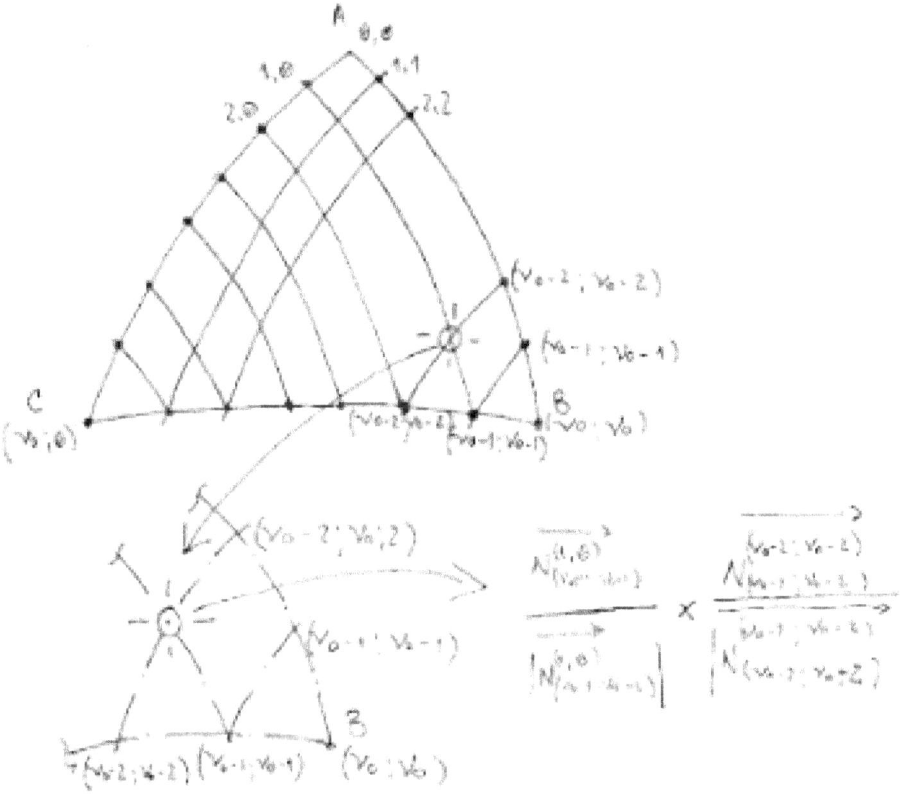

El cálculo finaliza cuando se hayan normalizado todos los productos calculados anteriormente. Dicho resultado son las coordenadas buscadas.

No olvidar que la cantidad de puntos internos por nivel, es igual al número del nivel disminuido en 1 (una) unidad. Es decir, en el nivel (***k***), el total de puntos interno será: (k-1).

Por lo tanto, si se desea calcular los puntos por nivel, los productos vectoriales a calcular, tienen la forma:

$$\frac{\overrightarrow{N^{(i;0)}_{(v_0;(v_0-i))}}}{\left|\overrightarrow{N^{(i;0)}_{(v_0;(v_0-i))}}\right|} \times \frac{\overrightarrow{N^{(j;j)}_{(v_0;j)}}}{\left|\overrightarrow{N^{(j;j)}_{(v_0;j)}}\right|};(\mathrm{k}-1<i<1),\ (1<\mathrm{j}<k-1)$$

Esto es, en un nivel cualquiera (`***k***´) se comienza por fijar: $i=(\mathrm{k}-1)$ y $\mathrm{j}=1$ se realiza el producto,

$$\frac{\overrightarrow{N_{(v_0;v_0-(k-1))}^{(k-1;k-1)}}}{\left|\overrightarrow{N_{(v_0;v_0-(k-1))}^{(k-1;k-1)}}\right|}\times\frac{\overrightarrow{N_{(v_0;1)}^{(1;1)}}}{\left|\overrightarrow{N_{(v_0;1)}^{(1;0)}}\right|}$$

Obteniéndose el primer punto de este nivel.

El siguiente paso es obtener el segundo punto interno de este mismo nivel. Para ello se sube un nivel el contador de i, mientras j baja un nivel. Haciendo el producto:

$$\frac{\overrightarrow{N_{(v_0;v_0-(k-2))}^{(k-2;k-2)}}}{\left|\overrightarrow{N_{(v_0;v_0-(k-2))}^{(k-2;k-2)}}\right|}\times\frac{\overrightarrow{N_{(v_0;2)}^{(2;2)}}}{\left|\overrightarrow{N_{(v_0;2)}^{(2;2)}}\right|}$$

Se halla el valor del segundo punto interno.

Repitiendo este procedimiento el último punto interno del nivel (`k´), es para el contador $i=1$, con j= $(k-1)$.

$$\frac{\overrightarrow{N_{(v_0;(v_0-1))}^{(1;0)}}}{\left|\overrightarrow{N_{(v_0;(v_0-1))}^{(1;0)}}\right|}\times\frac{\overrightarrow{N_{(v_0;v_0-(k-1))}^{(k-1;k-1)}}}{\left|\overrightarrow{N_{(v_0;v_0-(k-1))}^{(k-1;k-1)}}\right|}$$

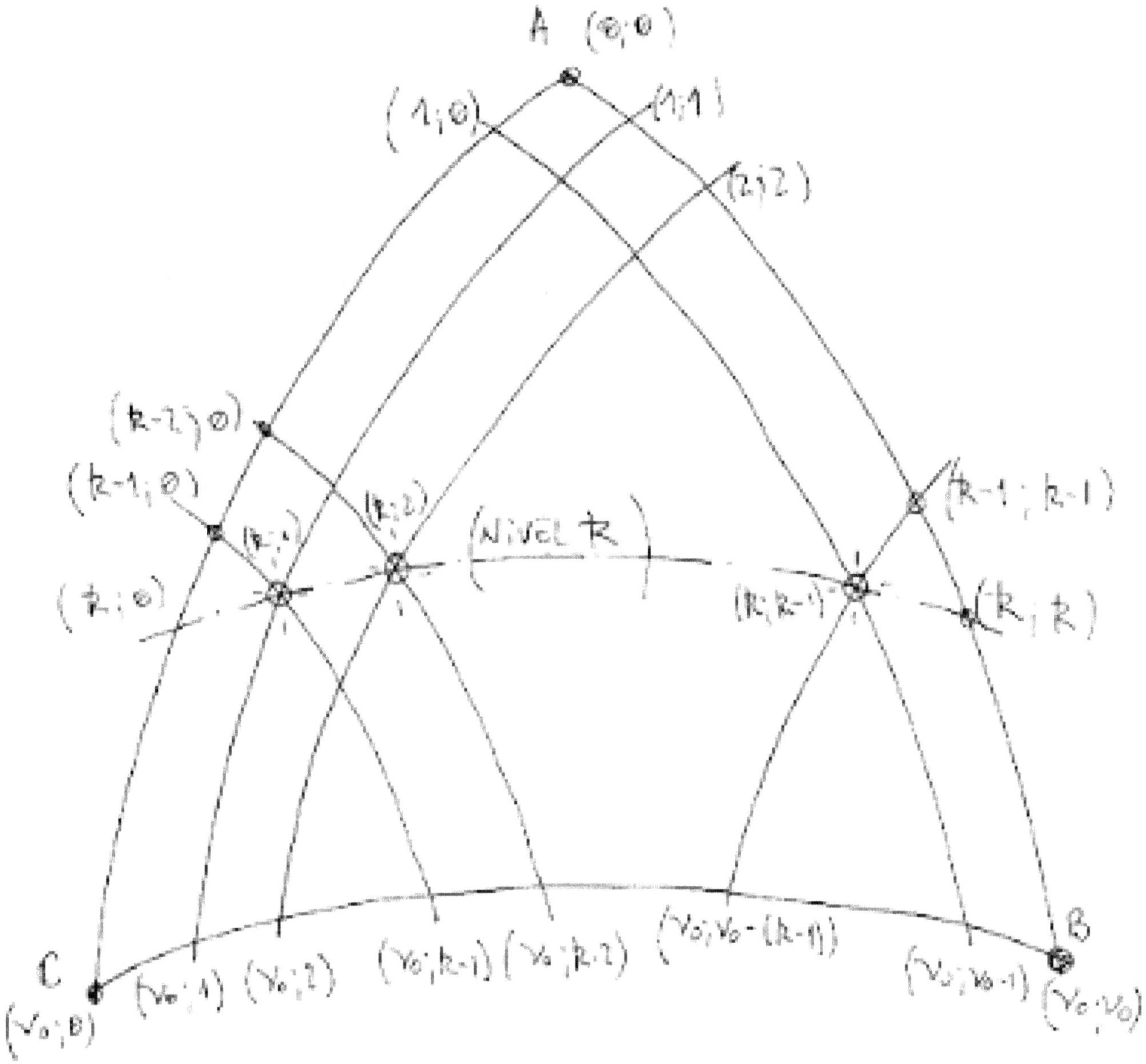
A (0;0)
(1;0)
(1;1)
(2;2)
(k-2;0)
(k-1;0)
(k;1)
(k;2)
NIVEL k
(k;0)
(k;k-1)
(k-1;k-1)
(k;k)
C
(ν0;0)
(ν0;1)
(ν0;2)
(ν0;k-1)
(ν0;k-2)
(ν0;ν0-(k-1))
(ν0;ν0-1)
B
(ν0;ν0)

EJEMPLO 2CP: MÉTODO INTERSECCIÓN DE DOS CIRCUNFERENCIAS PRINCIPALES

Solido elegido:
Icosaedro
$\{3,5\}_{b,c}$

Frecuencia de subdivisión:
ν = 4

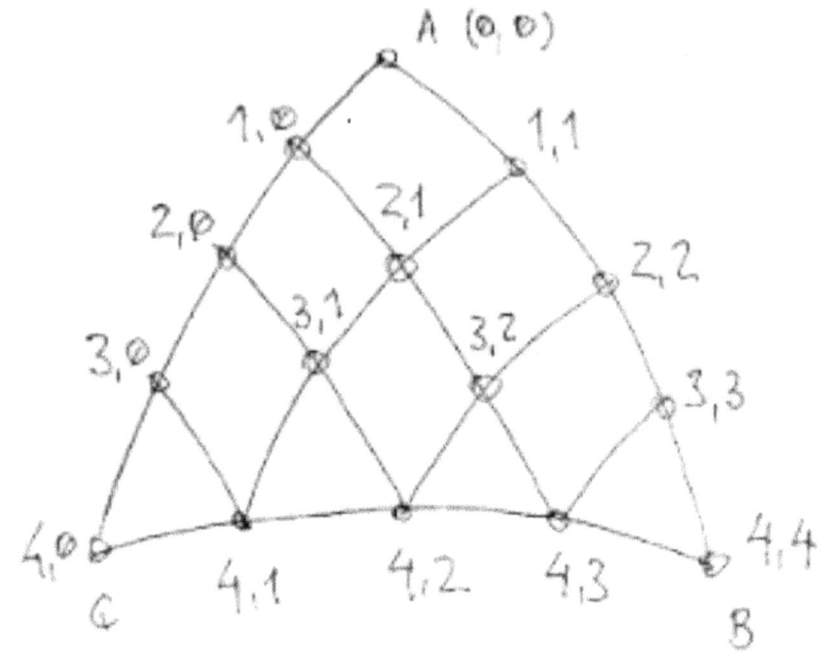

Triángulo1					
Punto	**x**	**y**	**z**	**ϕ**	**θ**
0,0	0,000000000000	0,000000000000	1,000000000000	0,000000000000	0,000000000000
1,0	0,221077265891	-0,160622035645	0,961938357782	15,858737206226	324,000000000000
1,1	0,221077265891	0,160622035645	0,961938357782	15,858737206226	36,000000000000
2,0	0,425325404188	-0,309016994384	0,850650808343	31,717474412451	324,000000000000
2,1	0,486964520232	1,879325265733	0,873421751524	29,141262795879	75,473199955690
2,2	0,425325404188	0,309016994384	0,850650808343	31,717474412451	36,000000000000
3,0	0,597196375764	-0,433888564563	0,674608925464	47,576211618677	324,000000000000
3,1	0,688628968569	-0,149297875053	0,709577542029	44,799446623694	347,767333122059
3,2	0,688628968569	0,149297875053	0,709577542029	44,799446623694	12,232666877941
3,3	0,597196375764	0,433888564563	0,674608925464	47,576211618677	36,000000000000
4,0	0,723606797812	-0,525731112060	0,447213595469	63,434948824903	324,000000005376
4,1	0,818273641667	-0,273266528921	0,505720922570	59,620779490006	341,533003009215
4,2	0,850650808388	0,000000000000	0,525731112060	58,282525592500	0,000000000000
4,3	0,818273641667	0,273266528921	0,505720922570	59,620779490006	18,466996990785
4,4	0,723606797812	0,525731112060	0,447213595469	63,434948824903	35,999999994624

Divisiones de los lados AC y AB

(arc AC)/v			θac		θab		
15,858737206226			324		36		
				ϕ			
1,0	1,1	2,0	2,2	3,0	3,3	4,0	4,4
15,858737206226	15,858737206226	31,717474412451	31,717474412451	47,576211618677	47,576211618677	63,434948824902	63,434948824902

Valores para ubicar los puntos sobre BC

a°	Aombc°	cos(ϕv0,i)	sin(ϕv0,i)	sin(θv0,i)	ϕv0,i	θv0,i
15,858737206226	58,28252559	0,505720922570	0,862697136007	0,316758358774	59,620779490006	18,466996990785
0	58,28252559	0,525731112060	0,850650808388	0	58,282525592500	0
15,858737206226	58,28252559	0,505720922570	0,862697136007	0,316758358774	59,620779490006	18,466996990785

Calculo de 2,1

Producto vectorial	x	y	z	módulo
(1,0 x 4,3)	-0,344095480118	0,675325404215	0,191845795112	0,781838161078
(1,1 x 4,1)	0,344095480118	0,675325404215	- 0,191845795112	0,781838161078
$N_{2,1}$	0,259116678263	0	0,464752838399	0,532105867054
2,1	0,486964520232	0	0,873421751524	

3CP: MÉTODO INTERSECCIÓN DE TRES CIRCUNFERENCIAS PRINCIPALES[27]

Para esta grilla, la división de los lados (cara de trabajo PPT), se realiza con la técnica empleada para el caso **2CP (Método intersección de dos circunferencias principales)**

A continuación, para encontrar los puntos internos de la grilla, hay que trabajar con la intersección de tres circunferencias principales, donde cada una de ellas (como en el caso de 2CP), están contenidas en los planos definidos por cada par de puntos seleccionados de la subdivisión de los lados de la cara de trabajo PPT.

En el análisis de situaciones posibles, que se presentan en el espacio cuando se trabaja con tres planos, se resumen al caso de intersección de tres planos oblicuos y dentro de esta categoría, donde los tres planos se intersectan de a dos, dando como resultado de cada intersección una recta que contiene el origen del sistema de referencia de trabajo.

Dado que cada intersección genera una recta; el caso en estudio muestra que las tres rectas resultantes se cortaran en el origen del sistema de referencia.

Ahora bien, las rectas así definidas, al atravesar la superficie esférica, cada una define un punto.

Ese punto será el extremo del vector director que vez normalizado, crea el punto de intersección de dos circunferencias principales y lo ubica en la superficie de la esfera de trabajo, tal cual ocurrió en el método 2CP.

Recordar que este, vector normalizado es el resultado del producto vectorial entre los vectores normales a cada plano definido previamente.

Repitiendo esto para las otras dos rectas, se posicionan tres puntos sobre la esfera, que ayudaran a definir el punto de división de la grilla que se intenta calcular.

En consecuencia, el punto de la grilla, será el baricentro de la figura que tiene como vértices los tres puntos calculados anteriormente.

Entonces, el punto que pertenece a la grilla, es otro vector normalizado cuyo origen es el del sistema de coordenadas y su extremo el baricentro de la figura plana definida por los tres puntos calculados (los cuales, cada uno, se obtuvieron como intersección entre dos circunferencias principales).

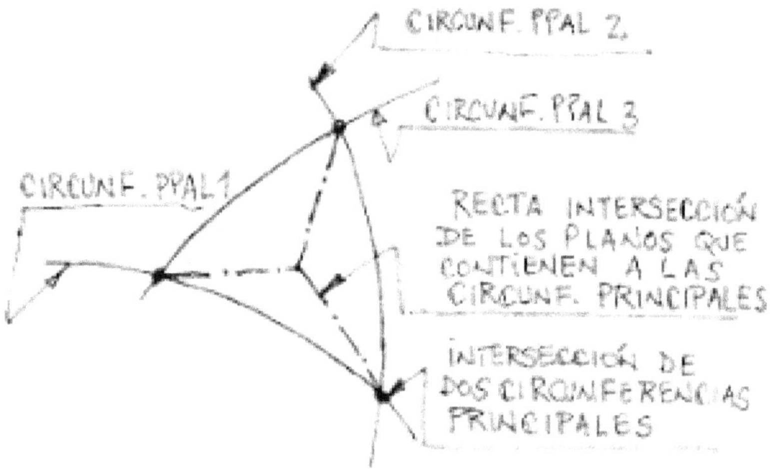

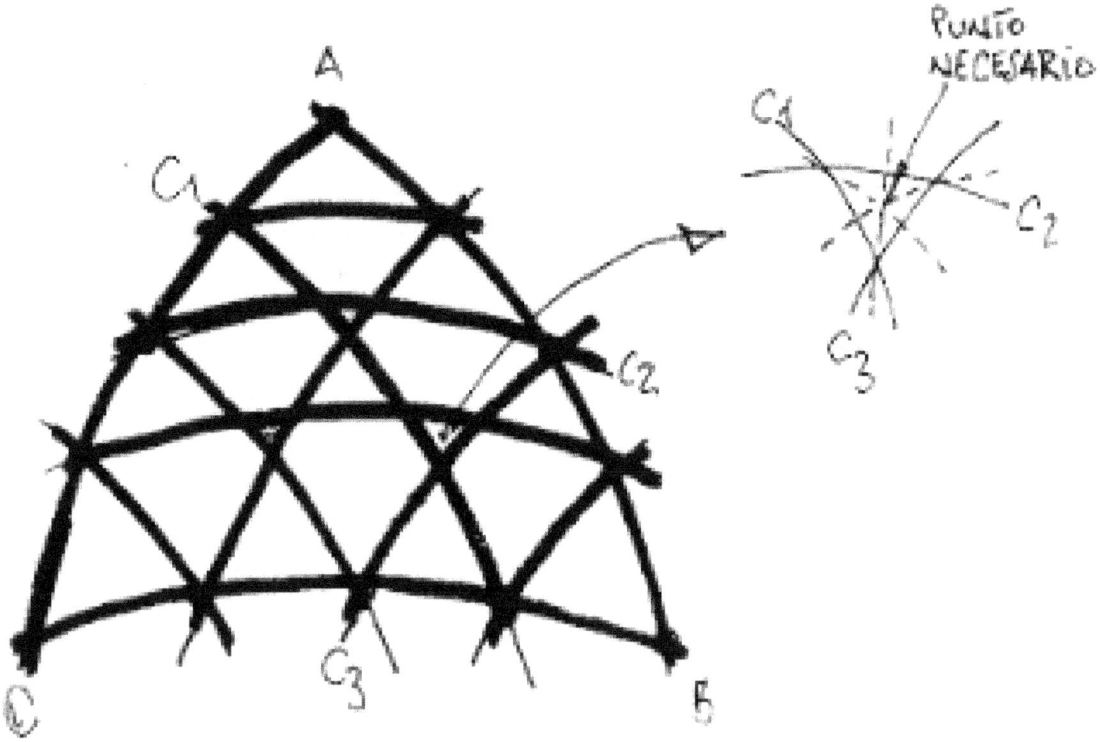

La receta para calcular esta grilla, se muestra con dos ejemplos, el primero es para ver cómo se encuentra el primer punto interno (2,1) y el segundo, para ubicar el primer punto intermedio del último nivel $(\nu_0 - 1;1)$:

Punto interno (2,1)

1st. Lo primero es identificar los tres planos necesarios para el cálculo; ellos son: el plano que contienen a los puntos (1,0); (ν_o, ν_o-1) y el origen de coordenadas; el segundo plano contiene a los puntos (1,1); (ν_o, 1) y el origen de coordenadas y el tercer plano contiene a los puntos (2,0); (2,2) y el origen de coordenadas.

2nd. Calcular los vectores normales a los planos que contienen los puntos seleccionados:

a. Para los puntos (1,0) y (ν_o, ν_o-1) y el origen de coordenadas, por ejemplo, plano 1 (π1), un vector normal es;

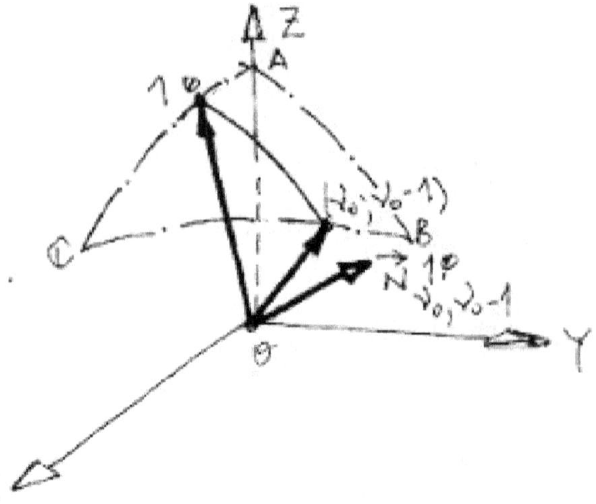

$$\overrightarrow{N^{1,0}_{\nu_0,\nu_0-1}} = \overrightarrow{(0;1,0)} \times \left(\overrightarrow{0;\nu_0,\nu_0-1}\right)$$

b. Para los puntos (1,1); (ν_o, 1)) y el origen de coordenadas, por ejemplo, plano 2 (π2), un vector normal es;

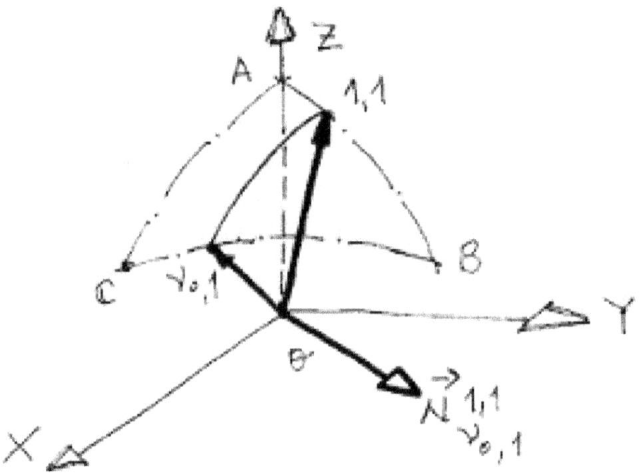

$$\overrightarrow{N^{1,1}_{\nu_0,1}} = \overrightarrow{(0;1,1)} \times \overrightarrow{(0;\nu_0,1)}$$

c. Para a los puntos (2,0); (2,2) y el origen de coordenadas, por ejemplo, plano 3 (π3), un vector normal es;

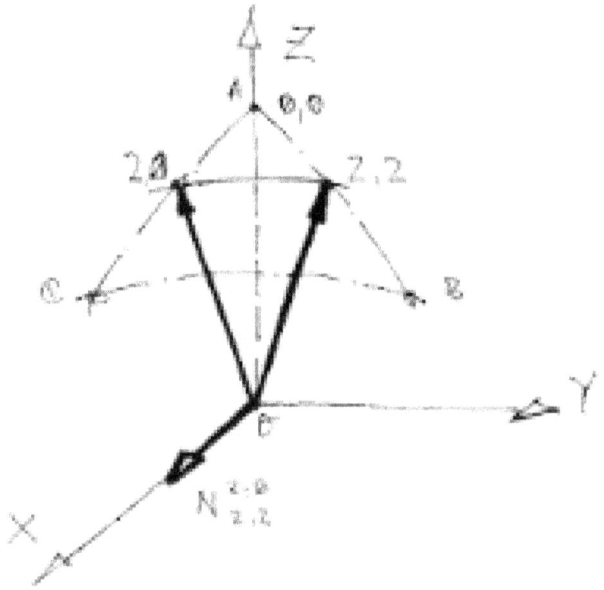

$$\overrightarrow{N_{2,2}^{2,0}} = \overrightarrow{(O;2,0)} \times \overrightarrow{(O;2,2)}$$

3rd. Calcular los vectores normales con direcciones a las rectas intersección de dos de los planos; como el producto vectorial de los vectores normales a dichos planos:

a. .... $\vec{1} = (\overrightarrow{N_{\nu_0,\nu_0-1}^{1,0}}) \times (\overrightarrow{N_{\nu_0,1}^{1,1}})$, vector director a la recta intersección entre los planos π1 y π2.

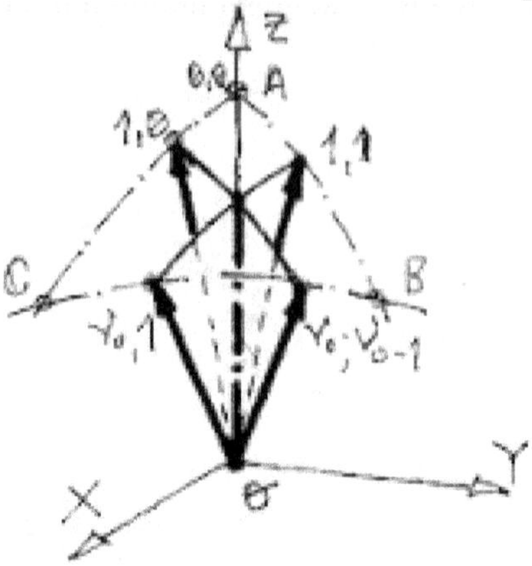

b. .... $\vec{2} = (\overrightarrow{N_{\nu_0,\nu_0-1}^{1,0}}) \times (\overrightarrow{N_{2,2}^{2,0}})$, vector director a la recta intersección entre los planos π1 y π3.

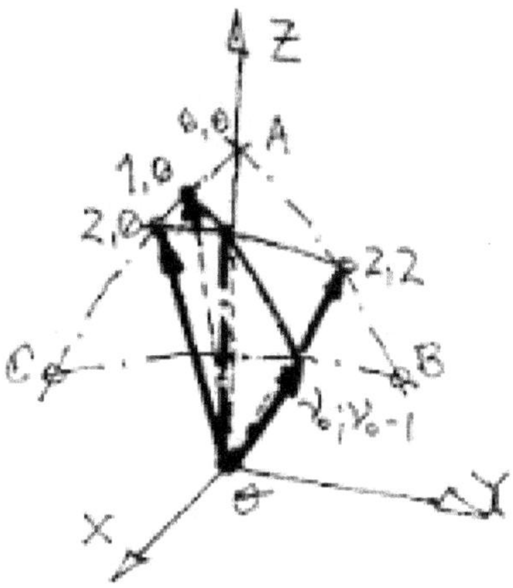

c. .... $\vec{3} = (\overrightarrow{N_{\nu_0,1}^{1,1}}) \times (\overrightarrow{N_{2,2}^{2,0}})$, vector director a la recta intersección entre los planos π2 y π3.

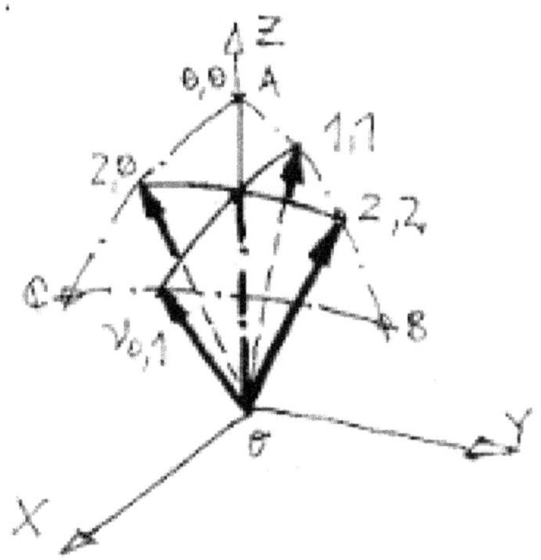

4th. Seguidamente, normalizar los vectores directores para posicionarlos en la superficie de la esfera, calculados en 3º.

a. .... $\overrightarrow{1n} = \frac{\vec{1}}{|\vec{1}|}$

b. .... $\overrightarrow{2n} = \frac{\vec{2}}{|\vec{2}|}$

c. .... $\overrightarrow{3n} = \frac{\vec{3}}{|\vec{3}|}$

5th. Calcular el baricentro de la figura plana definida por los tres puntos situados sobre la superficies de la esfera a través de la fórmula para determinar el ***valor medio*** de la ternas de puntos calculados:

$$\overrightarrow{PM}_{cg} = \frac{(\overrightarrow{1n} + \overrightarrow{2n} + \overrightarrow{3n})}{3}$$

6th. Por último; normalizando $\overrightarrow{PM}_{cg}$, se obtiene el punto (2,1),

$$\overrightarrow{(2,1)} = \frac{\overrightarrow{PM}_{cg}}{\left\|\overrightarrow{PM}_{cg}\right\|}$$

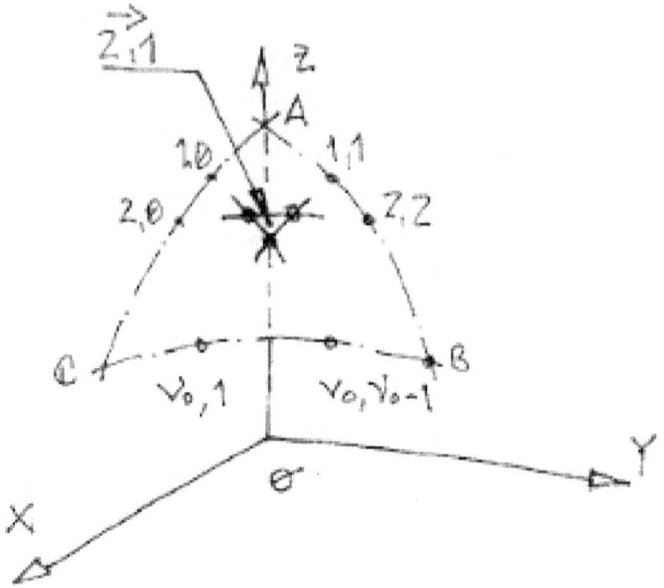

<u>Primer punto intermedio del penúltimo nivel</u> $(\nu_0 - 1;1)$

Del mismo modo de los pasos anteriores se calcula la ubicación del primer punto intermedio del penúltimo nivel ($\nu_0 - 1,1$), de una cara subdividida con frecuencia $\nu=\nu_0$.

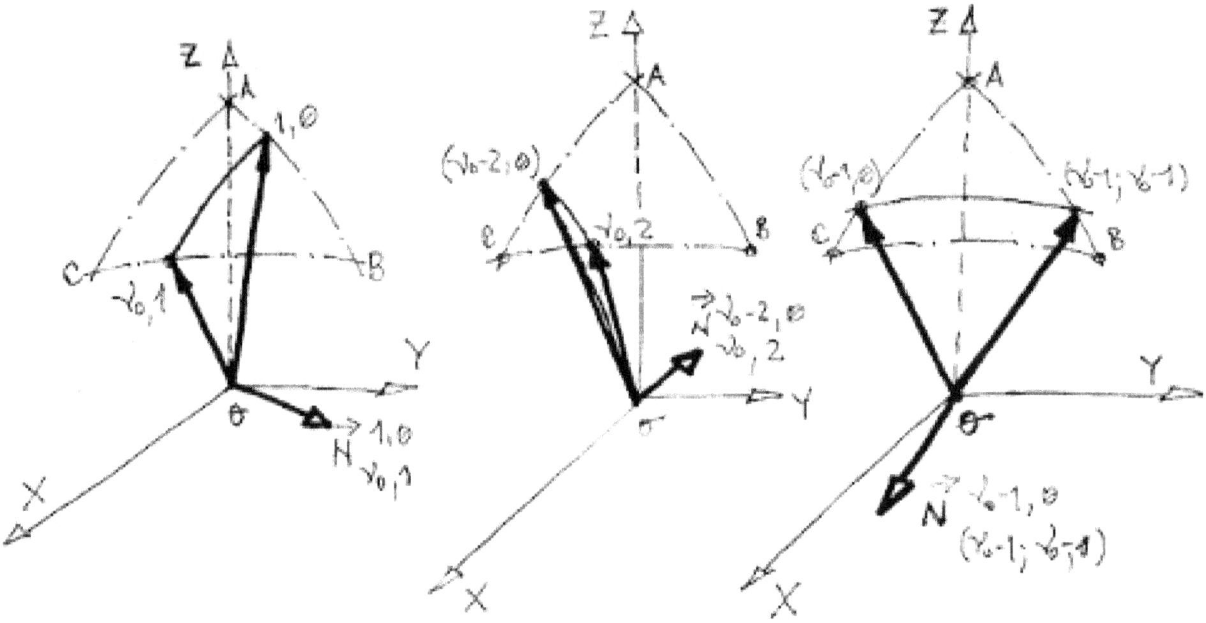

i. Se comienza con el cálculo del ***<u>primer vector director</u>*** asociado a la intersección de dos planos, se adoptan, los definidos por los vectores:

$$\vec{1} = (\overrightarrow{N^{\nu_0-2,0}_{\nu_0,2}}) \times (\overrightarrow{N^{1,1}_{\nu_0,1}})$$

ii. Se continua con el cálculo del ***<u>segundo vector director</u>*** asociado a la intersección de dos planos, se utilizan los definidos por los vectores:

$$\vec{2} = \left(\overrightarrow{N^{v_O - 2,0}_{v_O,2}}\right) \times \left(\overrightarrow{N^{v_O - 1,0}_{v_O - 1, v_O - 1}}\right)$$

iii. Se continua con el cálculo el ***tercer vector director*** asociado a la intersección de dos planos, se toman, los definidos por los vectores:

$$\vec{3} = \left(\overrightarrow{N^{1,1}_{v_O,1}}\right) \times \left(\overrightarrow{N^{v_O - 1,0}_{v_O - 1, v_O - 1}}\right)$$

iv. **Normalizar** los vectores directores para posicionarlos en la superficie de la esfera, calculados en **iii.**

1. .... $\overrightarrow{1n} = \dfrac{\vec{1}}{\|\vec{1}\|}$

2. .... $\overrightarrow{2n} = \dfrac{\vec{2}}{\|\vec{2}\|}$

3. .... $\overrightarrow{3n} = \dfrac{\vec{3}}{\|\vec{3}\|}$

v. ***Calcular baricentro*** de la figura plana definida por los tres puntos situados sobre la superficie de la esfera, a través de la fórmula para determinar el ***valor medio*** de la ternas de puntos calculados.

$$\overrightarrow{PM}_{cg} = \frac{\left(\overrightarrow{1n} + \overrightarrow{2n} + \overrightarrow{3n}\right)}{3}$$

vi. **Normalizar** los vectores directores para posicionarlos en la superficie de la esfera, calculados en **v.**

$$\left(\overrightarrow{v_0 - 1;1}\right) = \frac{\left(\overrightarrow{PM}_{cg}\right)}{\left\|\overrightarrow{PM}_{cg}\right\|}$$

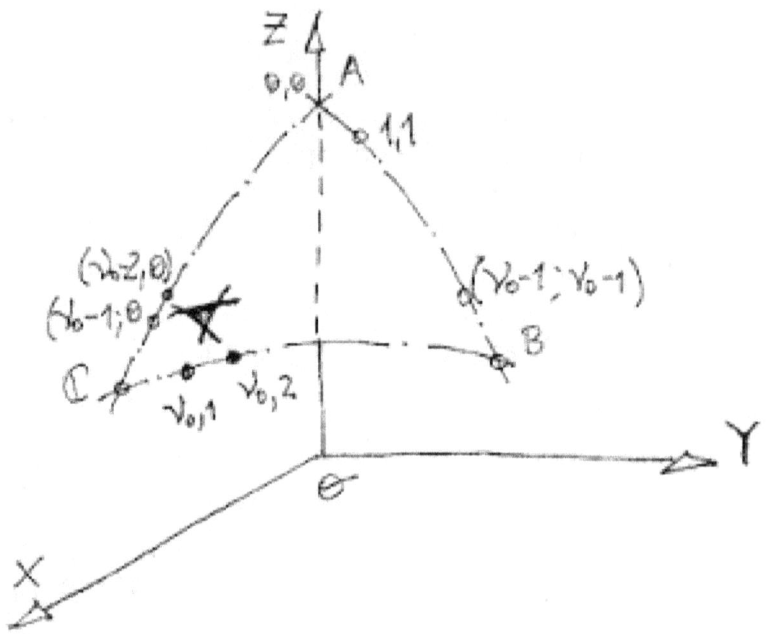

En este método se puede generalizar, diciendo que: si (***k***) representa el nivel en el que se trabaja y varía según la expresión:

$$2 < k < (v_0 - 1),$$

Mientras que por su lado i y j variaran según:

$$(k - 1) < i < 1 \ y$$

$$1 < j < (k - 1)$$

Para resolver un punto interno cualquiera, se deben tener en cuenta los vectores directores con la forma: $\left(\overrightarrow{N_{\nu_0,\nu_0-(k-i)}^{k-i,0}}\right)$, $\left(\overrightarrow{N_{\nu_0,j}^{j,j}}\right)$ más el vector director del nivel k, cuya expresión es: $(\overrightarrow{N_{k,k}^{k,0}})$. Haciendo uso de estos últimos valores pueden calcularse las coordenadas del punto interno buscado a través de:

$$\vec{1} = \left(\overrightarrow{N_{\nu_0,\nu_0-(k-i)}^{k-i,0}}\right) \times (\overrightarrow{N_{\nu_0,j}^{j,j}})$$

$$\vec{2} = \left(\overrightarrow{N_{\nu_0,\nu_0-(k-i)}^{k-i,0}}\right) \times (\overrightarrow{N_{k,k}^{k,0}})$$

$$\vec{3} = (\overrightarrow{N_{\nu_0,j}^{j,j}}) \times (\overrightarrow{N_{k,k}^{k,0}})$$

Observar que el vector que representa el nivel, no cambia en todos los cálculos que se efectúan en ese nivel, mientras que $i{:}\rightarrow(k-1)$ a 1 y en simultaneo j: → 1 a $(k-1)$.

El primer elemento de este nivel será para $i=(k-1)$ y $j=1$ (nivel $= k$).

Con este proceder, el total de puntos a calcular por nivel, será el número del nivel menos uno. En este caso para el nivel (k), son (k-1) puntos internos.

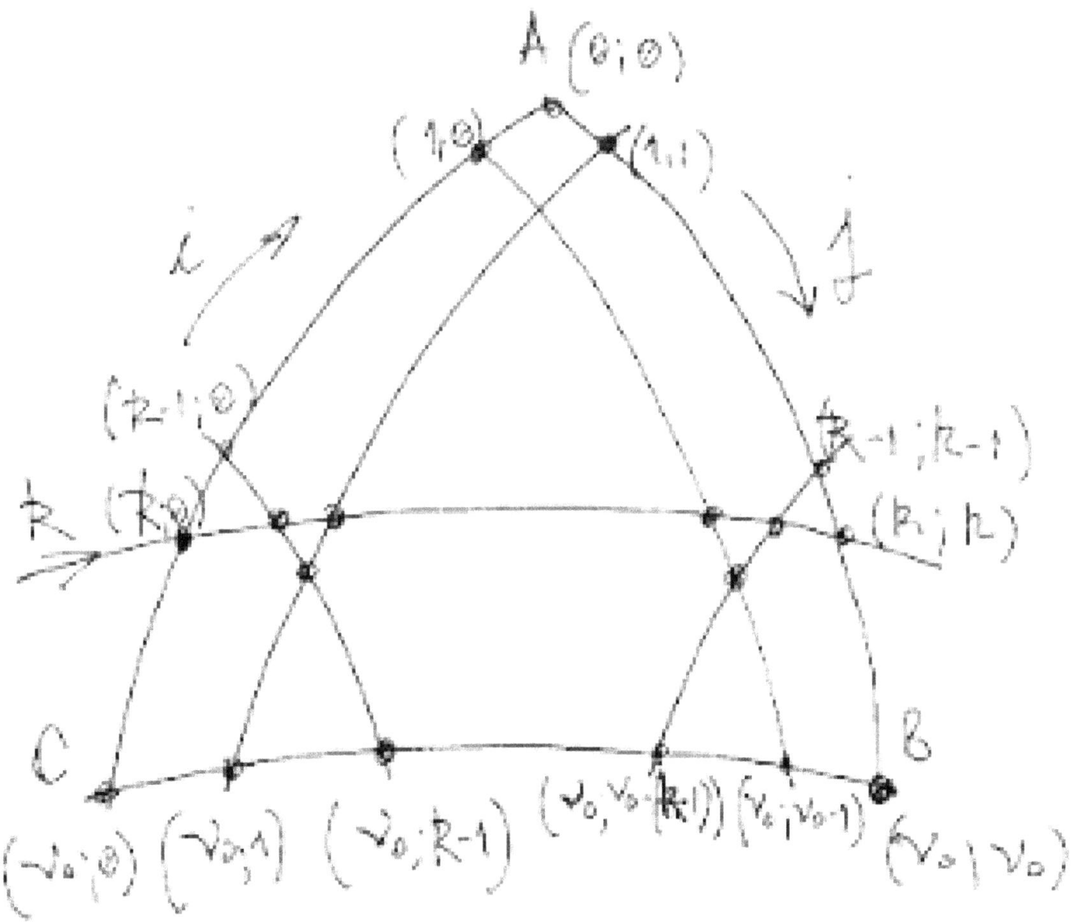

Para limitar la cantidad de cálculos, es buena práctica, obtener los puntos internos de media cara del sólido platónico esférico y en un segundo paso, usar la propiedad de simetría que guarda la cara de trabajo, respecto del plano XZ, y ubicar los de la otra mitad.

EJEMPLO 3CP: MÉTODO INTERSECCIÓN DE TRES CIRCUNFERENCIAS PRINCIPALES

Solido elegido:
Icosaedro $\{3,5\}_{b,c}$

Frecuencia de subdivisió n:
ν = 4

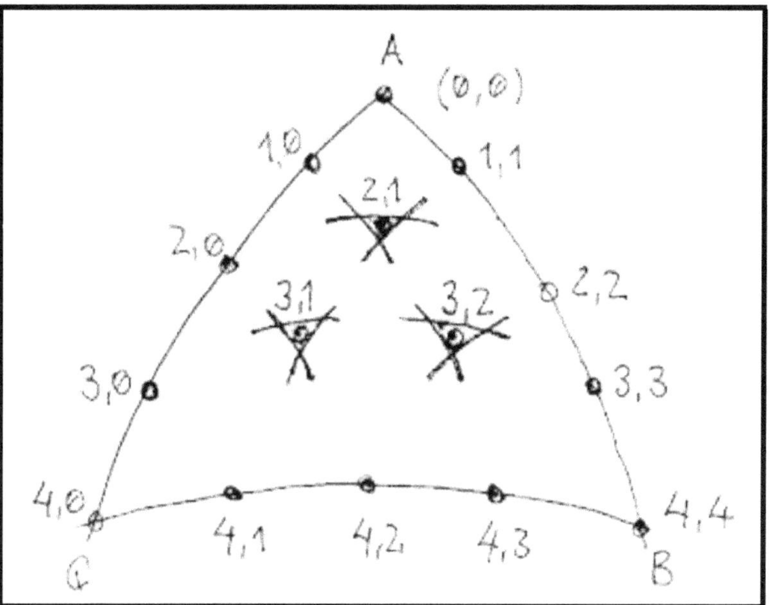

(arc AC)/v			θac		θab		
15,858737206226			324,000000000000		36,000000000000		
ϕ							
1,0	1,1	2,0	2,2	3,0	3,3	4,0	4,4
15,858737206226	15,858737206226	31,717474412451	31,717474412451	47,576211618677	47,576211618677	63,434948824902	63,434948824902

a°	Aombc°	cos(ϕv0,i)	sin(ϕv0,i)	sin(θv0,i)	ϕv0,i	θv0,i
15,858737206226	58,282525592500	0,505720922570	0,862697136007	0,316758358774	59,620779490006	18,466996990785
0,000000000000	58,282525592500	0,525731112060	0,850650808388	0,000000000000	58,282525592500	0,000000000000
15,858737206226	58,282525592500	0,505720922570	0,862697136007	0,316758358774	59,620779490006	18,466996990785

Módulo	Vector	Operación	Coordenadas		
M	**V**	**O**	**x**	**y**	**z**
0,781838161078	2,1	(1,0 x 4,3)	-0,344095480118	0,675325404215	0,191845795112
0,781838161078		(1,1x 4,1)	0,344095480118	0,675325404215	-0,191845795112
0,587785252307		(2,0 x 2,2)	-0,525731112128	0,000000000000	0,262865556074
0,397082751316	1→	(1,0 x 4,3) x (2,0 x 2,2)	0,177519787910	-0,010408453498	0,355039575806
0,397082751316	2→	(1,1x 4,1) x (2,0 x 2,2)	0,177519787910	0,010408453498	0,355039575806
0,532105867054	3→	(1,1x 4,1) x (1,0 x 4,3)	0,259116678263	0,000000000000	0,464752838399
1,000000000000	(1n)→	(1→)/M	0,447059932273	-0,026212303262	0,894119864511
1,000000000000	(2n)→	(2→)/M	0,447059932273	0,026212303262	0,894119864511
1,000000000000	(3n)→	(3→)/M	0,486964520232	0,000000000000	0,873421751524
0,999546336812	(PM_cg)→	[(1n)→+ (2n)→+(3n)→]/3	0,460361461592	0,000000000000	0,887220493516
1,000000000000	**((2,1))→**	[(PM_cg)→]/M	0,460570405431	0,000000000000	0,887623175475
0,587785252333	3,1	(2,0 x 4,2)	-0,162459848103	0,500000000042	0,262865556078
0,781838161078		(1,1 x 4,1)	0,344095480118	0,675325404215	-0,191845795112
0,781838161055		(3,0 x 3,3)	-0,585410196622	0,000000000000	0,518233356485
0,397082751325	1→	(2,0 x 4,2) x (3,0 x 3,3)	0,259116678264	-0,069692064493	0,292705098336
0,532105867055	2→	(1,1 x 4,1) x (3,0 x 3,3)	0,349976150946	-0,066013270975	0,395342377666
0,397082751318	3→	(1,1 x 4,1) x (2,0 x 4,2)	0,273442685477	-0,059283610992	0,281761002662
1,000000000000	(1n)→	(1→)/M	0,652550828259	-0,175510178320	0,737138788727
1,000000000000	(2n)→	(2→)/M	0,657719022876	-0,124060408017	0,742976918962
1,000000000000	(3n)→	(3→)/M	0,688628968569	-0,149297875053	0,709577542029
0,999546336812	(PM_cg)→	[(1n)→+ (2n)→+(3n)→]/3	0,666299606568	-0,149622820463	0,729897749906
	((3,1))→	[(PM_cg)→]/M	0,666602019366	-0,149690729637	0,730229027935
0,781838161078	3,2	(1,0 x 4,3)	-0,344095480118	0,675325404215	0,191845795112
0,587785252333		(2,2 x 4,2)	0,162459848103	0,500000000042	-0,262865556078
0,781838161055		(3,0 x 3,3)	-0,585410196622	0,000000000000	0,518233356485
0,532105867055	1→	(1,0 x 4,3) x (3,0 x 3,3)	0,349976150946	0,066013270975	0,395342377666
0,397082751325	2→	(2,2 x 4,2) x (3,0 x 3,3)	0,259116678264	0,069692064493	0,292705098336
0,397082751318	3→	(2,2 x 4,2) x (1,0 x 4,3)	0,273442685477	0,059283610992	0,281761002662
1,000000000000	(1n)→	(1→)/M	0,657719022876	0,124060408017	0,742976918962
1,000000000000	(2n)→	(2→)/M	0,652550828259	0,175510178320	0,737138788727
1,000000000000	(3n)→	(3→)/M	0,688628968569	0,149297875053	0,709577542029
0,999546336812	(PM_cg)→	[(1n)→+ (2n)→+(3n)→]/3	0,666299606568	0,149622820463	0,729897749906
	((3,2))→	[(PM_cg)→]/M	0,666602019366	0,149690729637	0,730229027935

Triángulo 1					
Punto	x	y	z	ϕ	θ
0,0	0,000000000000	0,000000000000	1,000000000000	0,000000000000	0,000000000000
1,0	0,221077265891	-0,160622035645	0,961938357782	15,858737206226	324,000000000000
1,1	0,221077265891	0,160622035645	0,961938357782	15,858737206226	36,000000000000
2,0	0,425325404188	-0,309016994384	0,850650808343	31,717474412451	324,000000000000
2,1	0,460570405431	0,000000000000	0,887623175475	27,423920848681	0,000000000000
2,2	0,425325404188	0,309016994384	0,850650808343	31,717474412451	36,000000000000
3,0	0,597196375764	-0,433888564563	0,674608925464	47,576211618677	324,000000000000
3,1	0,666602019366	-0,149690729637	0,730229027935	43,094402290296	347,343730323955
3,2	0,666602019366	0,149690729637	0,730229027935	43,094402290296	12,656269676045
3,3	0,597196375764	0,433888564563	0,674608925464	47,576211618677	36,000000000000
4,0	0,723606797812	-0,525731112060	0,447213595469	63,434948824903	324,000000005376
4,1	0,818273641667	-0,273266528921	0,505720922570	59,620779490006	341,533003009215
4,2	0,850650808388	0,000000000000	0,525731112060	58,282525592500	0,000000000000
4,3	0,818273641667	0,273266528921	0,505720922570	59,620779490006	18,466996990785
4,4	0,723606797812	0,525731112060	0,447213595469	63,434948824903	35,999999994624

ARCOS MEDIOS[28]

Esta técnica consta de ubicar cada punto como el punto medio entre otros dos ya existentes.

Con este método solo es posible desarrollar subdivisiones (de potencia 2) todos los que posean frecuencia $\nu = 2^n$, siendo n el conjunto de números naturales, es decir, ν=2, 4, 8, 16, 32,64....

Procedimiento:

i. Se divide el lado AC en dos, lo mismos se hace con AB y CB.
ii. Entre los puntos calculados en i. y los vértices podemos definir otro punto medio. Con estos nuevos puntos, se divide cada lado en 4 (cuatros) arcos iguales.

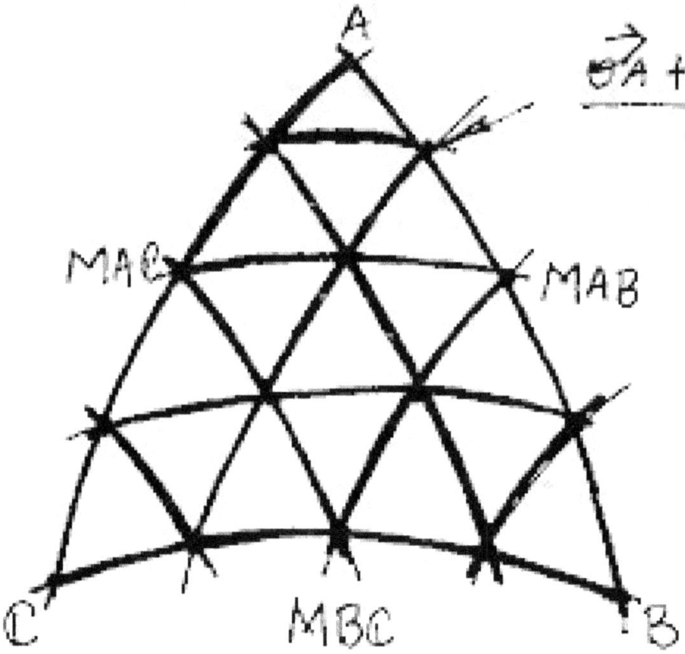

$$\frac{\vec{OA}+\vec{OMAB}}{2} \cdot \frac{1}{\left\| \frac{\vec{OA}+\vec{OMAB}}{2} \right\|}$$

Continuando con este razonamiento, se pueden dividir los lados de la cara en infinitas partes de la misma longitud de arco. Siempre y cuando la frecuencia sea de tipo: $\nu = 2^n$

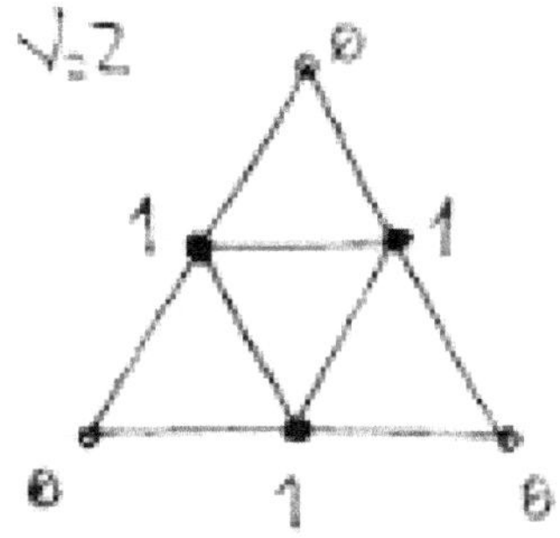

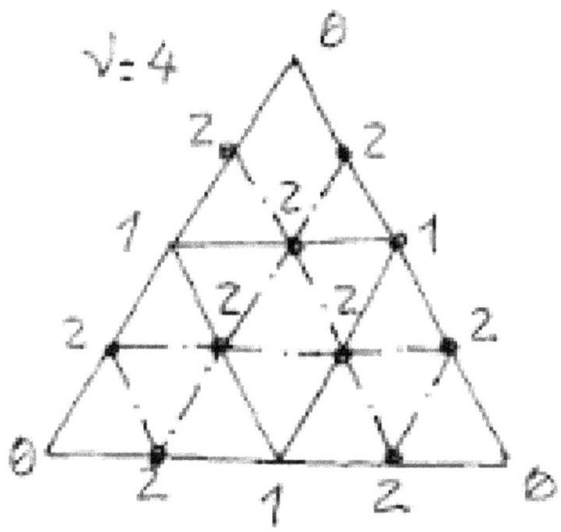

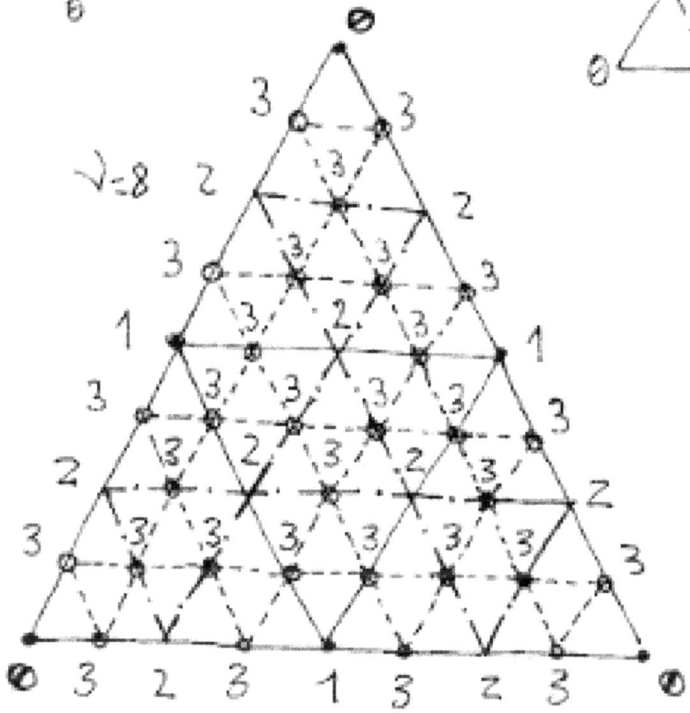

Esto muestra otra forma general de subdividir los lados de la cara del sólido platónico esférico.
Para los puntos intermedios de la grilla se utiliza la misma fórmula que para los lados. Esto es: ***calculando el valor medio de la cuerda entre dos puntos conocidos y luego normalizando el vector definido por este punto y el origen del sistema de coordenadas.***

$$\overrightarrow{omac} = \frac{\dfrac{\left(\overrightarrow{OA} + \overrightarrow{OC}\right)}{2}}{\left\| \dfrac{\left(\overrightarrow{OA} + \overrightarrow{OC}\right)}{2} \right\|}$$

Otra expresión general y adaptada a esta aplicación tiene la forma[29]:

$$\overrightarrow{omac} = \frac{\overrightarrow{oa} + \overrightarrow{oc}}{\sqrt{2.\left[1 + \left(\overrightarrow{oa}.\overrightarrow{oc}\right)\right]}}$$

Aquí ($\overrightarrow{oa}$) y ($\overrightarrow{oc}$), son los extremos del arco y ($\overrightarrow{omac}$), punto medio del arco cuyos extremos son A y C.
Los resultados en las tablas de este texto, se calculan con la primera de las dos fórmulas.

EJEMPLO ARCOS MEDIOS

Solido elegido:
Icosaedro $\{3,5\}_{b,c}$

Frecuencia de subdivisión:
ν = 4

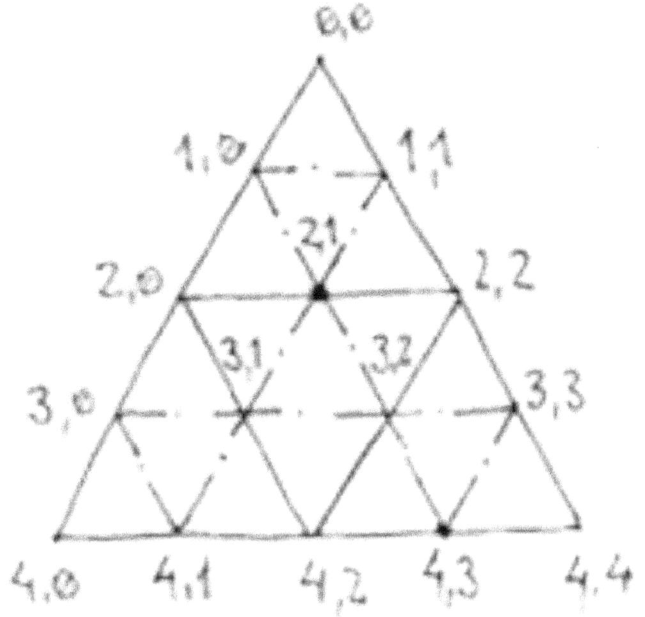

Módulo	Vector	Operación	Coordenadas		
M	V	O	x	y	z
0,850650808343	PM	[(0,0)+(4,0)]/2	0,361803398906	-0,262865556030	0,723606797735
1,000000000000	2,0	PM/M	0,425325404217	-0,309016994344	0,850650808343
0,850650808343	PM	[(0,0)+(4,4)]/2	0,361803398906	0,262865556030	0,723606797735
1,000000000000	2,2	PM/M	0,425325404217	0,309016994344	0,850650808343
0,850650808388	PM	[(4,0)+(4,4)]/2	0,723606797812	0,000000000000	0,447213595469
1,000000000000	4,2	PM/M	0,850650808388	0,000000000000	0,525731112060
0,961938357782	PM	[(0,0)+(2,0)]/2	0,212662702108	-0,154508497172	0,925325404171
1,000000000000	1,0	PM/M	0,221077265906	-0,160622035624	0,961938357782
0,961938357782	PM	[(0,0)+(2,2)]/2	0,212662702108	0,154508497172	0,925325404171
1,000000000000	1,1	PM/M	0,221077265906	0,160622035624	0,961938357782
0,951056516305	PM	[(2,0)+(2,2)]/2	0,425325404217	0,000000000000	0,850650808343
1,000000000000	2,1	PM/M	0,447213595538	0,000000000000	0,894427190981
0,961938357782	PM	[(2,0)+(4,0)]/2	0,574466101014	-0,417374053202	0,648932201906
1,000000000000	3,0	PM/M	0,597196375804	-0,433888564507	0,674608925464
0,951056516294	PM	[(2,0)+(4,2)]/2	0,637988106303	-0,154508497172	0,688190960202
1,000000000000	3,1	PM/M	0,670820393291	-0,162459848100	0,723606797715
0,951056516294	PM	[(2,2)+(4,2)]/2	0,637988106303	0,154508497172	0,688190960202
1,000000000000	3,2	PM/M	0,670820393291	0,162459848100	0,723606797715
0,961938357782	PM	[(2,2)+(4,4)]/2	0,574466101014	0,417374053202	0,648932201906
1,000000000000	3,3	PM/M	0,597196375804	0,433888564507	0,674608925464
0,961938357793	PM	[(4,0)+(4,2)]/2	0,787128803100	-0,262865556030	0,486472353765
1,000000000000	4,1	PM/M	0,818273641677	-0,273266528879	0,505720922576
0,961938357793	PM	[(4,2)+(4,4)]/2	0,787128803100	0,262865556030	0,486472353765
1,000000000000	4,3	PM/M	0,818273641677	0,273266528879	0,505720922576

Triángulo 1					
Punto	x	y	z	ϕ	θ
0,0	0,000000000000	0,000000000000	1,000000000000	0,000000000000	0,000000000000
1,0	0,221077265891	-0,160622035645	0,961938357782	15,858737206226	324,000000000000
1,1	0,221077265891	0,160622035645	0,961938357782	15,858737206226	36,000000000000
2,0	0,425325404217	-0,309016994344	0,850650808343	31,717474412451	324,000000005376
2,1	0,447213595538	0,000000000000	0,894427190981	26,565051179526	0,000000000000
2,2	0,425325404217	0,309016994344	0,850650808343	31,717474412451	35,999999994624
3,0	0,597196375804	-0,433888564507	0,674608925464	47,576211618677	324,000000005376
3,1	0,670820393291	-0,162459848100	0,723606797715	43,646927111684	346,386177561316
3,2	0,670820393291	0,162459848100	0,723606797715	43,646927111684	13,613822438684
3,3	0,597196375804	0,433888564507	0,674608925464	47,576211618677	35,999999994624
4,0	0,723606797812	-0,525731112060	0,447213595469	63,434948824903	324,000000005376
4,1	0,818273641677	-0,273266528879	0,505720922576	59,620779489594	341,533003012045
4,2	0,850650808388	0,000000000000	0,525731112060	58,282525592500	0,000000000000
4,3	0,818273641677	0,273266528879	0,505720922576	59,620779489594	18,466996987955
4,4	0,723606797812	0,525731112060	0,447213595469	63,434948824903	35,999999994624

<u>**ESQUEMA II: EL SÓLIDO TIENE UN LADO EN SU TECHO**</u>

TRIACON[30]

Con este esquema también se trabaja sobre una cara del sólido platónico esférico. Solo que la subdivisión sobre esta cara, crea una grilla perpendicular a cada lado, también con longitudes de arcos iguales como los casos anteriores (2CP y 3CP).

En este caso, es posible generar grillas con frecuencias de tipo: $\nu = 2^n$ siendo (n) parte del conjunto de números naturales.

Otra particularidad para trabajar con este método es que la posición del sólido elegido, debe considerarse con un lado en su parte superior. Éste, pertenecerá al plano XZ, intersectando al eje Z y será perpendicular al eje Y. Partiendo de la posición del sólido como se describieron los métodos del esquema I, un vértice hacia arriba. La orientación que se necesita para este esquema se alcanza con dos rotaciones ordenadas: la primera es la misma para los tres sólidos en estudio, se gira (-90°) respecto del eje Z y la segunda rotación también en sentido horario, respecto del eje X una cantidad igual al ángulo formado por los vectores $\overrightarrow{OA}$ y el $\overrightarrow{OMBC}$ de cada sólido:

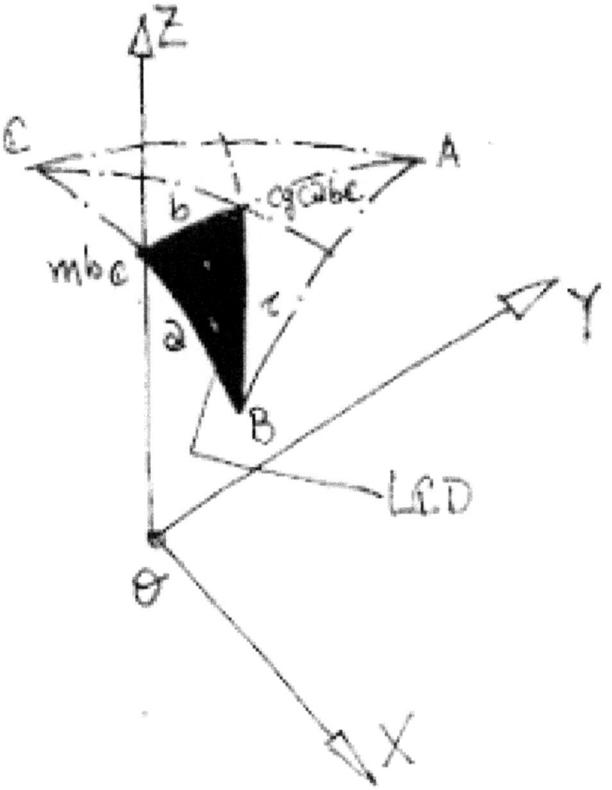

La generación de las grillas con este método comienza con la definición del menor triángulo rectángulo esférico posible de construirse dentro de la cara de estudio:

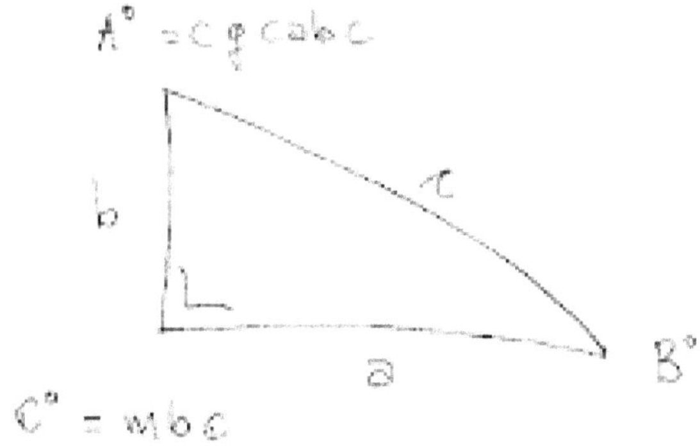

Este triángulo (que cubre la sexta parte de la superficie de la cara) ***es único para cada sólido***, si se fija la atención en la cara ABC, sus vértices se definen por:

- Uno de los vértices de ella, el (B).
- el punto medio de uno de los lados, el (mbc).
- el baricentro de la cara (cgcabc).

Tenemos así, tres triángulos, uno para cada uno de los sólidos estudiados.

- Tetraedro: (∡cgcabc)=60°,***(∡B)=60°***,(∡mbc)=90°
- Octaedro: (∡cgcabc)=60°,***(∡B)=45°***,(∡mbc)=90°
- Icosaedro: (∡cgcabc)=60°,***(∡B)=36°***,(∡mbc)=90°

En los textos especializados, este triángulo recibe el nombre de **mínimo común denominador (least common denominator: LCD), el más pequeño de los Schwarz triangle**[31].

Por analogía con los textos de geometría, se denomina aquí a:

-(∡cgcabc)=A °

- (∡B)=B°

- (∡mbc)= C °=90°.

Volviendo al desarrollo, el concepto general para graficar este método es: para comenzar con la definición de los puntos de esta grilla, se trabaja sobre el lado mayor de LCD (a), trazándole (para dividirlo), circunferencias máximas perpendiculares y así definir a los puntos (a_i) de división, de dicho lado.

Las circunferencias máximas mencionadas cortan al eje Y por dos polos de la esfera. También el vértice B, será común a todos los triángulos de la subdivisión.

En una segunda instancia, lo que se necesita es definir los otros arcos (paralelos al eje X y que pertenecerán a circunferencias menores), denominados (b_j°) y que cuya intersección con (a_i), definen los puntos de la grilla buscados.

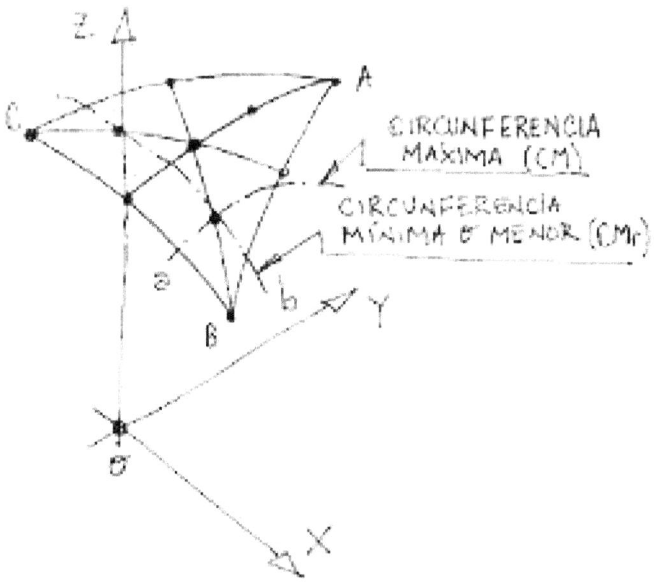

Ahora, empleando las fórmulas de Napier a triángulos rectángulos esféricos, resulta fácil calcular los dos ángulos necesarios, para definir la grilla en forma numérica.
Recordar que los ángulos buscados son (a_i°) y (b_j°):

$$\cos A° = \cos \mathrm{a} \times \sin B°$$
$$\cos B° = \cos b \times \sin A°$$

Por su parte y haciendo uso del producto vectorial, calculamos (a°), (b°) y(c°), los cuales son los arcos que definen los lados del LCD:

$$\mathrm{a}° = \cos^{-1}\left(\overrightarrow{ob}.\overrightarrow{ombc}\right)$$
$$b° = \cos^{-1}\left(\overrightarrow{ocgcabc}.\overrightarrow{ombc}\right)$$
$$c° = \cos^{-1}\left(\overrightarrow{ocgcabc}.\overrightarrow{ob}\right)$$

	a°	b°	c°
Tetraedro	54,7356103172453°	54,7356103172453°	70,5287793655093°
Octaedro	45,0000000000000°	35,2643896827547°	54,7356103172453°
Icosaedro	31,7174744075003°	20,9051574485862°	37,3773681377939°

A continuación, se muestran una receta en términos de fórmulas generales para calcular los puntos de la subdivisión de la grilla, asumiendo como datos: ***A°, B° y C°=90°***

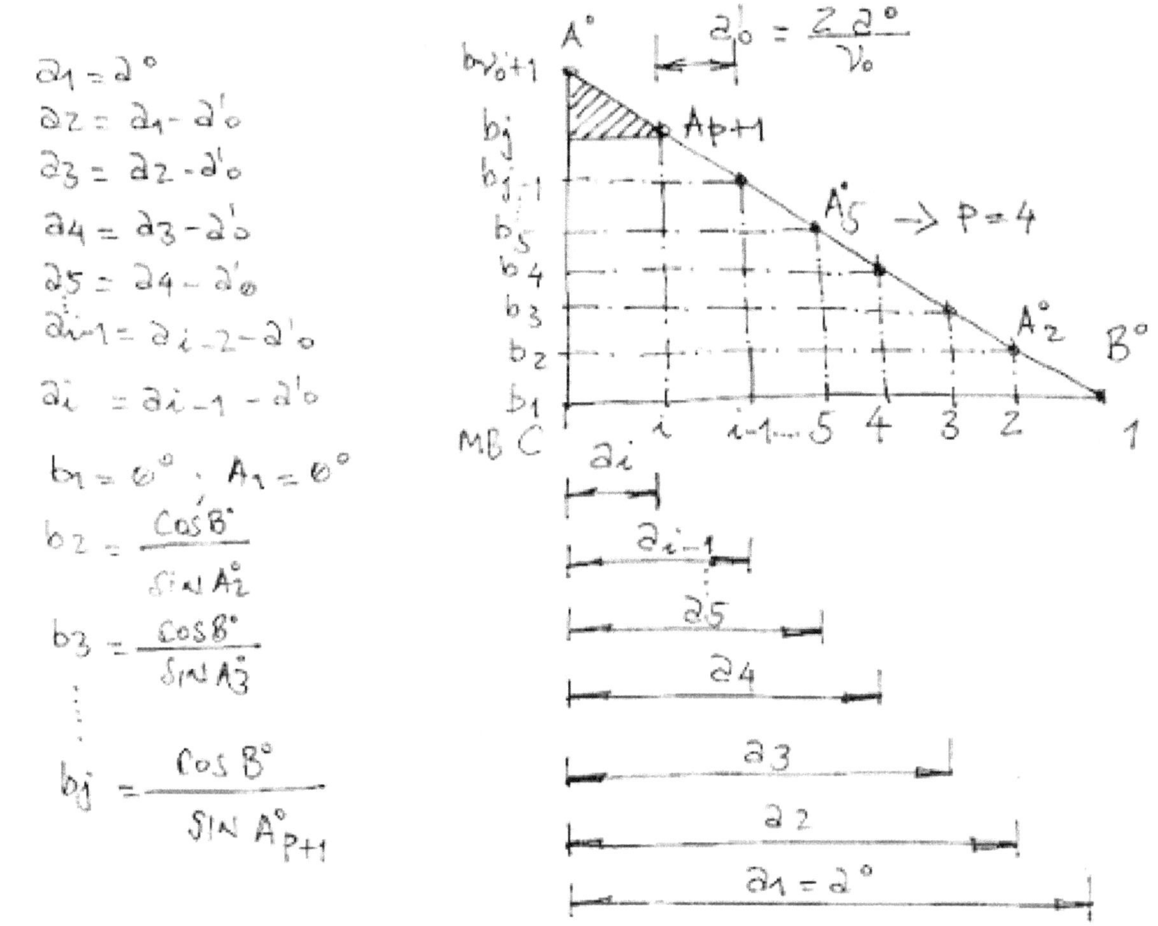

Se inicia por:

a. Definir el lado del triángulo esférico, según el sólido de trabajo,

$$a° = \cos^{-1}\left(\overrightarrow{ob}.\overrightarrow{ombc}\right)$$

b. Según la frecuencia elegida(ν_0) se genera los puntos de la grilla sobre el lado (a) y se designa como,

$$a_1 = a°$$

Tomando a $a_0^{'} = \left(\frac{2}{\nu_0}\right).a°$, como un elemento auxiliar de cálculo.

$$a_i = (a_{i-1}) - a_0^{'};(siendo\ i = 2,3,.....,\frac{\nu_0}{2})$$

$$\text{Para i} = \frac{v_0}{2}; \mathrm{a}_{\frac{v_0}{2}} = 0$$

c. Para calcular valor de la otra longitud de arco necesaria, (b_j°); es preciso antes, calcular los A_{p+1}°:

$$A_1 = 0°;$$

$$\cos\left(A_{p+1}^{\circ}\right) = \cos\left((i-1)\mathrm{a}_0'\right).\sin B°;$$

$$(siendo\ p = 1,2,3,\ldots\ldots,\frac{v_0}{2})$$

.Ahora es posible calcular los arcos (b_j°), que pertenecen a circunferencias menores paralelas al eje X, en este caso:

$$\cos b_j^{\circ} = \left(\frac{\cos B^{\circ}}{\sin\left(A_{i+1}^{\circ}\right)}\right);(siendo\ j = 2,3,.....,\frac{\nu_0}{2})$$

d. El siguiente paso consta en calcular las coordenadas rectangulares del triángulo rectángulo esférico, a través de las siguientes expresiones:

- ➢ El primer punto de la grilla, coincide con el vértice B, de la cara del solido seleccionado y su valor es: $a_1 = a° ; b1 = 0; A_1 = 0°$ y el resto de los demás puntos se utilizan las expresiones de abajo
- ➢ $x_{ij} = \sin(a_i)\cos(b_j)$
- ➢ $y_{ij} = \sin b_j$
- ➢ $z_{ij} = \cos a_i \cos b_j$

Hasta aquí, con esta secuencia se logra completar una sexta parte de la cara del sólido platónico esférico.
Como norma general, lo puntos a calcular en esta grilla tendrán siempre la misma forma:
Si (a_i) es impar; los puntos que se podrán definir son con los arcos (b_j) impares que corten a ese (a_i). Del mismo modo para todos los arcos (a_i) pares, los puntos que se definirán para la grilla, serán con arcos (b_j) pares que cortea a ese (a_i).

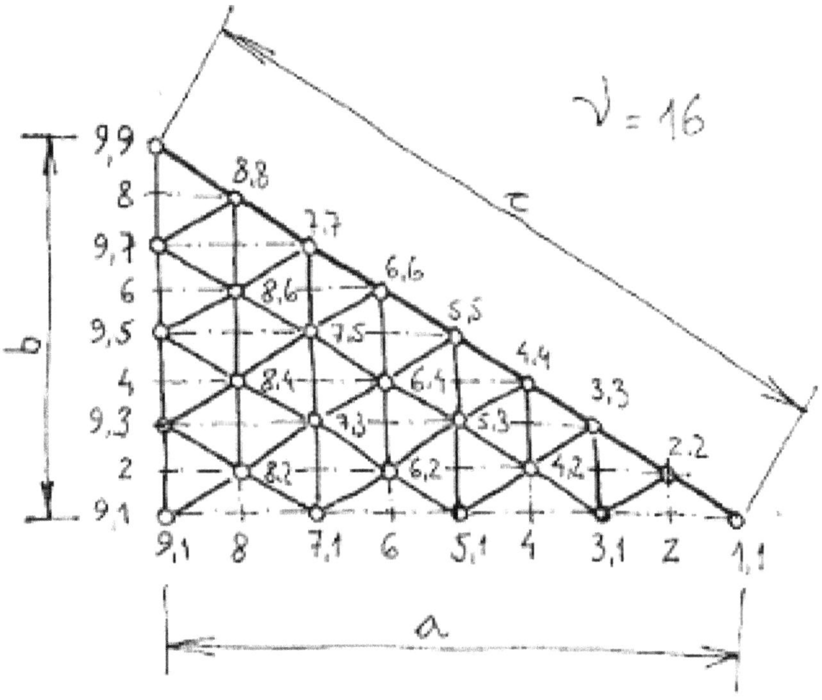

Para cada proyecto en particular y a medida que la frecuencia se incrementa, los puntos que debe computarse para la rotación, lógicamente aumenta. De todos modos algo no cambia y es que el punto que coincide con el baricentro de la cara (A°=cgcabc) de LCD, no debe computarse en las rotaciones, al igual que los vértices de las cara.

Para completar el trabajo sobre la cara elegida; realizar la secuencia de pasos indicada a continuación:

1st. Rotar de "LCD", los puntos interiores y los pertenecientes a los lados (a) y (c); exceptuando los vértices (A °=cgcabc) y (B); dos veces respecto del eje cuyo vector director es $(\overrightarrow{ocgcabc})$.

a. Primera rotación:

$$\left(R_{1^{\underline{o}}\ ROTACIÓN}\right) = \left[R_{(-\phi)X}\right] \times \left[R_{(+\alpha)Z}\right] \times \left[R_{(+\phi)X}\right]; siendo\ \phi = b\ y\ \alpha = A°$$

b. Segunda rotación:

$$\left(R_{2^{\underline{o}}\ ROTACIÓN}\right) = \left[R_{(-\phi)X}\right] \times \left[R_{(+\beta)Z}\right] \times \left[R_{(+\phi)X}\right]; siendo\ \phi = b\ y\ \beta = 2 \times A°$$

2nd. Reflejar de "LCD", los puntos interiores y los pertenecientes a los lados (a); exceptuando el vértice (B); respecto del plano (YZ).

3rd. Por último rotar dos veces los puntos reflejados en el paso anterior, respecto del mismo eje, cuyo vector director es $(\overrightarrow{ocgcabc}$

a. Primera rotación:

$$\left(R_{1^{\underline{o}}\ ROTACIÓN}\right) = \left[R_{(-\phi)X}\right] \times \left[R_{(-\alpha)Z}\right] \times \left[R_{(+\phi)X}\right]; siendo\ \phi = b\ y\ \alpha = A°$$

b. Segunda rotación:

$$\left(R_{2^{\underline{o}}\ ROTACIÓN}\right) = \left[R_{(-\phi)X}\right] \times \left[R_{(-\beta)Z}\right] \times \left[R_{(+\phi)X}\right]; siendo\ \phi = b\ y\ \beta = 2 \times A°$$

Con estos tres sencillos pasos, se obtienen todos los puntos para una cara, en esta grilla.

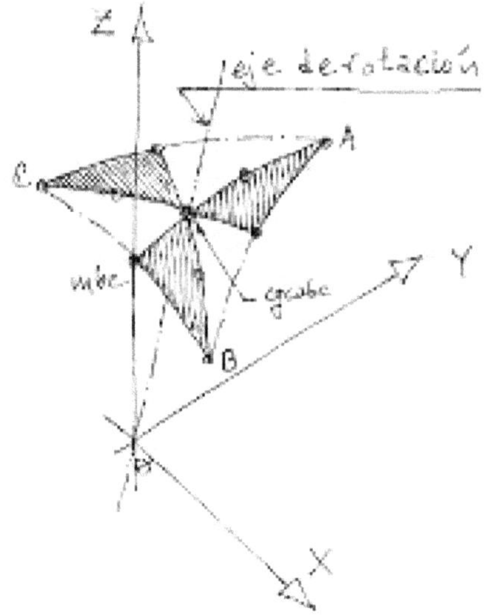

EJEMPLO TRIACON

<table>
<tr><td>Solido elegido:
Icosaedro
$\{3,5\}_{2,2}$</td><td rowspan="2">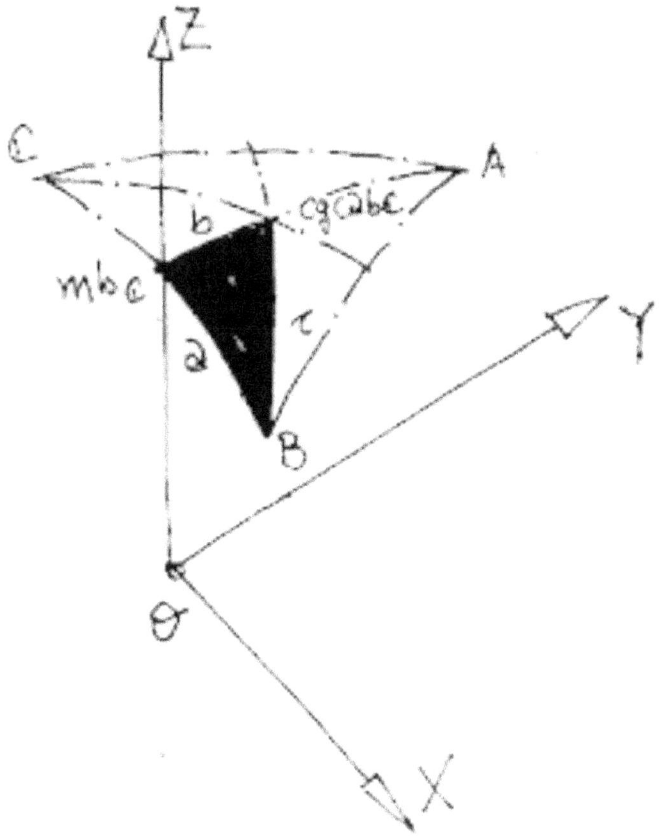
</td></tr>
<tr><td>Frecuencia de subdivisión:
ν = 4</td></tr>
</table>

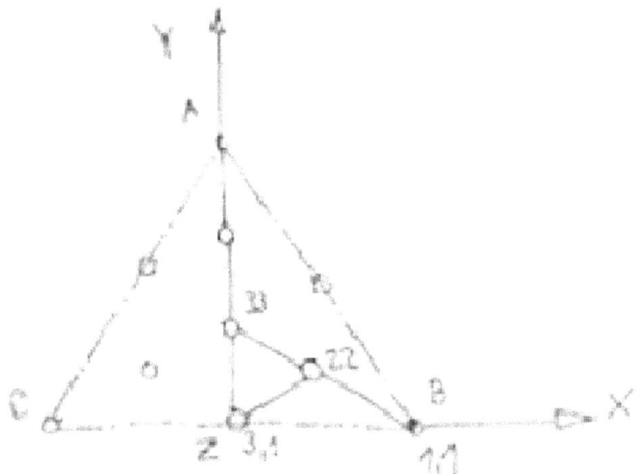

				Vector unitario	COORDENADAS LADO BC EN LA CABEZA CARA ABC, PERPENDICULAR A XZ		
					x	y	z
				Oa	0	0,850650808	0,525731112
				Ob	0,525731112	0	0,850650808
				Oc	-0,525731112	0	0,850650808
				Ocgcabc	0	0,35682209	0,934172359
				Omab	0,309016994	0,5	0,809016994
Vértices triángulo 1				Ombc	0	0	1
a		b					
1	31,717474407500	1	0	1,1	0,525731112060	0,000000000000	0,850650808388
3	0	1	0	3,1	0,000000000000	0,000000000000	1,000000000000
2	15,858737203750	2	11,229461956306	2,2	0,268034881841	0,194738740646	0,943522191052
3	0	3	20,905157445753	3,3	0,000000000000	0,356822089738	0,934172358976

Para completar el trabajo, existen dos posibilidades:

1. Rotar de "LCD", los puntos interiores y los pertenecientes a los lados (a) y (c); exceptuando los vértices (A°=cgcabc) y (B); dos veces respecto del eje cuyo vector director es $(\overrightarrow{ocgcabc})$.
   a. Primera rotación:

$$\left(R_{1^{\underline{o}}\ ROTACIÓN}\right) = \left[R_{(-\phi)X}\right] \times \left[R_{(+\alpha)Z}\right] \times \left[R_{(+\phi)X}\right]; siendo\ \phi = b\ y\ \alpha = A°$$

   b. Segunda rotación:

$$\left(R_{2^{\underline{o}}\ ROTACIÓN}\right) = \left[R_{(-\phi)X}\right] \times \left[R_{(+\beta)Z}\right] \times \left[R_{(+\phi)X}\right]; siendo\ \phi = b\ y\ \beta = 2 \times A°$$

Para el ejemplo, los únicos puntos sometidos a rotación serán: (2,2) y (3,1).

	[Rcalculo]			
	-0,5	-0,809016994	0,309016994	
	0,809016994	-0,309016994	0,5	
	-0,309016994	0,5	0,809016994	
coord.	**Valores originales**			
	B	**mbc**	**s/med-B_mac**	**cgcabc**
	1,1	**3,1**	**2,2**	**3,3**
x	0,525731112060	0	0,268034881841	0
y	0	0	0,194738740646	0,356822089738
z	0,850650808388	1	0,943522191052	0,934172358976
coord.	**Primera rotación**			
	A	**mab**	**s/med-A_mbc**	**cgcabc**
x	0	0,309016994290	0	0
y	0,850650808240	0,5	0,628428289576	0,356822089644
z	0,525731112300	0,809016994479	0,777867523979	0,934172359012
coord.	**Segunda rotación**			
	C	**mac**	**s/med-C_mab**	**cgcabc**
x	-0,525731112029	-0,309016994290	-0,268034881793	0
y	0	0,5	0,194738740569	0,356822089644
z	0,850650808408	0,809016994479	0,943522191082	0,934172359012

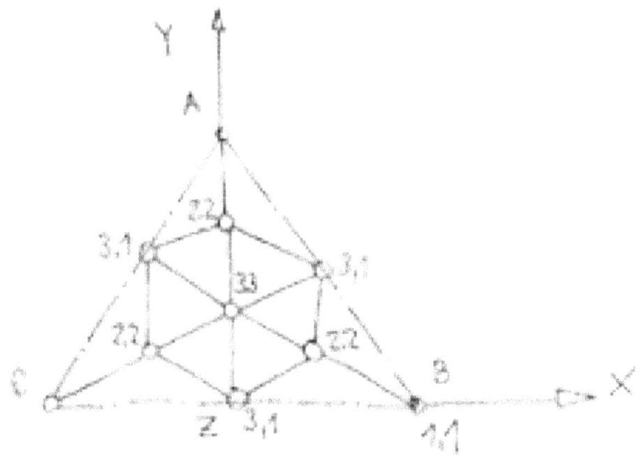

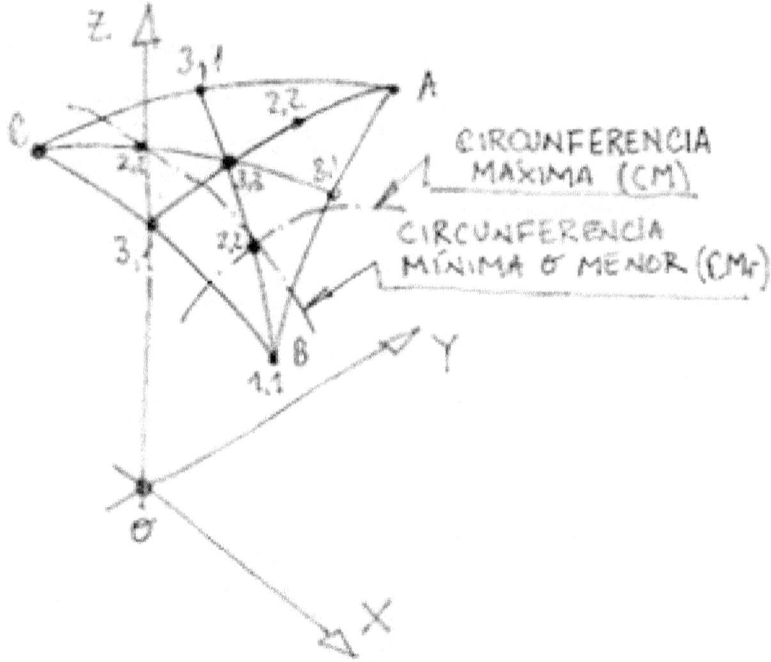

Este método demuestra que el sistema de rotación funciona correctamente. (Como se ha visto en el ejemplo).

2. En este método es común definir el rombo formado por los triángulos 1, 2, 3 y 4, para luego, completar la grilla de la cara de trabajo a través de rotaciones, respecto a ejes que pasen por el origen y los vértices **C y B** y los respectivos **X, Y** y **Z.**

Lo primero que se hace es determinar las coordenadas de los puntos asociados a los triángulos 2, 3 y 4. Notar que las coordenadas de los puntos del triángulo 2, son las misma que las del 1, pero con sus componentes x_{ji} cambiadas de signo. Las coordenadas de los puntos del triángulo 3 son las coordenadas del triángulo 1, pero con las componentes x_{ji} e y_{ji} cambiadas de signos. Y por último el triángulo 4, tiene las coordenadas del triángulo 1, pero solo cambian de signo las componentes y_{ji}.

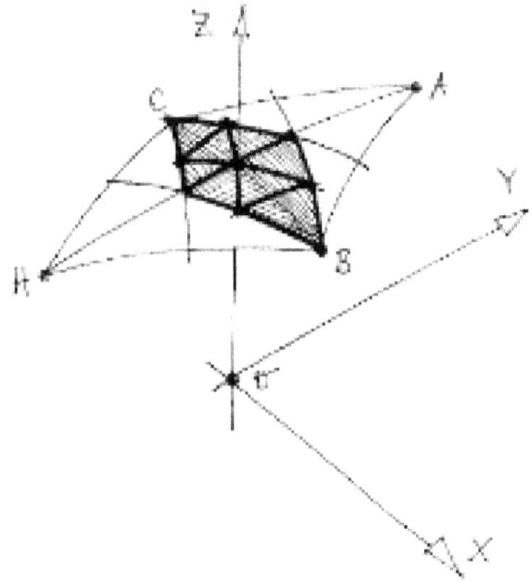

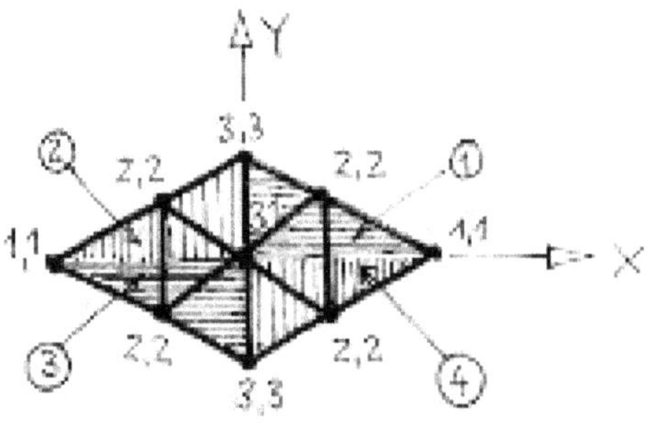

Vértices triángulo 1					x	y	z
a		b					
1	31,71747441	1	0	1,1	0,525731112	0	0,850650808
3	0	1	0	3,1	0	0	1
2	15,8587372	2	11,22946196	2,2	0,268034882	0,194738741	0,943522191
3	0	3	20,90515745	3,3	0	0,35682209	0,934172359
Vértices triángulo 2					x	y	z
a		b					
1	31,71747441	1	0	1,1	-0,525731112	0	0,850650808
3	0	1	0	3,1	0	0	1
2	15,8587372	2	11,22946196	2,2	-0,268034882	0,194738741	0,943522191
3	0	3	20,90515745	3,3	0	0,35682209	0,934172359
Vértices triángulo 3					x	y	z
a		b					
1	31,71747441	1	0	1,1	-0,525731112	0	0,850650808
3	0	1	0	3,1	0	0	1
2	15,8587372	2	11,22946196	2,2	-0,268034882	-0,194738741	0,943522191
3	0	3	20,90515745	3,3	0	-0,35682209	0,934172359
Vértices triángulo 4					x	y	z
a		b					
1	31,71747441	1	0	1,1	0,525731112	0	0,850650808
3	0	1	0	3,1	0	0	1
2	15,8587372	2	11,22946196	2,2	0,268034882	-0,194738741	0,943522191
3	0	3	20,90515745	3,3	0	-0,35682209	0,934172359

Este es el esquema más difundido en la mayoría de los escritos, por no decir en todos[32].

Aquí no se desarrolla, pero si es importante para el lector que lo conozca.

ESQUEMA III: EL SÓLIDO TIENE UNA CARA EN SU TECHO

ASIMÉTRICO[33]

Este modelo permite que la grilla ofrezca una subdivisión tal que el sólido queda como si estuviera con una cara hacia arriba.

La idea general sería: comenzar con la generación de una grilla plana en donde los ejes del sistema no sean perpendiculares entre sí y que la división menor de ellos sean los subíndices de la notación geodésica (*b, c*), es decir los encargados de definir la frecuencia de la grilla.

Cuando se hace uso de un sistema con estas características, lo que resulta es que la grilla quedará inclinada respecto de los lados del sólido sobre el cual se imprime.

Ésta subdivisión resultará par o impar, según los valores que tomen los índices de la notación geodésica.

El desarrollo en este texto, solo se realiza para frecuencias pares y que obedezcan a la relación: ($b + c = 2^n$), siendo (n) un número perteneciente al conjunto de los números naturales.

Se comienza con definir dos ejes, uno horizontal que medirá la cantidad (*b*); y otro hará lo mismo con (*c*) y una inclinación de 60° respecto del primero. Si la unidad sobre *b* es *ud*=1, entonces la unidad sobre *c*=ud*sen (60°)= 0,8660254037844.

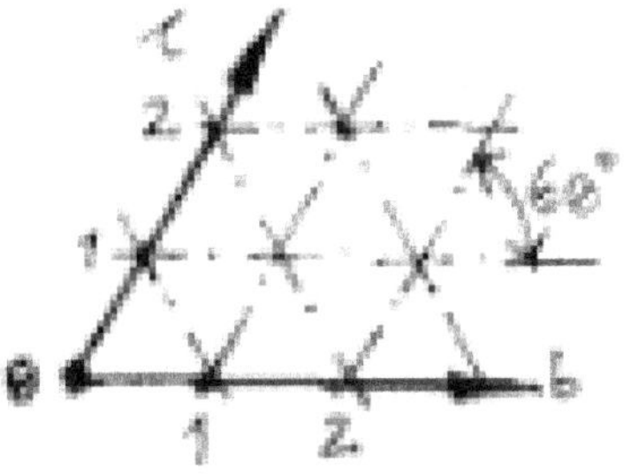

Para la frecuencia ν= 4, una alternativa es b=1 y c=3:

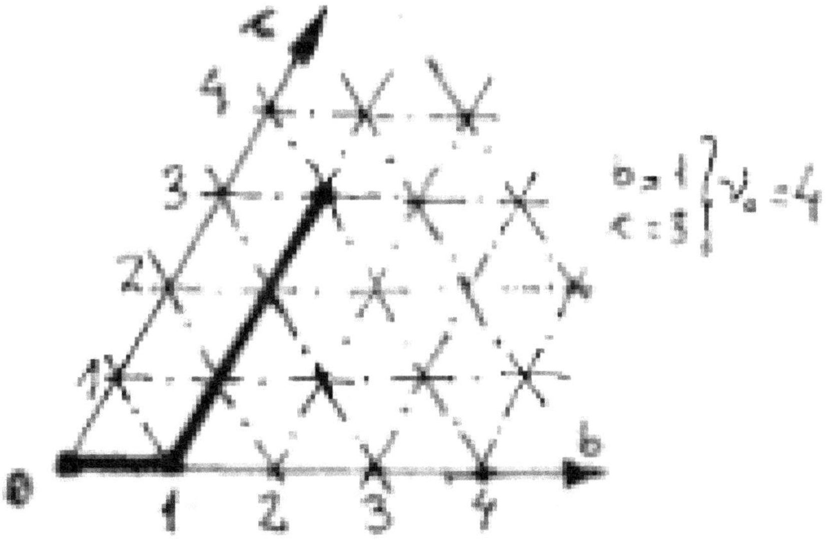

De este modo lo que se obtiene, al trazar los lados plano de la cara PPT es una grilla inclinada respecto de ellos, que después de una serie de pasos se podrá proyectarse sobre la superficie de la esfera unitaria.

Los vértices de la cara triangular de trabajo para este método se obtienen como lo indica la imagen siguiente:

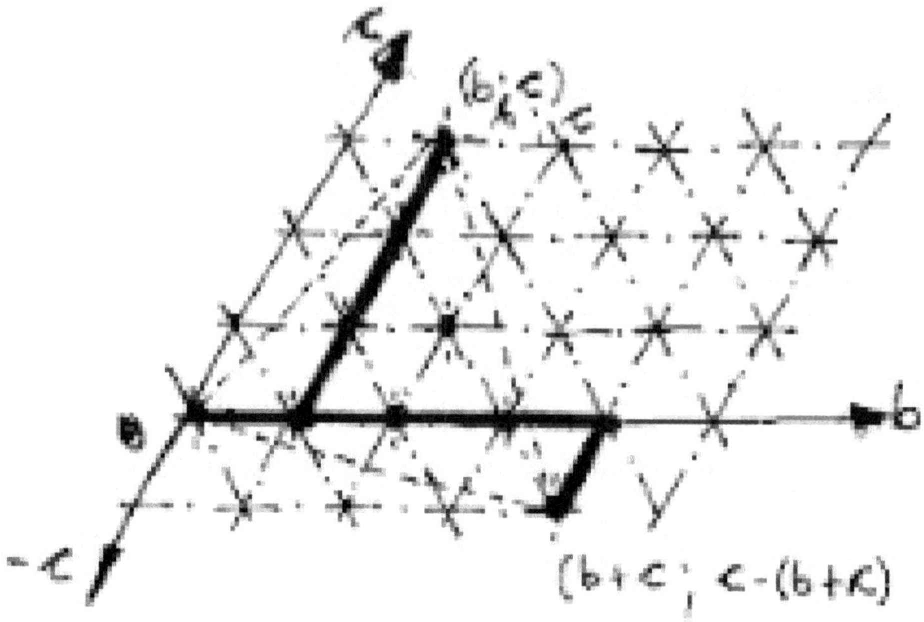

Los puntos de la grilla a determinar para este método, son los que están dentro de esta cara triangular.
Los puntos así definidos, necesitan trasladarse al sistema de referencia de trabajo que se utiliza en este texto; es por ello que a continuación se muestra la relación que guardan con el sistema de coordenadas rectangulares:

$$x = ud * (c * \cos 60 + b)$$

$$y = ud * (c * \sin 60)$$

$$z = 0$$

Como la intención es proyectar estos puntos, se necesita un cambio de escala en la transformación de coordenadas realizado. Es por ello que se define, lo que se conoce como *Factor de Escala (FE)*.

Este Factor de Escala *(FE)*, en términos de fórmula tiene la forma:

$$FE = \frac{longitud\ de\ la\ cuerda\ del\ lado\ del\ sólido\ esférico\ \ elegido}{longitud\ del\ lado\ de\ la\ cuadricula\ inclinada\ elegida} = \frac{lclsee}{llcie}$$

Cuando los puntos de la grilla son afectados por el (FE) quedan con la proporción como si la subdivisión fuera realizada sobre la cara original del sólido elegido. De todos modos esto quedará a la vista una vez que se la lleve al espacio, lo que se logrará adicionándole a cada par ordenado calculado hasta aquí, una componente (z) de magnitud igual al del radio de la *INSFERA* del sólido elegido.
El escalado es necesario, porque deja al conjunto de puntos de la grilla, listos para el inicio de la normalización de los vectores que los definen y lograr proyectarlos en forma eficiente a la superficie de la esfera circumsphere.

De todos modos antes de ello, hace falta un paso más: el lado (BC) tiene que estar perpendicular al eje X y el origen de coordenadas debe coincidir con el baricentro de la cara (PPT).

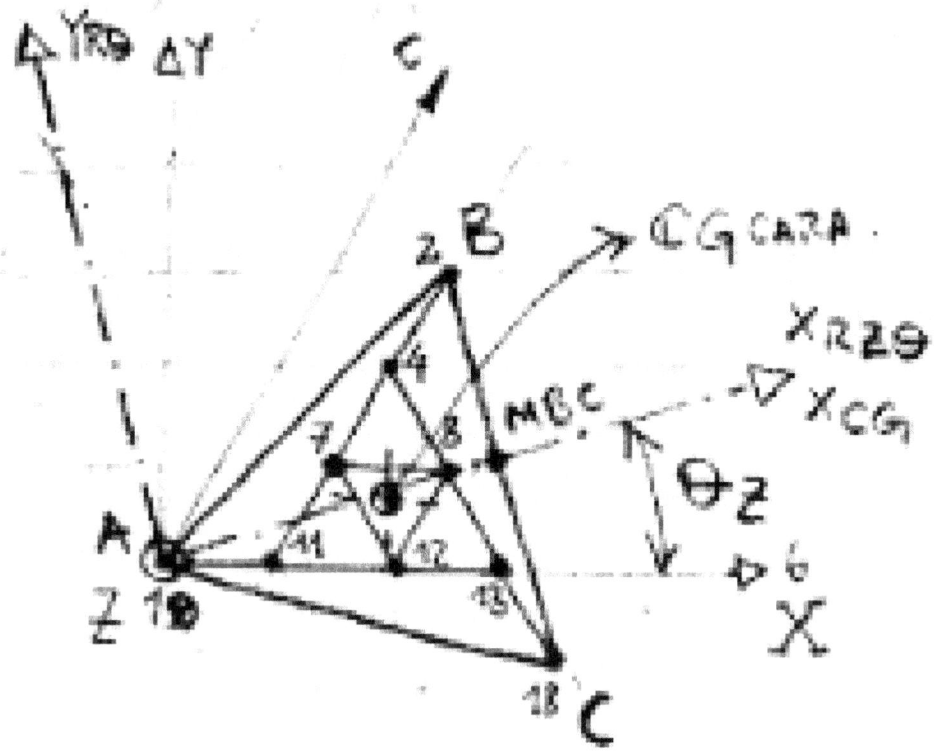

Para lograr que el lado (BC) quede perpendicular al eje X (hay que hacerlo coincidir con el eje b), es necesario rotar la cara, con respecto del eje Z.

La cantidad a rotar es igual al ángulo (θz) que forma el vector que define la dirección del eje X_{CG}, a través del punto A y el MBC: $(\overrightarrow{AMBC})$ y el eje b.

Ahora el lado (Ab) forma un ángulo, con $(\overrightarrow{AMBC})$:

Con $\overrightarrow{Ab}$ = (1,0) y el vector $\left(\overrightarrow{ambc} = \frac{\overrightarrow{AMBC}}{|\overrightarrow{AMBC}|}\right)$,

$$\theta_Z = \cos^{-1}\left((\overrightarrow{ambc}).(\overrightarrow{Ab})\right)$$

Con este ángulo se arma la matriz de rotación que multiplica a cada terna para orientar BC perpendicular al eje X

$$MRZ_{\theta Z} = \begin{bmatrix} \cos(-\theta_Z) & -\sin(-\theta_Z) & 0 \\ \sin(-\theta_Z) & \cos(-\theta_Z) & 0 \\ 0 & 0 & 1 \end{bmatrix}$$

Para un vector arbitrario, $(\overrightarrow{OQ}_{JI})$ su ubicación será:

$$MRZ_{\theta z} * \left[\overrightarrow{OQ}_{JI}\right] = \begin{bmatrix} X_{JI\theta Z} \\ Y_{JI\theta Z} \\ 0 \end{bmatrix}$$

Finalizada la rotación de todos los puntos, el paso a seguir es mover la cara de modo que el origen del sistema de referencia coincida con su baricentro. Para ello, se suma a cada terna el vector:

$$\begin{bmatrix} -\frac{2}{3}.[\,|\,ombc\,|\,] \\ 0 \\ 0 \end{bmatrix}$$

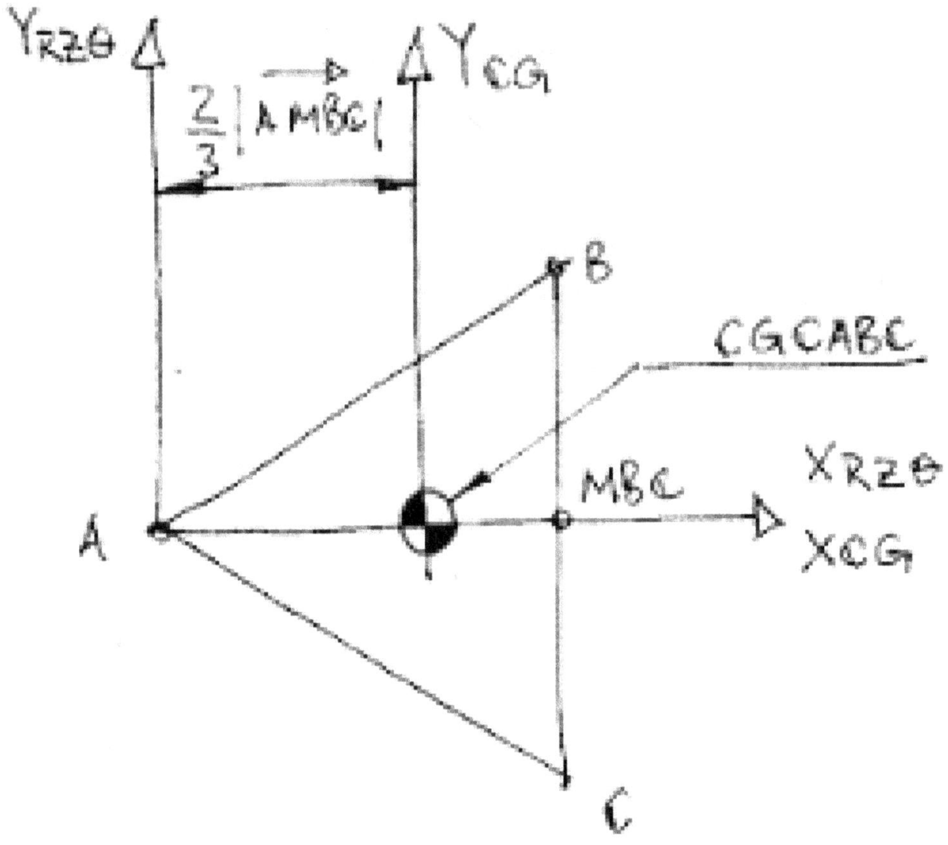

La forma general de los vectores será:

$$\begin{bmatrix} Xxy_{JI\theta Z} \\ Yxy_{JI\theta Z} \\ Zxy_{JI\theta Z} \end{bmatrix} = \begin{bmatrix} X_{JI\theta Z} \\ Y_{JI\theta Z} \\ 0 \end{bmatrix} + \begin{bmatrix} -\frac{2}{3}.[\,|\,ombc\,|\,] \\ 0 \\ 0 \end{bmatrix}$$

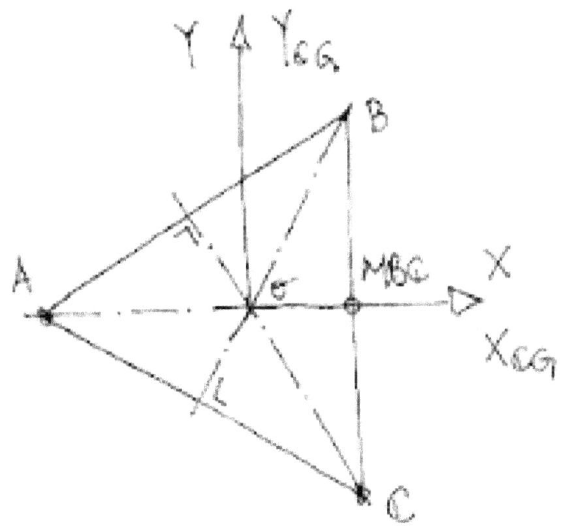

Una vez hecho esto, se tiene a la cara en la posición necesaria para inicia la proyección de todos los puntos contenidas en ella.
Llegado a este punto, estas ternas se proyecta al espacio hasta el radio de la *INSFERA* (*insphere*); en esta situación, el radio definido por el origen y el baricentro de la cara será coincidente con éste.

$$\begin{bmatrix} X_{JI} \\ Y_{JI} \\ Z_{JI} \end{bmatrix} = \begin{bmatrix} Xxy_{JI\theta Z} \\ Yxy_{JI\theta Z} \\ Zxy_{JI\theta Z} \end{bmatrix} + \begin{bmatrix} 0 \\ 0 \\ radio_{INSPHERE} \end{bmatrix}$$

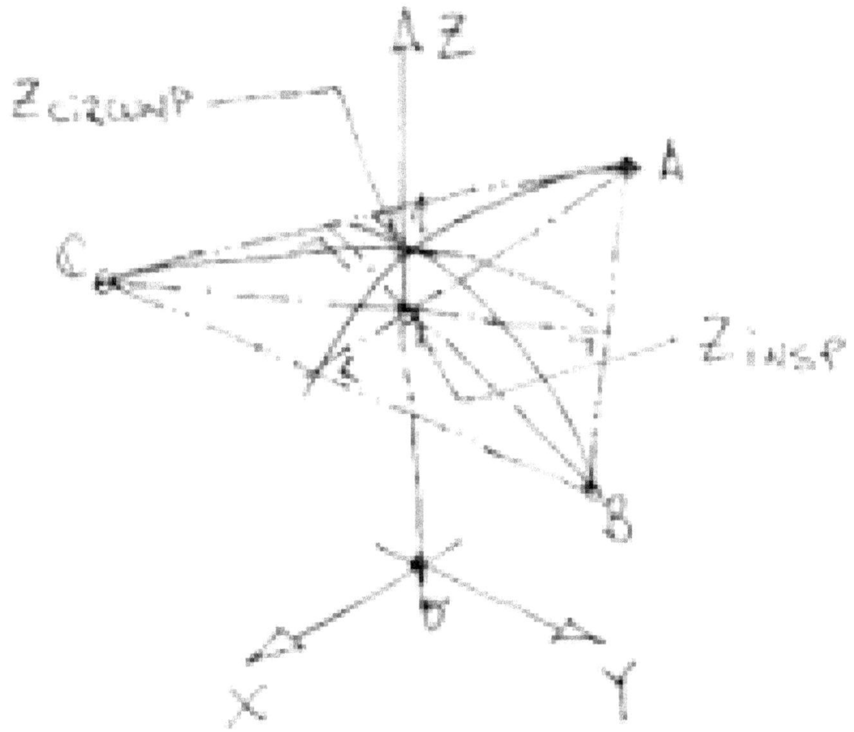

El paso final es la normalización de estas nuevas ternas y de ese modo lograr ubicar los puntos de la grilla sobre la superficie de la esfera de radio unitario.

$$[x_{ji};y_{ji};z_{ji}] = \frac{[X_{ji},Y_{ji},Z_{ji}]}{|[X_{ji},Y_{ji},Z_{ji}]|}$$

Con esto se logra los resultados para el esquema III: la grilla queda ubicada como si el sólido tuviera una cara hacia arriba paralela al plano XY y perpendicular al eje Z.

Abajo se deja un ejemplo numérico a modo resumen para este esquema.

EJEMPLO ASIMÉTRICO

Solido elegido: Icosaedro $\{3,5\}_{1,3}$	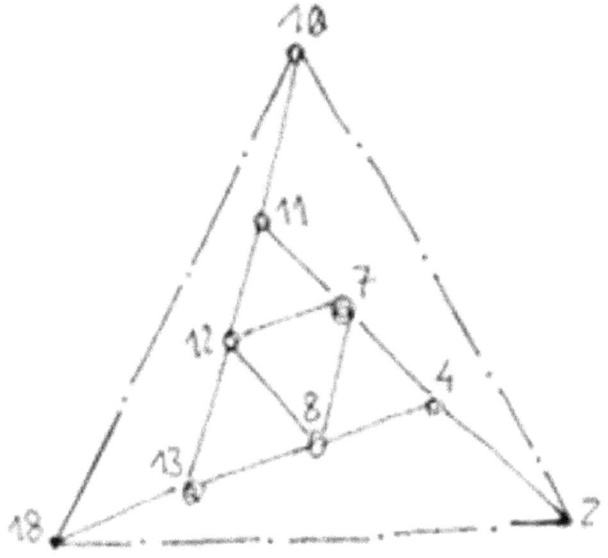
Frecuencia de subdivisión: $\nu = 4$	

A. Definición de los puntos de la grilla:

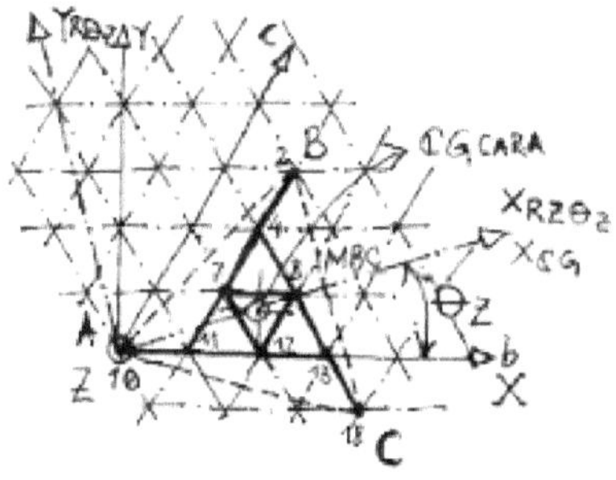

Punto	b	c
1		
2	1	3
3		
4	1	2
5		
6		
7	1	1
8	2	1
9		
10	0	0
11	1	0
12	2	0
13	3	0
14		
15		
16		
17		
18	4	-1

B. Transformación a coordenadas del sistema cartesiano:

Punto	b	c	xgr	ygr
1				
2	1	3	2,5	2,598076211353
3				
4	1	2	2,0	1,732050807569
5				
6				
7	1	1	1,5	0,866025403784
8	2	1	2,5	0,866025403784
9				
10	0	0	0,0	0
11	1	0	1,0	0
12	2	0	2,0	0
13	3	0	3,0	0
14				
15				
16				
17				
18	4	-1	3,5	-0,866025403784

C. Escalado de los puntos cartesianos

lc lsee	1,051462222000	scf	0,291623150434
llc le	3,605551275	|mbc|	0,910592995373

Punto	b	c	xgr	ygr	xsc	ysc
1						
2	1	3	2,5	2,598076211353	0,729057876084	0,757669169822
3						
4	1	2	2,0	1,732050807569	0,583246300867	0,505106113215
5						
6						
7	1	1	1,5	0,866025403784	0,437434725651	0,252553056607
8	2	1	2,5	0,866025403784	0,729057876084	0,252553056607
9						
10	0	0	0,0	0	0,000000000000	0,000000000000
11	1	0	1,0	0	0,291623150434	0,000000000000
12	2	0	2,0	0	0,583246300867	0,000000000000
13	3	0	3,0	0	0,874869451301	0,000000000000
14						
15						
16						
17						
18	4	-1	3,5	-0,866025403784	1,020681026518	-0,252553056607

D. Orientación del lado BC, perpendicular al eje X

θz	-16,10211375
sin(θz)	-0,2773500098
cos(θ z)	0,960768923
0,960768923	0,2773500098
-0,2773500098	0,960768923

Punto	b	c	xgr	ygr	xsc	ysc	xrz	yrz
1								
2	1	3	2,5	2,598076211353	0,729057876084	0,757659169822	0,910592995354	0,525731111032
3								
4	1	2	2,0	1,732050807569	0,583246300867	0,505106113215	0,700456150275	0,323526837563
5								
6								
7	1	1	1,5	0,866025403784	0,437434725651	0,252553056607	0,490319305196	0,121322564094
8	2	1	2,5	0,866025403784	0,729057876084	0,252553056607	0,770501765314	0,040440854719
9								
10	0	0	0,0	0	0,000000000000	0,000000000000	0,000000000000	0,000000000000
11	1	0	1,0	0	0,291623150434	0,000000000000	0,280182460117	-0,080881709375
12	2	0	2,0	0	0,583246300867	0,000000000000	0,560364920235	-0,161763418750
13	3	0	3,0	0	0,874869451301	0,000000000000	0,840547380352	-0,242645128125
14								
15								
16								
17								
18	4	-1	3,5	-0,866025403784	1,020681026518	-0,252553056607	0,910592995391	-0,525731110969

E. Desplazamiento del origen del sistema de coordenadas al centro de gravedad de la cara.

Punto	xsc	ysc
mbc	0,874869451	0,252553057
(2/3)|mbc|		0,607061997

Punto	b	c	xgr	ygr	xsc	ysc	xrz	yrz	xcg	ycg
1										
2	1	3	2,5	2,598076211353	0,729057876084	0,757659169822	0,910592995354	0,525731111032	0,303530998439	0,525731111032
3										
4	1	2	2,0	1,732050807569	0,583246300867	0,505106113215	0,700456150275	0,323526837563	0,093394153360	0,323526837563
5										
6										
7	1	1	1,5	0,866025403784	0,437434725651	0,252553056607	0,490319305196	0,121322564094	-0,116742691719	0,121322564094
8	2	1	2,5	0,866025403784	0,729057876084	0,252553056607	0,770501765314	0,040440854719	0,163439768399	0,040440854719
9										
10	0	0	0,0	0	0,000000000000	0,000000000000	0,000000000000	0,000000000000	-0,607061996915	0,000000000000
11	1	0	1,0	0	0,291623150434	0,000000000000	0,280182460117	-0,080881709375	-0,326879536798	-0,080881709375
12	2	0	2,0	0	0,583246300867	0,000000000000	0,560364920235	-0,161763418750	-0,046697076680	-0,161763418750
13	3	0	3,0	0	0,874869451301	0,000000000000	0,840547380352	-0,242645128125	0,233485383437	-0,242645128125
14										
15										
16										
17										
18	4	-1	3,5	-0,866025403784	1,020681026518	-0,252553056607	0,910592995391	-0,525731110969	0,303530998476	-0,525731110969

F. Proyección hasta el radio de la *INSFERA* (*insphere*)

Punto	b	c	xgr	ygr	xsc	ysc	xrz	yrz	xcg	ycg	zinsp
1											
2	1	3	2,5	2,598076211353	0,729057876084	0,757659169822	0,910592995354	0,525731111032	0,303530998439	0,525731111032	0,794654462463
3											
4	1	2	2,0	1,732050807569	0,583246300867	0,505106113215	0,700456150275	0,323526837563	0,093394153360	0,323526837563	0,794654462463
5											
6											
7	1	1	1,5	0,866025403784	0,437434725651	0,252553056607	0,490319805196	0,121322564094	-0,116742691719	0,121322564094	0,794654462463
8	2	1	2,5	0,866025403784	0,729057876084	0,252553056607	0,770501765314	0,040440854719	0,163439768399	0,040440854719	0,794654462463
9											
10	0	0	0,0	0	0,000000000000	0,000000000000	0,000000000000	0,000000000000	-0,607061996915	0,000000000000	0,794654462463
11	1	0	1,0	0	0,291623150434	0,000000000000	0,280182460117	-0,080881709375	-0,326879536798	-0,080881709375	0,794654462463
12	2	0	2,0	0	0,583246300867	0,000000000000	0,560364920235	-0,161763418750	-0,046697076680	-0,161763418750	0,794654462463
13	3	0	3,0	0	0,874869451301	0,000000000000	0,840547380352	-0,242645128125	0,233485383437	-0,242645128125	0,794654462463
14											
15											
16											
17											
18	4	-1	3,5	-0,866025403784	1,020681026518	-0,252553056607	0,910592995391	-0,525731110969	0,303530998476	-0,525731110969	0,794654462463

G. Normalización y ubicación final de los puntos de la grilla sobre la esfera de radio unitario

Punto	b	c	x	y	z
1					
2	1	3	0,303531001045	0,525731115545	0,794654469284
3					
4	1	2	0,108213162669	0,374861391653	0,920743638845
5					
6					
7	1	1	-0,143719512545	0,149357698676	0,978282668537
8	2	1	0,201207317554	0,049785899585	0,978282668540
9					
10	0	0	-0,607062002133	0,000000000000	0,794654469293
11	1	0	-0,378746069387	-0,093715347896	0,920743638856
12	2	0	-0,057487805009	-0,199143598184	0,978282668546
13	3	0	0,270532906718	-0,281146043689	0,920743638860
14					
15					
16					
17					
18	4	-1	0,303531001088	-0,525731115493	0,794654469301

De este modo, se logra que la grilla contenga todos sus puntos sobre la superficie de la esfera de radio unitario y que el baricentro de la cara proyectada tenga coordenadas (0, 0, 1). Esto es fácil de verificar si se aplica el cálculo del baricentro al triángulo formado por los puntos 7,8 y 12, tal cual se realizó en el método 3CP.

Si se desea que el sólido quede con un vértice hacia arriba como en el esquema I, estas coordenadas hay que rotarlas respecto del eje (Y) una cantidad que dependen del sólido empleado. Siendo la cantidad deseada el ángulo que forma el vector ($\overrightarrow{oa}$) y ($\overrightarrow{ocgcabc}$) y que por sólido tiene el valor indicado a continuación:

I. Tetraedro: 70,5287793655093°
II. Octaedro: 54,7356103172453°
III. Icosaedro: 37,37736814°

CAPÍTULO 9

DISTRIBUCIÓN DE PUNTOS SOBRE UNA SUPERFICIE ESFÉRICA DE RADIO UNITARIO

Como la intención es mostrar el total de conectores que definen un sólido completo, es necesario completar primero *la distribución de todos los puntos del sólido sobre la superficie esférica*.
Para esta parte del análisis se hacen observaciones puntuales sobre cada sólido elegido, dado que cada uno requiere algún trato distinto a los otros.
Como ya se conoce la manera de definir todos los puntos de una cara en un sólido determinado, se trabajará a partir de ella para definir la totalidad de la grilla.
Este desarrollo se hará para el tetraedro, aplicando una serie de rotaciones a la grilla de la cara definida por los métodos descriptos anteriormente. Por otro lado para el octaedro y el icosaedro, será a través del uso de la luna[34].
Esta es una figura única en la geométrica esférica o espacial y no existe tal formato para la geometría plana.
Una luna se define con dos caras del sólido, las cuales comparten un lado.
Para los cálculos y posicionados de los puntos de la luna, se utilizarán las ***rotaciones ordenadas***, que son útiles para usar las recetas descriptas en este texto.

Luna para métodos I	Luna para método II	Luna para método III
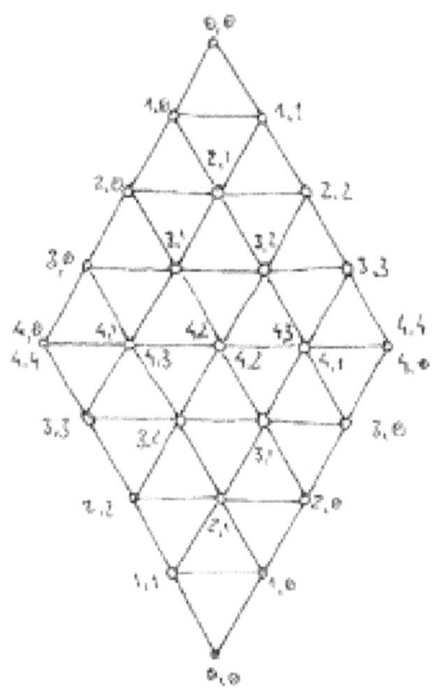	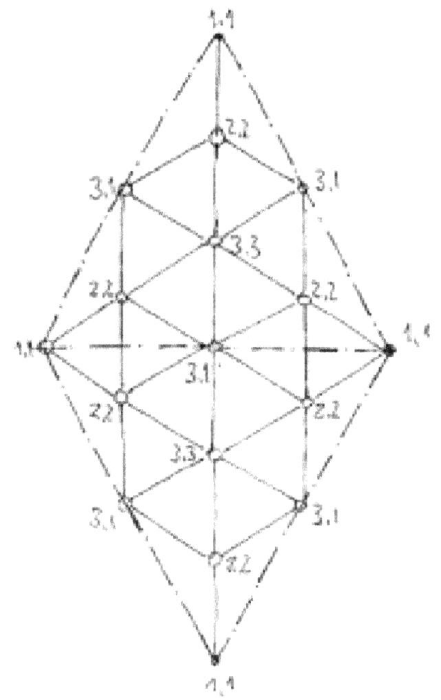	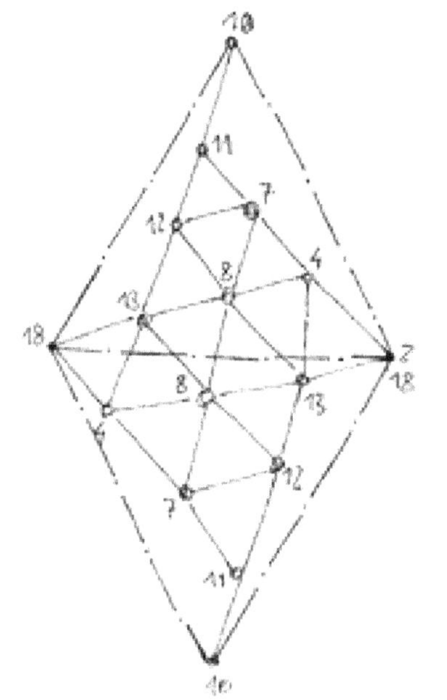

El procedimiento siguiente no es totalmente general y la aplicación depende de los esquemas de subdivisión elegidos y de cada sólido en particular.

DISTRIBUCIÓN DE PUNTOS SOBRE UNA SUPERFICIE ESFÉRICA DE RADIO UNITARIO PARA EL TETRAEDRO: ESQUEMA I

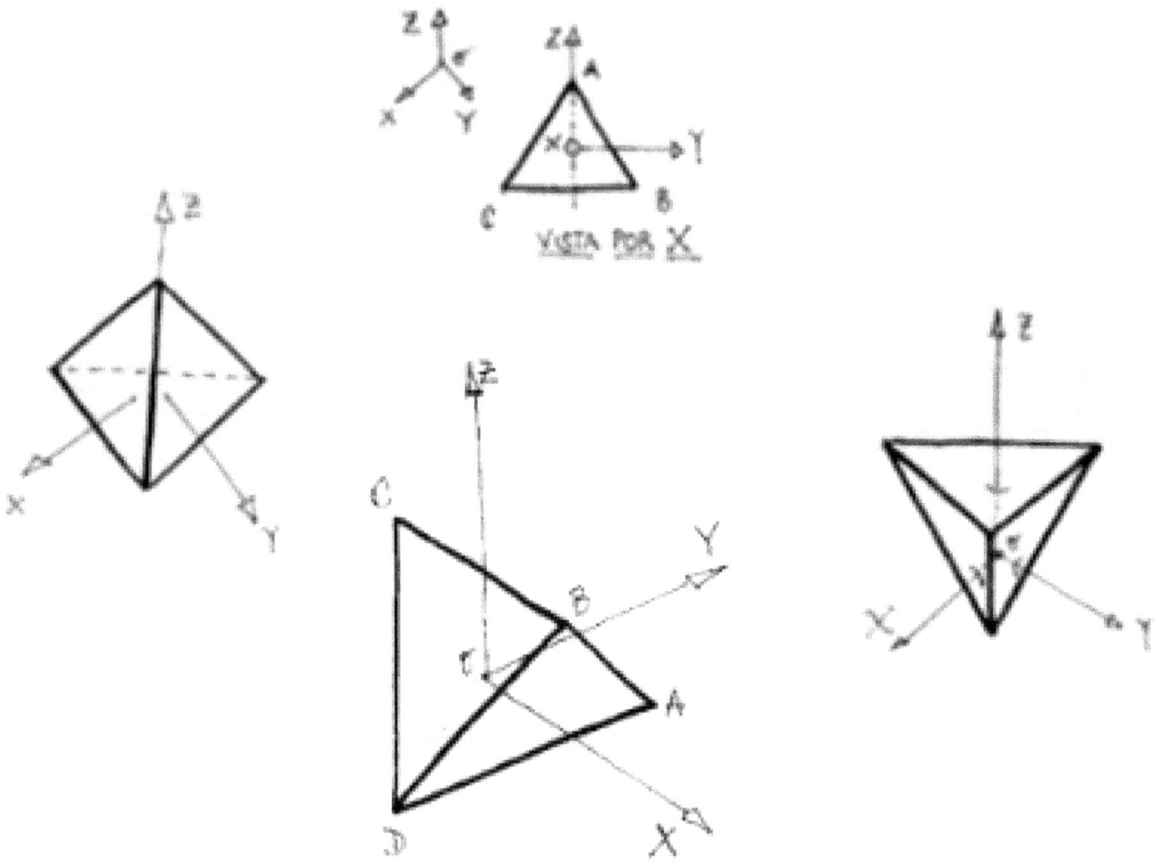

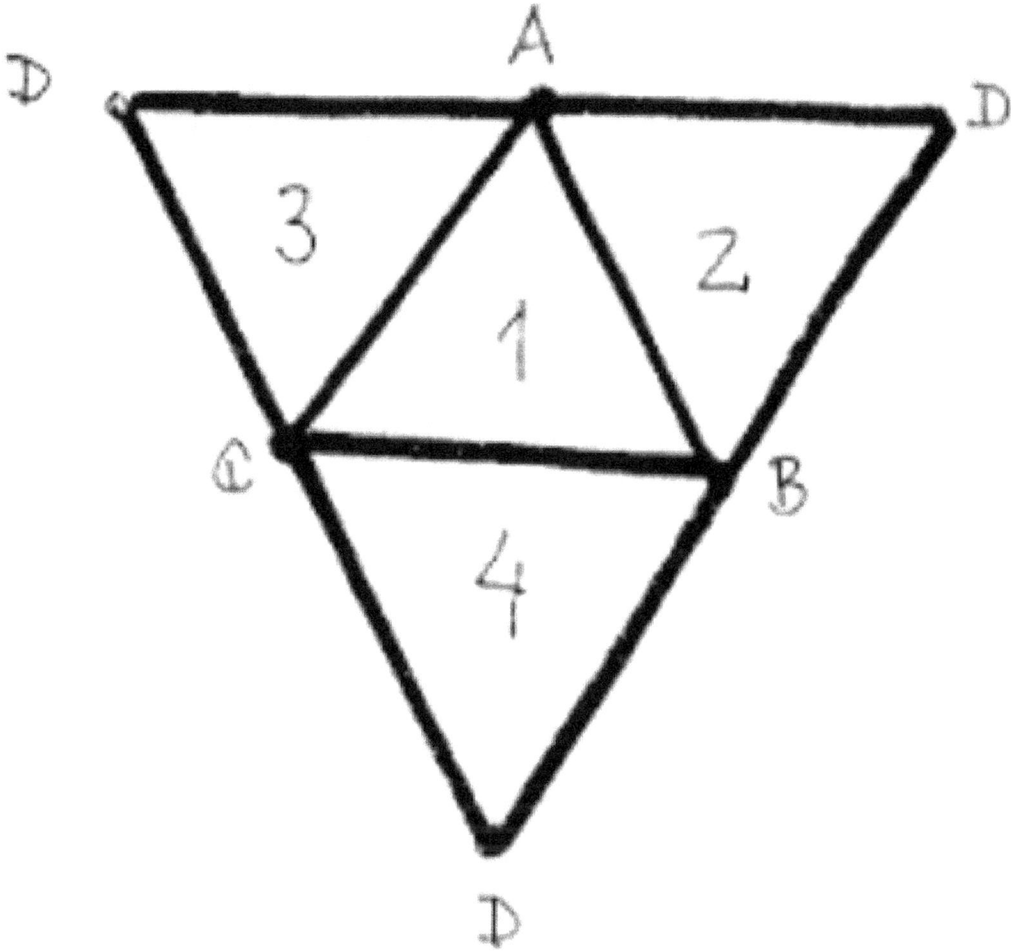

1st. Rotar la cara ABC respecto del eje Z dos veces:

a. 120° (Triángulo 2)
b. 240° (Triángulo 3)

2nd. Para la cuarta cara, rotar la original:

a. Respecto del eje Z: 180°
b. Rotar este último movimiento respecto de Y: -109,471220635°

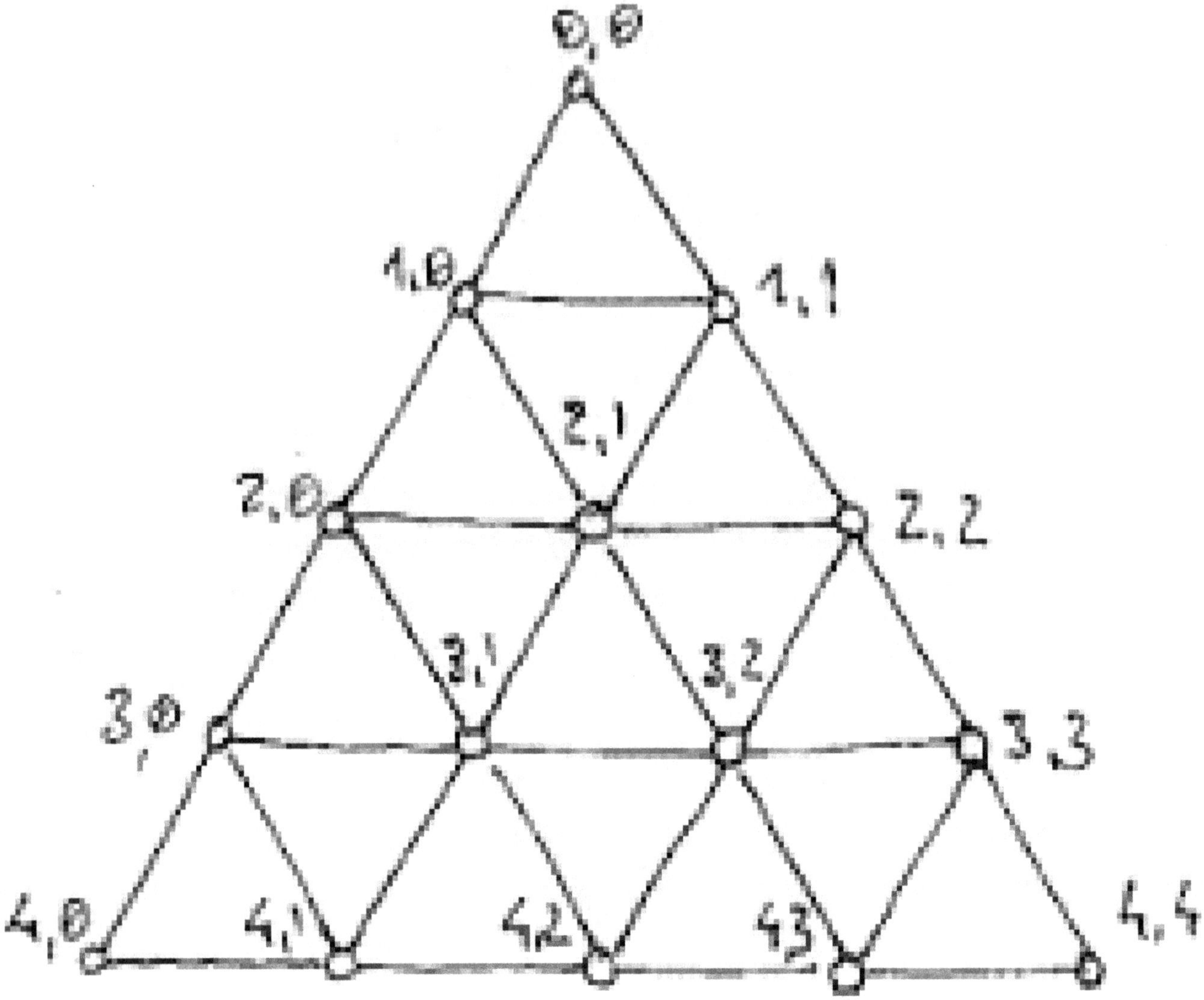
0,0
1,0
1,1
2,1
2,0
2,2
3,1
3,2
3,0
3,3
4,0
4,1
4,2
4,3
4,4

MÉTODO ALTERNATIVO

Triángulo 1					
Punto	x	y	z	ϕ	θ
0,0	0,000000000000	0,000000000000	1,000000000000	0,000000000000	0,000000000000
1,0	0,166666666621	-0,288675134595	0,942809041590	19,471220633113	299,999999993253
1,1	0,166666666621	0,288675134595	0,942809041590	19,471220633113	60,000000006747
2,0	0,408248290436	-0,707106781187	0,577350269209	54,735610315868	299,999999998313
2,1	0,577350269150	0,000000000000	0,816496580955	35,264389680000	0,000000000000
2,2	0,408248290436	0,707106781187	0,577350269209	54,735610315868	60,000000001687
3,0	0,500000000000	-0,866025403784	0,000000000024	89,999999998623	300,000000000000
3,1	0,866025403784	-0,500000000000	0,000000000000	90,000000000000	330,000000000000
3,2	0,866025403784	0,500000000000	0,000000000000	90,000000000000	30,000000000000
3,3	0,500000000000	0,866025403784	0,000000000000	90,000000000000	60,000000000000
4,0	0,471404520807	-0,816496580928	-0,333333333311	109,471220633113	300,000000000843
4,1	0,666666666689	-0,577350269190	-0,471404520759	118,125505699973	319,106605351833
4,2	0,816496580955	0,000000000000	-0,577350269150	125,264389680000	0,000000000000
4,3	0,666666666689	0,577350269190	-0,471404520759	118,125505699973	40,893394648167
4,4	0,471404520807	0,816496580928	-0,333333333311	109,471220633113	59,999999999157
Triángulo 2					
Punto	x	y	z	ϕ	θ
0,0	0,000000000000	0,000000000000	1,000000000000	0,000000000000	0,000000000000
1,0	0,166666666689	0,288675134556	0,942809041590	19,471220633113	59,999999993252
1,1	-0,333333333311	-0,000000000039	0,942809041590	19,471220633113	180,000000006747
2,0	0,408248290478	0,707106781163	0,577350269209	54,735610315868	59,999999998313
2,1	-0,288675134575	0,499999999966	0,816496580955	35,264389680000	120,000000000000
2,2	-0,816496580914	0,000000000000	0,577350269209	54,735610315868	180,000000000000
3,0	0,500000000000	0,866025403784	0,000000000000	90,000000000000	60,000000000000
3,1	0,000000000000	1,000000000000	0,000000000000	90,000000000000	90,000000000000
3,2	-0,866025403784	0,500000000000	0,000000000000	90,000000000000	150,000000000000
3,3	-1,000000000000	0,000000000000	0,000000000000	90,000000000000	180,000000000000
4,0	0,471404520783	0,816496580942	-0,333333333311	109,471220633113	60,000000000843
4,1	0,166666666655	0,866025403804	-0,471404520759	118,125505699973	79,106605351833
4,2	-0,408248290478	0,707106781211	-0,577350269150	125,264389680000	120,000000000000
4,3	-0,833333333345	0,288675134614	-0,471404520759	118,125505699973	160,893394648167
4,4	-0,942809041590	0,000000000000	-0,333333333311	109,471220633113	180,000000000000

Triángulo 3					
Punto	x	y	z	ϕ	θ
0,0	0,000000000000	0,000000000000	1,000000000000	0,000000000000	0,000000000000
1,0	-0,333333333311	0,000000000000	0,942809041590	19,471220633113	180,000000000000
1,1	0,166666666689	-0,288675134556	0,942809041590	19,471220633113	300,000000006747
2,0	-0,816496580914	0,000000000000	0,577350269209	54,735610315868	180,000000000000
2,1	-0,288675134575	-0,499999999966	0,816496580955	35,264389680000	240,000000000000
2,2	0,408248290478	-0,707106781163	0,577350269209	54,735610315868	300,000000001687
3,0	-1,000000000000	0,000000000000	0,000000000000	90,000000000000	180,000000000000
3,1	-0,866025403784	-0,500000000000	0,000000000000	90,000000000000	210,000000000000
3,2	0,000000000000	-1,000000000000	0,000000000000	90,000000000000	270,000000000000
3,3	0,500000000000	-0,866025403784	0,000000000000	90,000000000000	300,000000000000
4,0	-0,942809041590	0,000000000000	-0,333333333311	109,471220633113	180,000000000000
4,1	-0,833333333345	-0,288675134614	-0,471404520759	118,125505699973	199,106605351833
4,2	-0,408248290478	-0,707106781211	-0,577350269150	125,264389680000	240,000000000000
4,3	0,166666666655	-0,866025403804	-0,471404520759	118,125505699973	280,893394648167
4,4	0,471404520783	-0,816496580942	-0,333333333311	109,471220633113	299,999999999157

Triángulo 4					
Punto	x	y	z	ϕ	θ
0,0	-0,942809041595	0,000000000000	-0,333333333296	109,471220632245	180,000000000000
1,0	-0,833333333352	0,288675134595	-0,471404520758	118,125505699934	160,893394649524
1,1	-0,833333333352	-0,288675134595	-0,471404520758	118,125505699934	199,106605350476
2,0	-0,408248290486	0,707106781187	-0,577350269174	125,264389681632	120,000000001375
2,1	-0,577350269222	0,000000000000	-0,816496580905	144,735610315000	180,000000000000
2,2	-0,408248290486	-0,707106781187	-0,577350269174	125,264389681632	239,999999998625
3,0	0,166666666648	0,866025403784	-0,471404520798	118,125505702480	79,106605352048
3,1	0,288675134563	0,500000000000	-0,816496580939	144,735610318368	60,000000002750
3,2	0,288675134563	-0,500000000000	-0,816496580939	144,735610318368	299,999999997250
3,3	0,166666666648	-0,866025403784	-0,471404520798	118,125505702480	280,893394647952
4,0	0,471404520778	0,816496580928	-0,333333333352	109,471220635613	60,000000000688
4,1	0,666666666648	0,577350269190	-0,471404520817	118,125505703753	40,893394649917
4,2	0,816496580905	0,000000000000	-0,577350269222	125,264389685000	0,000000000000
4,3	0,666666666648	-0,577350269190	-0,471404520817	118,125505703753	319,106605350083
4,4	0,471404520778	-0,816496580928	-0,333333333352	109,471220635613	299,999999999312

2CP: MÉTODO INTERSECCIÓN DE DOS CIRCUNFERENCIAS PRINCIPALES

Triángulo 1					
Punto	x	y	z	ϕ	θ
0,0	0,000000000000	0,000000000000	1,000000000000	0,000000000000	0,000000000000
1,0	0,229850421624	-0,398112608393	0,888073834046	27,367805150000	300,000000000000
1,1	0,229850421624	0,398112608393	0,888073834046	27,367805150000	60,000000000000
2,0	0,408248290377	-0,707106781036	0,577350269435	54,735610300000	300,000000000000
2,1	0,888073833959	0,000000000000	0,459700843415	62,632194839157	0,000000000000
2,2	0,408248290377	0,707106781036	0,577350269435	54,735610300000	60,000000000000
3,0	0,495258827332	-0,857813451836	0,137385500684	82,103415450000	300,000000000000
3,1	0,911230926464	-0,353553390479	-0,211324865397	102,200004041355	338,793976894194
3,2	0,911230926464	0,353553390479	-0,211324865397	102,200004041355	21,206023105806
3,3	0,495258827332	0,857813451836	0,137385500684	82,103415450000	60,000000000000
4,0	0,471404520807	-0,816496580928	-0,333333333311	109,471220633113	300,000000000843
4,1	0,725109249108	-0,459700843247	-0,512729667150	120,845823162316	327,626340882434
4,2	0,816496580925	0,000000000000	-0,577350269193	125,264389683000	0,000000000000
4,3	0,725109249108	0,459700843247	-0,512729667150	120,845823162316	32,373659117566
4,4	0,471404520807	0,816496580928	-0,333333333311	109,471220633113	59,999999999157
Triángulo 2					
Punto	x	y	z	ϕ	θ
0,0	0,000000000000	0,000000000000	1,000000000000	0,000000000000	0,000000000000
1,0	0,229850421624	0,398112608393	0,888073834046	27,367805150000	60,000000000000
1,1	-0,459700843247	0,000000000000	0,888073834046	27,367805150000	180,000000000000
2,0	0,408248290377	0,707106781036	0,577350269435	54,735610300000	60,000000000000
2,1	-0,444036916980	0,769094500645	0,459700843415	62,632194839157	120,000000000000
2,2	-0,816496580754	0,000000000000	0,577350269435	54,735610300000	180,000000000000
3,0	0,495258827332	0,857813451836	0,137385500684	82,103415450000	60,000000000000
3,1	-0,149429245483	0,965925826272	-0,211324865397	102,200004041355	98,793976894194
3,2	-0,761801680982	0,612372435793	-0,211324865397	102,200004041355	141,206023105806
3,3	-0,990517654664	0,000000000000	0,137385500684	82,103415450000	180,000000000000
4,0	0,471404520783	0,816496580942	-0,333333333311	109,471220633113	60,000000000843
4,1	0,035557983839	0,857813451870	-0,512729667150	120,845823162316	87,626340882434
4,2	-0,408240290463	0,707106781184	-0,577350269193	125,264389683000	120,000000000000
4,3	-0,760667232947	0,398112608623	-0,512729667150	120,845823162316	152,373659117566
4,4	-0,942809041590	0,000000000000	-0,333333333311	109,471220633113	180,000000000000

Triángulo 3					
Punto	x	y	z	ϕ	θ
0,0	0,000000000000	0,000000000000	1,000000000000	0,000000000000	0,000000000000
1,0	-0,459700843247	0,000000000000	0,888073834046	27,367805150000	180,000000000000
1,1	0,229850421624	-0,398112608393	0,888073834046	27,367805150000	300,000000000000
2,0	-0,816496580754	0,000000000000	0,577350269435	54,735610300000	180,000000000000
2,1	-0,444036916980	-0,769094500645	0,459700843415	62,632194839157	240,000000000000
2,2	0,408248290377	-0,707106781036	0,577350269435	54,735610300000	300,000000000000
3,0	-0,990517654664	0,000000000000	0,137385500684	82,103415450000	180,000000000000
3,1	-0,761801680982	-0,612372435793	-0,211324865397	102,200004041355	218,793976894194
3,2	-0,149429245483	-0,965925826272	-0,211324865397	102,200004041355	261,206023105806
3,3	0,495258827332	-0,857813451836	0,137385500684	82,103415450000	300,000000000000
4,0	-0,942809041590	0,000000000000	-0,333333333311	109,471220633113	180,000000000000
4,1	-0,760667232947	-0,398112608623	-0,512729667150	120,845823162316	207,626340882434
4,2	-0,408248290463	-0,707106781184	-0,577350269193	125,264389683000	240,000000000000
4,3	0,035557983839	-0,857813451870	-0,512729667150	120,845823162316	272,373659117566
4,4	0,471404520783	-0,816496580942	-0,333333333311	109,471220633113	299,999999999157
Triángulo 4					
Punto	x	y	z	ϕ	θ
0,0	-0,942809041595	0,000000000000	-0,333333333296	109,471220632245	180,000000000000
1,0	-0,760667233119	0,398112608393	-0,512729667074	120,845823157228	152,373659136449
1,1	-0,760667233119	-0,398112608393	-0,512729667074	120,845823157228	207,626340863551
2,0	-0,408248290719	0,707106781036	-0,577350269193	125,264389683009	120,000000020809
2,1	-0,137385500266	0,000000000000	-0,990517654722	172,103415474157	180,000000000000
2,2	-0,408248290719	-0,707106781036	-0,577350269193	125,264389683009	239,999999979191
3,0	0,035557983555	0,857813451836	-0,512729667226	120,845823167418	87,626340901312
3,1	0,502982635970	0,353553390479	-0,788675134636	142,061872576681	35,103909351535
3,2	0,502982635970	-0,353553390479	-0,788675134636	142,061872576681	324,896090648465
3,3	0,035557983555	-0,857813451836	-0,512729667226	120,845823167418	272,373659098689
4,0	0,471404520778	0,816496580928	-0,333333333352	109,471220635613	60,000000000688
4,1	0,725109249117	0,459700843247	-0,512729667137	120,845823161471	32,373659117246
4,2	0,816496580935	0,000000000000	-0,577350269179	125,264389682000	0,000000000000
4,3	0,725109249117	-0,459700843247	-0,512729667137	120,845823161471	327,626340882754
4,4	0,471404520778	-0,816496580928	-0,333333333352	109,471220635613	299,999999999313

3CP: MÉTODO INTERSECCIÓN DE TRES CIRCUNFERENCIAS PRINCIPALES

Triángulo 1					
Punto	x	y	z	ϕ	θ
0,0	0,000000000000	0,000000000000	1,000000000000	0,000000000000	0,000000000000
1,0	0,229850421624	-0,398112608393	0,888073834046	27,367805150000	300,000000000000
1,1	0,229850421624	0,398112608393	0,888073834046	27,367805150000	60,000000000000
2,0	0,408248290377	-0,707106781036	0,577350269435	54,735610300000	300,000000000000
2,1	0,701198428561	0,000000000000	0,712966172959	44,523233345136	0,000000000000
2,2	0,408248290377	0,707106781036	0,577350269435	54,735610300000	60,000000000000
3,0	0,495258827332	-0,857813451836	0,137385500684	82,103415450000	300,000000000000
3,1	0,920427500959	-0,379715891506	0,092892718858	84,669954892834	337,581748741663
3,2	0,920427500959	0,379715891506	0,092892718858	84,669954892834	22,418251258337
3,3	0,495258827332	0,857813451836	0,137385500684	82,103415450000	60,000000000000
4,0	0,471404520807	-0,816496580928	-0,333333333311	109,471220633113	300,000000000843
4,1	0,725109249108	-0,459700843247	-0,512729667150	120,845823162316	327,626340882434
4,2	0,816496580925	0,000000000000	-0,577350269193	125,264389683000	0,000000000000
4,3	0,725109249108	0,459700843247	-0,512729667150	120,845823162316	32,373659117566
4,4	0,471404520807	0,816496580928	-0,333333333311	109,471220633113	59,999999999157
Triángulo 2					
Punto	x	y	z	ϕ	θ
0,0	0,000000000000	0,000000000000	1,000000000000	0,000000000000	0,000000000000
1,0	0,229850421624	0,398112608393	0,888073834046	27,367805150000	60,000000000000
1,1	-0,459700843247	0,000000000000	0,888073834046	27,367805150000	180,000000000000
2,0	0,408248290377	0,707106781036	0,577350269435	54,735610300000	60,000000000000
2,1	-0,350599214280	0,607255652227	0,712966172959	44,523233345136	120,000000000000
2,2	-0,816496580754	0,000000000000	0,577350269435	54,735610300000	180,000000000000
3,0	0,495258827332	0,857813451836	0,137385500684	82,103415450000	60,000000000000
3,1	0,131370142215	0,986971543925	0,092892718858	84,669954892834	97,581748741663
3,2	-0,789057358744	0,607255652419	0,092892718858	84,669954892834	142,418251258337
3,3	-0,990517654664	0,000000000000	0,137385500684	82,103415450000	180,000000000000
4,0	0,471404520783	0,816496580942	-0,333333333311	109,471220633113	60,000000000843
4,1	0,035557983839	0,857813451870	-0,512729667150	120,845823162316	87,626340882434
4,2	-0,408248290463	0,707106781184	-0,577350269193	125,264389683000	120,000000000000
4,3	-0,760667232947	0,398112608623	-0,512729667150	120,845823162316	152,373659117566
4,4	-0,942809041590	0,000000000000	-0,333333333311	109,471220633113	180,000000000000

Triángulo 3					
Punto	x	y	z	ϕ	θ
0,0	0,000000000000	0,000000000000	1,000000000000	0,000000000000	0,000000000000
1,0	-0,459700843247	0,000000000000	0,888073834046	27,367805150000	180,000000000000
1,1	0,229850421624	-0,398112608393	0,888073834046	27,367805150000	300,000000000000
2,0	-0,816496580754	0,000000000000	0,577350269435	54,735610300000	180,000000000000
2,1	-0,350599214280	-0,607255652227	0,712966172959	44,523233345136	240,000000000000
2,2	0,408248290377	-0,707106781036	0,577350269435	54,735610300000	300,000000000000
3,0	-0,990517654664	0,000000000000	0,137385500684	82,103415450000	180,000000000000
3,1	-0,789057358744	-0,607255652419	0,092892718858	84,669954892834	217,581748741663
3,2	-0,131370142215	-0,986971543925	0,092892718858	84,669954892834	262,418251258337
3,3	0,495258827332	-0,857813451836	0,137385500684	82,103415450000	300,000000000000
4,0	-0,942809041590	0,000000000000	-0,333333333311	109,471220633113	180,000000000000
4,1	-0,760667232947	-0,398112608623	-0,512729667150	120,845823162316	207,626340882434
4,2	-0,408248290463	-0,707106781184	-0,577350269193	125,264389683000	240,000000000000
4,3	0,035557983839	-0,857813451870	-0,512729667150	120,845823162316	272,373659117566
4,4	0,471404520783	-0,816496580942	-0,333333333311	109,471220633113	299,999999999157

Triángulo 4					
Punto	x	y	z	ϕ	θ
0,0	-0,942809041595	0,000000000000	-0,333333333296	109,471220632245	180,000000000000
1,0	-0,760667233119	0,398112608393	-0,512729667074	120,845823157228	152,373659136449
1,1	-0,760667233119	-0,398112608393	-0,512729667074	120,845823157228	207,626340863551
2,0	-0,408248290719	0,707106781036	-0,577350269193	125,264389683009	120,000000020809
2,1	-0,438458144680	0,000000000000	-0,898751609380	153,994453980136	180,000000000000
2,2	-0,408248290719	-0,707106781036	-0,577350269193	125,264389683009	239,999999979191
3,0	0,035557983555	0,857813451836	-0,512729667226	120,845823167418	87,626340901312
3,1	0,219229071758	0,379715891506	-0,898751609642	153,994454014312	60,000000047407
3,2	0,219229071758	-0,379715891506	-0,898751609642	153,994454014312	299,999999952593
3,3	0,035557983555	-0,857813451836	-0,512729667226	120,845823167418	272,373659098689
4,0	0,471404520778	0,816496580928	-0,333333333352	109,471220635613	60,000000000688
4,1	0,725109249117	0,459700843247	-0,512729667137	120,845823161471	32,373659117246
4,2	0,816496580935	0,000000000000	-0,577350269179	125,264389682000	0,000000000000
4,3	0,725109249117	-0,459700843247	-0,512729667137	120,845823161471	327,626340882754
4,4	0,471404520778	-0,816496580928	-0,333333333352	109,471220635613	299,999999999313

ARCOS MEDIOS

Triángulo 1					
Punto	x	y	z	ϕ	θ
0,0	0,000000000000	0,000000000000	1,000000000000	0,000000000000	0,000000000000
1,0	0,229850421624	-0,398112608393	0,888073834046	27,367805150000	300,000000000000
1,1	0,229850421624	0,398112608393	0,888073834046	27,367805150000	60,000000000000
2,0	0,408248290436	-0,707106781187	0,577350269209	54,735610315868	299,999999998313
2,1	0,577350269150	0,000000000000	0,816496580955	35,264389680000	0,000000000000
2,2	0,408248290436	0,707106781187	0,577350269209	54,735610315868	60,000000001687
3,0	0,495258827357	-0,857813451890	0,137385500261	82,103415474491	299,999999999669
3,1	0,866025403784	-0,500000000000	0,000000000000	90,000000000000	330,000000000000
3,2	0,866025403784	0,500000000000	0,000000000000	90,000000000000	30,000000000000
3,3	0,495258827357	0,857813451890	0,137385500261	82,103415474491	60,000000000331
4,0	0,471404520807	-0,816496580928	-0,333333333311	109,471220633113	300,000000000843
4,1	0,725109249078	-0,459700843381	-0,512729667072	120,845823157116	327,626340873842
4,2	0,816496580955	0,000000000000	-0,577350269150	125,264389680000	0,000000000000
4,3	0,725109249078	0,459700843381	-0,512729667072	120,845823157116	32,373659126158
4,4	0,471404520807	0,816496580928	-0,333333333311	109,471220633113	59,999999999157
Triángulo 2					
Punto	x	y	z	ϕ	θ
0,0	0,000000000000	0,000000000000	1,000000000000	0,000000000000	0,000000000000
1,0	0,229850421624	0,398112608393	0,888073834046	27,367805150000	60,000000000000
1,1	-0,459700843247	0,000000000000	0,888073834046	27,367805150000	180,000000000000
2,0	0,408248290478	0,707106781163	0,577350269209	54,735610315868	59,999999998313
2,1	-0,288675134575	0,499999999966	0,816496580955	35,264389680000	120,000000000000
2,2	-0,816496580914	0,000000000000	0,577350269209	54,735610315868	180,000000000000
3,0	0,495258827367	0,857813451884	0,137385500261	82,103415474491	59,999999999669
3,1	0,000000000000	1,000000000000	0,000000000000	90,000000000000	90,000000000000
3,2	-0,866025403784	0,500000000000	0,000000000000	90,000000000000	150,000000000000
3,3	-0,990517654723	0,000000000000	0,137385500261	82,103415474491	180,000000000000
4,0	0,471404520783	0,816496580942	-0,333333333311	109,471220633113	60,000000000843
4,1	0,035557983970	0,857813451911	-0,512729667072	120,845823157116	87,626340873842
4,2	-0,408248290478	0,707106781211	-0,577350269150	125,264389680000	120,000000000000
4,3	-0,760667233048	0,398112608530	-0,512729667072	120,845823157116	152,373659126158
4,4	-0,942809041590	0,000000000000	-0,333333333311	109,471220633113	180,000000000000

Triángulo 3					
Punto	x	y	z	ϕ	θ
0,0	0,000000000000	0,000000000000	1,000000000000	0,000000000000	0,000000000000
1,0	-0,459700843247	0,000000000000	0,888073834046	27,367805150000	180,000000000000
1,1	0,229850421624	-0,398112608393	0,888073834046	27,367805150000	300,000000000000
2,0	-0,816496580914	0,000000000000	0,577350269209	54,735610315868	180,000000000000
2,1	-0,288675134575	-0,499999999966	0,816496580955	35,264389680000	240,000000000000
2,2	0,408248290478	-0,707106781163	0,577350269209	54,735610315868	300,000000001687
3,0	-0,990517654723	0,000000000000	0,137385500261	82,103415474491	180,000000000000
3,1	-0,866025403784	-0,500000000000	0,000000000000	90,000000000000	210,000000000000
3,2	0,000000000000	-1,000000000000	0,000000000000	90,000000000000	270,000000000000
3,3	0,495258827367	-0,857813451884	0,137385500261	82,103415474491	300,000000000331
4,0	-0,942809041590	0,000000000000	-0,333333333311	109,471220633113	180,000000000000
4,1	-0,760667233048	-0,398112608530	-0,512729667072	120,845823157116	207,626340873842
4,2	-0,408248290478	-0,707106781211	-0,577350269150	125,264389680000	240,000000000000
4,3	0,035557983970	-0,857813451911	-0,512729667072	120,845823157116	272,373659126158
4,4	0,471404520783	-0,816496580942	-0,333333333311	109,471220633113	299,999999999157
Triángulo 4					
Punto	x	y	z	ϕ	θ
0,0	-0,942809041595	0,000000000000	-0,333333333296	109,471220632245	180,000000000000
1,0	-0,760667233119	0,398112608393	-0,512729667074	120,845823157228	152,373659136449
1,1	-0,760667233119	-0,398112608393	-0,512729667074	120,845823157228	207,626340863551
2,0	-0,408248290486	0,707106781187	-0,577350269174	125,264389681632	120,000000001375
2,1	-0,577350269222	0,000000000000	-0,816496580905	144,735610315000	180,000000000000
2,2	-0,408248290486	-0,707106781187	-0,577350269174	125,264389681632	239,999999998625
3,0	0,035557983962	0,857813451890	-0,512729667108	120,845823159536	87,626340874301
3,1	0,288675134563	0,500000000000	-0,816496580939	144,735610318368	60,000000002750
3,2	0,288675134563	-0,500000000000	-0,816496580939	144,735610318368	299,999999997250
3,3	0,035557983962	-0,857813451890	-0,512729667108	120,845823159536	272,373659125699
4,0	0,471404520778	0,816496580928	-0,333333333352	109,471220635613	60,000000000688
4,1	0,725109249034	0,459700843381	-0,512729667135	120,845823161339	32,373659127757
4,2	0,816496580905	0,000000000000	-0,577350269222	125,264389685000	0,000000000000
4,3	0,725109249034	-0,459700843381	-0,512729667135	120,845823161339	327,626340872243
4,4	0,471404520778	-0,816496580928	-0,333333333352	109,471220635613	299,999999999313

DISTRIBUCIÓN DE PUNTOS SOBRE UNA SUPERFICIE ESFÉRICA DE RADIO UNITARIO PARA EL TETRAEDRO: ESQUEMA II

Antes de empezar con este método, es necesario primero renumerar los puntos calculados y después orientar la cara con el vértice (A) sobre el eje Z.

a) Re numeración:

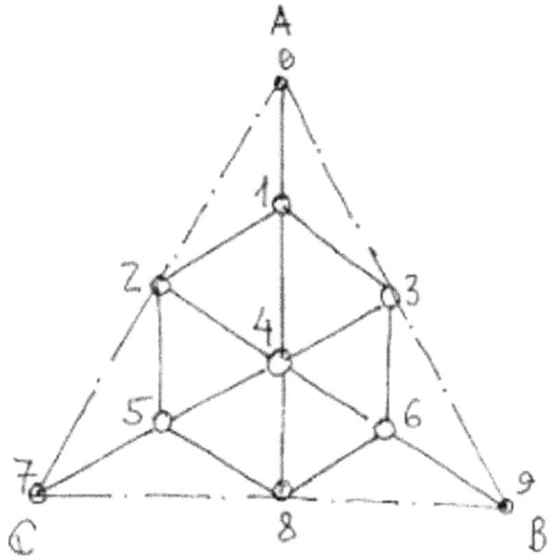

Triángulo 1					
Puntos calculos	x	y	z	ϕ	θ
0	0,000000000000	0,816496580928	-0,577350269190	125,264389682755	90,000000000000
1	0,000000000000	0,982520050849	0,186156787897	79,271416878391	90,000000000000
2	-0,707106781187	0,707106781187	0,000000000000	90,000000000000	135,000000000000
3	0,707106781187	0,707106781187	0,000000000000	90,000000000000	45,000000000000
4	0,000000000000	0,816496580928	0,577350269190	54,735610317245	90,000000000000
5	-0,359627298338	0,622892752510	0,694746590607	45,992972804364	120,000000000000
6	0,359627298338	0,622892752510	0,694746590607	45,992972804364	60,000000000000
7	-0,816496580928	0,000000000000	0,577350269190	54,735610317245	180,000000000000
8	0,000000000000	0,000000000000	1,000000000000	0,000000000000	0,000000000000
9	0,816496580928	0,000000000000	0,577350269190	54,735610317245	0,000000000000

b) Ahora sí es posible, después de este ordenamiento, orientar la cara para trabajar con el vértice (A), coincidente con el eje Z.

1st. Rotar la cara respecto del eje Z: +90°

2nd. Rotar la cara respecto del eje Y: + 109,471220635°

3rd. Ahora, con la cara posicionada como se definieron las grillas en el método I, el vértice A = (0, 0, 1), se rota 180°, respecto del eje Z.

4th. Rotar la cara respecto de eje Z dos veces:

a. 120° (Triángulo 2)
b. 240° (Triángulo 3)

5th. Para la cuarta cara, rotar la original:

c. Respecto eje Z: 180°
d. Rotar este resultado respecto de Y: -109,471220635°

SÓLIDO ORIENTADO CON VÉRTICE A=(0,0,1)					
Triángulo 1					
Puntos calculos	x	y	z	ϕ	θ
0	0,000000000000	0,000000000000	1,000000000000	0,000000000000	0,000000000000
1	0,719254596679	0,000000000000	0,694746590604	45,992972804609	0,000000000000
2	0,408248290466	-0,707106781187	0,577350269188	54,735610317368	300,000000000150
3	0,408248290466	0,707106781187	0,577350269188	54,735610317368	59,999999999850
4	0,942809041583	0,000000000000	0,333333333329	70,528779365755	0,000000000000
5	0,926885514180	-0,359627298338	0,107477671600	83,830065299984	338,793976887006
6	0,926885514180	0,359627298338	0,107477671600	83,830065299984	21,206023112994
7	0,471404520790	-0,816496580928	-0,333333333335	109,471220634613	299,999999999925
8	0,816496580925	0,000000000000	-0,577350269193	125,264389683000	0,000000000000
9	0,471404520790	0,816496580928	-0,333333333335	109,471220634613	60,000000000075
Triángulo 2					
Puntos calculos	x	y	z	ϕ	θ
0	0,000000000000	0,000000000000	1,000000000000	0,000000000000	0,000000000000
1	-0,359627298340	0,622892752513	0,694746590604	45,992972804609	120,000000000000
2	0,408248290463	0,707106781189	0,577350269188	54,735610317368	60,000000000150
3	-0,816496580929	0,000000000000	0,577350269188	54,735610317368	180,000000000000
4	-0,471404520792	0,816496580929	0,333333333329	70,528779365755	120,000000000000
5	-0,151996380835	0,982520050849	0,107477671600	83,830065299984	98,793976887007
6	-0,774889133345	0,622892752511	0,107477671600	83,830065299984	141,206023112994
7	0,471404520792	0,816496580926	-0,333333333335	109,471220634613	59,999999999925
8	-0,408248290463	0,707106781184	-0,577350269193	125,264389683000	120,000000000000
9	-0,942809041581	0,000000000000	-0,333333333335	109,471220634613	180,000000000000
Triángulo 3					
Puntos calculos	x	y	z	ϕ	θ
0	0,000000000000	0,000000000000	1,000000000000	0,000000000000	0,000000000000
1	-0,359627298340	-0,622892752513	0,694746590604	45,992972804609	240,000000000000
2	-0,816496580929	0,000000000000	0,577350269188	54,735610317368	180,000000000000
3	0,408248290463	-0,707106781189	0,577350269188	54,735610317368	299,999999999850
4	-0,471404520792	-0,816496580929	0,333333333329	70,528779365755	240,000000000000
5	-0,774889133345	-0,622892752511	0,107477671600	83,830065299984	218,793976887006
6	-0,151996380835	-0,982520050849	0,107477671600	83,830065299984	261,206023112993
7	-0,942809041581	0,000000000000	-0,333333333335	109,471220634613	180,000000000000
8	-0,408248290463	-0,707106781184	-0,577350269193	125,264389683000	240,000000000000
9	0,471404520792	-0,816496580926	-0,333333333335	109,471220634613	300,000000000075
Triángulo 4					
Puntos calculos	x	y	z	ϕ	θ
0	-0,942809041781	0,000000000000	-0,333333332770	109,471220600245	180,000000000000
1	-0,415261835551	0,000000000000	-0,909701933567	155,464193404609	180,000000000000
2	-0,408248290809	0,707106781187	-0,577350268946	125,264389665632	120,000000020971
3	-0,408248290809	-0,707106781187	-0,577350268946	125,264389665632	239,999999979029
4	0,000000000000	0,000000000000	-1,000000000000	180,000000000000	0,000000000000
5	0,207630916960	0,359627298338	-0,909701933939	155,464193455977	60,000000064969
6	0,207630916960	-0,359627298338	-0,909701933939	155,464193455977	299,999999935031
7	0,471404520592	0,816496580928	-0,333333333615	109,471220651613	60,000000010486
8	0,816496580583	0,000000000000	-0,577350269678	125,264389717000	0,000000000000
9	0,471404520592	-0,816496580928	-0,333333333615	109,471220651613	299,999999989515

Como este esquema fue concebido para que el sólido quede apoyado sobre un lado y a su vez que sea perpendicular al plano YZ, el procedimiento a seguir para llevarlo a la posición deseada es:

6th. Rotar -90° respecto del eje cuyo vector director es $\left(\overrightarrow{ombc}\right)$.

7th. Rotar respecto del eje Y: -125,264389683°.

TRIACON

SÓLIDO ORIENTADO CON LADO CB EN LA CABEZA Y PARALELO AL PLANO XZ					
Triángulo 1					
Puntos calculos	**x**	**y**	**z**	**ϕ**	**θ**
0	0,000000000000	0,816496580928	-0,577350269190	125,264389682755	90,000000000000
1	0,000000000000	0,982520050849	0,186156787897	79,271416878391	90,000000000000
2	-0,707106781187	0,707106781187	0,000000000000	90,000000000000	135,000000000000
3	0,707106781187	0,707106781187	0,000000000000	90,000000000000	45,000000000000
4	0,000000000000	0,816496580928	0,577350269190	54,735610317245	90,000000000000
5	-0,359627298338	0,622892752510	0,694746590607	45,992972804364	120,000000000000
6	0,359627298338	0,622892752510	0,694746590607	45,992972804364	60,000000000000
7	-0,816496580928	0,000000000000	0,577350269190	54,735610317245	180,000000000000
8	0,000000000000	0,000000000000	1,000000000000	0,000000000000	0,000000000000
9	0,816496580928	0,000000000000	0,577350269190	54,735610317245	0,000000000000
Triángulo 2					
Puntos calculos	**x**	**y**	**z**	**ϕ**	**θ**
0	0,000000000000	0,816496580924	-0,577350269195	125,264389683123	90,000000000000
1	0,622892752513	0,359627298332	-0,694746590608	134,007027195714	29,999999999459
2	0,707106781189	0,707106781184	-0,000000000003	90,000000000174	44,999999999826
3	0,000000000000	0,000000000000	-1,000000000000	180,000000000000	0,000000000000
4	0,816496580929	0,000000000000	-0,577350269188	125,264389682632	0,000000000000
5	0,982520050849	0,000000000000	-0,186156787895	100,728583121486	0,000000000000
6	0,622892752511	-0,359627298345	-0,694746590603	134,007027195346	329,999999999578
7	0,816496580926	0,000000000000	0,577350269191	54,735610317123	0,000000000000
8	0,707106781184	-0,707106781189	0,000000000000	90,000000000000	314,999999999827
9	0,000000000000	-0,816496580931	-0,577350269184	125,264389682387	270,000000000000
Triángulo 3					
Puntos calculos	**x**	**y**	**z**	**ϕ**	**θ**
0	0,000000000000	0,816496580924	-0,577350269195	125,264389683123	90,000000000000
1	-0,622892752513	0,359627298332	-0,694746590608	134,007027195714	150,000000000541
2	0,000000000000	0,000000000000	-1,000000000000	180,000000000000	0,000000000000
3	0,000000000000	0,707106781184	-0,000000000003	90,000000000174	90,000000000000
4	-0,816496580929	0,000000000000	-0,577350269188	125,264389682632	180,000000000000
5	-0,622892752511	-0,359627298345	-0,694746590603	134,007027195346	210,000000000422
6	-0,982520050849	0,000000000000	-0,186156787895	100,728583121486	180,000000000000
7	0,000000000000	-0,816496580931	-0,577350269184	125,264389682387	270,000000000000
8	-0,707106781184	-0,707106781189	0,000000000006	89,999999999653	225,000000000174
9	-0,816496580926	0,000000000000	0,577350269191	54,735610317123	180,000000000000
Triángulo 4					
Puntos calculos	**x**	**y**	**z**	**ϕ**	**θ**
0	0,000000000000	-0,816496580585	-0,577350269674	125,264389716755	270,000000000000
1	0,000000000000	-0,982520050959	0,186156787314	79,271416912391	270,000000000000
2	0,707106781187	-0,707106781187	0,000000000000	90,000000000000	315,000000000000
3	-0,707106781187	-0,707106781187	0,000000000000	90,000000000000	225,000000000000
4	0,000000000000	-0,816496581270	0,577350268705	54,735610351245	270,000000000000
5	0,359627298338	-0,622892752923	0,694746590237	45,992972833809	299,999999983579
6	-0,359627298338	-0,622892752923	0,694746590237	45,992972833809	240,000000016421
7	0,816496580928	0,000000000000	0,577350269190	54,735610317245	0,000000000000
8	0,000000000000	0,000000000000	1,000000000000	0,000000000000	0,000000000000
9	-0,816496580928	0,000000000000	0,577350269190	54,735610317245	180,000000000000

DISTRIBUCIÓN DE PUNTOS SOBRE UNA SUPERFICIE ESFÉRICA DE RADIO UNITARIO PARA EL TETRAEDRO: ESQUEMA III

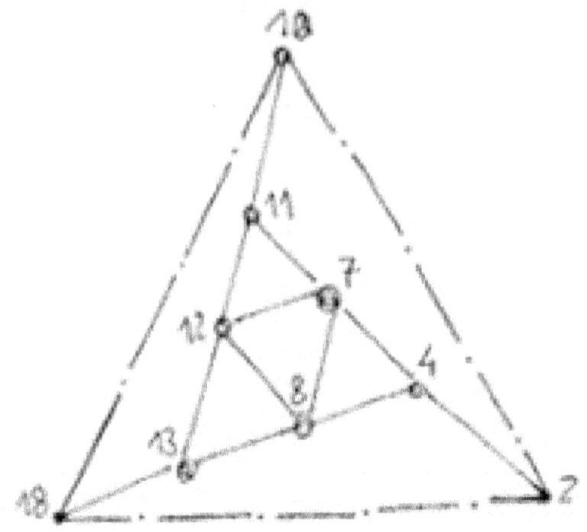

SÓLIDO ORIENTADO CON CARA ABC PERPENDICULA A EJE Z					
Triángulo 1					
Puntos calculos	x	y	z	φ	θ
2	0,471404520755	0,816496580963	0,333333333298	70,528779367662	60,000000002979
4	0,233882138450	0,810191493714	0,537483849829	57,487482687714	73,897886250993
7	-0,427960492535	0,444749590068	0,786795792416	38,112926505983	133,897886245035
8	0,599144689536	0,148249863437	0,786795792434	38,112926504313	13,897886256951
10	-0,942809041591	0,000000000000	0,333333333307	70,528779367121	180,000000000000
11	-0,818587484709	-0,202547873400	0,537483849858	57,487482685765	193,897886246525
12	-0,171184197001	-0,592999453318	0,786795792479	38,112926500136	253,897886248014
13	0,584705346260	-0,607643620212	0,537483849870	57,487482684985	313,897886252483
18	0,471404520815	-0,816496580920	0,333333333320	70,528779366310	300,000000001490

Antes de comenzar con el mecanismo general para este método, se requiere posicionar la cara:

- ✓ Rotar respecto del eje Y: +70,5287804594°; con esta operación se posiciona al método III con el vértice A en la parte superior del sólido.

1st. Rotar la cara respecto de eje Z dos veces:

a. 120° (Triángulo 2)

b. 240° (Triángulo 3)

2nd. Para la cuarta cara, rotar la original:

a. Respecto eje Z: 180°

b. A esta última rotación, rotar respecto de Y: -109,471220635°

SÓLIDO ORIENTADO CON VÉRTICE A=(0,0,1)					
Triángulo 1					
Puntos calculos	x	y	z	φ	θ
2	0,471404520746	0,816496580963	-0,333333333311	109,471220633130	60,000000003464
4	0,584705346140	0,810191493714	-0,041344911519	92,369564351165	54,182474360141
7	0,599144689456	0,444749590068	0,665750285941	48,260088944582	36,586775560750
8	0,941513083497	0,148249863437	-0,302613766366	107,614659827474	8,948275571077
10	0,000000000000	0,000000000000	1,000000000000	0,000000000000	0,000000000000
11	0,233882138447	-0,202547873400	0,950932965196	18,022893908123	319,106605349039
12	0,684736788027	-0,592999453318	0,423659272868	64,934170774998	319,106605351805
13	0,701646415448	-0,607643620212	-0,372104203825	111,845447643181	319,106605352727
18	0,471404520787	-0,816496580920	-0,333333333360	109,471220636103	300,000000000012
Triángulo 2					
Puntos calculos	x	y	z	φ	θ
2	-0,942809041590	0,000000000000	-0,333333333311	109,471220633130	180,000000000000
4	-0,993999088557	0,101273936629	-0,041344911519	92,369564351165	174,182474360141
7	-0,684736788050	0,296499726577	0,665750285941	48,260088944582	156,586775560750
8	-0,599144689592	0,741249316586	-0,302613766366	107,614659827474	128,948275571077
10	0,000000000000	0,000000000000	1,000000000000	0,000000000000	0,000000000000
11	0,058470534623	0,303821810087	0,950932965196	18,022893908123	79,106605349039
12	0,171184196990	0,889499179996	0,423659272868	64,934170774998	79,106605351805
13	0,175411603828	0,911465430358	-0,372104203825	111,845447643181	79,106605352727
18	0,471404520786	0,816496580920	-0,333333333360	109,471220636103	60,000000000012

Triángulo 3					
Puntos calculos	x	y	z	ϕ	θ
2	0,471404520844	-0,816496580906	-0,333333333311	109,471220633130	300,000000003464
4	0,409293742416	-0,911465430343	-0,041344911519	92,369564351165	294,182474360141
7	0,085592098594	-0,741249316646	0,665750285941	48,260088944582	276,586775560750
8	-0,342368393905	-0,889499180022	-0,302613766366	107,614659827474	248,948275571077
10	0,000000000000	0,000000000000	1,000000000000	0,000000000000	0,000000000000
11	-0,292352673070	-0,101273936687	0,950932965196	18,022893908123	199,106605349039
12	-0,855920985017	-0,296499726678	0,423659272868	64,934170774998	199,106605351805
13	-0,877058019275	-0,303821810146	-0,372104203825	111,845447643181	199,106605352727
18	-0,942809041573	0,000000000000	-0,333333333360	109,471220636103	180,000000000012

Triángulo 4					
Puntos calculos	x	y	z	ϕ	θ
2	0,471404520758	-0,816496580963	-0,333333333294	109,471220632088	299,999999997174
4	0,233882138455	-0,810191493714	-0,537483849827	122,512517312148	286,102113749313
7	-0,427960492528	-0,444749590068	-0,786795792419	141,887073494364	226,102113755425
8	0,599144689543	-0,148249863437	-0,786795792428	141,887073495202	346,102113743202
10	-0,942809041589	0,000000000000	-0,333333333315	109,471220633379	180,000000000000
11	-0,818587484705	0,202547873400	-0,537483849865	122,512517314721	166,102113753399
12	-0,171184196994	0,592999453318	-0,786795792480	141,887073500002	106,102113751373
13	0,584705346264	0,607643620212	-0,537483849864	122,512517314668	46,102113747288
18	0,471404520817	0,816496580920	-0,333333333316	109,471220633440	59,999999998357

Como el esquema III fue concebido para que el sólido quede apoyado sobre una cara y a su vez que sea perpendicular al plano XZ, lo que se hace es:

3rd. Rotar el conjunto, obtenido arriba, respecto del eje Y: -70,5287804594°.

ASIMÉTRICO

SÓLIDO ORIENTADO CON CARA ABC PERPENDICULA A EJE Z					
Triángulo 1					
Puntos calculos	x	y	z	φ	θ
2	0,471404520755	0,816496580963	0,333333333298	70,528779367662	60,000000002979
4	0,233882138450	0,810191493714	0,537483849829	57,487482687714	73,897886250993
7	-0,427960492535	0,444749590068	0,786795792416	38,112926505983	133,897886245035
8	0,599144689536	0,148249863437	0,786795792434	38,112926504313	13,897886256951
10	-0,942809041591	0,000000000000	0,333333333307	70,528779367121	180,000000000000
11	-0,818587484709	-0,202547873400	0,537483849858	57,487482685765	193,897886246525
12	-0,171184197001	-0,592999453318	0,786795792479	38,112926500136	253,897886248014
13	0,584705346260	-0,607643620212	0,537483849870	57,487482684985	313,897886252483
18	0,471404520815	-0,816496580920	0,333333333320	70,528779366310	300,000000001490
Triángulo 2					
Puntos calculos	x	y	z	φ	θ
2	0,000000000000	0,000000000000	-1,000000000000	180,000000000000	0,000000000000
4	-0,292352654961	0,101273936629	-0,950932970770	161,977107124064	160,893393563357
7	-0,855920976949	0,296499726577	-0,423659289238	115,065830260458	160,893394487187
8	0,085592111217	0,741249316586	-0,665750284385	131,739910935936	83,413223475835
10	-0,942809047941	0,000000000000	0,333333315347	70,528780458589	180,000000000000
11	-0,877058026422	0,303821810087	0,372104187029	68,154553393583	160,893394795130
12	-0,342368399791	0,889499179996	0,302613759784	72,385340568196	111,051724759721
13	0,409293741597	0,911465430358	0,041344919293	87,630435203014	65,817525683104
18	0,471404514450	0,816496580920	0,333333342320	70,528778819380	60,000000333459

Triángulo 3					
Puntos calculos	x	y	z	φ	θ
2	0,471404514424	-0,816496580906	0,333333342391	70,528778815056	299,999999665548
4	0,175411596771	-0,911465430343	0,372104207189	68,154552149145	280,893394219714
7	-0,599144695267	-0,741249316646	0,302613754984	72,385340856782	231,051724165886
8	0,171184205157	-0,889499180022	-0,423659269513	115,065829012751	280,893395155194
10	-0,942809047941	0,000000000000	0,333333315347	70,528780458589	180,000000000000
11	-0,993999089338	-0,101273936687	0,041344892586	87,630436734488	185,817525638623
12	-0,684736775305	-0,296499726678	-0,665750299004	131,739912058485	203,413224835220
13	0,058470552840	-0,303821810146	-0,950932964057	161,977105880933	280,893397961635
18	0,000000019120	0,000000000000	-1,000000000000	179,999998292453	359,999420617354

Triángulo 4					
Puntos calculos	x	y	z	φ	θ
2	0,471404514379	-0,816496580963	0,333333342315	70,528778819670	299,999999661446
4	0,584705345350	-0,810191493714	0,041344922687	87,630435008386	305,817525603137
7	0,599144702173	-0,444749590068	-0,665750274497	131,739910176664	323,413225021249
8	0,941513077717	-0,148249863437	0,302613784350	72,385339091445	351,051724374876
10	0,000000000000	0,000000000000	-1,000000000000	180,000000000000	0,000000000000
11	0,233882156611	0,202547873400	-0,950932960729	161,977105264588	40,893392448940
12	0,684736796119	0,592999453318	-0,423659259789	115,065828397713	40,893394313105
13	0,701646408340	0,607643620212	0,372104217227	68,154551529531	40,893394934493
18	0,471404514420	0,816496580920	0,333333342364	70,528778816697	60,000000335078

DISTRIBUCIÓN DE PUNTOS SOBRE UNA SUPERFICIE ESFÉRICA DE RADIO UNITARIO PARA EL OCTAEDRO: ESQUEMA I

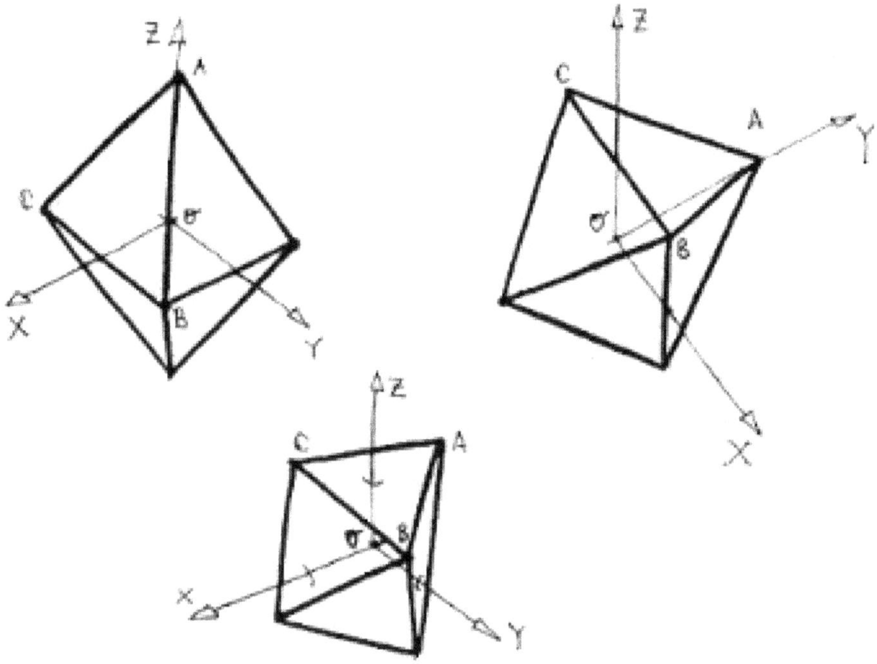

1st. Con la cara posicionada como se definieron las grillas, para el esquema I, el vértice A = (0, 0, 1), se rota 180°, respecto del eje Z.

2nd. Rotar respecto del eje Y: 180°.

En estos dos pasos se forma la segunda cara de la luna fundamental (Triángulo 5).

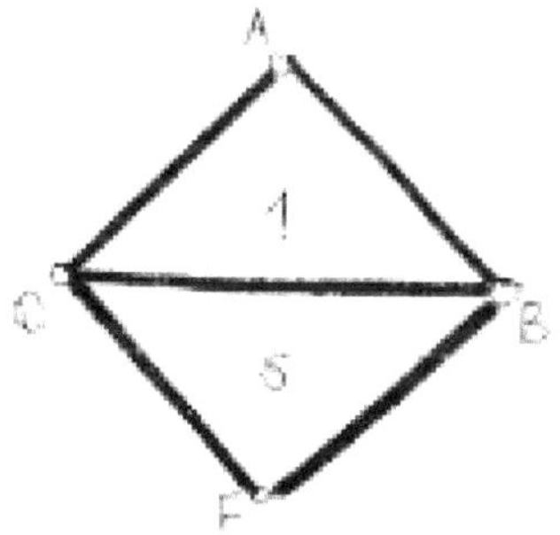

A continuación, se define el resto del sólido.

3rd. Rotar la luna tres veces respecto del eje Z:

a. +90° (Triángulo 2 y 6)
b. 180° (Triángulo 3 y 7)
c. +270° (Triángulo 4 y 8).

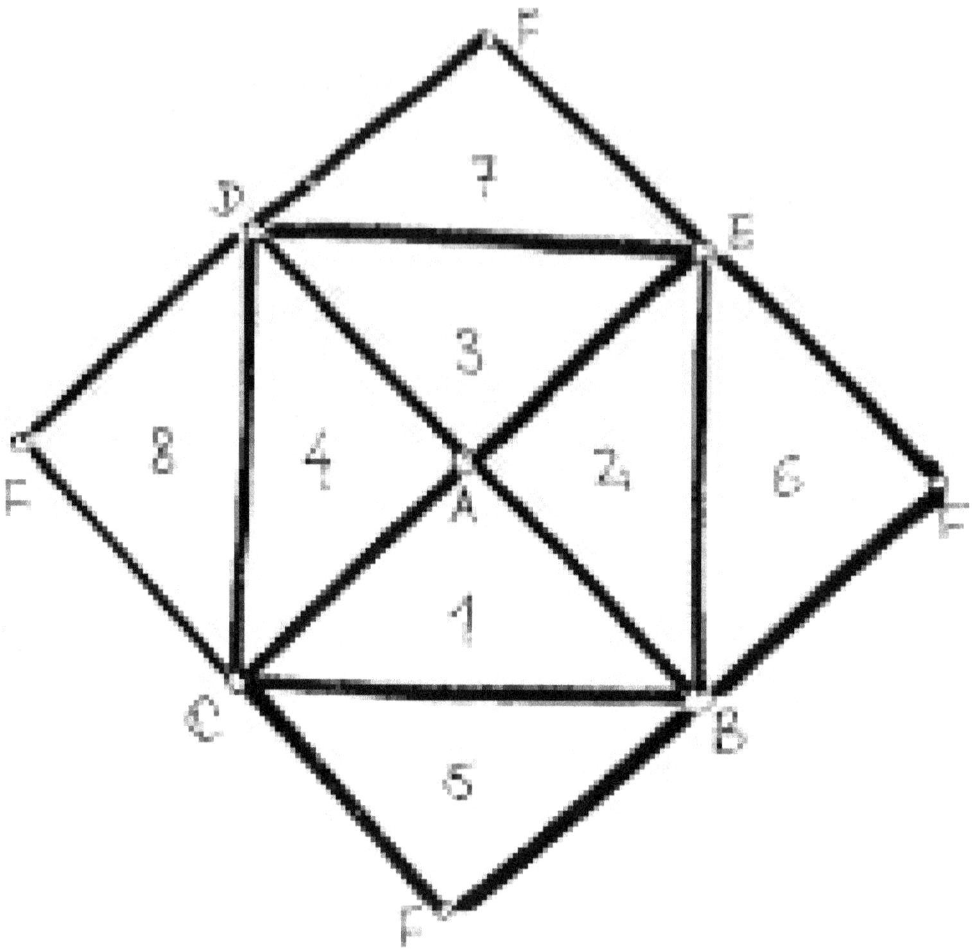

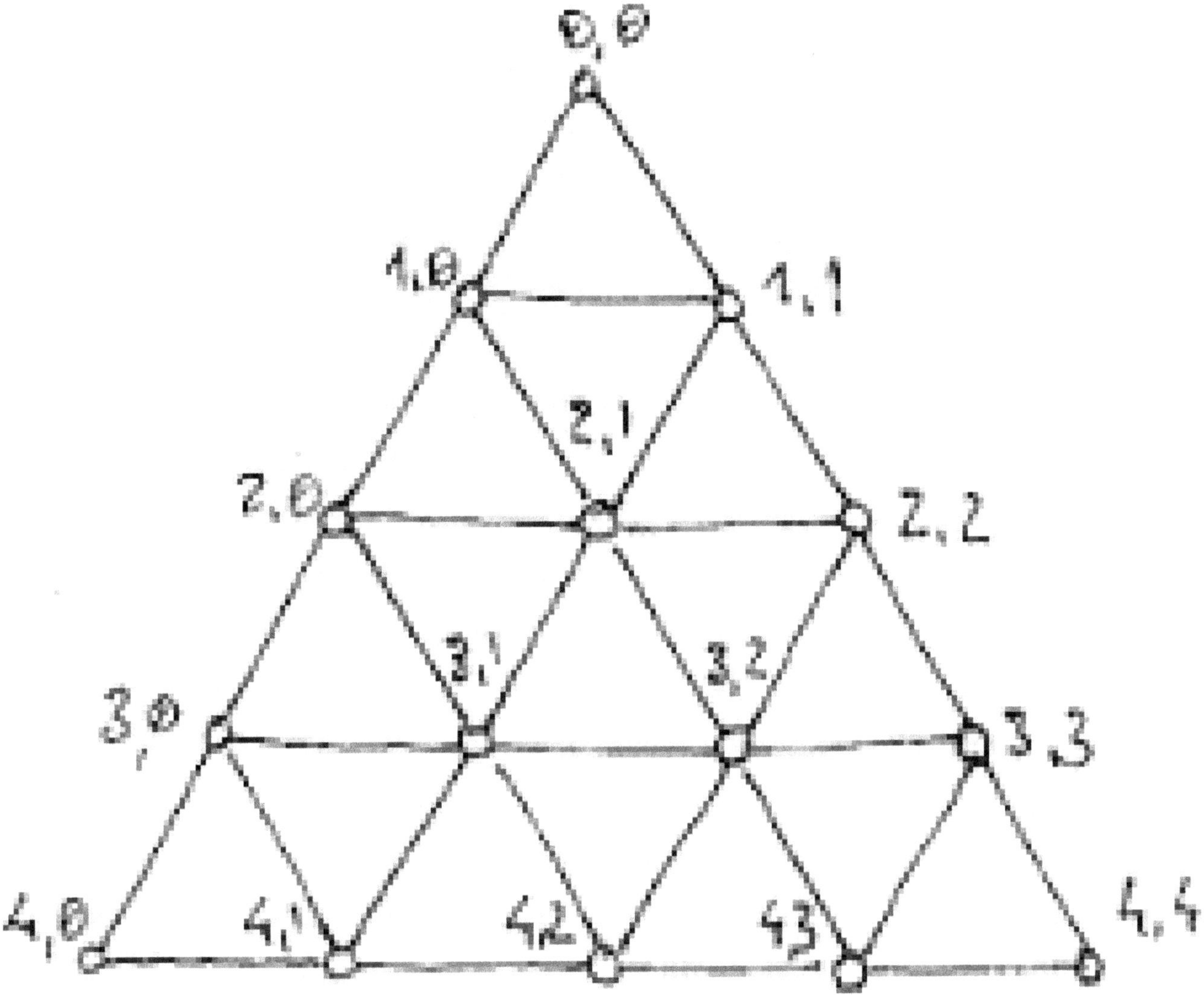
0,0
1,0
1,1
2,1
2,0
2,2
3,1
3,2
3,0
3,3
4,0
4,1
4,2
4,3
4,4

MÉTODO ALTERNATIVO

Triángulo 1					
Punto	x	y	z	φ	θ
0,0	0,000000000000	0,000000000000	1,000000000000	0,000000000000	0,000000000000
1,0	0,223606797750	-0,223606797750	0,948683298051	18,434948822922	315,000000000000
1,1	0,223606797750	0,223606797750	0,948683298051	18,434948822922	45,000000000000
2,0	0,500000000000	-0,500000000000	0,707106781187	45,000000000000	315,000000000000
2,1	0,577350269190	0,000000000000	0,816496580928	35,264389682755	0,000000000000
2,2	0,500000000000	0,500000000000	0,707106781187	45,000000000000	45,000000000000
3,0	0,670820393250	-0,670820393250	0,316227766017	71,565051177078	315,000000000000
3,1	0,866025403784	-0,288675134595	0,408248290464	65,905157447889	341,565051177078
3,2	0,866025403784	0,288675134595	0,408248290464	65,905157447889	18,434948822922
3,3	0,670820393250	0,670820393250	0,316227766017	71,565051177078	45,000000000000
4,0	0,707106781187	-0,707106781187	0,000000000000	90,000000000000	315,000000000000
4,1	0,894427191000	-0,447213595500	0,000000000000	90,000000000000	333,434948822922
4,2	1,000000000000	0,000000000000	0,000000000000	90,000000000000	0,000000000000
4,3	0,894427191000	0,447213595500	0,000000000000	90,000000000000	26,565051177078
4,4	0,707106781187	0,707106781187	0,000000000000	90,000000000000	45,000000000000

Triángulo 5					
Punto	x	y	z	φ	θ
0,0	0,000000000000	0,000000000000	-1,000000000000	180,000000000000	0,000000000000
1,0	0,223606797750	0,223606797750	-0,948683298051	161,565051177078	45,000000000000
1,1	0,223606797750	-0,223606797750	-0,948683298051	161,565051177078	315,000000000000
2,0	0,500000000000	0,500000000000	-0,707106781187	135,000000000000	45,000000000000
2,1	0,577350269190	0,000000000000	-0,816496580928	144,735610317245	0,000000000000
2,2	0,500000000000	-0,500000000000	-0,707106781187	135,000000000000	315,000000000000
3,0	0,670820393250	0,670820393250	-0,316227766017	108,434948822922	45,000000000000
3,1	0,866025403784	0,288675134595	-0,408248290464	114,094842552111	18,434948822922
3,2	0,866025403784	-0,288675134595	-0,408248290464	114,094842552111	341,565051177078
3,3	0,670820393250	-0,670820393250	-0,316227766017	108,434948822922	315,000000000000
4,0	0,707106781187	0,707106781187	0,000000000000	90,000000000000	45,000000000000
4,1	0,894427191000	0,447213595500	0,000000000000	90,000000000000	26,565051177078
4,2	1,000000000000	0,000000000000	0,000000000000	90,000000000000	0,000000000000
4,3	0,894427191000	-0,447213595500	0,000000000000	90,000000000000	333,434948822922
4,4	0,707106781187	-0,707106781187	0,000000000000	90,000000000000	315,000000000000

Triángulo 2					
Punto	x	y	z	ϕ	θ
0,0	0,000000000000	0,000000000000	1,000000000000	0,000000000000	0,000000000000
1,0	0,223606797750	0,223606797750	0,948683298051	18,434948822922	45,000000000000
1,1	-0,223606797750	0,223606797750	0,948683298051	18,434948822922	135,000000000000
2,0	0,500000000000	0,500000000000	0,707106781187	45,000000000000	45,000000000000
2,1	0,000000000000	0,577350269190	0,816496580928	35,264389682755	90,000000000000
2,2	-0,500000000000	0,500000000000	0,707106781187	45,000000000000	135,000000000000
3,0	0,670820393250	0,670820393250	0,316227766017	71,565051177078	45,000000000000
3,1	0,288675134595	0,866025403784	0,408248290464	65,905157447889	71,565051177078
3,2	-0,288675134595	0,866025403784	0,408248290464	65,905157447889	108,434948822922
3,3	-0,670820393250	0,670820393250	0,316227766017	71,565051177078	135,000000000000
4,0	0,707106781187	0,707106781187	0,000000000000	90,000000000000	45,000000000000
4,1	0,447213595500	0,894427191000	0,000000000000	90,000000000000	63,434948822922
4,2	0,000000000000	1,000000000000	0,000000000000	90,000000000000	90,000000000000
4,3	-0,447213595500	0,894427191000	0,000000000000	90,000000000000	116,565051177078
4,4	-0,707106781187	0,707106781187	0,000000000000	90,000000000000	135,000000000000

Triángulo 6					
Punto	x	y	z	ϕ	θ
0,0	0,000000000000	0,000000000000	-1,000000000000	180,000000000000	0,000000000000
1,0	-0,223606797750	0,223606797750	-0,948683298051	161,565051177078	135,000000000000
1,1	0,223606797750	0,223606797750	-0,948683298051	161,565051177078	45,000000000000
2,0	-0,500000000000	0,500000000000	-0,707106781187	135,000000000000	135,000000000000
2,1	0,000000000000	0,577350269190	-0,816496580928	144,735610317245	90,000000000000
2,2	0,500000000000	0,500000000000	-0,707106781187	135,000000000000	45,000000000000
3,0	-0,670820393250	0,670820393250	-0,316227766017	108,434948822922	135,000000000000
3,1	-0,288675134595	0,866025403784	-0,408248290464	114,094842552111	108,434948822922
3,2	0,288675134595	0,866025403784	-0,408248290464	114,094842552111	71,565051177078
3,3	0,670820393250	0,670820393250	-0,316227766017	108,434948822922	45,000000000000
4,0	-0,707106781187	0,707106781187	0,000000000000	90,000000000000	135,000000000000
4,1	-0,447213595500	0,894427191000	0,000000000000	90,000000000000	116,565051177078
4,2	0,000000000000	1,000000000000	0,000000000000	90,000000000000	90,000000000000
4,3	0,447213595500	0,894427191000	0,000000000000	90,000000000000	63,434948822922
4,4	0,707106781187	0,707106781187	0,000000000000	90,000000000000	45,000000000000

Triángulo 3					
Punto	x	y	z	φ	θ
0,0	0,000000000000	0,000000000000	1,000000000000	0,000000000000	0,000000000000
1,0	-0,223606797750	0,223606797750	0,948683298051	18,434948822922	135,000000000000
1,1	-0,223606797750	-0,223606797750	0,948683298051	18,434948822922	225,000000000000
2,0	-0,500000000000	0,500000000000	0,707106781187	45,000000000000	135,000000000000
2,1	-0,577350269190	0,000000000000	0,816496580928	35,264389682755	180,000000000000
2,2	-0,500000000000	-0,500000000000	0,707106781187	45,000000000000	225,000000000000
3,0	-0,670820393250	0,670820393250	0,316227766017	71,565051177078	135,000000000000
3,1	-0,866025403784	0,288675134595	0,408248290464	65,905157447889	161,565051177078
3,2	-0,866025403784	-0,288675134595	0,408248290464	65,905157447889	198,434948822922
3,3	-0,670820393250	-0,670820393250	0,316227766017	71,565051177078	225,000000000000
4,0	-0,707106781187	0,707106781187	0,000000000000	90,000000000000	135,000000000000
4,1	-0,894427191000	0,447213595500	0,000000000000	90,000000000000	153,434948822922
4,2	-1,000000000000	0,000000000000	0,000000000000	90,000000000000	180,000000000000
4,3	-0,894427191000	-0,447213595500	0,000000000000	90,000000000000	206,565051177078
4,4	-0,707106781187	-0,707106781187	0,000000000000	90,000000000000	225,000000000000

Triángulo 7					
Punto	x	y	z	φ	θ
0,0	0,000000000000	0,000000000000	-1,000000000000	180,000000000000	0,000000000000
1,0	-0,223606797750	-0,223606797750	-0,948683298051	161,565051177078	225,000000000000
1,1	-0,223606797750	0,223606797750	-0,948683298051	161,565051177078	135,000000000000
2,0	-0,500000000000	-0,500000000000	-0,707106781187	135,000000000000	225,000000000000
2,1	-0,577350269190	0,000000000000	-0,816496580928	144,735610317245	180,000000000000
2,2	-0,500000000000	0,500000000000	-0,707106781187	135,000000000000	135,000000000000
3,0	-0,670820393250	-0,670820393250	-0,316227766017	108,434948822922	225,000000000000
3,1	-0,866025403784	-0,288675134595	-0,408248290464	114,094842552111	198,434948822922
3,2	-0,866025403784	0,288675134595	-0,408248290464	114,094842552111	161,565051177078
3,3	-0,670820393250	0,670820393250	-0,316227766017	108,434948822922	135,000000000000
4,0	-0,707106781187	-0,707106781187	0,000000000000	90,000000000000	225,000000000000
4,1	-0,894427191000	-0,447213595500	0,000000000000	90,000000000000	206,565051177078
4,2	-1,000000000000	0,000000000000	0,000000000000	90,000000000000	180,000000000000
4,3	-0,894427191000	0,447213595500	0,000000000000	90,000000000000	153,434948822922
4,4	-0,707106781187	0,707106781187	0,000000000000	90,000000000000	135,000000000000

Triángulo 4					
Punto	**x**	**y**	**z**	**ϕ**	**θ**
0,0	0,000000000000	0,000000000000	1,000000000000	0,000000000000	0,000000000000
1,0	-0,223606797750	-0,223606797750	0,948683298051	18,434948822922	225,000000000000
1,1	0,223606797750	-0,223606797750	0,948683298051	18,434948822922	315,000000000000
2,0	-0,500000000000	-0,500000000000	0,707106781187	45,000000000000	225,000000000000
2,1	0,000000000000	-0,577350269190	0,816496580928	35,264389682755	270,000000000000
2,2	0,500000000000	-0,500000000000	0,707106781187	45,000000000000	315,000000000000
3,0	-0,670820393250	-0,670820393250	0,316227766017	71,565051177078	225,000000000000
3,1	-0,288675134595	-0,866025403784	0,408248290464	65,905157447889	251,565051177078
3,2	0,288675134595	-0,866025403784	0,408248290464	65,905157447889	288,434948822922
3,3	0,670820393250	-0,670820393250	0,316227766017	71,565051177078	315,000000000000
4,0	-0,707106781187	-0,707106781187	0,000000000000	90,000000000000	225,000000000000
4,1	-0,447213595500	-0,894427191000	0,000000000000	90,000000000000	243,434948822922
4,2	0,000000000000	-1,000000000000	0,000000000000	90,000000000000	270,000000000000
4,3	0,447213595500	-0,894427191000	0,000000000000	90,000000000000	296,565051177078
4,4	0,707106781187	-0,707106781187	0,000000000000	90,000000000000	315,000000000000
Triángulo 8					
Punto	**x**	**y**	**z**	**ϕ**	**θ**
0,0	0,000000000000	0,000000000000	-1,000000000000	180,000000000000	0,000000000000
1,0	0,223606797750	-0,223606797750	-0,948683298051	161,565051177078	315,000000000000
1,1	-0,223606797750	-0,223606797750	-0,948683298051	161,565051177078	225,000000000000
2,0	0,500000000000	-0,500000000000	-0,707106781187	135,000000000000	315,000000000000
2,1	0,000000000000	-0,577350269190	-0,816496580928	144,735610317245	270,000000000000
2,2	-0,500000000000	-0,500000000000	-0,707106781187	135,000000000000	225,000000000000
3,0	0,670820393250	-0,670820393250	-0,316227766017	108,434948822922	315,000000000000
3,1	0,288675134595	-0,866025403784	-0,408248290464	114,094842552111	288,434948822922
3,2	-0,288675134595	-0,866025403784	-0,408248290464	114,094842552111	251,565051177078
3,3	-0,670820393250	-0,670820393250	-0,316227766017	108,434948822922	225,000000000000
4,0	0,707106781187	-0,707106781187	0,000000000000	90,000000000000	315,000000000000
4,1	0,447213595500	-0,894427191000	0,000000000000	90,000000000000	296,565051177078
4,2	0,000000000000	-1,000000000000	0,000000000000	90,000000000000	270,000000000000
4,3	-0,447213595500	-0,894427191000	0,000000000000	90,000000000000	243,434948822922
4,4	-0,707106781187	-0,707106781187	0,000000000000	90,000000000000	225,000000000000

2CP: MÉTODO INTERSECCIÓN DE DOS CIRCUNFERENCIAS PRINCIPALES

Triángulo 1					
Punto	x	y	z	φ	θ
0,0	0,000000000000	0,000000000000	1,000000000000	0,000000000000	0,000000000000
1,0	0,270598050073	-0,270598050073	0,923879532511	22,500000000000	315,000000000000
1,1	0,270598050073	0,270598050073	0,923879532511	22,500000000000	45,000000000000
2,0	0,500000000000	-0,500000000000	0,707106781187	45,000000000000	315,000000000000
2,1	0,707106781187	0,000000000000	0,707106781187	45,000000000000	0,000000000000
2,2	0,500000000000	0,500000000000	0,707106781187	45,000000000000	45,000000000000
3,0	0,653281482438	-0,653281482438	0,382683432365	67,500000000000	315,000000000000
3,1	0,911095115921	-0,237981574739	0,336556770591	70,332767804964	345,361193404822
3,2	0,911095115921	0,237981574739	0,336556770591	70,332767804964	14,638806595178
3,3	0,653281482438	0,653281482438	0,382683432365	67,500000000000	45,000000000000
4,0	0,707106781187	-0,707106781187	0,000000000000	90,000000000000	315,000000000000
4,1	0,923879532511	-0,382683432365	0,000000000000	90,000000000000	337,500000000000
4,2	1,000000000000	0,000000000000	0,000000000000	90,000000000000	0,000000000000
4,3	0,923879532511	0,382683432365	0,000000000000	90,000000000000	22,500000000000
4,4	0,707106781187	0,707106781187	0,000000000000	90,000000000000	45,000000000000
Triángulo 5					
Punto	x	y	z	φ	θ
0,0	0,000000000000	0,000000000000	-1,000000000000	180,000000000000	0,000000000000
1,0	0,270598050073	0,270598050073	-0,923879532511	157,500000000000	45,000000000000
1,1	0,270598050073	-0,270598050073	-0,923879532511	157,500000000000	315,000000000000
2,0	0,500000000000	0,500000000000	-0,707106781187	135,000000000000	45,000000000000
2,1	0,707106781187	0,000000000000	-0,707106781187	135,000000000000	0,000000000000
2,2	0,500000000000	-0,500000000000	-0,707106781187	135,000000000000	315,000000000000
3,0	0,653281482438	0,653281482438	-0,382683432365	112,500000000000	45,000000000000
3,1	0,911095115921	0,237981574739	-0,336556770591	109,667232195036	14,638806595178
3,2	0,911095115921	-0,237981574739	-0,336556770591	109,667232195036	345,361193404822
3,3	0,653281482438	-0,653281482438	-0,382683432365	112,500000000000	315,000000000000
4,0	0,707106781187	0,707106781187	0,000000000000	90,000000000000	45,000000000000
4,1	0,923879532511	0,382683432365	0,000000000000	90,000000000000	22,500000000000
4,2	1,000000000000	0,000000000000	0,000000000000	90,000000000000	0,000000000000
4,3	0,923879532511	-0,382683432365	0,000000000000	90,000000000000	337,500000000000
4,4	0,707106781187	-0,707106781187	0,000000000000	90,000000000000	315,000000000000

Triángulo 2					
Punto	x	y	z	ϕ	θ
0,0	0,000000000000	0,000000000000	1,000000000000	0,000000000000	0,000000000000
1,0	0,270598050073	0,270598050073	0,923879532511	22,500000000000	45,000000000000
1,1	-0,270598050073	0,270598050073	0,923879532511	22,500000000000	135,000000000000
2,0	0,500000000000	0,500000000000	0,707106781187	45,000000000000	45,000000000000
2,1	0,000000000000	0,707106781187	0,707106781187	45,000000000000	90,000000000000
2,2	-0,500000000000	0,500000000000	0,707106781187	45,000000000000	135,000000000000
3,0	0,653281482438	0,653281482438	0,382683432365	67,500000000000	45,000000000000
3,1	0,237981574739	0,911095115921	0,336556770591	70,332767804964	75,361193404822
3,2	-0,237981574739	0,911095115921	0,336556770591	70,332767804964	104,638806595178
3,3	-0,653281482438	0,653281482438	0,382683432365	67,500000000000	135,000000000000
4,0	0,707106781187	0,707106781187	0,000000000000	90,000000000000	45,000000000000
4,1	0,382683432365	0,923879532511	0,000000000000	90,000000000000	67,500000000000
4,2	0,000000000000	1,000000000000	0,000000000000	90,000000000000	90,000000000000
4,3	-0,382683432365	0,923879532511	0,000000000000	90,000000000000	112,500000000000
4,4	-0,707106781187	0,707106781187	0,000000000000	90,000000000000	135,000000000000
Triángulo 6					
Punto	x	y	z	ϕ	θ
0,0	0,000000000000	0,000000000000	-1,000000000000	180,000000000000	0,000000000000
1,0	-0,270598050073	0,270598050073	-0,923879532511	157,500000000000	135,000000000000
1,1	0,270598050073	0,270598050073	-0,923879532511	157,500000000000	45,000000000000
2,0	-0,500000000000	0,500000000000	-0,707106781187	135,000000000000	135,000000000000
2,1	0,000000000000	0,707106781187	-0,707106781187	135,000000000000	90,000000000000
2,2	0,500000000000	0,500000000000	-0,707106781187	135,000000000000	45,000000000000
3,0	-0,653281482438	0,653281482438	-0,382683432365	112,500000000000	135,000000000000
3,1	-0,237981574739	0,911095115921	-0,336556770591	109,667232195036	104,638806595178
3,2	0,237981574739	0,911095115921	-0,336556770591	109,667232195036	75,361193404822
3,3	0,653281482438	0,653281482438	-0,382683432365	112,500000000000	45,000000000000
4,0	-0,707106781187	0,707106781187	0,000000000000	90,000000000000	135,000000000000
4,1	-0,382683432365	0,923879532511	0,000000000000	90,000000000000	112,500000000000
4,2	0,000000000000	1,000000000000	0,000000000000	90,000000000000	90,000000000000
4,3	0,382683432365	0,923879532511	0,000000000000	90,000000000000	67,500000000000
4,4	0,707106781187	0,707106781187	0,000000000000	90,000000000000	45,000000000000

Triángulo 3					
Punto	x	y	z	ϕ	θ
0,0	0,000000000000	0,000000000000	1,000000000000	0,000000000000	0,000000000000
1,0	-0,270598050073	0,270598050073	0,923879532511	22,500000000000	135,000000000000
1,1	-0,270598050073	-0,270598050073	0,923879532511	22,500000000000	225,000000000000
2,0	-0,500000000000	0,500000000000	0,707106781187	45,000000000000	135,000000000000
2,1	-0,707106781187	0,000000000000	0,707106781187	45,000000000000	180,000000000000
2,2	-0,500000000000	-0,500000000000	0,707106781187	45,000000000000	225,000000000000
3,0	-0,653281482438	0,653281482438	0,382683432365	67,500000000000	135,000000000000
3,1	-0,911095115921	0,237981574739	0,336556770591	70,332767804964	165,361193404822
3,2	-0,911095115921	-0,237981574739	0,336556770591	70,332767804964	194,638806595178
3,3	-0,653281482438	-0,653281482438	0,382683432365	67,500000000000	225,000000000000
4,0	-0,707106781187	0,707106781187	0,000000000000	90,000000000000	135,000000000000
4,1	-0,923879532511	0,382683432365	0,000000000000	90,000000000000	157,500000000000
4,2	-1,000000000000	0,000000000000	0,000000000000	90,000000000000	180,000000000000
4,3	-0,923879532511	-0,382683432365	0,000000000000	90,000000000000	202,500000000000
4,4	-0,707106781187	-0,707106781187	0,000000000000	90,000000000000	225,000000000000
Triángulo 7					
Punto	x	y	z	ϕ	θ
0,0	0,000000000000	0,000000000000	-1,000000000000	180,000000000000	0,000000000000
1,0	-0,270598050073	-0,270598050073	-0,923879532511	157,500000000000	225,000000000000
1,1	-0,270598050073	0,270598050073	-0,923879532511	157,500000000000	135,000000000000
2,0	-0,500000000000	-0,500000000000	-0,707106781187	135,000000000000	225,000000000000
2,1	-0,707106781187	0,000000000000	-0,707106781187	135,000000000000	180,000000000000
2,2	-0,500000000000	0,500000000000	-0,707106781187	135,000000000000	135,000000000000
3,0	-0,653281482438	-0,653281482438	-0,382683432365	112,500000000000	225,000000000000
3,1	-0,911095115921	-0,237981574739	-0,336556770591	109,667232195036	194,638806595178
3,2	-0,911095115921	0,237981574739	-0,336556770591	109,667232195036	165,361193404822
3,3	-0,653281482438	0,653281482438	-0,382683432365	112,500000000000	135,000000000000
4,0	-0,707106781187	-0,707106781187	0,000000000000	90,000000000000	225,000000000000
4,1	-0,923879532511	-0,382683432365	0,000000000000	90,000000000000	202,500000000000
4,2	-1,000000000000	0,000000000000	0,000000000000	90,000000000000	180,000000000000
4,3	-0,923879532511	0,382683432365	0,000000000000	90,000000000000	157,500000000000
4,4	-0,707106781187	0,707106781187	0,000000000000	90,000000000000	135,000000000000

Triángulo 4					
Punto	**x**	**y**	**z**	**ϕ**	**θ**
0,0	0,000000000000	0,000000000000	1,000000000000	0,000000000000	0,000000000000
1,0	-0,270598050073	-0,270598050073	0,923879532511	22,500000000000	225,000000000000
1,1	0,270598050073	-0,270598050073	0,923879532511	22,500000000000	315,000000000000
2,0	-0,500000000000	-0,500000000000	0,707106781187	45,000000000000	225,000000000000
2,1	0,000000000000	-0,707106781187	0,707106781187	45,000000000000	270,000000000000
2,2	0,500000000000	-0,500000000000	0,707106781187	45,000000000000	315,000000000000
3,0	-0,653281482438	-0,653281482438	0,382683432365	67,500000000000	225,000000000000
3,1	-0,237981574739	-0,911095115921	0,336556770591	70,332767804964	255,361193404822
3,2	0,237981574739	-0,911095115921	0,336556770591	70,332767804964	284,638806595178
3,3	0,653281482438	-0,653281482438	0,382683432365	67,500000000000	315,000000000000
4,0	-0,707106781187	-0,707106781187	0,000000000000	90,000000000000	225,000000000000
4,1	-0,382683432365	-0,923879532511	0,000000000000	90,000000000000	247,500000000000
4,2	0,000000000000	-1,000000000000	0,000000000000	90,000000000000	270,000000000000
4,3	0,382683432365	-0,923879532511	0,000000000000	90,000000000000	292,500000000000
4,4	0,707106781187	-0,707106781187	0,000000000000	90,000000000000	315,000000000000

Triángulo 8					
Punto	**x**	**y**	**z**	**ϕ**	**θ**
0,0	0,000000000000	0,000000000000	-1,000000000000	180,000000000000	0,000000000000
1,0	0,270598050073	-0,270598050073	-0,923879532511	157,500000000000	315,000000000000
1,1	-0,270598050073	-0,270598050073	-0,923879532511	157,500000000000	225,000000000000
2,0	0,500000000000	-0,500000000000	-0,707106781187	135,000000000000	315,000000000000
2,1	0,000000000000	-0,707106781187	-0,707106781187	135,000000000000	270,000000000000
2,2	-0,500000000000	-0,500000000000	-0,707106781187	135,000000000000	225,000000000000
3,0	0,653281482438	-0,653281482438	-0,382683432365	112,500000000000	315,000000000000
3,1	0,237981574739	-0,911095115921	-0,336556770591	109,667232195036	284,638806595178
3,2	-0,237981574739	-0,911095115921	-0,336556770591	109,667232195036	255,361193404822
3,3	-0,653281482438	-0,653281482438	-0,382683432365	112,500000000000	225,000000000000
4,0	0,707106781187	-0,707106781187	0,000000000000	90,000000000000	315,000000000000
4,1	0,382683432365	-0,923879532511	0,000000000000	90,000000000000	292,500000000000
4,2	0,000000000000	-1,000000000000	0,000000000000	90,000000000000	270,000000000000
4,3	-0,382683432365	-0,923879532511	0,000000000000	90,000000000000	247,500000000000
4,4	-0,707106781187	-0,707106781187	0,000000000000	90,000000000000	225,000000000000

3CP: MÉTODO INTERSECCIÓN DE TRES CIRCUNFERENCIAS PRINCIPALES

Triángulo 1					
Punto	x	y	z	ϕ	θ
0,0	0,000000000000	0,000000000000	1,000000000000	0,000000000000	0,000000000000
1,0	0,270598050073	-0,270598050073	0,923879532511	22,500000000000	315,000000000000
1,1	0,270598050073	0,270598050073	0,923879532511	22,500000000000	45,000000000000
2,0	0,500000000000	-0,500000000000	0,707106781187	45,000000000000	315,000000000000
2,1	0,622742755476	0,000000000000	0,782426648640	38,516702819046	360,000000000000
2,2	0,500000000000	0,500000000000	0,707106781187	45,000000000000	45,000000000000
3,0	0,653281482438	-0,653281482438	0,382683432365	67,500000000000	315,000000000000
3,1	0,864630566772	-0,241887811296	0,440345625332	63,874064530770	344,370581587379
3,2	0,864630566772	0,241887811296	0,440345625332	63,874064530770	15,629418412621
3,3	0,653281482438	0,653281482438	0,382683432365	67,500000000000	45,000000000000
4,0	0,707106781187	-0,707106781187	0,000000000000	90,000000000000	315,000000000000
4,1	0,923879532511	-0,382683432365	0,000000000000	90,000000000000	337,500000000000
4,2	1,000000000000	0,000000000000	0,000000000000	90,000000000000	360,000000000000
4,3	0,923879532511	0,382683432365	0,000000000000	90,000000000000	22,500000000000
4,4	0,707106781187	0,707106781187	0,000000000000	90,000000000000	45,000000000000
Triángulo 5					
Punto	x	y	z	ϕ	θ
0,0	0,000000000000	0,000000000000	-1,000000000000	180,000000000000	0,000000000000
1,0	0,270598050073	0,270598050073	-0,923879532511	157,500000000000	45,000000000000
1,1	0,270598050073	-0,270598050073	-0,923879532511	157,500000000000	315,000000000000
2,0	0,500000000000	0,500000000000	-0,707106781187	135,000000000000	45,000000000000
2,1	0,622742755476	0,000000000000	-0,782426648640	141,483297180954	0,000000000000
2,2	0,500000000000	-0,500000000000	-0,707106781187	135,000000000000	315,000000000000
3,0	0,653281482438	0,653281482438	-0,382683432365	112,500000000000	45,000000000000
3,1	0,864630566772	0,241887811296	-0,440345625332	116,125935469230	15,629418412621
3,2	0,864630566772	-0,241887811296	-0,440345625332	116,125935469230	344,370581587379
3,3	0,653281482438	-0,653281482438	-0,382683432365	112,500000000000	315,000000000000
4,0	0,707106781187	0,707106781187	0,000000000000	90,000000000000	45,000000000000
4,1	0,923879532511	0,382683432365	0,000000000000	90,000000000000	22,500000000000
4,2	1,000000000000	0,000000000000	0,000000000000	90,000000000000	0,000000000000
4,3	0,923879532511	-0,382683432365	0,000000000000	90,000000000000	337,500000000000
4,4	0,707106781187	-0,707106781187	0,000000000000	90,000000000000	315,000000000000

Triángulo 2					
Punto	x	y	z	ϕ	θ
0,0	0,000000000000	0,000000000000	1,000000000000	0,000000000000	0,000000000000
1,0	0,270598050073	0,270598050073	0,923879532511	22,500000000000	45,000000000000
1,1	-0,270598050073	0,270598050073	0,923879532511	22,500000000000	135,000000000000
2,0	0,500000000000	0,500000000000	0,707106781187	45,000000000000	45,000000000000
2,1	0,000000000000	0,622742755476	0,782426648640	38,516702819046	90,000000000000
2,2	-0,500000000000	0,500000000000	0,707106781187	45,000000000000	135,000000000000
3,0	0,653281482438	0,653281482438	0,382683432365	67,500000000000	45,000000000000
3,1	0,241887811296	0,864630566772	0,440345625332	63,874064530770	74,370581587379
3,2	-0,241887811296	0,864630566772	0,440345625332	63,874064530770	105,629418412621
3,3	-0,653281482438	0,653281482438	0,382683432365	67,500000000000	135,000000000000
4,0	0,707106781187	0,707106781187	0,000000000000	90,000000000000	45,000000000000
4,1	0,382683432365	0,923879532511	0,000000000000	90,000000000000	67,500000000000
4,2	0,000000000000	1,000000000000	0,000000000000	90,000000000000	90,000000000000
4,3	-0,382683432365	0,923879532511	0,000000000000	90,000000000000	112,500000000000
4,4	-0,707106781187	0,707106781187	0,000000000000	90,000000000000	135,000000000000
Triángulo 6					
Punto	x	y	z	ϕ	θ
0,0	0,000000000000	0,000000000000	-1,000000000000	180,000000000000	0,000000000000
1,0	-0,270598050073	0,270598050073	-0,923879532511	157,500000000000	135,000000000000
1,1	0,270598050073	0,270598050073	-0,923879532511	157,500000000000	45,000000000000
2,0	-0,500000000000	0,500000000000	-0,707106781187	135,000000000000	135,000000000000
2,1	0,000000000000	0,622742755476	-0,782426648640	141,483297180954	90,000000000000
2,2	0,500000000000	0,500000000000	-0,707106781187	135,000000000000	45,000000000000
3,0	-0,653281482438	0,653281482438	-0,382683432365	112,500000000000	135,000000000000
3,1	-0,241887811296	0,864630566772	-0,440345625332	116,125935469230	105,629418412621
3,2	0,241887811296	0,864630566772	-0,440345625332	116,125935469230	74,370581587379
3,3	0,653281482438	0,653281482438	-0,382683432365	112,500000000000	45,000000000000
4,0	-0,707106781187	0,707106781187	0,000000000000	90,000000000000	135,000000000000
4,1	-0,382683432365	0,923879532511	0,000000000000	90,000000000000	112,500000000000
4,2	0,000000000000	1,000000000000	0,000000000000	90,000000000000	90,000000000000
4,3	0,382683432365	0,923879532511	0,000000000000	90,000000000000	67,500000000000
4,4	0,707106781187	0,707106781187	0,000000000000	90,000000000000	45,000000000000

Triángulo 3					
Punto	x	y	z	ϕ	θ
0,0	0,000000000000	0,000000000000	1,000000000000	0,000000000000	0,000000000000
1,0	-0,270598050073	0,270598050073	0,923879532511	22,500000000000	135,000000000000
1,1	-0,270598050073	-0,270598050073	0,923879532511	22,500000000000	225,000000000000
2,0	-0,500000000000	0,500000000000	0,707106781187	45,000000000000	135,000000000000
2,1	-0,622742755476	0,000000000000	0,782426648640	38,516702819046	180,000000000000
2,2	-0,500000000000	-0,500000000000	0,707106781187	45,000000000000	225,000000000000
3,0	-0,653281482438	0,653281482438	0,382683432365	67,500000000000	135,000000000000
3,1	-0,864630566772	0,241887811296	0,440345625332	63,874064530770	164,370581587379
3,2	-0,864630566772	-0,241887811296	0,440345625332	63,874064530770	195,629418412621
3,3	-0,653281482438	-0,653281482438	0,382683432365	67,500000000000	225,000000000000
4,0	-0,707106781187	0,707106781187	0,000000000000	90,000000000000	135,000000000000
4,1	-0,923879532511	0,382683432365	0,000000000000	90,000000000000	157,500000000000
4,2	-1,000000000000	0,000000000000	0,000000000000	90,000000000000	180,000000000000
4,3	-0,923879532511	-0,382683432365	0,000000000000	90,000000000000	202,500000000000
4,4	-0,707106781187	-0,707106781187	0,000000000000	90,000000000000	225,000000000000
Triángulo 7					
Punto	x	y	z	ϕ	θ
0,0	0,000000000000	0,000000000000	-1,000000000000	180,000000000000	0,000000000000
1,0	-0,270598050073	-0,270598050073	-0,923879532511	157,500000000000	225,000000000000
1,1	-0,270598050073	0,270598050073	-0,923879532511	157,500000000000	135,000000000000
2,0	-0,500000000000	-0,500000000000	-0,707106781187	135,000000000000	225,000000000000
2,1	-0,622742755476	0,000000000000	-0,782426648640	141,483297180954	180,000000000000
2,2	-0,500000000000	0,500000000000	-0,707106781187	135,000000000000	135,000000000000
3,0	-0,653281482438	-0,653281482438	-0,382683432365	112,500000000000	225,000000000000
3,1	-0,864630566772	-0,241887811296	-0,440345625332	116,125935469230	195,629418412621
3,2	-0,864630566772	0,241887811296	-0,440345625332	116,125935469230	164,370581587379
3,3	-0,653281482438	0,653281482438	-0,382683432365	112,500000000000	135,000000000000
4,0	-0,707106781187	-0,707106781187	0,000000000000	90,000000000000	225,000000000000
4,1	-0,923879532511	-0,382683432365	0,000000000000	90,000000000000	202,500000000000
4,2	-1,000000000000	0,000000000000	0,000000000000	90,000000000000	180,000000000000
4,3	-0,923879532511	0,382683432365	0,000000000000	90,000000000000	157,500000000000
4,4	-0,707106781187	0,707106781187	0,000000000000	90,000000000000	135,000000000000

Triángulo 4					
Punto	x	y	z	ϕ	θ
0,0	0,000000000000	0,000000000000	1,000000000000	0,000000000000	0,000000000000
1,0	-0,270598050073	-0,270598050073	0,923879532511	22,500000000000	225,000000000000
1,1	0,270598050073	-0,270598050073	0,923879532511	22,500000000000	315,000000000000
2,0	-0,500000000000	-0,500000000000	0,707106781187	45,000000000000	225,000000000000
2,1	0,000000000000	-0,622742755476	0,782426648640	38,516702819046	270,000000000000
2,2	0,500000000000	-0,500000000000	0,707106781187	45,000000000000	315,000000000000
3,0	-0,653281482438	-0,653281482438	0,382683432365	67,500000000000	225,000000000000
3,1	-0,241887811296	-0,864630566772	0,440345625332	63,874064530770	254,370581587379
3,2	0,241887811296	-0,864630566772	0,440345625332	63,874064530770	285,629418412621
3,3	0,653281482438	-0,653281482438	0,382683432365	67,500000000000	315,000000000000
4,0	-0,707106781187	-0,707106781187	0,000000000000	90,000000000000	225,000000000000
4,1	-0,382683432365	-0,923879532511	0,000000000000	90,000000000000	247,500000000000
4,2	0,000000000000	-1,000000000000	0,000000000000	90,000000000000	270,000000000000
4,3	0,382683432365	-0,923879532511	0,000000000000	90,000000000000	292,500000000000
4,4	0,707106781187	-0,707106781187	0,000000000000	90,000000000000	315,000000000000

Triángulo 8					
Punto	x	y	z	ϕ	θ
0,0	0,000000000000	0,000000000000	-1,000000000000	180,000000000000	0,000000000000
1,0	0,270598050073	-0,270598050073	-0,923879532511	157,500000000000	315,000000000000
1,1	-0,270598050073	-0,270598050073	-0,923879532511	157,500000000000	225,000000000000
2,0	0,500000000000	-0,500000000000	-0,707106781187	135,000000000000	315,000000000000
2,1	0,000000000000	-0,622742755476	-0,782426648640	141,483297180954	270,000000000000
2,2	-0,500000000000	-0,500000000000	-0,707106781187	135,000000000000	225,000000000000
3,0	0,653281482438	-0,653281482438	-0,382683432365	112,500000000000	315,000000000000
3,1	0,241887811296	-0,864630566772	-0,440345625332	116,125935469230	285,629418412621
3,2	-0,241887811296	-0,864630566772	-0,440345625332	116,125935469230	254,370581587379
3,3	-0,653281482438	-0,653281482438	-0,382683432365	112,500000000000	225,000000000000
4,0	0,707106781187	-0,707106781187	0,000000000000	90,000000000000	315,000000000000
4,1	0,382683432365	-0,923879532511	0,000000000000	90,000000000000	292,500000000000
4,2	0,000000000000	-1,000000000000	0,000000000000	90,000000000000	270,000000000000
4,3	-0,382683432365	-0,923879532511	0,000000000000	90,000000000000	247,500000000000
4,4	-0,707106781187	-0,707106781187	0,000000000000	90,000000000000	225,000000000000

ARCOS MEDIOS

Triángulo 1					
Punto	**x**	**y**	**z**	**ϕ**	**θ**
0,0	0,000000000000	0,000000000000	1,000000000000	0,000000000000	0,000000000000
1,0	0,270598050073	-0,270598050073	0,923879532511	22,500000000000	315,000000000000
1,1	0,270598050073	0,270598050073	0,923879532511	22,500000000000	45,000000000000
2,0	0,500000000000	-0,500000000000	0,707106781187	45,000000000000	315,000000000000
2,1	0,577350269150	0,000000000000	0,816496580955	35,264389680000	0,000000000000
2,2	0,500000000000	0,500000000000	0,707106781187	45,000000000000	45,000000000000
3,0	0,653281482438	-0,653281482438	0,382683432365	67,500000000000	315,000000000000
3,1	0,866025403784	-0,288675134595	0,408248290464	65,905157447889	341,565051177078
3,2	0,866025403784	0,288675134595	0,408248290464	65,905157447889	18,434948822922
3,3	0,653281482438	0,653281482438	0,382683432365	67,500000000000	45,000000000000
4,0	0,707106781187	-0,707106781187	0,000000000000	90,000000000000	315,000000000000
4,1	0,923879532511	-0,382683432365	0,000000000000	90,000000000000	337,500000000000
4,2	1,000000000000	0,000000000000	0,000000000000	90,000000000000	0,000000000000
4,3	0,923879532511	0,382683432365	0,000000000000	90,000000000000	22,500000000000
4,4	0,707106781187	0,707106781187	0,000000000000	90,000000000000	45,000000000000
Triángulo 5					
Punto	**x**	**y**	**z**	**ϕ**	**θ**
0,0	0,000000000000	0,000000000000	-1,000000000000	180,000000000000	0,000000000000
1,0	0,270598050073	0,270598050073	-0,923879532511	157,500000000000	45,000000000000
1,1	0,270598050073	-0,270598050073	-0,923879532511	157,500000000000	315,000000000000
2,0	0,500000000000	0,500000000000	-0,707106781187	135,000000000000	45,000000000000
2,1	0,577350269150	0,000000000000	-0,816496580955	144,735610319999	0,000000000000
2,2	0,500000000000	-0,500000000000	-0,707106781187	135,000000000000	315,000000000000
3,0	0,653281482438	0,653281482438	-0,382683432365	112,500000000000	45,000000000000
3,1	0,866025403784	0,288675134595	-0,408248290464	114,094842552111	18,434948822922
3,2	0,866025403784	-0,288675134595	-0,408248290464	114,094842552111	341,565051177078
3,3	0,653281482438	-0,653281482438	-0,382683432365	112,500000000000	315,000000000000
4,0	0,707106781187	0,707106781187	0,000000000000	90,000000000000	45,000000000000
4,1	0,923879532511	0,382683432365	0,000000000000	90,000000000000	22,500000000000
4,2	1,000000000000	0,000000000000	0,000000000000	90,000000000000	0,000000000000
4,3	0,923879532511	-0,382683432365	0,000000000000	90,000000000000	337,500000000000
4,4	0,707106781187	-0,707106781187	0,000000000000	90,000000000000	315,000000000000

Triángulo 2					
Punto	x	y	z	ϕ	θ
0,0	0,000000000000	0,000000000000	1,000000000000	0,000000000000	0,000000000000
1,0	0,270598050073	0,270598050073	0,923879532511	22,500000000000	45,000000000000
1,1	-0,270598050073	0,270598050073	0,923879532511	22,500000000000	135,000000000000
2,0	0,500000000000	0,500000000000	0,707106781187	45,000000000000	45,000000000000
2,1	0,000000000000	0,577350269150	0,816496580955	35,264389680000	90,000000000000
2,2	-0,500000000000	0,500000000000	0,707106781187	45,000000000000	135,000000000000
3,0	0,653281482438	0,653281482438	0,382683432365	67,500000000000	45,000000000000
3,1	0,288675134595	0,866025403784	0,408248290464	65,905157447889	71,565051177078
3,2	-0,288675134595	0,866025403784	0,408248290464	65,905157447889	108,434948822922
3,3	-0,653281482438	0,653281482438	0,382683432365	67,500000000000	135,000000000000
4,0	0,707106781187	0,707106781187	0,000000000000	90,000000000000	45,000000000000
4,1	0,382683432365	0,923879532511	0,000000000000	90,000000000000	67,500000000000
4,2	0,000000000000	1,000000000000	0,000000000000	90,000000000000	90,000000000000
4,3	-0,382683432365	0,923879532511	0,000000000000	90,000000000000	112,500000000000
4,4	-0,707106781187	0,707106781187	0,000000000000	90,000000000000	135,000000000000

Triángulo 6					
Punto	x	y	z	ϕ	θ
0,0	0,000000000000	0,000000000000	-1,000000000000	180,000000000000	0,000000000000
1,0	-0,270598050073	0,270598050073	-0,923879532511	157,500000000000	135,000000000000
1,1	0,270598050073	0,270598050073	-0,923879532511	157,500000000000	45,000000000000
2,0	-0,500000000000	0,500000000000	-0,707106781187	135,000000000000	135,000000000000
2,1	0,000000000000	0,577350269150	-0,816496580955	144,735610319999	90,000000000000
2,2	0,500000000000	0,500000000000	-0,707106781187	135,000000000000	45,000000000000
3,0	-0,653281482438	0,653281482438	-0,382683432365	112,500000000000	135,000000000000
3,1	-0,288675134595	0,866025403784	-0,408248290464	114,094842552111	108,434948822922
3,2	0,288675134595	0,866025403784	-0,408248290464	114,094842552111	71,565051177078
3,3	0,653281482438	0,653281482438	-0,382683432365	112,500000000000	45,000000000000
4,0	-0,707106781187	0,707106781187	0,000000000000	90,000000000000	135,000000000000
4,1	-0,382683432365	0,923879532511	0,000000000000	90,000000000000	112,500000000000
4,2	0,000000000000	1,000000000000	0,000000000000	90,000000000000	90,000000000000
4,3	0,382683432365	0,923879532511	0,000000000000	90,000000000000	67,500000000000
4,4	0,707106781187	0,707106781187	0,000000000000	90,000000000000	45,000000000000

Triángulo 3					
Punto	x	y	z	ϕ	θ
0,0	0,000000000000	0,000000000000	1,000000000000	0,000000000000	0,000000000000
1,0	-0,270598050073	0,270598050073	0,923879532511	22,500000000000	135,000000000000
1,1	-0,270598050073	-0,270598050073	0,923879532511	22,500000000000	225,000000000000
2,0	-0,500000000000	0,500000000000	0,707106781187	45,000000000000	135,000000000000
2,1	-0,577350269150	0,000000000000	0,816496580955	35,264389680000	180,000000000000
2,2	-0,500000000000	-0,500000000000	0,707106781187	45,000000000000	225,000000000000
3,0	-0,653281482438	0,653281482438	0,382683432365	67,500000000000	135,000000000000
3,1	-0,866025403784	0,288675134595	0,408248290464	65,905157447889	161,565051177078
3,2	-0,866025403784	-0,288675134595	0,408248290464	65,905157447889	198,434948822922
3,3	-0,653281482438	-0,653281482438	0,382683432365	67,500000000000	225,000000000000
4,0	-0,707106781187	0,707106781187	0,000000000000	90,000000000000	135,000000000000
4,1	-0,923879532511	0,382683432365	0,000000000000	90,000000000000	157,500000000000
4,2	-1,000000000000	0,000000000000	0,000000000000	90,000000000000	180,000000000000
4,3	-0,923879532511	-0,382683432365	0,000000000000	90,000000000000	202,500000000000
4,4	-0,707106781187	-0,707106781187	0,000000000000	90,000000000000	225,000000000000
Triángulo 7					
Punto	x	y	z	ϕ	θ
0,0	0,000000000000	0,000000000000	-1,000000000000	180,000000000000	0,000000000000
1,0	-0,270598050073	-0,270598050073	-0,923879532511	157,500000000000	225,000000000000
1,1	-0,270598050073	0,270598050073	-0,923879532511	157,500000000000	135,000000000000
2,0	-0,500000000000	-0,500000000000	-0,707106781187	135,000000000000	225,000000000000
2,1	-0,577350269150	0,000000000000	-0,816496580955	144,735610319999	180,000000000000
2,2	-0,500000000000	0,500000000000	-0,707106781187	135,000000000000	135,000000000000
3,0	-0,653281482438	-0,653281482438	-0,382683432365	112,500000000000	225,000000000000
3,1	-0,866025403784	-0,288675134595	-0,408248290464	114,094842552111	198,434948822922
3,2	-0,866025403784	0,288675134595	-0,408248290464	114,094842552111	161,565051177078
3,3	-0,653281482438	0,653281482438	-0,382683432365	112,500000000000	135,000000000000
4,0	-0,707106781187	-0,707106781187	0,000000000000	90,000000000000	225,000000000000
4,1	-0,923879532511	-0,382683432365	0,000000000000	90,000000000000	202,500000000000
4,2	-1,000000000000	0,000000000000	0,000000000000	90,000000000000	180,000000000000
4,3	-0,923879532511	0,382683432365	0,000000000000	90,000000000000	157,500000000000
4,4	-0,707106781187	0,707106781187	0,000000000000	90,000000000000	135,000000000000

Triángulo 4					
Punto	x	y	z	ϕ	θ
0,0	0,000000000000	0,000000000000	1,000000000000	0,000000000000	0,000000000000
1,0	-0,270598050073	-0,270598050073	0,923879532511	22,500000000000	225,000000000000
1,1	0,270598050073	-0,270598050073	0,923879532511	22,500000000000	315,000000000000
2,0	-0,500000000000	-0,500000000000	0,707106781187	45,000000000000	225,000000000000
2,1	0,000000000000	-0,577350269150	0,816496580955	35,264389680000	270,000000000000
2,2	0,500000000000	-0,500000000000	0,707106781187	45,000000000000	315,000000000000
3,0	-0,653281482438	-0,653281482438	0,382683432365	67,500000000000	225,000000000000
3,1	-0,288675134595	-0,866025403784	0,408248290464	65,905157447889	251,565051177078
3,2	0,288675134595	-0,866025403784	0,408248290464	65,905157447889	288,434948822922
3,3	0,653281482438	-0,653281482438	0,382683432365	67,500000000000	315,000000000000
4,0	-0,707106781187	-0,707106781187	0,000000000000	90,000000000000	225,000000000000
4,1	-0,382683432365	-0,923879532511	0,000000000000	90,000000000000	247,500000000000
4,2	0,000000000000	-1,000000000000	0,000000000000	90,000000000000	270,000000000000
4,3	0,382683432365	-0,923879532511	0,000000000000	90,000000000000	292,500000000000
4,4	0,707106781187	-0,707106781187	0,000000000000	90,000000000000	315,000000000000

Triángulo 8					
Punto	x	y	z	ϕ	θ
0,0	0,000000000000	0,000000000000	-1,000000000000	180,000000000000	0,000000000000
1,0	0,270598050073	-0,270598050073	-0,923879532511	157,500000000000	315,000000000000
1,1	-0,270598050073	-0,270598050073	-0,923879532511	157,500000000000	225,000000000000
2,0	0,500000000000	-0,500000000000	-0,707106781187	135,000000000000	315,000000000000
2,1	0,000000000000	-0,577350269150	-0,816496580955	144,735610319999	270,000000000000
2,2	-0,500000000000	-0,500000000000	-0,707106781187	135,000000000000	225,000000000000
3,0	0,653281482438	-0,653281482438	-0,382683432365	112,500000000000	315,000000000000
3,1	0,288675134595	-0,866025403784	-0,408248290464	114,094842552111	288,434948822922
3,2	-0,288675134595	-0,866025403784	-0,408248290464	114,094842552111	251,565051177078
3,3	-0,653281482438	-0,653281482438	-0,382683432365	112,500000000000	225,000000000000
4,0	0,707106781187	-0,707106781187	0,000000000000	90,000000000000	315,000000000000
4,1	0,382683432365	-0,923879532511	0,000000000000	90,000000000000	292,500000000000
4,2	0,000000000000	-1,000000000000	0,000000000000	90,000000000000	270,000000000000
4,3	-0,382683432365	-0,923879532511	0,000000000000	90,000000000000	247,500000000000
4,4	-0,707106781187	-0,707106781187	0,000000000000	90,000000000000	225,000000000000

DISTRIBUCIÓN DE PUNTOS SOBRE UNA SUPERFICIE ESFÉRICA DE RADIO UNITARIO PARA EL OCTAEDRO: ESQUEMA II

Antes de empezar con este método, es necesario primero renumerar los puntos calculados y después orientar la cara con el vértice (A) sobre el eje Z.

a) Re numeración:

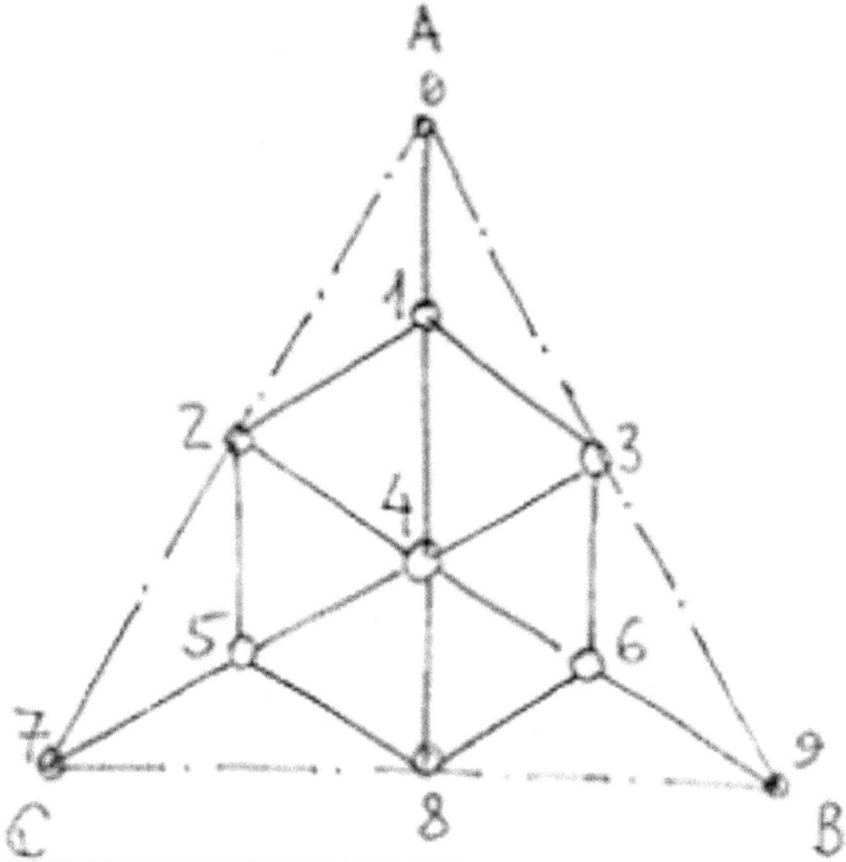

Triángulo 1					
Puntos calculos	x	y	z	ϕ	θ
0	0,000000000000	0,000000000000	1,000000000000	0,000000853774	0,000000000000
1	0,505449465124	0,000000000000	0,862856209461	30,361193404822	0,000000000000
2	0,500000000000	-0,500000000000	0,707106781187	45,000000000000	315,000000000000
3	0,500000000000	0,500000000000	0,707106781187	45,000000000000	45,000000000000
4	0,816496580928	0,000000000000	0,577350269190	54,735610317245	0,000000000000
5	0,862856209461	-0,357406744337	0,357406744337	69,058979527756	337,500000000000
6	0,862856209461	0,357406744337	0,357406744337	69,058979527756	22,500000000000
7	0,707106781187	-0,707106781187	0,000000000000	90,000000000000	315,000000000000
8	1,000000000000	0,000000000000	0,000000000000	90,000000000000	0,000000000000
9	0,707106781187	0,707106781187	0,000000000000	90,000000000000	45,000000000000

1st. Rotar la cara ABC respecto del eje Z: +90°

2nd. Ahora rotarla cara respecto del eje Y: + 90°

3rd. Con la cara posicionada como se definieron las grillas, el vértice A = (0, 0, 1), se rota 180°, respecto del eje Z.

4th. Rotar respecto del eje Y: 180°, así que definida la cara inferior de la luna (Triángulo 5).

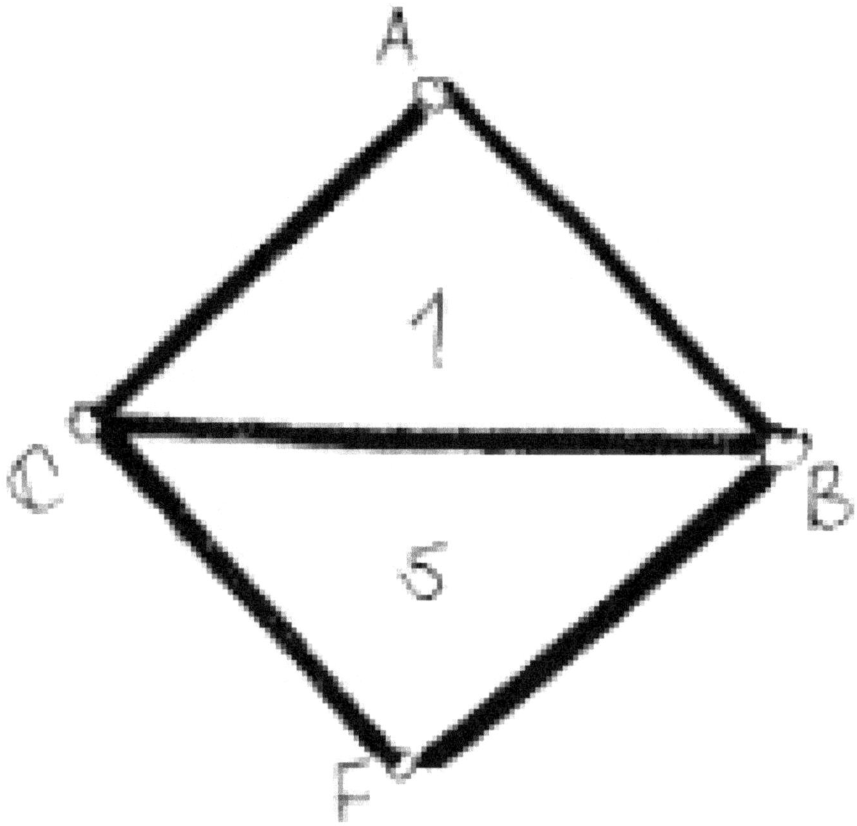

SÓLIDO ORIENTADO CON VÉRTICE A=(0,0,1)					
Triángulo 1					
Puntos calculos	x	y	z	ϕ	θ
0	0,000000000000	0,000000000000	1,000000000000	0,000000853774	0,000000000000
1	0,505449465124	0,000000000000	0,862856209461	30,361193404822	0,000000000000
2	0,500000000000	-0,500000000000	0,707106781187	45,000000000000	315,000000000000
3	0,500000000000	0,500000000000	0,707106781187	45,000000000000	45,000000000000
4	0,816496580928	0,000000000000	0,577350269190	54,735610317245	0,000000000000
5	0,862856209461	-0,357406744337	0,357406744337	69,058979527756	337,500000000000
6	0,862856209461	0,357406744337	0,357406744337	69,058979527756	22,500000000000
7	0,707106781187	-0,707106781187	0,000000000000	90,000000000000	315,000000000000
8	1,000000000000	0,000000000000	0,000000000000	90,000000000000	0,000000000000
9	0,707106781187	0,707106781187	0,000000000000	90,000000000000	45,000000000000
Triángulo 5					
Puntos calculos	x	y	z	ϕ	θ
0	0,000000000000	0,000000000000	-1,000000000000	180,000000000000	0,000000000000
1	0,505449465124	0,000000000000	-0,862856209461	149,638806595178	0,000000000000
2	0,500000000000	0,500000000000	-0,707106781187	135,000000000000	45,000000000000
3	0,500000000000	-0,500000000000	-0,707106781187	135,000000000000	315,000000000000
4	0,816496580928	0,000000000000	-0,577350269190	125,264389682755	0,000000000000
5	0,862856209461	0,357406744337	-0,357406744337	110,941020472244	22,500000000000
6	0,862856209461	-0,357406744337	-0,357406744337	110,941020472244	337,500000000000
7	0,707106781187	0,707106781187	0,000000000000	90,000000000000	45,000000000000
8	1,000000000000	0,000000000000	0,000000000000	90,000000000000	0,000000000000
9	0,707106781187	-0,707106781187	0,000000000000	90,000000000000	315,000000000000

En estos dos pasos se completa la luna fundamental. Ahora se define la otra a partir de esta.

5th. Rotar la luna tres veces respecto del eje Z:

a. +90° (Triángulo 2 y 6)
b. 180° (Triángulo 3 y 7)
c. +270° (Triángulo 4 y 8)

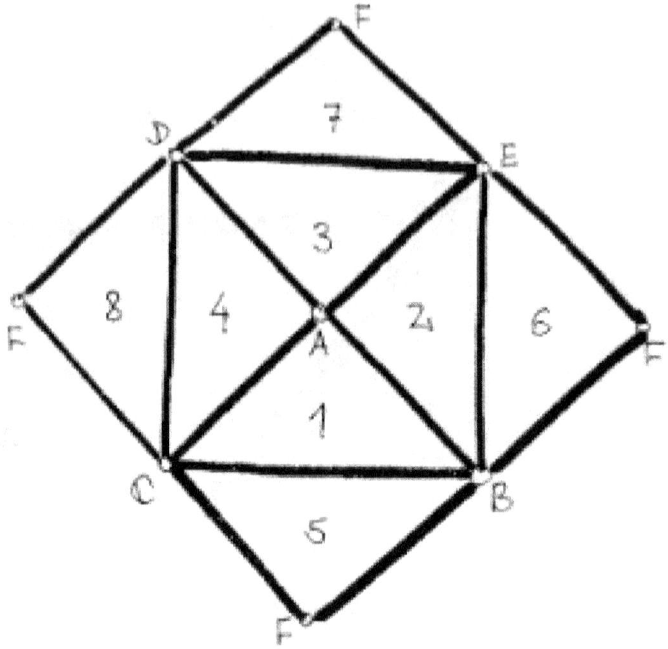

Triángulo 2					
Puntos calculos	x	y	z	ϕ	θ
0	0,000000000000	0,000000000000	1,000000000000	0,000000853774	0,000000000000
1	0,000000000000	0,505449465124	0,862856209461	30,361193404822	90,000000000000
2	0,500000000000	0,500000000000	0,707106781187	45,000000000000	45,000000000000
3	-0,500000000000	0,500000000000	0,707106781187	45,000000000000	135,000000000000
4	0,000000000000	0,816496580928	0,577350269190	54,735610317245	90,000000000000
5	0,357406744337	0,862856209461	0,357406744337	69,058979527756	67,500000000000
6	-0,357406744337	0,862856209461	0,357406744337	69,058979527756	112,500000000000
7	0,707106781187	0,707106781187	0,000000000000	90,000000000000	45,000000000000
8	0,000000000000	1,000000000000	0,000000000000	90,000000000000	90,000000000000
9	-0,707106781187	0,707106781187	0,000000000000	90,000000000000	135,000000000000

Triángulo 6					
Puntos calculos	x	y	z	ϕ	θ
0	0,000000000000	0,000000000000	-1,000000000000	180,000000000000	0,000000000000
1	0,000000000000	0,505449465124	-0,862856209461	149,638806595178	90,000000000000
2	-0,500000000000	0,500000000000	-0,707106781187	135,000000000000	135,000000000000
3	0,500000000000	0,500000000000	-0,707106781187	135,000000000000	45,000000000000
4	0,000000000000	0,816496580928	-0,577350269190	125,264389682755	90,000000000000
5	-0,357406744337	0,862856209461	-0,357406744337	110,941020472244	112,500000000000
6	0,357406744337	0,862856209461	-0,357406744337	110,941020472244	67,500000000000
7	-0,707106781187	0,707106781187	0,000000000000	90,000000000000	135,000000000000
8	0,000000000000	1,000000000000	0,000000000000	90,000000000000	90,000000000000
9	0,707106781187	0,707106781187	0,000000000000	90,000000000000	45,000000000000

Triángulo 3					
Puntos calculos	x	y	z	ϕ	θ
0	0,000000000000	0,000000000000	1,000000000000	0,000000853774	0,000000000000
1	-0,505449465124	0,000000000000	0,862856209461	30,361193404822	180,000000000000
2	-0,500000000000	0,500000000000	0,707106781187	45,000000000000	135,000000000000
3	-0,500000000000	-0,500000000000	0,707106781187	45,000000000000	225,000000000000
4	-0,816496580928	0,000000000000	0,577350269190	54,735610317245	180,000000000000
5	-0,862856209461	0,357406744337	0,357406744337	69,058979527756	157,500000000000
6	-0,862856209461	-0,357406744337	0,357406744337	69,058979527756	202,500000000000
7	-0,707106781187	0,707106781187	0,000000000000	90,000000000000	135,000000000000
8	-1,000000000000	0,000000000000	0,000000000000	90,000000000000	180,000000000000
9	-0,707106781187	-0,707106781187	0,000000000000	90,000000000000	225,000000000000
Triángulo 7					
Puntos calculos	x	y	z	ϕ	θ
0	0,000000000000	0,000000000000	-1,000000000000	180,000000000000	0,000000000000
1	-0,505449465124	0,000000000000	-0,862856209461	149,638806595178	180,000000000000
2	-0,500000000000	-0,500000000000	-0,707106781187	135,000000000000	225,000000000000
3	-0,500000000000	0,500000000000	-0,707106781187	135,000000000000	135,000000000000
4	-0,816496580928	0,000000000000	-0,577350269190	125,264389682755	180,000000000000
5	-0,862856209461	-0,357406744337	-0,357406744337	110,941020472244	202,500000000000
6	-0,862856209461	0,357406744337	-0,357406744337	110,941020472244	157,500000000000
7	-0,707106781187	-0,707106781187	0,000000000000	90,000000000000	225,000000000000
8	-1,000000000000	0,000000000000	0,000000000000	90,000000000000	180,000000000000
9	-0,707106781187	0,707106781187	0,000000000000	90,000000000000	135,000000000000

Triángulo 4					
Puntos calculos	x	y	z	ϕ	θ
0	0,000000000000	0,000000000000	1,000000000000	0,000000853774	0,000000000000
1	0,000000000000	-0,505449465124	0,862856209461	30,361193404822	270,000000000000
2	-0,500000000000	-0,500000000000	0,707106781187	45,000000000000	225,000000000000
3	0,500000000000	-0,500000000000	0,707106781187	45,000000000000	315,000000000000
4	0,000000000000	-0,816496580928	0,577350269190	54,735610317245	270,000000000000
5	-0,357406744337	-0,862856209461	0,357406744337	69,058979527756	247,500000000000
6	0,357406744337	-0,862856209461	0,357406744337	69,058979527756	292,500000000000
7	-0,707106781187	-0,707106781187	0,000000000000	90,000000000000	225,000000000000
8	0,000000000000	-1,000000000000	0,000000000000	90,000000000000	270,000000000000
9	0,707106781187	-0,707106781187	0,000000000000	90,000000000000	315,000000000000
Triángulo 8					
Puntos calculos	x	y	z	ϕ	θ
0	0,000000000000	0,000000000000	-1,000000000000	180,000000000000	0,000000000000
1	0,000000000000	-0,505449465124	-0,862856209461	149,638806595178	270,000000000000
2	0,500000000000	-0,500000000000	-0,707106781187	135,000000000000	315,000000000000
3	-0,500000000000	-0,500000000000	-0,707106781187	135,000000000000	225,000000000000
4	0,000000000000	-0,816496580928	-0,577350269190	125,264389682755	270,000000000000
5	0,357406744337	-0,862856209461	-0,357406744337	110,941020472244	292,500000000000
6	-0,357406744337	-0,862856209461	-0,357406744337	110,941020472244	247,500000000000
7	0,707106781187	-0,707106781187	0,000000000000	90,000000000000	315,000000000000
8	0,000000000000	-1,000000000000	0,000000000000	90,000000000000	270,000000000000
9	-0,707106781187	-0,707106781187	0,000000000000	90,000000000000	225,000000000000

Como este esquema fue concebido para que el sólido quede apoyado sobre un lado y a su vez que sea perpendicular al plano YZ, lo que se hace es:

6th. Rotar +90° respecto del eje cuyo vector director es $\left(\overrightarrow{ombc}\right)$.

7th. Rotar respecto del eje Y: -54,7356103172453°.

TRIACON

SÓLIDO ORIENTADO CON LADO CB EN LA CABEZA Y PARALELO AL PLANO XZ					
Triángulo 1					
Puntos calculos	x	y	z	φ	θ
0	0,000000000000	1,000000000000	0,000000000000	90,000000000000	90,000000000000
1	0,000000000000	0,862856209461	0,505449465124	59,638806595178	90,000000000000
2	-0,500000000000	0,707106781187	0,500000000000	60,000000000000	125,264389682755
3	0,500000000000	0,707106781187	0,500000000000	60,000000000000	54,735610317245
4	0,000000000000	0,577350269190	0,816496580928	35,264389682755	90,000000000000
5	-0,357406744337	0,357406744337	0,862856209461	30,361193404822	135,000000000000
6	0,357406744337	0,357406744337	0,862856209461	30,361193404822	45,000000000000
7	-0,707106781187	0,000000000000	0,707106781187	45,000000000000	180,000000000000
8	0,000000000000	0,000000000000	1,000000000000	0,000000000000	0,000000000000
9	0,707106781187	0,000000000000	0,707106781187	45,000000000000	0,000000000000
Triángulo 5					
Puntos calculos	x	y	z	φ	θ
0	0,000000000000	-1,000000000000	0,000000000000	90,000000000000	270,000000000000
1	0,000000000000	-0,862856209461	0,505449465124	59,638806595178	270,000000000000
2	0,500000000000	-0,707106781187	0,500000000000	60,000000000000	305,264389682755
3	-0,500000000000	-0,707106781187	0,500000000000	60,000000000000	234,735610317245
4	0,000000000000	-0,577350269190	0,816496580928	35,264389682755	270,000000000000
5	0,357406744337	-0,357406744337	0,862856209461	30,361193404822	315,000000000000
6	-0,357406744337	-0,357406744337	0,862856209461	30,361193404822	225,000000000000
7	0,707106781187	0,000000000000	0,707106781187	45,000000000000	0,000000000000
8	0,000000000000	0,000000000000	1,000000000000	0,000000000000	0,000000000000
9	-0,707106781187	0,000000000000	0,707106781187	45,000000000000	180,000000000000

Triángulo 2					
Puntos calculos	x	y	z	ϕ	θ
0	0,000000000000	1,000000000000	0,000000000000	90,000000000000	90,000000000000
1	0,505449465124	0,862856209461	0,000000000000	90,000000000000	59,638806595178
2	0,500000000000	0,707106781187	0,500000000000	60,000000000000	54,735610317245
3	0,500000000000	0,707106781187	-0,500000000000	120,000000000000	54,735610317245
4	0,816496580928	0,577350269190	0,000000000000	90,000000000000	35,264389682755
5	0,862856209461	0,357406744337	0,357406744337	69,058979527756	22,500000000000
6	0,862856209461	0,357406744337	-0,357406744337	110,941020472244	22,500000000000
7	0,707106781187	0,000000000000	0,707106781187	45,000000000000	0,000000000000
8	1,000000000000	0,000000000000	0,000000000000	90,000000000000	0,000000000000
9	0,707106781187	0,000000000000	-0,707106781187	135,000000000000	0,000000000000
Triángulo 6					
Puntos calculos	x	y	z	ϕ	θ
0	0,000000000000	-1,000000000000	0,000000000000	90,000000000000	270,000000000000
1	0,505449465124	-0,862856209461	0,000000000000	90,000000000000	300,361193404822
2	0,500000000000	-0,707106781187	-0,500000000000	120,000000000000	305,264389682755
3	0,500000000000	-0,707106781187	0,500000000000	60,000000000000	305,264389682755
4	0,816496580928	-0,577350269190	0,000000000000	90,000000000000	324,735610317245
5	0,862856209461	-0,357406744337	-0,357406744337	110,941020472244	337,500000000000
6	0,862856209461	-0,357406744337	0,357406744337	69,058979527756	337,500000000000
7	0,707106781187	0,000000000000	-0,707106781187	135,000000000000	0,000000000000
8	1,000000000000	0,000000000000	0,000000000000	90,000000000000	0,000000000000
9	0,707106781187	0,000000000000	0,707106781187	45,000000000000	0,000000000000

Triángulo 3					
Puntos calculos	x	y	z	ϕ	θ
0	0,000000000000	1,000000000000	0,000000000000	90,000000000000	90,000000000000
1	0,000000000000	0,862856209461	-0,505449465124	120,361193404822	90,000000000000
2	0,500000000000	0,707106781187	-0,500000000000	120,000000000000	54,735610317245
3	-0,500000000000	0,707106781187	-0,500000000000	120,000000000000	125,264389682755
4	0,000000000000	0,577350269190	-0,816496580928	144,735610317245	90,000000000000
5	0,357406744337	0,357406744337	-0,862856209461	149,638806595178	45,000000000000
6	-0,357406744337	0,357406744337	-0,862856209461	149,638806595178	135,000000000000
7	0,707106781187	0,000000000000	-0,707106781187	135,000000000000	0,000000000000
8	0,000000000000	0,000000000000	-1,000000000000	180,000000000000	0,000000000000
9	-0,707106781187	0,000000000000	-0,707106781187	135,000000000000	180,000000000000
Triángulo 7					
Puntos calculos	x	y	z	ϕ	θ
0	0,000000000000	-1,000000000000	0,000000000000	90,000000000000	270,000000000000
1	0,000000000000	-0,862856209461	-0,505449465124	120,361193404822	270,000000000000
2	-0,500000000000	-0,707106781187	-0,500000000000	120,000000000000	234,735610317245
3	0,500000000000	-0,707106781187	-0,500000000000	120,000000000000	305,264389682755
4	0,000000000000	-0,577350269190	-0,816496580928	144,735610317245	270,000000000000
5	-0,357406744337	-0,357406744337	-0,862856209461	149,638806595178	225,000000000000
6	0,357406744337	-0,357406744337	-0,862856209461	149,638806595178	315,000000000000
7	-0,707106781187	0,000000000000	-0,707106781187	135,000000000000	180,000000000000
8	0,000000000000	0,000000000000	-1,000000000000	180,000000000000	0,000000000000
9	0,707106781187	0,000000000000	-0,707106781187	135,000000000000	0,000000000000

Triángulo 4					
Puntos calculos	x	y	z	φ	θ
0	0,000000000000	1,000000000000	0,000000000000	90,000000000000	90,000000000000
1	-0,505449465124	0,862856209461	0,000000000000	90,000000000000	120,361193404822
2	-0,500000000000	0,707106781187	-0,500000000000	120,000000000000	125,264389682755
3	-0,500000000000	0,707106781187	0,500000000000	60,000000000000	125,264389682755
4	-0,816496580928	0,577350269190	0,000000000000	90,000000000000	144,735610317245
5	-0,862856209461	0,357406744337	-0,357406744337	110,941020472244	157,500000000000
6	-0,862856209461	0,357406744337	0,357406744337	69,058979527756	157,500000000000
7	-0,707106781187	0,000000000000	-0,707106781187	135,000000000000	180,000000000000
8	-1,000000000000	0,000000000000	0,000000000000	90,000000000000	180,000000000000
9	-0,707106781187	0,000000000000	0,707106781187	45,000000000000	180,000000000000
Triángulo 8					
Puntos calculos	x	y	z	φ	θ
0	0,000000000000	-1,000000000000	0,000000000000	90,000000000000	270,000000000000
1	-0,505449465124	-0,862856209461	0,000000000000	90,000000000000	239,638806595178
2	-0,500000000000	-0,707106781187	0,500000000000	60,000000000000	234,735610317245
3	-0,500000000000	-0,707106781187	-0,500000000000	120,000000000000	234,735610317245
4	-0,816496580928	-0,577350269190	0,000000000000	90,000000000000	215,264389682755
5	-0,862856209461	-0,357406744337	0,357406744337	69,058979527756	202,500000000000
6	-0,862856209461	-0,357406744337	-0,357406744337	110,941020472244	202,500000000000
7	-0,707106781187	0,000000000000	0,707106781187	45,000000000000	180,000000000000
8	-1,000000000000	0,000000000000	0,000000000000	90,000000000000	180,000000000000
9	-0,707106781187	0,000000000000	-0,707106781187	135,000000000000	180,000000000000

DISTRIBUCIÓN DE PUNTOS SOBRE UNA SUPERFICIE ESFÉRICA DE RADIO UNITARIO PARA EL OCTAEDRO: ESQUEMA III

Antes de comenzar con el mecanismo general para este esquema, se requiere, posicionar la cara:

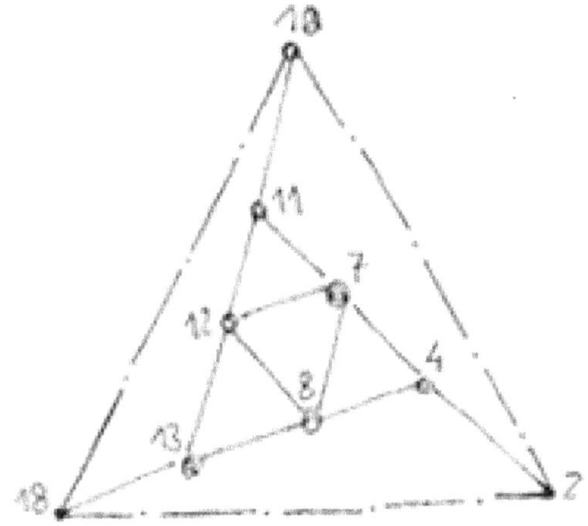

SÓLIDO ORIENTADO CON CARA ABC PERPENDICULA A EJE Z					
Triángulo 1					
Puntos calculos	x	y	z	φ	θ
2	0,408248290395	0,707106781153	0,577350269280	54,735610310931	60,000000002979
4	0,171184196952	0,592999453263	0,786795792531	38,112926495317	73,897886250993
7	-0,253184841719	0,263117405766	0,930949336273	21,416714029649	133,897886245035
8	0,354458778394	0,087705801968	0,930949336280	21,416714028480	13,897886256951
10	-0,816496580856	0,000000000000	0,577350269291	54,735610310120	180,000000000000
11	-0,599144689416	-0,148249863291	0,786795792553	38,112926493229	193,897886246525
12	-0,101273936675	-0,350823207606	0,930949336299	21,416714025557	253,897886248014
13	0,427960492464	-0,444749589878	0,786795792562	38,112926492393	313,897886252483
18	0,408248290461	-0,707106781096	0,577350269303	54,735610309309	300,000000002979

Rotar respecto del eje Y: + 54,7356103172453°, con esta operación se posiciona al esquema III con el vértice A en la parte superior del sólido.

1st. Se rota 180°, respecto del eje Z.

2nd. Ahora rotar respecto del eje Y: 180°

En estos dos pasos se define la luna fundamental. Posicionado de los puntos de la cara inferior de la luna (Triángulo 5).

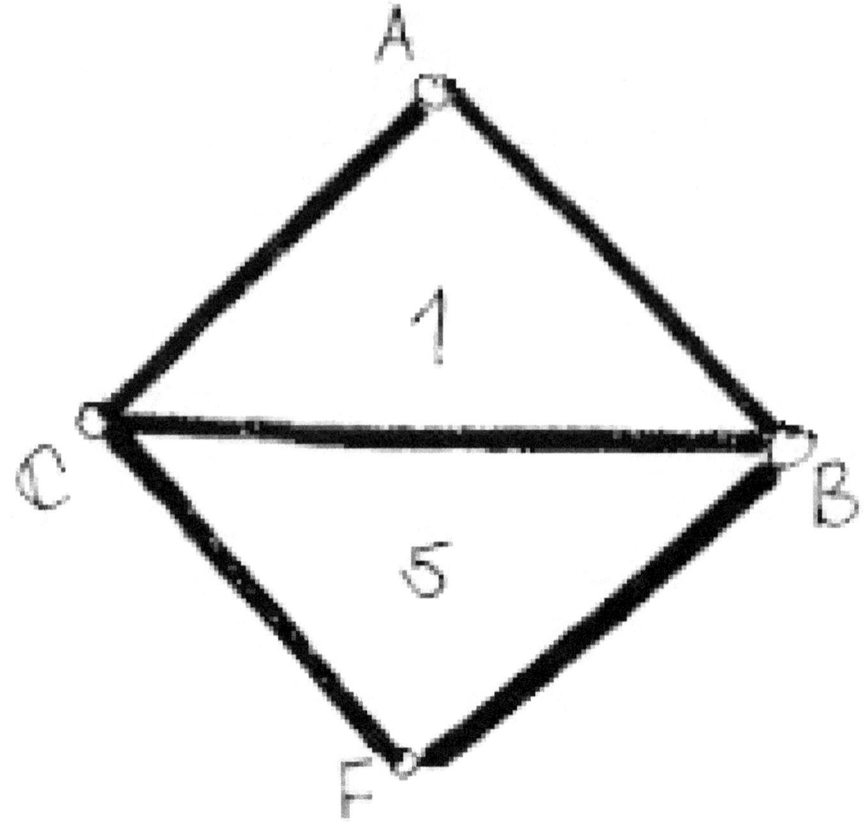

3rd. Rotar la luna tres veces respecto del eje Z:

a. +90° (Triángulo 2 y 6)
b. +180° (Triángulo 3 y 7)
c. +270° (Triángulo 4 y 8)

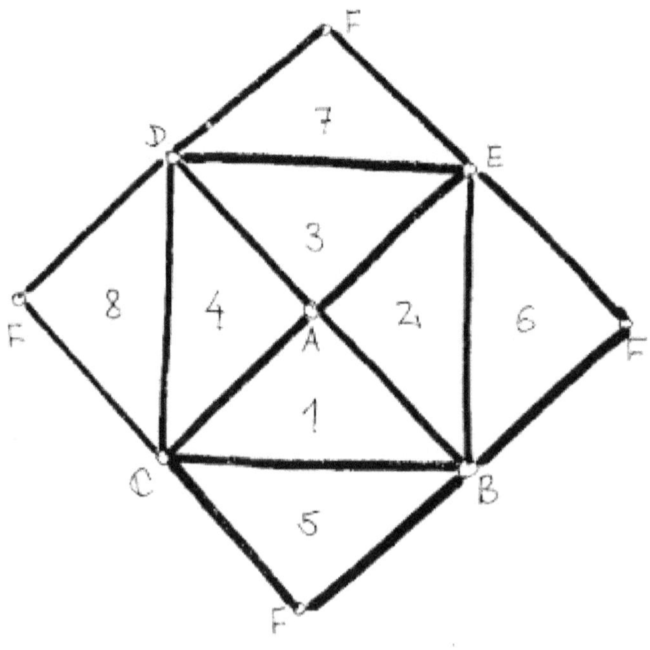

SÓLIDO ORIENTADO CON VÉRTICE A=(0,0,1)					
Triángulo 1					
Puntos calculos	x	y	z	φ	θ
2	0,707106781220	0,707106781153	0,000000000000	90,000000000000	44,999999997255
4	0,741249316681	0,592999453263	0,314485451095	71,670246251214	38,659808250245
7	0,613940613562	0,263117405766	0,744208407505	41,908847884364	23,198590509956
8	0,964763821212	0,087705801968	0,248069469265	75,636697320810	5,194428910082
10	0,000000000000	0,000000000000	1,000000000000	0,000000000000	0,000000000000
11	0,296499726790	-0,148249863291	0,943456353017	19,359648666831	333,434948839003
12	0,701646415504	-0,350823207606	0,620173672946	51,671181898544	333,434948832453
13	0,889499180042	-0,444749589878	0,104828483764	83,982715130672	333,434948830270
18	0,707106781277	-0,707106781096	0,000000000000	90,000000000000	315,000000007332
Triángulo 5					
Puntos calculos	x	y	z	φ	θ
2	0,707106781220	-0,707106781153	0,000000000000	90,000000000000	315,000000002745
4	0,741249316681	-0,592999453263	-0,314485451095	108,329753748786	321,340191749755
7	0,613940613562	-0,263117405766	-0,744208407505	138,091152115636	336,801409490044
8	0,964763821212	-0,087705801968	-0,248069469265	104,363302679190	354,805571089918
10	0,000000000000	0,000000000000	-1,000000000000	180,000000000000	0,000000000000
11	0,296499726790	0,148249863291	-0,943456353017	160,640351333169	26,565051160997
12	0,701646415504	0,350823207606	-0,620173672946	128,328818101456	26,565051167547
13	0,889499180042	0,444749589878	-0,104828483764	96,017284869329	26,565051169730
18	0,707106781277	0,707106781096	0,000000000000	90,000000000000	44,999999992668

Triángulo 2					
Puntos calculos	x	y	z	φ	θ
2	-0,707106781153	0,707106781220	0,000000000000	90,000000000000	134,999999997255
4	-0,592999453263	0,741249316681	0,314485451095	71,670246251214	128,659808250245
7	-0,263117405766	0,613940613562	0,744208407505	41,908847884364	113,198590509956
8	-0,087705801968	0,964763821212	0,248069469265	75,636697320810	95,194428910082
10	0,000000000000	0,000000000000	1,000000000000	0,000000000000	0,000000000000
11	0,148249863291	0,296499726790	0,943456353017	19,359648666831	63,434948839004
12	0,350823207606	0,701646415504	0,620173672946	51,671181898544	63,434948832453
13	0,444749589878	0,889499180042	0,104828483764	83,982715130672	63,434948830270
18	0,707106781096	0,707106781277	0,000000000000	90,000000000000	45,000000007332

Triángulo 6					
Puntos calculos	x	y	z	φ	θ
2	0,707106781153	0,707106781220	0,000000000000	90,000000000000	45,000000002745
4	0,592999453263	0,741249316681	-0,314485451095	108,329753748786	51,340191749755
7	0,263117405766	0,613940613562	-0,744208407505	138,091152115636	66,801409490044
8	0,087705801968	0,964763821212	-0,248069469265	104,363302679190	84,805571089918
10	0,000000000000	0,000000000000	-1,000000000000	180,000000000000	0,000000000000
11	-0,148249863291	0,296499726790	-0,943456353017	160,640351333169	116,565051160996
12	-0,350823207606	0,701646415504	-0,620173672946	128,328818101456	116,565051167547
13	-0,444749589878	0,889499180042	-0,104828483764	96,017284869329	116,565051169730
18	-0,707106781096	0,707106781277	0,000000000000	90,000000000000	134,999999992668

Triángulo 3					
Puntos calculos	x	y	z	φ	θ
2	-0,707106781220	-0,707106781153	0,000000000000	90,000000000000	224,999999997255
4	-0,741249316681	-0,592999453263	0,314485451095	71,670246251214	218,659808250245
7	-0,613940613562	-0,263117405766	0,744208407505	41,908847884364	203,198590509956
8	-0,964763821212	-0,087705801968	0,248069469265	75,636697320810	185,194428910082
10	0,000000000000	0,000000000000	1,000000000000	0,000000000000	0,000000000000
11	-0,296499726790	0,148249863291	0,943456353017	19,359648666831	153,434948839003
12	-0,701646415504	0,350823207606	0,620173672946	51,671181898544	153,434948832453
13	-0,889499180042	0,444749589878	0,104828483764	83,982715130672	153,434948830270
18	-0,707106781277	0,707106781096	0,000000000000	90,000000000000	135,000000007332

Triángulo 7					
Puntos calculos	x	y	z	φ	θ
2	-0,707106781220	0,707106781153	0,000000000000	90,000000000000	135,000000002745
4	-0,741249316681	0,592999453263	-0,314485451095	108,329753748786	141,340191749755
7	-0,613940613562	0,263117405766	-0,744208407505	138,091152115636	156,801409490044
8	-0,964763821212	0,087705801968	-0,248069469265	104,363302679190	174,805571089918
10	0,000000000000	0,000000000000	-1,000000000000	180,000000000000	0,000000000000
11	-0,296499726790	-0,148249863291	-0,943456353017	160,640351333169	206,565051160997
12	-0,701646415504	-0,350823207606	-0,620173672946	128,328818101456	206,565051167547
13	-0,889499180042	-0,444749589878	-0,104828483764	96,017284869329	206,565051169730
18	-0,707106781277	-0,707106781096	0,000000000000	90,000000000000	224,999999992668

Triángulo 4					
Puntos calculos	x	y	z	φ	θ
2	0,707106781153	-0,707106781220	0,000000000000	90,000000000000	314,999999997255
4	0,592999453263	-0,741249316681	0,314485451095	71,670246251214	308,659808250245
7	0,263117405766	-0,613940613562	0,744208407505	41,908847884364	293,198590509956
8	0,087705801968	-0,964763821212	0,248069469265	75,636697320810	275,194428910082
10	0,000000000000	0,000000000000	1,000000000000	0,000000000000	0,000000000000
11	-0,148249863291	-0,296499726790	0,943456353017	19,359648666831	243,434948839003
12	-0,350823207606	-0,701646415504	0,620173672946	51,671181898544	243,434948832453
13	-0,444749589878	-0,889499180042	0,104828483764	83,982715130672	243,434948830270
18	-0,707106781096	-0,707106781277	0,000000000000	90,000000000000	225,000000007332

Triángulo 8					
Puntos calculos	x	y	z	φ	θ
2	-0,707106781153	-0,707106781220	0,000000000000	90,000000000000	225,000000002745
4	-0,592999453263	-0,741249316681	-0,314485451095	108,329753748786	231,340191749755
7	-0,263117405766	-0,613940613562	-0,744208407505	138,091152115636	246,801409490044
8	-0,087705801968	-0,964763821212	-0,248069469265	104,363302679190	264,805571089918
10	0,000000000000	0,000000000000	-1,000000000000	180,000000000000	0,000000000000
11	0,148249863291	-0,296499726790	-0,943456353017	160,640351333169	296,565051160997
12	0,350823207606	-0,701646415504	-0,620173672946	128,328818101456	296,565051167547
13	0,444749589878	-0,889499180042	-0,104828483764	96,017284869329	296,565051169730
18	0,707106781096	-0,707106781277	0,000000000000	90,000000000000	314,999999992668

Como el esquema III fue concebido para que el sólido quede apoyado sobre una cara y a su vez que sea perpendicular al plano XZ, lo siguiente es:

4th. Rotar el conjunto, obtenido arriba, respecto del eje Y: -54,7356103172453°.

ASIMÉTRICO

SÓLIDO ORIENTADO CON CARA ABC PERPENDICULA A EJE Z					
Triángulo 1					
Puntos calculos	x	y	z	ϕ	θ
2	0,408248290395	0,707106781153	0,577350269280	54,735610310931	60,00000002979
4	0,171184196952	0,592999453263	0,786795792531	38,112926495317	73,897886250993
7	-0,253184841719	0,263117405766	0,930949336273	21,416714029649	133,897886245035
8	0,354458778394	0,087705801968	0,930949336280	21,416714028480	13,897886256951
10	-0,816496580856	0,000000000000	0,577350269291	54,735610310120	180,000000000000
11	-0,599144689416	-0,148249863291	0,786795792553	38,112926493229	193,897886246525
12	-0,101273936675	-0,350823207606	0,930949336299	21,416714025557	253,897886248014
13	0,427960492464	-0,444749589878	0,786795792562	38,112926492393	313,897886252483
18	0,408248290461	-0,707106781096	0,577350269303	54,735610309309	300,00000002979
Triángulo 5					
Puntos calculos	x	y	z	ϕ	θ
2	0,408248290572	-0,707106781153	0,577350269155	54,735610319678	300,000000007734
4	0,684736788093	-0,592999453263	0,423659272839	64,934170776844	319,106605357129
7	0,962102398733	-0,263117405766	0,071611487460	85,893449017948	344,704655700108
8	0,759554525369	-0,087705801968	0,644503386565	49,871548693720	353,413224444058
10	0,816496581000	0,000000000000	-0,577350269088	125,264389675629	0,000000000000
11	0,941513083570	0,148249863291	-0,302613766213	107,614659818246	8,948275561756
12	0,911465430409	0,350823207606	0,214834462259	77,594184245919	21,051724428272
13	0,599144689618	0,444749589878	0,665750285922	48,260088946024	36,586775541615
18	0,408248290572	0,707106781096	0,577350269224	54,735610314813	59,999999990280

Triángulo 2					
Puntos calculos	x	y	z	ϕ	θ
2	-0,408248290532	0,707106781220	-0,577350269100	125,264389676440	120,000000002979
4	-0,599144689541	0,741249316681	-0,302613766236	107,614659819619	128,948275565088
7	-0,759554525273	0,613940613562	0,214834462216	77,594184248458	141,051724431743
8	-0,253184841863	0,964763821212	0,071611487423	85,893449020056	104,704655704100
10	-0,816496580928	0,000000000000	0,577350269190	54,735610317245	180,000000000000
11	-0,684736788014	0,296499726790	0,665750285883	48,260088949027	156,586775544673
12	-0,303821810192	0,701646415504	0,644503386540	49,871548695545	113,413224449267
13	0,171184196861	0,889499180042	0,423659272825	64,934170777763	79,106605360356
18	0,408248290356	0,707106781277	0,577350269155	54,735610319678	60,000000009720

Triángulo 6					
Puntos calculos	x	y	z	ϕ	θ
2	0,408248290532	0,707106781220	0,577350269100	54,735610323560	59,999999997021
4	0,599144689541	0,741249316681	0,302613766236	72,385340180381	51,051724434913
7	0,759554525273	0,613940613562	-0,214834462216	102,405815751542	38,948275568258
8	0,253184841863	0,964763821212	-0,071611487423	94,106550979945	75,295344295900
10	0,816496580928	0,000000000000	-0,577350269190	125,264389682755	0,000000000000
11	0,684736788014	0,296499726790	-0,665750285883	131,739911050973	23,413224455327
12	0,303821810192	0,701646415504	-0,644503386540	130,128451304455	66,586775550733
13	-0,171184196861	0,889499180042	-0,423659272825	115,065829222237	100,893394639644
18	-0,408248290356	0,707106781277	-0,577350269155	125,264389680322	119,999999990280

Triángulo 3					
Puntos calculos	x	y	z	φ	θ
2	-0,408248290572	-0,707106781153	-0,577350269155	125,264389680322	239,999999992266
4	-0,684736788093	-0,592999453263	-0,423659272839	115,065829223156	220,893394642871
7	-0,962102398733	-0,263117405766	-0,071611487460	94,106550982052	195,295344299892
8	-0,759554525369	-0,087705801968	-0,644503386565	130,128451306280	186,586775555942
10	-0,816496581000	0,000000000000	0,577350269088	54,735610324371	180,000000000000
11	-0,941513083570	0,148249863291	0,302613766213	72,385340181754	171,051724438244
12	-0,911465430409	0,350823207606	-0,214834462259	102,405815754081	158,948275571728
13	-0,599144689618	0,444749589878	-0,665750285922	131,739911053976	143,413224458385
18	-0,408248290572	0,707106781096	-0,577350269224	125,264389685187	120,000000009720

Triángulo 7					
Puntos calculos	x	y	z	φ	θ
2	-0,408248290395	0,707106781153	-0,577350269280	125,264389689069	119,999999997021
4	-0,171184196952	0,592999453263	-0,786795792531	141,887073504683	106,102113749007
7	0,253184841719	0,263117405766	-0,930949336273	158,583285970351	46,102113754965
8	-0,354458778394	0,087705801968	-0,930949336280	158,583285971520	166,102113743049
10	0,816496580856	0,000000000000	-0,577350269291	125,264389689880	0,000000000000
11	0,599144689416	-0,148249863291	-0,786795792553	141,887073506772	346,102113753476
12	0,101273936675	-0,350823207606	-0,930949336299	158,583285974443	286,102113751986
13	-0,427960492464	-0,444749589878	-0,786795792562	141,887073507607	226,102113747517
18	-0,408248290461	-0,707106781096	-0,577350269303	125,264389690691	239,999999997021

Triángulo 4					
Puntos calculos	x	y	z	ϕ	θ
2	0,408248290356	-0,707106781220	0,577350269224	54,735610314813	299,999999992266
4	0,085592098400	-0,741249316681	0,665750285927	48,260088945652	276,586775545692
7	-0,455732715179	-0,613940613562	0,644503386597	49,871548691314	233,413224449040
8	-0,151910905112	-0,964763821212	0,214834462292	77,594184243985	261,051724432298
10	-0,816496580928	0,000000000000	0,577350269190	54,735610317245	180,000000000000
11	-0,855920984971	-0,296499726790	0,423659272883	64,934170774086	199,106605359434
12	-0,708917556891	-0,701646415504	0,071611487499	85,893449015692	224,704655703701
13	-0,342368394015	-0,889499180042	-0,302613766185	107,614659816561	248,948275565296
18	-0,408248290467	-0,707106781277	-0,577350269077	125,264389674818	240,000000002979

Triángulo 8					
Puntos calculos	x	y	z	ϕ	θ
2	-0,408248290356	-0,707106781220	-0,577350269224	125,264389685187	240,000000007734
4	-0,085592098400	-0,741249316681	-0,665750285927	131,739911054348	263,413224454308
7	0,455732715179	-0,613940613562	-0,644503386597	130,128451308686	306,586775550960
8	0,151910905112	-0,964763821212	-0,214834462292	102,405815756015	278,948275567702
10	0,816496580928	0,000000000000	-0,577350269190	125,264389682755	0,000000000000
11	0,855920984971	-0,296499726790	-0,423659272883	115,065829225914	340,893394640566
12	0,708917556891	-0,701646415504	-0,071611487499	94,106550984308	315,295344296299
13	0,342368394015	-0,889499180042	0,302613766185	72,385340183439	291,051724434704
18	0,408248290467	-0,707106781277	0,577350269077	54,735610325182	299,999999997021

DISTRIBUCIÓN DE PUNTOS SOBRE UNA SUPERFICIE ESFÉRICA DE RADIO UNITARIO PARA EL ICOSAEDRO: ESQUEMA I

1st. Se rota la cara ABC 180°, respecto del eje Z.

2nd. Ahora rotarla respecto del eje Y: -116,565051171°

En estos dos pasos se completa la luna fundamental (Triángulo 1 y 6).

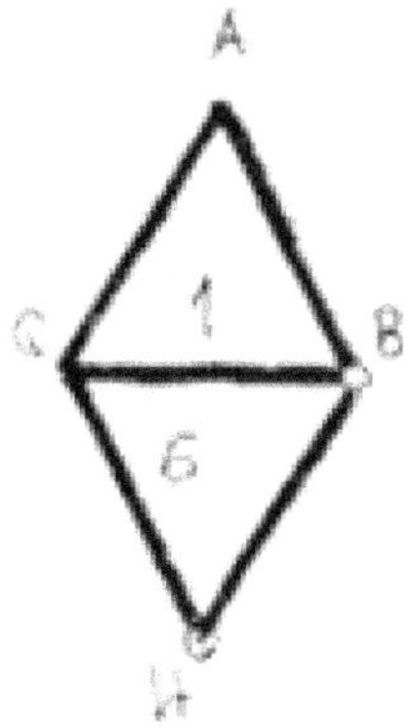

Ahora definiremos la segunda luna a partir de ésta (Triángulo 7 y 16). Para ello:

3rd. Se rota la luna definida (Triángulo 1 y 6), respecto del eje Y: + 63,43494888249°.

4th. Luego, se rota respecto del eje Z: 36°.

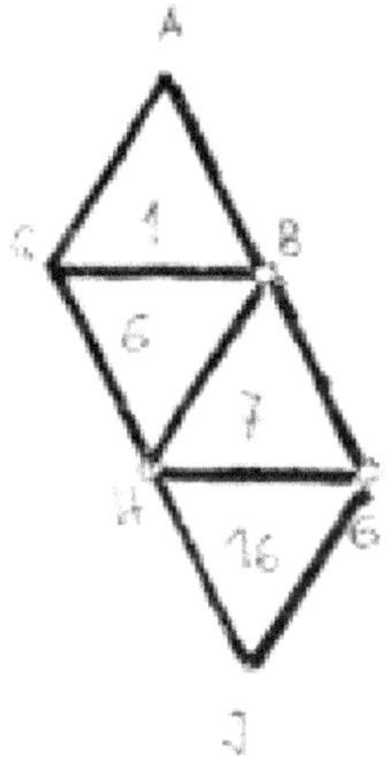

Con las dos lunas definidas ya es posible realizar los últimos pasos para definir la grilla completa para el icosaedro método I.

Para completarlo, se debe:

5th. Rotar las dos lunas cuatro veces respecto del eje Z:

a. +72° (Triángulo 2,8,9 y 17)
b. +144° (Triángulo 3,10,11 y 18)
c. +216° (Triángulo 4,12,13 y 19)
d. +288° (Triángulo 5,14,15 y 20)

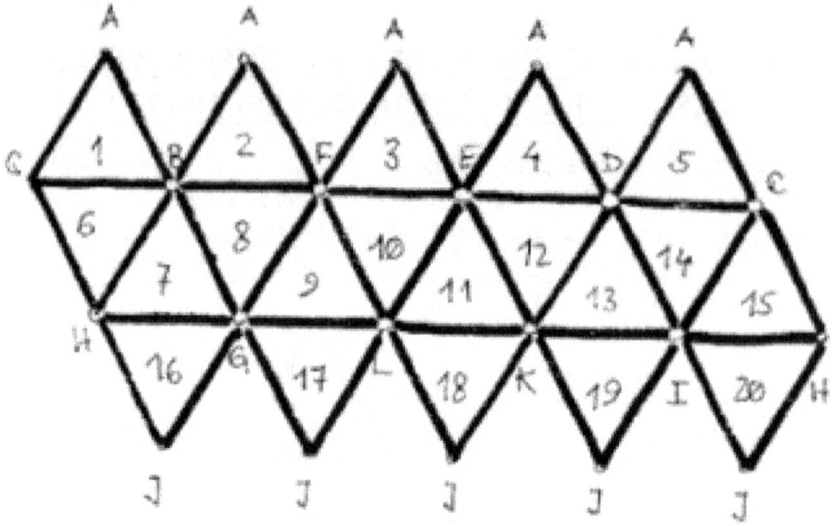
A A A A A
C 1 B 2 F 3 E 4 D 5 C
6 7 8 9 10 11 12 13 14 15
H G L K I H
16 17 18 19 20
J J J J J

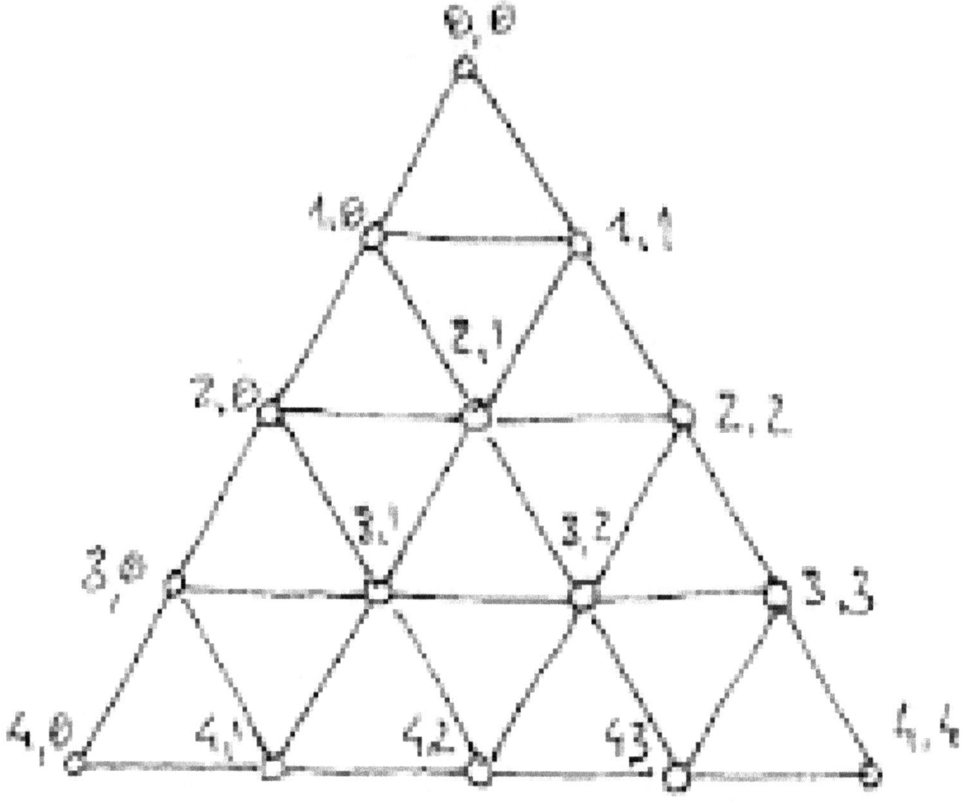
0,0
1,0 1,1
2,1
2,0 2,2
3,1 3,2
3,0 3,3
4,0 4,1 4,2 43 4,4

MÉTODO ALTERNATIVO

Triángulo 1					
Punto	x	y	z	ϕ	θ
0,0	0,000000000000	0,000000000000	1,000000000000	0,000000000000	0,000000000000
1,0	0,203182743949	-0,147620904407	0,967948780227	14,545436561313	324,000000005376
1,1	0,203182743949	0,147620904407	0,967948780227	14,545436561313	35,999999994624
2,0	0,425325404217	-0,309016994344	0,850650808343	31,717474412451	324,000000005376
2,1	0,447213595538	0,000000000000	0,894427190981	26,565051179526	0,000000000000
2,2	0,425325404217	0,309016994344	0,850650808343	31,717474412451	35,999999994624
3,0	0,609548231847	-0,442862713220	0,657513171192	48,889512263590	324,000000005376
3,1	0,670820393297	-0,162459848096	0,723606797711	43,646927112062	346,386177561783
3,2	0,670820393297	0,162459848096	0,723606797711	43,646927112062	13,613822438217
3,3	0,609548231847	0,442862713220	0,657513171192	48,889512263590	35,999999994624
4,0	0,723606797812	-0,525731112060	0,447213595469	63,434948824903	324,000000005376
4,1	0,812730975767	-0,295241808803	0,502295366656	59,848023216231	340,035371259742
4,2	0,850650808388	0,000000000000	0,525731112060	58,282525592500	0,000000000000
4,3	0,812730975767	0,295241808803	0,502295366656	59,848023216232	19,964628740258
4,4	0,723606797812	0,525731112060	0,447213595469	63,434948824903	35,999999994624
Triángulo 6					
Punto	x	y	z	ϕ	θ
0,0	0,894427191465	0,000000000000	-0,447213594570	116,565051117510	0,000000000000
1,0	0,956625794257	0,147620904407	-0,251147682341	104,545436501035	8,772355115070
1,1	0,956625794257	-0,147620904407	-0,251147682341	104,545436501035	351,227644884930
2,0	0,951056516305	0,309016994344	0,000000000000	90,000000000000	17,999999998117
2,1	1,000000000000	0,000000000000	0,000000000000	90,000000000000	0,000000000000
2,2	0,951056516305	-0,309016994344	0,000000000000	90,000000000000	342,000000001883
3,0	0,860695914889	0,442862713220	0,251147684308	75,454563382529	27,227644886071
3,1	0,947213595199	0,162459848096	0,276393203295	73,954942802376	9,732301449530
3,2	0,947213595199	-0,162459848096	0,276393203295	73,954942802376	350,267698550470
3,3	0,860695914889	-0,442862713220	0,251147684308	75,454563382529	332,772355113929
4,0	0,723606797285	0,525731112060	0,447213596321	63,434948770302	36,000000014459
4,1	0,812730975175	0,295241808803	0,502295367613	59,848023152797	19,964628753644
4,2	0,850650807769	0,000000000000	0,525731113062	58,282525525010	0,000000000000
4,3	0,812730975175	-0,295241808803	0,502295367613	59,848023152797	340,035371246356
4,4	0,723606797285	-0,525731112060	0,447213596321	63,434948770302	323,999999985541

Triángulo 7					
Punto	**x**	**y**	**z**	**ϕ**	**θ**
0,0	0,723606797782	0,525731112142	0,447213595421	63,434948828000	36,000000000000
1,0	0,860695915158	0,442862713296	0,251147683250	75,454563445112	27,227644882773
1,1	0,687157134077	0,681718354076	0,251147683250	75,454563445112	44,772355117227
2,0	0,951056516285	0,309016994406	0,000000000000	90,000000000000	18,000000001883
2,1	0,809016994375	0,587785252292	0,000000000000	90,000000000000	36,000000000000
2,2	0,587785252319	0,809016994356	0,000000000000	90,000000000000	53,999999998117
3,0	0,956625793948	0,147620904450	-0,251147683489	104,545436569018	8,772355120398
3,1	0,861803398832	0,425325404170	-0,276393202394	106,045057143918	26,267698553119
3,2	0,670820393231	0,688190960196	-0,276393202394	106,045057143918	45,732301446881
3,3	0,436009450706	0,864187826791	-0,251147683489	104,545436569018	63,227644879602
4,0	0,894427190933	0,000000000000	-0,447213595633	116,565051185615	0,000000000000
4,1	0,831051952232	0,238855640799	-0,502295366840	120,151976795987	16,035371257163
4,2	0,688190960168	0,499999999951	-0,525731112253	121,717474420500	36,000000000000
4,3	0,483974390084	0,716566922341	-0,502295366840	120,151976795987	55,964628742837
4,4	0,276393202253	0,850650808281	-0,447213595633	116,565051185615	71,999999998445

Triángulo 16					
Punto	**x**	**y**	**z**	**ϕ**	**θ**
0,0	0,000000000000	0,000000000000	-1,000000000000	180,000000000000	0,000000000000
1,0	0,077608903023	0,238855641345	-0,967948780034	165,454563394604	71,999999871183
1,1	0,251147684104	0,000000000000	-0,967948780034	165,454563394604	0,000000000000
2,0	0,162459848822	0,000000000000	-0,850650807938	148,282525543465	0,000000000000
2,1	0,361803399594	0,262865556582	-0,894427190555	153,434948765984	36,000000000000
2,2	0,525731112788	0,000000000000	-0,850650807938	148,282525543465	0,000000000000
3,0	0,232826707341	0,716566922779	-0,657513170612	131,110487692327	71,999999966674
3,1	0,447213596107	0,525731112535	-0,723606797073	136,353072834979	49,613822424771
3,2	0,638196601708	0,262865556509	-0,723606797073	136,353072834979	22,386177575229
3,3	0,753443050583	0,000000000000	-0,657513170612	131,110487692327	0,000000000000
4,0	0,276393202679	0,850650808591	-0,447213594781	116,565051131014	71,999999978610
4,1	0,483974390562	0,716566922689	-0,502295365883	120,151976732553	55,964628729451
4,2	0,688190960669	0,500000000315	-0,525731111251	121,717474353010	36,000000000000
4,3	0,831051952711	0,238855641146	-0,502295365883	120,151976732553	16,035371270549
4,4	0,894427191359	0,000000000000	-0,447213594781	116,565051131014	0,000000000000

Triángulo 9					
Punto	x	y	z	ϕ	θ
0,0	-0,276393202262	0,850650808390	0,447213595421	63,434948828000	108,000000000000
1,0	-0,155217804532	0,955422563243	0,251147683250	75,454563445112	99,227644882773
1,1	-0,436009450686	0,864187826870	0,251147683250	75,454563445112	116,772355117227
2,0	0,000000000000	1,000000000000	0,000000000000	90,000000000000	90,000000000000
2,1	-0,309016994375	0,951056516295	0,000000000000	90,000000000000	108,000000000000
2,2	-0,587785252266	0,809016994394	0,000000000000	90,000000000000	125,999999998117
3,0	0,155217804469	0,955422563191	-0,251147683489	104,545436569018	80,772355120398
3,1	-0,138196601133	0,951056516252	-0,276393202394	106,045057143918	98,267698553119
3,2	-0,447213595469	0,850650808322	-0,276393202394	106,045057143918	117,732301446881
3,3	-0,687157133996	0,681718354071	-0,251147683489	104,545436569018	135,227644879602
4,0	0,276393202206	0,850650808296	-0,447213595633	116,565051185615	72,000000001555
4,1	0,029643962813	0,864187826760	-0,502295366840	120,151976795987	88,035371257163
4,2	-0,262865556034	0,809016994296	-0,525731112253	121,717474420500	108,000000000000
4,3	-0,531939329476	0,681718354019	-0,502295366840	120,151976795987	127,964628742837
4,4	-0,723606797682	0,525731112100	-0,447213595633	116,565051185615	143,999999998445
Triángulo 17					
Punto	x	y	z	ϕ	θ
0,0	0,000000000000	0,000000000000	-1,000000000000	180,000000000000	0,000000000000
1,0	-0,203182744206	0,147620905320	-0,967948780034	165,454563394604	143,999999871183
1,1	0,077608901949	0,238855641694	-0,967948780034	165,454563394604	72,000000128817
2,0	-0,425325404409	0,309016995193	-0,850650807938	148,282525543465	143,999999942801
2,1	-0,138196601400	0,425325405021	-0,894427190555	153,434948765984	108,000000000000
2,2	0,162459847824	0,500000000799	-0,850650807938	148,282525543465	72,000000057199
3,0	-0,609548231957	0,442862713929	-0,657513170612	131,110487692327	143,999999966674
3,1	-0,361803399083	0,587785252998	-0,723606797073	136,353072834979	121,613822424771
3,2	-0,052786404747	0,688190960929	-0,723606797073	136,353072834979	94,386177575229
3,3	0,232826706507	0,716566923049	-0,657513170612	131,110487692327	72,000000033326
4,0	-0,723606797845	0,525731112601	-0,447213594781	116,565051131014	143,999999978610
4,1	-0,531939329659	0,681718354582	-0,502295365883	120,151976732553	127,964628729451
4,2	-0,262865556225	0,809016994885	-0,525731111251	121,717474353010	108,000000000000
4,3	0,029643962630	0,864187827322	-0,502295365883	120,151976732553	88,035371270549
4,4	0,276393202044	0,850650808797	-0,447213594781	116,565051131014	72,000000021390

Triángulo 3					
Punto	x	y	z	ϕ	θ
0,0	0,000000000000	0,000000000000	1,000000000000	0,000000000000	0,000000000000
1,0	-0,077608902278	0,238855640804	0,967948780227	14,545436561313	108,000000005376
1,1	-0,251147683359	0,000000000000	0,967948780227	14,545436561313	180,000000000000
2,0	-0,162459848168	0,499999999999	0,850650808343	31,717474412451	108,000000005376
2,1	-0,361803398906	0,262865556082	0,894427190981	26,565051179526	144,000000000000
2,2	-0,525731112134	0,000000000000	0,850650808343	31,717474412451	180,000000000000
3,0	-0,232826706835	0,716566922411	0,657513171192	48,889512263590	108,000000005376
3,1	-0,447213595550	0,525731112130	0,723606797711	43,646927112062	130,386177561783
3,2	-0,638196601151	0,262865556104	0,723606797711	43,646927112062	157,613822438217
3,3	-0,753443050077	0,000000000000	0,657513171192	48,889512263590	180,000000000000
4,0	-0,276393202335	0,850650808341	0,447213595469	63,434948824903	108,000000005376
4,1	-0,483974390176	0,716566922408	0,502295366656	59,848023216231	124,035371259742
4,2	-0,688190960265	0,500000000021	0,525731112060	58,282525592500	144,000000000000
4,3	-0,831051952325	0,238855640866	0,502295366656	59,848023216231	163,964628740258
4,4	-0,894427191015	0,000000000000	0,447213595469	63,434948824903	180,000000000000
Triángulo 10					
Punto	x	y	z	ϕ	θ
0,0	-0,723606798126	0,525731112392	-0,447213594570	116,565051117510	144,000000000000
1,0	-0,860695915351	0,442862713437	-0,251147682341	104,545436501035	152,772355115070
1,1	-0,687157134271	0,681718354217	-0,251147682341	104,545436501035	135,227644884930
2,0	-0,951056516285	0,309016994406	0,000000000000	90,000000000000	161,999999998117
2,1	-0,809016994375	0,587785252292	0,000000000000	90,000000000000	144,000000000000
2,2	-0,587785252319	0,809016994356	0,000000000000	90,000000000000	126,000000001883
3,0	-0,956625793755	0,147620904310	0,251147684308	75,454563382529	171,227644886071
3,1	-0,861803398619	0,425325404016	0,276393203295	73,954942802376	153,732301449530
3,2	-0,670820393018	0,688190960042	0,276393203295	73,954942802376	134,267698550470
3,3	-0,436009450513	0,864187826650	0,251147684308	75,454563382529	116,772355113929
4,0	-0,894427190589	0,000000000000	0,447213596321	63,434948770302	180,000000000000
4,1	-0,831051951846	0,238855640518	0,502295367613	59,848023152797	163,964628753644
4,2	-0,688190959764	0,499999999657	0,525731113062	58,282525525010	144,000000000000
4,3	-0,483974389697	0,716566922061	0,502295367613	59,848023152797	124,035371246356
4,4	-0,276393201908	0,850650808031	0,447213596321	63,434948770302	107,999999985541

Triángulo 11					
Punto	x	y	z	ϕ	θ
0,0	-0,894427191040	0,000000000000	0,447213595421	63,434948828000	180,000000000000
1,0	-0,956625794018	0,147620904407	0,251147683250	75,454563445112	171,227644882773
1,1	-0,956625794018	-0,147620904407	0,251147683250	75,454563445112	188,772355117227
2,0	-0,951056516305	0,309016994344	0,000000000000	90,000000000000	162,000000001883
2,1	-1,000000000000	0,000000000000	0,000000000000	90,000000000000	180,000000000000
2,2	-0,951056516305	-0,309016994344	0,000000000000	90,000000000000	197,999999998117
3,0	-0,860695915128	0,442862713220	-0,251147683489	104,545436569018	152,772355120398
3,1	-0,947213595461	0,162459848096	-0,276393202394	106,045057143918	170,267698553119
3,2	-0,947213595461	-0,162459848096	-0,276393202394	106,045057143918	189,732301446881
3,3	-0,860695915128	-0,442862713220	-0,251147683489	104,545436569018	207,227644879602
4,0	-0,723606797710	0,525731112060	-0,447213595633	116,565051185615	144,000000001555
4,1	-0,812730975653	0,295241808803	-0,502295366840	120,151976795987	160,035371257163
4,2	-0,850650808269	0,000000000000	-0,525731112253	121,717474420500	180,000000000000
4,3	-0,812730975653	-0,295241808803	-0,502295366840	120,151976795987	199,964628742837
4,4	-0,723606797710	-0,525731112060	-0,447213595633	116,565051185615	215,999999998445

Triángulo 18					
Punto	x	y	z	ϕ	θ
0,0	0,000000000000	0,000000000000	-1,000000000000	180,000000000000	0,000000000000
1,0	-0,203182744870	-0,147620904407	-0,967948780034	165,454563394604	215,999999871183
1,1	-0,203182744870	0,147620904407	-0,967948780034	165,454563394604	144,000000128817
2,0	-0,425325405026	-0,309016994344	-0,850650807938	148,282525543465	215,999999942801
2,1	-0,447213596389	0,000000000000	-0,894427190555	153,434948765984	180,000000000000
2,2	-0,425325405026	0,309016994344	-0,850650807938	148,282525543465	144,000000057199
3,0	-0,609548232473	-0,442862713220	-0,657513170612	131,110487692327	215,999999966674
3,1	-0,670820393986	-0,162459848096	-0,723606797073	136,353072834979	193,613822424771
3,2	-0,670820393986	0,162459848096	-0,723606797073	136,353072834979	166,386177575229
3,3	-0,609548232473	0,442862713220	-0,657513170612	131,110487692327	144,000000033326
4,0	-0,723606798237	-0,525731112060	-0,447213594781	116,565051131014	215,999999978610
4,1	-0,812730976244	-0,295241808803	-0,502295365883	120,151976732553	199,964628729451
4,2	-0,850650808888	0,000000000000	-0,525731111251	121,717474353010	180,000000000000
4,3	-0,812730976244	0,295241808803	-0,502295365883	120,151976732553	160,035371270549
4,4	-0,723606798237	0,525731112060	-0,447213594781	116,565051131014	144,000000021390

Triángulo 4					
Punto	x	y	z	ϕ	θ
0,0	0,000000000000	0,000000000000	1,000000000000	0,000000000000	0,000000000000
1,0	-0,251147683359	0,000000000000	0,967948780227	14,545436561313	180,000000000000
1,1	-0,077608902278	-0,238855640804	0,967948780227	14,545436561313	251,999999994624
2,0	-0,525731112134	0,000000000000	0,850650808343	31,717474412451	180,000000000000
2,1	-0,361803398906	-0,262865556082	0,894427190981	26,565051179526	216,000000000000
2,2	-0,162459848168	-0,499999999999	0,850650808343	31,717474412451	251,999999994624
3,0	-0,753443050077	0,000000000000	0,657513171192	48,889512263590	180,000000000000
3,1	-0,638196601151	-0,262865556104	0,723606797711	43,646927112062	202,386177561783
3,2	-0,447213595550	-0,525731112130	0,723606797711	43,646927112062	229,613822438217
3,3	-0,232826706835	-0,716566922411	0,657513171192	48,889512263590	251,999999994624
4,0	-0,894427191015	0,000000000000	0,447213595469	63,434948824903	180,000000000000
4,1	-0,831051952325	-0,238855640866	0,502295366656	59,848023216231	196,035371259742
4,2	-0,688190960265	-0,500000000021	0,525731112060	58,282525592500	216,000000000000
4,3	-0,483974390176	-0,716566922408	0,502295366656	59,848023216231	235,964628740258
4,4	-0,276393202335	-0,850650808341	0,447213595469	63,434948824903	251,999999994624
Triángulo 12					
Punto	x	y	z	ϕ	θ
0,0	-0,723606798126	-0,525731112392	-0,447213594570	116,565051117510	216,000000000000
1,0	-0,687157134271	-0,681718354217	-0,251147682341	104,545436501035	224,772355115070
1,1	-0,860695915351	-0,442862713437	-0,251147682341	104,545436501035	207,227644884930
2,0	-0,587785252319	-0,809016994356	0,000000000000	90,000000000000	233,999999998117
2,1	-0,809016994375	-0,587785252292	0,000000000000	90,000000000000	216,000000000000
2,2	-0,951056516285	-0,309016994406	0,000000000000	90,000000000000	198,000000001883
3,0	-0,436009450513	-0,864187826650	0,251147684308	75,454563382529	243,227644886071
3,1	-0,670820393018	-0,688190960042	0,276393203295	73,954942802376	225,732301449530
3,2	-0,861803398619	-0,425325404016	0,276393203295	73,954942802376	206,267698550470
3,3	-0,956625793755	-0,147620904310	0,251147684308	75,454563382529	188,772355113929
4,0	-0,276393201908	-0,850650808031	0,447213596321	63,434948770302	252,000000014459
4,1	-0,483974389697	-0,716566922061	0,502295367613	59,848023152797	235,964628753644
4,2	-0,688190959764	-0,499999999657	0,525731113062	58,282525525010	216,000000000000
4,3	-0,831051951846	-0,238855640518	0,502295367613	59,848023152797	196,035371246356
4,4	-0,894427190589	0,000000000000	0,447213596321	63,434948770302	180,000000000000

Triángulo 13					
Punto	x	y	z	ϕ	θ
0,0	-0,276393202262	-0,850650808390	0,447213595421	63,434948828000	252,000000000000
1,0	-0,436009450686	-0,864187826870	0,251147683250	75,454563445112	243,227644882773
1,1	-0,155217804532	-0,955422563243	0,251147683250	75,454563445112	260,772355117227
2,0	-0,587785252266	-0,809016994394	0,000000000000	90,000000000000	234,000000001883
2,1	-0,309016994375	-0,951056516295	0,000000000000	90,000000000000	252,000000000000
2,2	0,000000000000	-1,000000000000	0,000000000000	90,000000000000	270,000000000000
3,0	-0,687157133996	-0,681718354071	-0,251147683489	104,545436569018	224,772355120398
3,1	-0,447213595469	-0,850650808322	-0,276393202394	106,045057143918	242,267698553119
3,2	-0,138196601133	-0,951056516252	-0,276393202394	106,045057143918	261,732301446881
3,3	0,155217804469	-0,955422563191	-0,251147683489	104,545436569018	279,227644879602
4,0	-0,723606797682	-0,525731112100	-0,447213595633	116,565051185615	216,000000001555
4,1	-0,531939329476	-0,681718354019	-0,502295366840	120,151976795987	232,035371257163
4,2	-0,262865556034	-0,809016994296	-0,525731112253	121,717474420500	252,000000000000
4,3	0,029643962813	-0,864187826760	-0,502295366840	120,151976795987	271,964628742837
4,4	0,276393202206	-0,850650808296	-0,447213595633	116,565051185615	287,999999998445
Triángulo 19					
Punto	x	y	z	ϕ	θ
0,0	0,000000000000	0,000000000000	-1,000000000000	180,000000000000	0,000000000000
1,0	0,077608901949	-0,238855641694	-0,967948780034	165,454563394604	287,999999871183
1,1	-0,203182744206	-0,147620905320	-0,967948780034	165,454563394604	216,000000128817
2,0	0,162459847824	-0,500000000799	-0,850650807938	148,282525543465	287,999999942801
2,1	-0,138196601400	-0,425325405021	-0,894427190555	153,434948765984	252,000000000000
2,2	-0,425325404409	-0,309016995193	-0,850650807938	148,282525543465	216,000000057199
3,0	0,232826706507	-0,716566923049	-0,657513170612	131,110487692327	287,999999966674
3,1	-0,052786404747	-0,688190960929	-0,723606797073	136,353072834979	265,613822424771
3,2	-0,361803399083	-0,587785252998	-0,723606797073	136,353072834979	238,386177575229
3,3	-0,609548231957	-0,442862713929	-0,657513170612	131,110487692327	216,000000033326
4,0	0,276393202044	-0,850650808797	-0,447213594781	116,565051131014	287,999999978610
4,1	0,029643962630	-0,864187827322	-0,502295365883	120,151976732553	271,964628729451
4,2	-0,262865556225	-0,809016994885	-0,525731111251	121,717474353010	252,000000000000
4,3	-0,531939329659	-0,681718354582	-0,502295365883	120,151976732553	232,035371270549
4,4	-0,723606797845	-0,525731112601	-0,447213594781	116,565051131014	216,000000021390

Triángulo 5					
Punto	x	y	z	ϕ	θ
0,0	0,000000000000	0,000000000000	1,000000000000	0,000000000000	0,000000000000
1,0	-0,077608902233	-0,238855640818	0,967948780227	14,545436561313	252,00000005376
1,1	0,203182743921	-0,147620904445	0,967948780227	14,545436561313	323,999999994624
2,0	-0,162459848074	-0,500000000029	0,850650808343	31,717474412451	252,00000005376
2,1	0,138196601137	-0,425325404212	0,894427190981	26,565051179526	288,000000000000
2,2	0,425325404159	-0,309016994423	0,850650808343	31,717474412451	323,999999994624
3,0	-0,232826706700	-0,716566922455	0,657513171192	48,889512263590	252,00000005376
3,1	0,052786404534	-0,688190960274	0,723606797711	43,646927112062	274,386177561783
3,2	0,361803398870	-0,587785252344	0,723606797711	43,646927112062	301,613822438217
3,3	0,609548231764	-0,442862713335	0,657513171192	48,889512263590	323,999999994624
4,0	-0,276393202175	-0,850650808393	0,447213595469	63,434948824903	252,00000005376
4,1	-0,029643962778	-0,864187826868	0,502295366656	59,848023216231	268,035371259742
4,2	0,262865556071	-0,809016994410	0,525731112060	58,282525592500	288,000000000000
4,3	0,531939329511	-0,681718354128	0,502295366656	59,848023216231	307,964628740258
4,4	0,723606797713	-0,525731112196	0,447213595469	63,434948824903	323,999999994624

Triángulo 14					
Punto	x	y	z	ϕ	θ
0,0	0,276393202394	-0,850650808794	-0,447213594570	116,565051117510	288,000000000000
1,0	0,436009450760	-0,864187827097	-0,251147682341	104,545436501035	296,772355115070
1,1	0,155217804605	-0,955422563470	-0,251147682341	104,545436501035	279,227644884930
2,0	0,587785252266	-0,809016994394	0,000000000000	90,000000000000	305,999999998117
2,1	0,309016994375	-0,951056516295	0,000000000000	90,000000000000	288,000000000000
2,2	0,000000000000	-1,000000000000	0,000000000000	90,000000000000	270,000000000000
3,0	0,687157133922	-0,681718353844	0,251147684308	75,454563382529	315,227644886071
3,1	0,447213595387	-0,850650808072	0,276393203295	73,954942802376	297,732301449530
3,2	0,138196601051	-0,951056516002	0,276393203295	73,954942802376	278,267698550470
3,3	-0,155217804543	-0,955422562964	0,251147684308	75,454563382529	260,772355113929
4,0	0,723606797550	-0,525731111695	0,447213596321	63,434948770302	324,000000014459
4,1	0,531939329329	-0,681718353565	0,502295367613	59,848023152797	307,964628753644
4,2	0,262865555879	-0,809016993821	0,525731113062	58,282525525010	288,000000000000
4,3	-0,029643962961	-0,864187826305	0,502295367613	59,848023152797	268,035371246356
4,4	-0,276393202338	-0,850650807892	0,447213596321	63,434948770302	251,999999985541

Triángulo 15					
Punto	x	y	z	ϕ	θ
0,0	0,723606797782	-0,525731112142	0,447213595421	63,434948828000	324,000000000000
1,0	0,687157134077	-0,681718354076	0,251147683250	75,454563445112	315,227644882773
1,1	0,860695915158	-0,442862713296	0,251147683250	75,454563445112	332,772355117227
2,0	0,587785252319	-0,809016994356	0,000000000000	90,000000000000	306,000000001883
2,1	0,809016994375	-0,587785252292	0,000000000000	90,000000000000	324,000000000000
2,2	0,951056516285	-0,309016994406	0,000000000000	90,000000000000	341,999999998117
3,0	0,436009450706	-0,864187826791	-0,251147683489	104,545436569018	296,772355120398
3,1	0,670820393231	-0,688190960196	-0,276393202394	106,045057143918	314,267698553119
3,2	0,861803398832	-0,425325404170	-0,276393202394	106,045057143918	333,732301446881
3,3	0,956625793948	-0,147620904450	-0,251147683489	104,545436569018	351,227644879602
4,0	0,276393202253	-0,850650808281	-0,447213595633	116,565051185615	288,000000001555
4,1	0,483974390084	-0,716566922341	-0,502295366840	120,151976795987	304,035371257163
4,2	0,688190960168	-0,499999999951	-0,525731112253	121,717474420500	324,000000000000
4,3	0,831051952232	-0,238855640799	-0,502295366840	120,151976795987	343,964628742837
4,4	0,894427190933	0,000000000000	-0,447213595633	116,565051185615	0,000000000000
Triángulo 20					
Punto	x	y	z	ϕ	θ
0,0	0,000000000000	0,000000000000	-1,000000000000	180,000000000000	0,000000000000
1,0	0,251147684104	0,000000000000	-0,967948780034	165,454563394604	0,000000000000
1,1	0,077608903023	-0,238855641345	-0,967948780034	165,454563394604	288,000000128817
2,0	0,525731112788	0,000000000000	-0,850650807938	148,282525543465	0,000000000000
2,1	0,361803399594	-0,262865556582	-0,894427190555	153,434948765984	324,000000000000
2,2	0,162459848822	-0,500000000474	-0,850650807938	148,282525543465	288,000000057199
3,0	0,753443050583	0,000000000000	-0,657513170612	131,110487692327	0,000000000000
3,1	0,638196601708	-0,262865556509	-0,723606797073	136,353072834979	337,613822424771
3,2	0,447213596107	-0,525731112535	-0,723606797073	136,353072834979	310,386177575229
3,3	0,232826707341	-0,716566922779	-0,657513170612	131,110487692327	288,000000033326
4,0	0,894427191359	0,000000000000	-0,447213594781	116,565051131014	0,000000000000
4,1	0,831051952711	-0,238855641146	-0,502295365883	120,151976732553	343,964628729451
4,2	0,688190960669	-0,500000000315	-0,525731111251	121,717474353010	324,000000000000
4,3	0,483974390562	-0,716566922689	-0,502295365883	120,151976732553	304,035371270549
4,4	0,276393202679	-0,850650808591	-0,447213594781	116,565051131014	288,000000021390

2CP: MÉTODO INTERSECCIÓN DE DOS CIRCUNFERENCIAS PRINCIPALES

Triángulo1					
Punto	x	y	z	φ	θ
0,0	0,000000000000	0,000000000000	1,000000000000	0,000000000000	0,000000000000
1,0	0,221077265891	-0,160622035645	0,961938357782	15,858737206226	324,000000000000
1,1	0,221077265891	0,160622035645	0,961938357782	15,858737206226	36,000000000000
2,0	0,425325404188	-0,309016994384	0,850650808343	31,717474412451	324,000000000000
2,1	0,486964520232	1,879325265733	0,873421751524	29,141262795879	75,473199955690
2,2	0,425325404188	0,309016994384	0,850650808343	31,717474412451	36,000000000000
3,0	0,597196375764	-0,433888564563	0,674608925464	47,576211618677	324,000000000000
3,1	0,688628968569	-0,149297875053	0,709577542029	44,799446623694	347,767333122059
3,2	0,688628968569	0,149297875053	0,709577542029	44,799446623694	12,232666877941
3,3	0,597196375764	0,433888564563	0,674608925464	47,576211618677	36,000000000000
4,0	0,723606797812	-0,525731112060	0,447213595469	63,434948824903	324,000000005376
4,1	0,818273641667	-0,273266528921	0,505720922570	59,620779490006	341,533003009215
4,2	0,850650808388	0,000000000000	0,525731112060	58,282525592500	0,000000000000
4,3	0,818273641667	0,273266528921	0,505720922570	59,620779490006	18,466996990785
4,4	0,723606797812	0,525731112060	0,447213595469	63,434948824903	35,999999994624
Triángulo 6					
Punto	x	y	z	φ	θ
0,0	0,894427191465	0,000000000000	-0,447213594570	116,565051117510	0,000000000000
1,0	0,959252582470	0,160622035645	-0,232454392711	103,441615296263	9,505705906023
1,1	0,959252582470	-0,160622035645	-0,232454392711	103,441615296263	350,494294093977
2,0	0,951056516292	0,309016994384	0,000000000000	90,000000000000	18,000000000521
2,1	0,998989317701	0,000000000000	0,044948227099	87,423788321632	0,000000000000
2,2	0,951056516292	-0,309016994384	0,000000000000	90,000000000000	341,999999999479
3,0	0,870462904410	0,433888564563	0,232454394641	76,558384590009	26,494294099078
3,1	0,942629684402	0,149297875053	0,298595751122	72,626719806023	9,000000003321
3,2	0,942629684402	-0,149297875053	0,298595751122	72,626719806023	350,999999996679
3,3	0,870462904410	-0,433888564563	0,232454394641	76,558384590009	333,505705900922
4,0	0,723606797285	0,525731112060	0,447213596321	63,434948770302	36,000000014459
4,1	0,818273641071	0,273266528921	0,505720923534	59,620779425992	18,466997003317
4,2	0,850650807769	0,000000000000	0,525731113062	58,282525525010	0,000000000000
4,3	0,818273641071	-0,273266528921	0,505720923534	59,620779425992	341,533002996683
4,4	0,723606797285	-0,525731112060	0,447213596321	63,434948770302	323,999999985541

Triángulo 7					
Punto	x	y	z	ϕ	θ
0,0	0,723606797782	0,525731112142	0,447213595421	63,434948828000	36,000000000000
1,0	0,870462904682	0,433888564561	0,232454393623	76,558384649995	26,494294091827
1,1	0,681640377192	0,693780477577	0,232454393623	76,558384649995	45,505705908173
2,0	0,951056516298	0,309016994366	-0,000000000099	90,000000005672	17,999999999479
2,1	0,808199335254	0,587191188167	-0,044948226149	92,576211623879	36,000000000000
2,2	0,587785252285	0,809016994380	-0,000000000099	90,000000005672	54,000000000521
3,0	0,959252582208	0,160622035613	-0,232454393813	103,441615361224	9,505705906732
3,1	0,850358523468	0,433279308889	-0,298595750226	107,373280140158	26,999999999346
3,2	0,674848345159	0,674848345174	-0,298595750226	107,373280140158	45,000000000654
3,3	0,449185983431	0,862668480406	-0,232454393813	103,441615361224	62,494294093268
4,0	0,894427190933	0,000000000000	-0,447213595633	116,565051185615	0,000000000000
4,1	0,822619317709	0,259891912953	-0,505720922756	120,379220522324	17,533003006802
4,2	0,688190960168	0,499999999951	-0,525731112253	121,717474420500	36,000000000000
4,3	0,501375246420	0,702046444735	-0,505720922756	120,379220522324	54,466996993199
4,4	0,276393202253	0,850650808281	-0,447213595633	116,565051185615	71,999999998445

Triángulo 16					
Punto	x	y	z	ϕ	θ
0,0	0,000000000000	0,000000000000	-1,000000000000	180,000000000000	0,000000000000
1,0	0,084444002171	0,259891913553	-0,961938357571	164,141262749691	71,999999887255
1,1	0,273266529661	0,000000000000	-0,961938357571	164,141262749691	0,000000000000
2,0	0,162459848775	0,500000000489	-0,850650807938	148,282525543465	71,999999948177
2,1	0,393962573197	0,286230563870	-0,873421751061	150,858737149632	36,000000000000
2,2	0,525731112788	0,000000000000	-0,850650807938	148,282525543465	0,000000000000
3,0	0,228108718103	0,702046445170	-0,674608924896	132,423788337240	71,999999970730
3,1	0,469357449783	0,525550470565	-0,709577541374	135,200553323053	48,232666866315
3,2	0,644867628093	0,283981434281	-0,709577541374	135,200553323053	23,767333133685
3,3	0,738175316879	0,000000000000	-0,674608924896	132,423788337240	0,000000000000
4,0	0,276393202679	0,850650808591	-0,447213594781	116,565051131014	71,999999978610
4,1	0,501375246902	0,702046445085	-0,505720921792	120,379220458310	54,466996980667
4,2	0,688190960669	0,500000000315	-0,525731111251	121,717474353010	36,000000000000
4,3	0,822619318191	0,259891913303	-0,505720921792	120,379220458310	17,533003019333
4,4	0,894427191359	0,000000000000	-0,447213594781	116,565051131014	0,000000000000

Triángulo 2					
Punto	**x**	**y**	**z**	**ϕ**	**θ**
0,0	0,000000000000	0,000000000000	1,000000000000	0,000000000000	0,000000000000
1,0	0,221077265891	0,160622035645	0,961938357782	15,858737206226	36,000000000000
1,1	-0,084444001430	0,259891913016	0,961938357782	15,858737206226	108,000000000000
2,0	0,425325404188	0,309016994384	0,850650808343	31,717474412451	36,000000000000
2,1	0,150480312409	0,463130780171	0,873421751524	29,141262795879	72,000000000000
2,2	-0,162459848121	0,500000000014	0,850650808343	31,717474412451	108,000000000000
3,0	0,597196375764	0,433888564563	0,674608925464	47,576211618677	36,000000000000
3,1	0,354788771045	0,608789487252	0,709577542029	44,799446623694	59,767333122059
3,2	0,070807337168	0,701060648483	0,709577542029	44,799446623694	84,232666877941
3,3	-0,228108717583	0,702046444793	0,674608925464	47,576211618677	108,000000000000
4,0	0,723606797713	0,525731112196	0,447213595469	63,434948824903	36,000000005376
4,1	0,512752374340	0,693780477589	0,505720922570	59,620779490006	53,533003009215
4,2	0,262865556071	0,809016994410	0,525731112060	58,282525592500	72,000000000000
4,3	-0,007031451692	0,862668480450	0,505720922570	59,620779490006	90,466996990785
4,4	-0,276393202175	0,850650808393	0,447213595469	63,434948824903	107,999999994624
Triángulo 8					
Punto	**x**	**y**	**z**	**ϕ**	**θ**
0,0	0,276393202394	0,850650808794	-0,447213594570	116,565051117510	72,000000000000
1,0	0,143664716221	0,961938358016	-0,232454392711	103,441615296263	81,505705906023
1,1	0,449185983542	0,862668480645	-0,232454392711	103,441615296263	62,494294093978
2,0	0,000000000000	1,000000000000	0,000000000000	90,000000000000	90,000000000000
2,1	0,308704676369	0,950095300309	0,044948227099	87,423788321632	72,000000000000
2,2	0,587785252300	0,809016994370	0,000000000000	90,000000000000	53,999999999479
3,0	-0,143664716238	0,961938357547	0,232454394641	76,558384590009	98,494294099078
3,1	0,149297874944	0,942629684420	0,298595751122	72,626719806023	81,000000003321
3,2	0,433279308821	0,850358523189	0,298595751122	72,626719806023	62,999999996679
3,3	0,681640377109	0,693780477317	0,232454394641	76,558384590009	45,505705900922
4,0	-0,276393202338	0,850650807892	0,447213596321	63,434948770302	108,000000014459
4,1	-0,007031451876	0,862668479884	0,505720923534	59,620779425992	90,466997003317
4,2	0,262865555879	0,809016993821	0,525731113062	58,282525525010	72,000000000000
4,3	0,512752374156	0,693780477023	0,505720923534	59,620779425992	53,533002996683
4,4	0,723606797550	0,525731111695	0,447213596321	63,434948770302	35,999999985541

Triángulo 9					
Punto	x	y	z	ϕ	θ
0,0	-0,276393202262	0,850650808390	0,447213595421	63,434948828000	108,000000000000
1,0	-0,143664716152	0,961938357806	0,232454393623	76,558384649995	98,494294091827
1,1	-0,449185983474	0,862668480435	0,232454393623	76,558384649995	117,505705908173
2,0	0,000000000000	1,000000000000	0,000000000000	90,000000000000	90,000000000000
2,1	-0,308704676382	0,950095300349	-0,044948226149	92,576211623879	108,000000000000
2,2	-0,587785252300	0,809016994370	0,000000000000	90,000000000000	126,000000000521
3,0	0,143664716170	0,961938357757	-0,232454393813	103,441615361224	81,505705906732
3,1	-0,149297875032	0,942629684690	-0,298595750226	107,373280140158	98,999999999346
3,2	-0,433279308909	0,850358523459	-0,298595750226	107,373280140158	117,000000000654
3,3	-0,681640377177	0,693780477527	-0,232454393813	103,441615361224	134,494294093268
4,0	0,276393202206	0,850650808296	-0,447213595633	116,565051185615	72,000000001555
4,1	0,007031451727	0,862668480341	-0,505720922756	120,379220522324	89,533003006802
4,2	-0,262865556034	0,809016994296	-0,525731112253	121,717474420500	108,000000000000
4,3	-0,512752374304	0,693780477480	-0,505720922756	120,379220522324	126,466996993199
4,4	-0,723606797682	0,525731112100	-0,447213595633	116,565051185615	143,999999998445

Triángulo 17					
Punto	x	y	z	ϕ	θ
0,0	0,000000000000	0,000000000000	-1,000000000000	180,000000000000	0,000000000000
1,0	-0,221077266174	0,160622036515	-0,961938357571	164,141262749691	143,999999887255
1,1	0,084444001148	0,259891913886	-0,961938357571	164,141262749691	72,000000112745
2,0	-0,425325404438	0,309016995153	-0,850650807938	148,282525543465	143,999999948177
2,1	-0,150480312666	0,463130780961	-0,873421751061	150,858737149632	108,000000000000
2,2	0,162459847871	0,500000000783	-0,850650807938	148,282525543465	72,000000051823
3,0	-0,597196375962	0,433888565173	-0,674608924896	132,423788337240	143,999999970730
3,1	-0,354788771254	0,608789487894	-0,709577541374	135,200553323053	120,232666866315
3,2	-0,070807337377	0,701060649125	-0,709577541374	135,200553323053	95,767333133685
3,3	0,228108717385	0,702046445403	-0,674608924896	132,423788337240	72,000000029270
4,0	-0,723606797845	0,525731112601	-0,447213594781	116,565051131014	143,999999978610
4,1	-0,512752374488	0,693780478047	-0,505720921792	120,379220458310	126,466996980667
4,2	-0,262865556225	0,809016994885	-0,525731111251	121,717474353010	108,000000000000
4,3	0,007031451543	0,862668480908	-0,505720921792	120,379220458310	89,533003019333
4,4	0,276393202044	0,850650808797	-0,447213594781	116,565051131014	72,000000021390

Triángulo 3					
Punto	x	y	z	ϕ	θ
0,0	0,000000000000	0,000000000000	1,000000000000	0,000000000000	0,000000000000
1,0	-0,084444001430	0,259891913016	0,961938357782	15,858737206226	108,000000000000
1,1	-0,273266528921	0,000000000000	0,961938357782	15,858737206226	180,000000000000
2,0	-0,162459848121	0,500000000014	0,850650808343	31,717474412451	108,000000000000
2,1	-0,393962572525	0,286230563382	0,873421751524	29,141262795879	144,000000000000
2,2	-0,525731112134	0,000000000000	0,850650808343	31,717474412451	180,000000000000
3,0	-0,228108717583	0,702046444793	0,674608925464	47,576211618677	108,000000000000
3,1	-0,469357449237	0,525550470169	0,709577542029	44,799446623694	131,767333122059
3,2	-0,644867627547	0,283981433884	0,709577542029	44,799446623694	156,232666877941
3,3	-0,738175316360	0,000000000000	0,674608925464	47,576211618677	180,000000000000
4,0	-0,276393202335	0,850650808341	0,447213595469	63,434948824903	108,000000005376
4,1	-0,501375246513	0,702046444802	0,505720922570	59,620779490006	125,533003009215
4,2	-0,688190960265	0,500000000021	0,525731112060	58,282525592500	144,000000000000
4,3	-0,822619317802	0,259891913020	0,505720922570	59,620779490006	162,466996990785
4,4	-0,894427191015	0,000000000000	0,447213595469	63,434948824903	180,000000000000
Triángulo 10					
Punto	x	y	z	ϕ	θ
0,0	-0,723606798126	0,525731112392	-0,447213594570	116,565051117510	144,000000000000
1,0	-0,870462904861	0,433888564691	-0,232454392711	103,441615296263	153,505705906022
1,1	-0,681640377371	0,693780477707	-0,232454392711	103,441615296263	134,494294093977
2,0	-0,951056516298	0,309016994366	0,000000000000	90,000000000000	162,000000000521
2,1	-0,808199335219	0,587191188142	0,044948227099	87,423788321632	144,000000000000
2,2	-0,587785252285	0,809016994380	0,000000001003	89,999999942505	125,999999999479
3,0	-0,959252582029	0,160622035483	0,232454394641	76,558384590009	170,494294099078
3,1	-0,850358523239	0,433279308723	0,298595751122	72,626719806023	153,000000003321
3,2	-0,674848344929	0,674848345007	0,298595751122	72,626719806023	134,999999996679
3,3	-0,449185983252	0,862668480276	0,232454394641	76,558384590009	117,505705900922
4,0	-0,894427190589	0,000000000000	0,447213596321	63,434948770302	180,000000000000
4,1	-0,822619317320	0,259891912670	0,505720923534	59,620779425992	162,466997003317
4,2	-0,688190959764	0,499999999657	0,525731113062	58,282525525010	144,000000000000
4,3	-0,501375246031	0,702046444452	0,505720923534	59,620779425992	125,533002996683
4,4	-0,276393201908	0,850650808031	0,447213596321	63,434948770302	107,999999985541

Triángulo 11					
Punto	x	y	z	ϕ	θ
0,0	-0,894427191040	0,000000000000	0,447213595421	63,434948828000	180,000000000000
1,0	-0,959252582249	0,160622035645	0,232454393623	76,558384649995	170,494294091827
1,1	-0,959252582249	-0,160622035645	0,232454393623	76,558384649995	189,505705908173
2,0	-0,951056516292	0,309016994384	0,000000000000	90,000000000000	161,999999999479
2,1	-0,998989317744	0,000000000000	-0,044948226149	92,576211623879	180,000000000000
2,2	-0,951056516292	-0,309016994384	0,000000000000	90,000000000000	198,000000000521
3,0	-0,870462904631	0,433888564563	-0,232454393813	103,441615361224	153,505705906732
3,1	-0,942629684686	0,149297875053	-0,298595750226	107,373280140158	170,999999999346
3,2	-0,942629684686	-0,149297875053	-0,298595750226	107,373280140158	189,000000000654
3,3	-0,870462904631	-0,433888564563	-0,232454393813	103,441615361224	206,494294093268
4,0	-0,723606797710	0,525731112060	-0,447213595633	116,565051185615	144,000000001555
4,1	-0,818273641552	0,273266528921	-0,505720922756	120,379220522324	161,533003006801
4,2	-0,850650808269	0,000000000000	-0,525731112253	121,717474420500	180,000000000000
4,3	-0,818273641552	-0,273266528921	-0,505720922756	120,379220522324	198,466996993199
4,4	-0,723606797710	-0,525731112060	-0,447213595633	116,565051185615	215,999999998445

Triángulo 18					
Punto	x	y	z	ϕ	θ
0,0	0,000000000000	0,000000000000	-1,000000000000	180,000000000000	0,000000000000
1,0	-0,221077266806	-0,160622035645	-0,961938357571	164,141262749691	215,999999887255
1,1	-0,221077266806	0,160622035645	-0,961938357571	164,141262749691	144,000000112745
2,0	-0,425325404997	-0,309016994384	-0,850650807938	148,282525543465	215,999999948177
2,1	-0,486964521062	0,000000000000	-0,873421751061	150,858737149632	180,000000000000
2,2	-0,425325404997	0,309016994384	-0,850650807938	148,282525543465	144,000000051823
3,0	-0,597196376405	-0,433888564563	-0,674608924896	132,423788337240	215,999999970730
3,1	-0,688628969244	-0,149297875053	-0,709577541374	135,200553323053	192,232666866315
3,2	-0,688628969244	0,149297875053	-0,709577541374	135,200553323053	167,767333133685
3,3	-0,597196376405	0,433888564563	-0,674608924896	132,423788337240	144,000000029270
4,0	-0,723606798237	-0,525731112060	-0,447213594781	116,565051131014	215,999999978610
4,1	-0,818273642148	-0,273266528921	-0,505720921792	120,379220458310	198,466996980667
4,2	-0,850650808888	0,000000000000	-0,525731111251	121,717474353010	180,000000000000
4,3	-0,818273642148	0,273266528921	-0,505720921792	120,379220458310	161,533003019333
4,4	-0,723606798237	0,525731112060	-0,447213594781	116,565051131014	144,000000021390

Triángulo 4					
Punto	x	y	z	ϕ	θ
0,0	0,000000000000	0,000000000000	1,000000000000	0,000000000000	0,000000000000
1,0	-0,273266528921	0,000000000000	0,961938357782	15,858737206226	180,000000000000
1,1	-0,084444001430	-0,259891913016	0,961938357782	15,858737206226	252,000000000000
2,0	-0,525731112134	0,000000000000	0,850650808343	31,717474412451	180,000000000000
2,1	-0,393962572525	-0,286230563382	0,873421751524	29,141262795879	216,000000000000
2,2	-0,162459848121	-0,500000000014	0,850650808343	31,717474412451	252,000000000000
3,0	-0,738175316360	0,000000000000	0,674608925464	47,576211618677	180,000000000000
3,1	-0,644867627547	-0,283981433884	0,709577542029	44,799446623694	203,767333122059
3,2	-0,469357449237	-0,525550470169	0,709577542029	44,799446623694	228,232666877941
3,3	-0,228108717583	-0,702046444793	0,674608925464	47,576211618677	252,000000000000
4,0	-0,894427191015	0,000000000000	0,447213595469	63,434948824903	180,000000000000
4,1	-0,822619317802	-0,259891913020	0,505720922570	59,620779490006	197,533003009215
4,2	-0,688190960265	-0,500000000021	0,525731112060	58,282525592500	216,000000000000
4,3	-0,501375246513	-0,702046444802	0,505720922570	59,620779490006	234,466996990785
4,4	-0,276393202335	-0,850650808341	0,447213595469	63,434948824903	251,999999994624

Triángulo 12					
Punto	x	y	z	ϕ	θ
0,0	-0,723606798126	-0,525731112392	-0,447213594570	116,565051117510	216,000000000000
1,0	-0,681640377371	-0,693780477707	-0,232454392711	103,441615296263	225,505705906022
1,1	-0,870462904861	-0,433888564691	-0,232454392711	103,441615296263	206,494294093977
2,0	-0,587785252285	-0,809016994380	0,000000001003	89,999999942505	234,000000000521
2,1	-0,808199335219	-0,587191188142	0,044948227099	87,423788321632	216,000000000000
2,2	-0,951056516298	-0,309016994366	0,000000001003	89,999999942505	197,999999999479
3,0	-0,449185983252	-0,862668480276	0,232454394641	76,558384590009	242,494294099078
3,1	-0,674848344929	-0,674848345007	0,298595751122	72,626719806023	225,000000003321
3,2	-0,850358523239	-0,433279308723	0,298595751122	72,626719806023	206,999999996679
3,3	-0,959252582029	-0,160622035483	0,232454394641	76,558384590009	189,505705900922
4,0	-0,276393201908	-0,850650808031	0,447213596321	63,434948770302	252,000000014459
4,1	-0,501375246031	-0,702046444452	0,505720923534	59,620779425992	234,466997003317
4,2	-0,688190959764	-0,499999999657	0,525731113062	58,282525525010	216,000000000000
4,3	-0,822619317320	-0,259891912670	0,505720923534	59,620779425992	197,533002996683
4,4	-0,894427190589	0,000000000000	0,447213596321	63,434948770302	180,000000000000

Triángulo 13					
Punto	x	y	z	ϕ	θ
0,0	-0,276393202262	-0,850650808390	0,447213595421	63,434948828000	252,000000000000
1,0	-0,449185983474	-0,862668480435	0,232454393623	76,558384649995	242,494294091827
1,1	-0,143664716152	-0,961938357806	0,232454393623	76,558384649995	261,505705908173
2,0	-0,587785252300	-0,809016994370	0,000000000000	90,000000000000	233,999999999479
2,1	-0,308704676382	-0,950095300349	-0,044948226149	92,576211623879	252,000000000000
2,2	0,000000000000	-1,000000000000	0,000000000000	90,000000000000	270,000000000000
3,0	-0,681640377177	-0,693780477527	-0,232454393813	103,441615361224	225,505705906732
3,1	-0,433279308909	-0,850358523459	-0,298595750226	107,373280140158	242,999999999346
3,2	-0,149297875032	-0,942629684690	-0,298595750226	107,373280140158	261,000000000654
3,3	0,143664716170	-0,961938357757	-0,232454393813	103,441615361224	278,494294093268
4,0	-0,723606797682	-0,525731112100	-0,447213595633	116,565051185615	216,000000001555
4,1	-0,512752374304	-0,693780477480	-0,505720922756	120,379220522324	233,533003006801
4,2	-0,262865556034	-0,809016994296	-0,525731112253	121,717474420500	252,000000000000
4,3	0,007031451727	-0,862668480341	-0,505720922756	120,379220522324	270,466996993199
4,4	0,276393202206	-0,850650808296	-0,447213595633	116,565051185615	287,999999998445

Triángulo 19					
Punto	x	y	z	ϕ	θ
0,0	0,000000000000	0,000000000000	-1,000000000000	180,000000000000	0,000000000000
1,0	0,084444001148	-0,259891913886	-0,961938357571	164,141262749691	287,999999887255
1,1	-0,221077266174	-0,160622036515	-0,961938357571	164,141262749691	216,000000112745
2,0	0,162459847871	-0,500000000783	-0,850650807938	148,282525543465	287,999999948177
2,1	-0,150480312666	-0,463130780961	-0,873421751061	150,858737149632	252,000000000000
2,2	-0,425325404438	-0,309016995153	-0,850650807938	148,282525543465	216,000000051823
3,0	0,228108717385	-0,702046445403	-0,674608924896	132,423788337240	287,999999970730
3,1	-0,070807337377	-0,701060649125	-0,709577541374	135,200553323053	264,232666866315
3,2	-0,354788771254	-0,608789487894	-0,709577541374	135,200553323053	239,767333133685
3,3	-0,597196375962	-0,433888565173	-0,674608924896	132,423788337240	216,000000029270
4,0	0,276393202044	-0,850650808797	-0,447213594781	116,565051131014	287,999999978610
4,1	0,007031451543	-0,862668480908	-0,505720921792	120,379220458310	270,466996980667
4,2	-0,262865556225	-0,809016994885	-0,525731111251	121,717474353010	252,000000000000
4,3	-0,512752374488	-0,693780478047	-0,505720921792	120,379220458310	233,533003019333
4,4	-0,723606797845	-0,525731112601	-0,447213594781	116,565051131014	216,000000021390

Triángulo 5					
Punto	x	y	z	φ	θ
0,0	0,000000000000	0,000000000000	1,000000000000	0,000000000000	0,000000000000
1,0	-0,084444001430	-0,259891913016	0,961938357782	15,858737206226	252,000000000000
1,1	0,221077265891	-0,160622035645	0,961938357782	15,858737206226	324,000000000000
2,0	-0,162459848121	-0,500000000014	0,850650808343	31,717474412451	252,000000000000
2,1	0,150480312409	-0,463130780171	0,873421751524	29,141262795879	288,000000000000
2,2	0,425325404188	-0,309016994384	0,850650808343	31,717474412451	324,000000000000
3,0	-0,228108717583	-0,702046444793	0,674608925464	47,576211618677	252,000000000000
3,1	0,070807337168	-0,701060648483	0,709577542029	44,799446623694	275,767333122059
3,2	0,354788771045	-0,608789487252	0,709577542029	44,799446623694	300,232666877941
3,3	0,597196375764	-0,433888564563	0,674608925464	47,576211618677	324,000000000000
4,0	-0,276393202175	-0,850650808393	0,447213595469	63,434948824903	252,000000005376
4,1	-0,007031451692	-0,862668480450	0,505720922570	59,620779490006	269,533003009215
4,2	0,262865556071	-0,809016994410	0,525731112060	58,282525592500	288,000000000000
4,3	0,512752374340	-0,693780477589	0,505720922570	59,620779490006	306,466996990785
4,4	0,723606797713	-0,525731112196	0,447213595469	63,434948824903	323,999999994624
Triángulo 14					
Punto	x	y	z	φ	θ
0,0	0,276393202394	-0,850650808794	-0,447213594570	116,565051117510	288,000000000000
1,0	0,449185983542	-0,862668480645	-0,232454392711	103,441615296263	297,505705906023
1,1	0,143664716221	-0,961938358016	-0,232454392711	103,441615296263	278,494294093977
2,0	0,587785252300	-0,809016994370	0,000000000000	90,000000000000	306,000000000521
2,1	0,308704676369	-0,950095300309	0,044948227099	87,423788321632	288,000000000000
2,2	0,000000000000	-1,000000000000	0,000000000000	90,000000000000	270,000000000000
3,0	0,681640377109	-0,693780477317	0,232454394641	76,558384590009	314,494294099078
3,1	0,433279308821	-0,850358523189	0,298595751122	72,626719806023	297,000000003321
3,2	0,149297874944	-0,942629684420	0,298595751122	72,626719806023	278,999999996679
3,3	-0,143664716238	-0,961938357547	0,232454394641	76,558384590009	261,505705900922
4,0	0,723606797550	-0,525731111695	0,447213596321	63,434948770302	324,000000014459
4,1	0,512752374156	-0,693780477023	0,505720923534	59,620779425992	306,466997003317
4,2	0,262865555879	-0,809016993821	0,525731113062	58,282525525010	288,000000000000
4,3	-0,007031451876	-0,862668479884	0,505720923534	59,620779425992	269,533002996683
4,4	-0,276393202338	-0,850650807892	0,447213596321	63,434948770302	251,999999985541

Triángulo 15					
Punto	x	y	z	φ	θ
0,0	0,723606797782	-0,525731112142	0,447213595421	63,434948828000	324,000000000000
1,0	0,681640377192	-0,693780477577	0,232454393623	76,558384649995	314,494294091827
1,1	0,870462904682	-0,433888564561	0,232454393623	76,558384649995	333,505705908173
2,0	0,587785252285	-0,809016994380	-0,000000000099	90,000000005672	305,999999999479
2,1	0,808199335254	-0,587191188167	-0,044948226149	92,576211623879	324,000000000000
2,2	0,951056516298	-0,309016994366	-0,000000000099	90,000000005672	342,000000000521
3,0	0,449185983431	-0,862668480406	-0,232454393813	103,441615361224	297,505705906732
3,1	0,674848345159	-0,674848345174	-0,298595750226	107,373280140158	314,999999999346
3,2	0,850358523468	-0,433279308889	-0,298595750226	107,373280140158	333,000000000654
3,3	0,959252582208	-0,160622035613	-0,232454393813	103,441615361224	350,494294093268
4,0	0,276393202253	-0,850650808281	-0,447213595633	116,565051185615	288,000000001555
4,1	0,501375246420	-0,702046444735	-0,505720922756	120,379220522324	305,533003006801
4,2	0,688190960168	-0,499999999951	-0,525731112253	121,717474420500	324,000000000000
4,3	0,822619317709	-0,259891912953	-0,505720922756	120,379220522324	342,466996993199
4,4	0,894427190933	0,000000000000	-0,447213595633	116,565051185615	0,000000000000

Triángulo 20					
Punto	x	y	z	φ	θ
0,0	0,000000000000	0,000000000000	-1,000000000000	180,000000000000	0,000000000000
1,0	0,273266529661	0,000000000000	-0,961938357571	164,141262749691	0,000000000000
1,1	0,084444002171	-0,259891913553	-0,961938357571	164,141262749691	288,000000112745
2,0	0,525731112788	0,000000000000	-0,850650807938	148,282525543465	0,000000000000
2,1	0,393962573197	-0,286230563870	-0,873421751061	150,858737149632	324,000000000000
2,2	0,162459848775	-0,500000000489	-0,850650807938	148,282525543465	288,000000051823
3,0	0,738175316879	0,000000000000	-0,674608924896	132,423788337240	0,000000000000
3,1	0,644867628093	-0,283981434281	-0,709577541374	135,200553323053	336,232666866315
3,2	0,469357449783	-0,525550470565	-0,709577541374	135,200553323053	311,767333133685
3,3	0,228108718103	-0,702046445170	-0,674608924896	132,423788337240	288,000000029270
4,0	0,894427191359	0,000000000000	-0,447213594781	116,565051131014	0,000000000000
4,1	0,822619318191	-0,259891913303	-0,505720921792	120,379220458310	342,466996980667
4,2	0,688190960669	-0,500000000315	-0,525731111251	121,717474353010	324,000000000000
4,3	0,501375246902	-0,702046445085	-0,505720921792	120,379220458310	305,533003019333
4,4	0,276393202679	-0,850650808591	-0,447213594781	116,565051131014	288,000000021390

3CP: MÉTODO INTERSECCIÓN DE TRES CIRCUNFERENCIAS PRINCIPALES

Triángulo 1					
Punto	x	y	z	φ	θ
0,0	0,000000000000	0,000000000000	1,000000000000	0,000000000000	0,000000000000
1,0	0,221077265891	-0,160622035645	0,961938357782	15,858737206226	324,000000000000
1,1	0,221077265891	0,160622035645	0,961938357782	15,858737206226	36,000000000000
2,0	0,425325404188	-0,309016994384	0,850650808343	31,717474412451	324,000000000000
2,1	0,460570405431	0,000000000000	0,887623175475	27,423920848681	0,000000000000
2,2	0,425325404188	0,309016994384	0,850650808343	31,717474412451	36,000000000000
3,0	0,597196375764	-0,433888564563	0,674608925464	47,576211618677	324,000000000000
3,1	0,666602019366	-0,149690729637	0,730229027935	43,094402290296	347,343730323955
3,2	0,666602019366	0,149690729637	0,730229027935	43,094402290296	12,656269676045
3,3	0,597196375764	0,433888564563	0,674608925464	47,576211618677	36,000000000000
4,0	0,723606797812	-0,525731112060	0,447213595469	63,434948824903	324,000000005376
4,1	0,818273641667	-0,273266528921	0,505720922570	59,620779490006	341,533003009215
4,2	0,850650808388	0,000000000000	0,525731112060	58,282525592500	0,000000000000
4,3	0,818273641667	0,273266528921	0,505720922570	59,620779490006	18,466996990785
4,4	0,723606797812	0,525731112060	0,447213595469	63,434948824903	35,999999994624

Triángulo 6					
Punto	x	y	z	φ	θ
0,0	0,894427191465	0,000000000000	-0,447213594570	116,565051117510	0,000000000000
1,0	0,959252582470	0,160622035645	-0,232454392711	103,441615296263	9,505705906023
1,1	0,959252582470	-0,160622035645	-0,232454392711	103,441615296263	350,494294093977
2,0	0,951056516292	0,309016994384	0,000000000000	90,000000000000	18,000000000521
2,1	0,998989317701	0,000000000000	0,044948227099	87,423788321632	0,000000000000
2,2	0,951056516292	-0,309016994384	0,000000000000	90,000000000000	341,999999999479
3,0	0,870462904410	0,433888564563	0,232454394641	76,558384590009	26,494294099078
3,1	0,942629684402	0,149297875053	0,298595751122	72,626719806023	9,000000003321
3,2	0,942629684402	-0,149297875053	0,298595751122	72,626719806023	350,999999996679
3,3	0,870462904410	-0,433888564563	0,232454394641	76,558384590009	333,505705900922
4,0	0,723606797285	0,525731112060	0,447213596321	63,434948770302	36,000000014459
4,1	0,818273641071	0,273266528921	0,505720923534	59,620779425992	18,466997003317
4,2	0,850650807769	0,000000000000	0,525731113062	58,282525525010	0,000000000000
4,3	0,818273641071	-0,273266528921	0,505720923534	59,620779425992	341,533002996683
4,4	0,723606797285	-0,525731112060	0,447213596321	63,434948770302	323,999999985541

Triángulo 7					
Punto	x	y	z	ϕ	θ
0,0	0,723606797782	0,525731112142	0,447213595421	63,434948828000	36,000000000000
1,0	0,870462904682	0,433888564561	0,232454393623	76,558384649995	26,494294091827
1,1	0,681640377192	0,693780477577	0,232454393623	76,558384649995	45,505705908173
2,0	0,951056516298	0,309016994366	0,000000000000	90,000000000000	17,999999999479
2,1	0,808199335254	0,587191188167	-0,044948226149	92,576211623879	36,000000000000
2,2	0,587785252285	0,809016994380	0,000000000000	90,000000000000	54,000000000521
3,0	0,959252582208	0,160622035613	-0,232454393813	103,441615361224	9,505705906732
3,1	0,850358523468	0,433279308889	-0,298595750226	107,373280140158	26,999999999346
3,2	0,674848345159	0,674848345174	-0,298595750226	107,373280140158	45,000000000654
3,3	0,449185983431	0,862668480406	-0,232454393813	103,441615361224	62,494294093268
4,0	0,894427190933	0,000000000000	-0,447213595633	116,565051185615	0,000000000000
4,1	0,822619317709	0,259891912953	-0,505720922756	120,379220522324	17,533003006802
4,2	0,688190960168	0,499999999951	-0,525731112253	121,717474420500	36,000000000000
4,3	0,501375246420	0,702046444735	-0,505720922756	120,379220522324	54,466996993199
4,4	0,276393202253	0,850650808281	-0,447213595633	116,565051185615	71,999999998445

Triángulo 16					
Punto	x	y	z	ϕ	θ
0,0	0,000000000000	0,000000000000	-1,000000000000	180,000000000000	0,000000000000
1,0	0,084444002171	0,259891913553	-0,961938357571	164,141262749691	71,999999887255
1,1	0,273266529661	0,000000000000	-0,961938357571	164,141262749691	0,000000000000
2,0	0,162459848775	0,500000000489	-0,850650807938	148,282525543465	71,999999948177
2,1	0,393962573197	0,286230563870	-0,873421751061	150,858737149632	36,000000000000
2,2	0,525731112788	0,000000000000	-0,850650807938	148,282525543465	0,000000000000
3,0	0,228108718103	0,702046445170	-0,674608924896	132,423788337240	71,999999970730
3,1	0,469357449783	0,525550470565	-0,709577541374	135,200553323053	48,232666866315
3,2	0,644867628093	0,283981434281	-0,709577541374	135,200553323053	23,767333133685
3,3	0,738175316879	0,000000000000	-0,674608924896	132,423788337240	0,000000000000
4,0	0,276393202679	0,850650808591	-0,447213594781	116,565051131014	71,999999978610
4,1	0,501375246902	0,702046445085	-0,505720921792	120,379220458310	54,466996980667
4,2	0,688190960669	0,500000000315	-0,525731111251	121,717474353010	36,000000000000
4,3	0,822619318191	0,259891913303	-0,505720921792	120,379220458310	17,533003019333
4,4	0,894427191359	0,000000000000	-0,447213594781	116,565051131014	0,000000000000

Triángulo 2					
Punto	x	y	z	ϕ	θ
0,0	0,000000000000	0,000000000000	1,000000000000	0,000000000000	0,000000000000
1,0	0,221077265891	0,160622035645	0,961938357782	15,858737206226	36,000000000000
1,1	-0,084444001430	0,259891913016	0,961938357782	15,858737206226	108,000000000000
2,0	0,425325404188	0,309016994384	0,850650808343	31,717474412451	36,000000000000
2,1	0,150480312409	0,463130780171	0,873421751524	29,141262795879	72,000000000000
2,2	-0,162459848121	0,500000000014	0,850650808343	31,717474412451	108,000000000000
3,0	0,597196375764	0,433888564563	0,674608925464	47,576211618677	36,000000000000
3,1	0,354788771045	0,608789487252	0,709577542029	44,799446623694	59,767333122059
3,2	0,070807337168	0,701060648483	0,709577542029	44,799446623694	84,232666877941
3,3	-0,228108717583	0,702046444793	0,674608925464	47,576211618677	108,000000000000
4,0	0,723606797713	0,525731112196	0,447213595469	63,434948824903	36,000000005376
4,1	0,512752374340	0,693780477589	0,505720922570	59,620779490006	53,533003009215
4,2	0,262865556071	0,809016994410	0,525731112060	58,282525592500	72,000000000000
4,3	-0,007031451692	0,862668480450	0,505720922570	59,620779490006	90,466996990785
4,4	-0,276393202175	0,850650808393	0,447213595469	63,434948824903	107,999999994624
Triángulo 8					
Punto	x	y	z	ϕ	θ
0,0	0,276393202394	0,850650808794	-0,447213594570	116,565051117510	72,000000000000
1,0	0,143664716221	0,961938358016	-0,232454392711	103,441615296263	81,505705906023
1,1	0,449185983542	0,862668480645	-0,232454392711	103,441615296263	62,494294093978
2,0	0,000000000000	1,000000000000	0,000000000000	90,000000000000	90,000000000000
2,1	0,308704676369	0,950095300309	0,044948227099	87,423788321632	72,000000000000
2,2	0,587785252300	0,809016994370	0,000000000000	90,000000000000	53,999999999479
3,0	-0,143664716238	0,961938357547	0,232454394641	76,558384590009	98,494294099078
3,1	0,149297874944	0,942629684420	0,298595751122	72,626719806023	81,000000003321
3,2	0,433279308821	0,850358523189	0,298595751122	72,626719806023	62,999999996679
3,3	0,681640377109	0,693780477317	0,232454394641	76,558384590009	45,505705900922
4,0	-0,276393202338	0,850650807892	0,447213596321	63,434948770302	108,000000014459
4,1	-0,007031451876	0,862668479884	0,505720923534	59,620779425992	90,466997003317
4,2	0,262865555879	0,809016993821	0,525731113062	58,282525525010	72,000000000000
4,3	0,512752374156	0,693780477023	0,505720923534	59,620779425992	53,533002996683
4,4	0,723606797550	0,525731111695	0,447213596321	63,434948770302	35,999999985541

Triángulo 9					
Punto	x	y	z	ϕ	θ
0,0	-0,276393202262	0,850650808390	0,447213595421	63,434948828000	108,000000000000
1,0	-0,143664716152	0,961938357806	0,232454393623	76,558384649995	98,494294091827
1,1	-0,449185983474	0,862668480435	0,232454393623	76,558384649995	117,505705908173
2,0	0,000000000000	1,000000000000	0,000000000000	90,000000000000	90,000000000000
2,1	-0,308704676382	0,950095300349	-0,044948226149	92,576211623879	108,000000000000
2,2	-0,587785252300	0,809016994370	0,000000000000	90,000000000000	126,000000000521
3,0	0,143664716170	0,961938357757	-0,232454393813	103,441615361224	81,505705906732
3,1	-0,149297875032	0,942629684690	-0,298595750226	107,373280140158	98,999999999346
3,2	-0,433279308909	0,850358523459	-0,298595750226	107,373280140158	117,000000000654
3,3	-0,681640377177	0,693780477527	-0,232454393813	103,441615361224	134,494294093268
4,0	0,276393202206	0,850650808296	-0,447213595633	116,565051185615	72,000000001555
4,1	0,007031451727	0,862668480341	-0,505720922756	120,379220522324	89,533003006802
4,2	-0,262865556034	0,809016994296	-0,525731112253	121,717474420500	108,000000000000
4,3	-0,512752374304	0,693780477480	-0,505720922756	120,379220522324	126,466996993199
4,4	-0,723606797682	0,525731112100	-0,447213595633	116,565051185615	143,999999998445

Triángulo 17					
Punto	x	y	z	ϕ	θ
0,0	0,000000000000	0,000000000000	-1,000000000000	180,000000000000	0,000000000000
1,0	-0,221077266174	0,160622036515	-0,961938357571	164,141262749691	143,999999887255
1,1	0,084444001148	0,259891913886	-0,961938357571	164,141262749691	72,000000112745
2,0	-0,425325404438	0,309016995153	-0,850650807938	148,282525543465	143,999999948177
2,1	-0,150480312666	0,463130780961	-0,873421751061	150,858737149632	108,000000000000
2,2	0,162459847871	0,500000000783	-0,850650807938	148,282525543465	72,000000051823
3,0	-0,597196375962	0,433888565173	-0,674608924896	132,423788337240	143,999999970730
3,1	-0,354788771254	0,608789487894	-0,709577541374	135,200553323053	120,232666866315
3,2	-0,070807337377	0,701060649125	-0,709577541374	135,200553323053	95,767333133685
3,3	0,228108717385	0,702046445403	-0,674608924896	132,423788337240	72,000000029270
4,0	-0,723606797845	0,525731112601	-0,447213594781	116,565051131014	143,999999978610
4,1	-0,512752374488	0,693780478047	-0,505720921792	120,379220458310	126,466996980667
4,2	-0,262865556225	0,809016994885	-0,525731111251	121,717474353010	108,000000000000
4,3	0,007031451543	0,862668480908	-0,505720921792	120,379220458310	89,533003019333
4,4	0,276393202044	0,850650808797	-0,447213594781	116,565051131014	72,000000021390

Triángulo 3					
Punto	x	y	z	ϕ	θ
0,0	0,000000000000	0,000000000000	1,000000000000	0,000000000000	0,000000000000
1,0	-0,084444001430	0,259891913016	0,961938357782	15,858737206226	108,000000000000
1,1	-0,273266528921	0,000000000000	0,961938357782	15,858737206226	180,000000000000
2,0	-0,162459848121	0,500000000014	0,850650808343	31,717474412451	108,000000000000
2,1	-0,393962572525	0,286230563382	0,873421751524	29,141262795879	144,000000000000
2,2	-0,525731112134	0,000000000000	0,850650808343	31,717474412451	180,000000000000
3,0	-0,228108717583	0,702046444793	0,674608925464	47,576211618677	108,000000000000
3,1	-0,469357449237	0,525550470169	0,709577542029	44,799446623694	131,767333122059
3,2	-0,644867627547	0,283981433884	0,709577542029	44,799446623694	156,232666877941
3,3	-0,738175316360	0,000000000000	0,674608925464	47,576211618677	180,000000000000
4,0	-0,276393202335	0,850650808341	0,447213595469	63,434948824903	108,000000005376
4,1	-0,501375246513	0,702046444802	0,505720922570	59,620779490006	125,533003009215
4,2	-0,688190960265	0,500000000021	0,525731112060	58,282525592500	144,000000000000
4,3	-0,822619317802	0,259891913020	0,505720922570	59,620779490006	162,466996990785
4,4	-0,894427191015	0,000000000000	0,447213595469	63,434948824903	180,000000000000

Triángulo 10					
Punto	x	y	z	ϕ	θ
0,0	-0,723606798126	0,525731112392	-0,447213594570	116,565051117510	144,000000000000
1,0	-0,870462904861	0,433888564691	-0,232454392711	103,441615296263	153,505705906022
1,1	-0,681640377371	0,693780477707	-0,232454392711	103,441615296263	134,494294093977
2,0	-0,951056516298	0,309016994366	0,000000000000	90,000000000000	162,000000000521
2,1	-0,808199335219	0,587191188142	0,044948227099	87,423788321632	144,000000000000
2,2	-0,587785252285	0,809016994380	0,000000000000	90,000000000000	125,999999999479
3,0	-0,959252582029	0,160622035483	0,232454394641	76,558384590009	170,494294099078
3,1	-0,850358523239	0,433279308723	0,298595751122	72,626719806023	153,000000003321
3,2	-0,674848344929	0,674848345007	0,298595751122	72,626719806023	134,999999996679
3,3	-0,449185983252	0,862668480276	0,232454394641	76,558384590009	117,505705900922
4,0	-0,894427190589	0,000000000000	0,447213596321	63,434948770302	180,000000000000
4,1	-0,822619317320	0,259891912670	0,505720923534	59,620779425992	162,466997003317
4,2	-0,688190959764	0,499999999657	0,525731113062	58,282525525010	144,000000000000
4,3	-0,501375246031	0,702046444452	0,505720923534	59,620779425992	125,533002996683
4,4	-0,276393201908	0,850650808031	0,447213596321	63,434948770302	107,999999985541

Triángulo 11					
Punto	x	y	z	ϕ	θ
0,0	-0,894427191040	0,000000000000	0,447213595421	63,434948828000	180,000000000000
1,0	-0,959252582249	0,160622035645	0,232454393623	76,558384649995	170,494294091827
1,1	-0,959252582249	-0,160622035645	0,232454393623	76,558384649995	189,505705908173
2,0	-0,951056516292	0,309016994384	0,000000000000	90,000000000000	161,999999999479
2,1	-0,998989317744	0,000000000000	-0,044948226149	92,576211623879	180,000000000000
2,2	-0,951056516292	-0,309016994384	0,000000000000	90,000000000000	198,000000000521
3,0	-0,870462904631	0,433888564563	-0,232454393813	103,441615361224	153,505705906732
3,1	-0,942629684686	0,149297875053	-0,298595750226	107,373280140158	170,999999999346
3,2	-0,942629684686	-0,149297875053	-0,298595750226	107,373280140158	189,000000000654
3,3	-0,870462904631	-0,433888564563	-0,232454393813	103,441615361224	206,494294093268
4,0	-0,723606797710	0,525731112060	-0,447213595633	116,565051185615	144,000000001555
4,1	-0,818273641552	0,273266528921	-0,505720922756	120,379220522324	161,533003006801
4,2	-0,850650808269	0,000000000000	-0,525731112253	121,717474420500	180,000000000000
4,3	-0,818273641552	-0,273266528921	-0,505720922756	120,379220522324	198,466996993199
4,4	-0,723606797710	-0,525731112060	-0,447213595633	116,565051185615	215,999999998445

Triángulo 18					
Punto	x	y	z	ϕ	θ
0,0	0,000000000000	0,000000000000	-1,000000000000	180,000000000000	0,000000000000
1,0	-0,221077266806	-0,160622035645	-0,961938357571	164,141262749691	215,999999887255
1,1	-0,221077266806	0,160622035645	-0,961938357571	164,141262749691	144,000000112745
2,0	-0,425325404997	-0,309016994384	-0,850650807938	148,282525543465	215,999999948177
2,1	-0,486964521062	0,000000000000	-0,873421751061	150,858737149632	180,000000000000
2,2	-0,425325404997	0,309016994384	-0,850650807938	148,282525543465	144,000000051823
3,0	-0,597196376405	-0,433888564563	-0,674608924896	132,423788337240	215,999999970730
3,1	-0,688628969244	-0,149297875053	-0,709577541374	135,200553323053	192,232666866315
3,2	-0,688628969244	0,149297875053	-0,709577541374	135,200553323053	167,767333133685
3,3	-0,597196376405	0,433888564563	-0,674608924896	132,423788337240	144,000000029270
4,0	-0,723606798237	-0,525731112060	-0,447213594781	116,565051131014	215,999999978610
4,1	-0,818273642148	-0,273266528921	-0,505720921792	120,379220458310	198,466996980667
4,2	-0,850650808888	0,000000000000	-0,525731111251	121,717474353010	180,000000000000
4,3	-0,818273642148	0,273266528921	-0,505720921792	120,379220458310	161,533003019333
4,4	-0,723606798237	0,525731112060	-0,447213594781	116,565051131014	144,000000021390

Triángulo 4					
Punto	x	y	z	φ	θ
0,0	0,000000000000	0,000000000000	1,000000000000	0,000000000000	0,000000000000
1,0	-0,273266528921	0,000000000000	0,961938357782	15,858737206226	180,000000000000
1,1	-0,084444001430	-0,259891913016	0,961938357782	15,858737206226	252,000000000000
2,0	-0,525731112134	0,000000000000	0,850650808343	31,717474412451	180,000000000000
2,1	-0,393962572525	-0,286230563382	0,873421751524	29,141262795879	216,000000000000
2,2	-0,162459848121	-0,500000000014	0,850650808343	31,717474412451	252,000000000000
3,0	-0,738175316360	0,000000000000	0,674608925464	47,576211618677	180,000000000000
3,1	-0,644867627547	-0,283981433884	0,709577542029	44,799446623694	203,767333122059
3,2	-0,469357449237	-0,525550470169	0,709577542029	44,799446623694	228,232666877941
3,3	-0,228108717583	-0,702046444793	0,674608925464	47,576211618677	252,000000000000
4,0	-0,894427191015	0,000000000000	0,447213595469	63,434948824903	180,000000000000
4,1	-0,822619317802	-0,259891913020	0,505720922570	59,620779490006	197,533003009215
4,2	-0,688190960265	-0,500000000021	0,525731112060	58,282525592500	216,000000000000
4,3	-0,501375246513	-0,702046444802	0,505720922570	59,620779490006	234,466996990785
4,4	-0,276393202335	-0,850650808341	0,447213595469	63,434948824903	251,999999994624

Triángulo 12					
Punto	x	y	z	φ	θ
0,0	-0,723606798126	-0,525731112392	-0,447213594570	116,565051117510	216,000000000000
1,0	-0,681640377371	-0,693780477707	-0,232454392711	103,441615296263	225,505705906022
1,1	-0,870462904861	-0,433888564691	-0,232454392711	103,441615296263	206,494294093977
2,0	-0,587785252285	-0,809016994380	0,000000000000	90,000000000000	234,000000000521
2,1	-0,808199335219	-0,587191188142	0,044948227099	87,423788321632	216,000000000000
2,2	-0,951056516298	-0,309016994366	0,000000000000	90,000000000000	197,999999999479
3,0	-0,449185983252	-0,862668480276	0,232454394641	76,558384590009	242,494294099078
3,1	-0,674848344929	-0,674848345007	0,298595751122	72,626719806023	225,000000003321
3,2	-0,850358523239	-0,433279308723	0,298595751122	72,626719806023	206,999999996679
3,3	-0,959252582029	-0,160622035483	0,232454394641	76,558384590009	189,505705900922
4,0	-0,276393201908	-0,850650808031	0,447213596321	63,434948770302	252,000000014459
4,1	-0,501375246031	-0,702046444452	0,505720923534	59,620779425992	234,466997003317
4,2	-0,688190959764	-0,499999999657	0,525731113062	58,282525525010	216,000000000000
4,3	-0,822619317320	-0,259891912670	0,505720923534	59,620779425992	197,533002996683
4,4	-0,894427190589	0,000000000000	0,447213596321	63,434948770302	180,000000000000

Triángulo 13					
Punto	x	y	z	ϕ	θ
0,0	-0,276393202262	-0,850650808390	0,447213595421	63,434948828000	252,000000000000
1,0	-0,449185983474	-0,862668480435	0,232454393623	76,558384649995	242,494294091827
1,1	-0,143664716152	-0,961938357806	0,232454393623	76,558384649995	261,505705908173
2,0	-0,587785252300	-0,809016994370	0,000000000000	90,000000000000	233,999999999479
2,1	-0,308704676382	-0,950095300349	-0,044948226149	92,576211623879	252,000000000000
2,2	0,000000000000	-1,000000000000	0,000000000000	90,000000000000	270,000000000000
3,0	-0,681640377177	-0,693780477527	-0,232454393813	103,441615361224	225,505705906732
3,1	-0,433279308909	-0,850358523459	-0,298595750226	107,373280140158	242,999999999346
3,2	-0,149297875032	-0,942629684690	-0,298595750226	107,373280140158	261,000000000654
3,3	0,143664716170	-0,961938357757	-0,232454393813	103,441615361224	278,494294093268
4,0	-0,723606797682	-0,525731112100	-0,447213595633	116,565051185615	216,000000001555
4,1	-0,512752374304	-0,693780477480	-0,505720922756	120,379220522324	233,533003006801
4,2	-0,262865556034	-0,809016994296	-0,525731112253	121,717474420500	252,000000000000
4,3	0,007031451727	-0,862668480341	-0,505720922756	120,379220522324	270,466996993199
4,4	0,276393202206	-0,850650808296	-0,447213595633	116,565051185615	287,999999998445

Triángulo 19					
Punto	x	y	z	ϕ	θ
0,0	0,000000000000	0,000000000000	-1,000000000000	180,000000000000	0,000000000000
1,0	0,084444001148	-0,259891913886	-0,961938357571	164,141262749691	287,999999887255
1,1	-0,221077266174	-0,160622036515	-0,961938357571	164,141262749691	216,000000112745
2,0	0,162459847871	-0,500000000783	-0,850650807938	148,282525543465	287,999999948177
2,1	-0,150480312666	-0,463130780961	-0,873421751061	150,858737149632	252,000000000000
2,2	-0,425325404438	-0,309016995153	-0,850650807938	148,282525543465	216,000000051823
3,0	0,228108717385	-0,702046445403	-0,674608924896	132,423788337240	287,999999970730
3,1	-0,070807337377	-0,701060649125	-0,709577541374	135,200553323053	264,232666866315
3,2	-0,354788771254	-0,608789487894	-0,709577541374	135,200553323053	239,767333133685
3,3	-0,597196375962	-0,433888565173	-0,674608924896	132,423788337240	216,000000029270
4,0	0,276393202044	-0,850650808797	-0,447213594781	116,565051131014	287,999999978610
4,1	0,007031451543	-0,862668480908	-0,505720921792	120,379220458310	270,466996980667
4,2	-0,262865556225	-0,809016994885	-0,525731111251	121,717474353010	252,000000000000
4,3	-0,512752374488	-0,693780478047	-0,505720921792	120,379220458310	233,533003019333
4,4	-0,723606797845	-0,525731112601	-0,447213594781	116,565051131014	216,000000021390

Triángulo 5					
Punto	x	y	z	ϕ	θ
0,0	0,000000000000	0,000000000000	1,000000000000	0,000000000000	0,000000000000
1,0	-0,084444001430	-0,259891913016	0,961938357782	15,858737206226	252,000000000000
1,1	0,221077265891	-0,160622035645	0,961938357782	15,858737206226	324,000000000000
2,0	-0,162459848121	-0,500000000014	0,850650808343	31,717474412451	252,000000000000
2,1	0,150480312409	-0,463130780171	0,873421751524	29,141262795879	288,000000000000
2,2	0,425325404188	-0,309016994384	0,850650808343	31,717474412451	324,000000000000
3,0	-0,228108717583	-0,702046444793	0,674608925464	47,576211618677	252,000000000000
3,1	0,070807337168	-0,701060648483	0,709577542029	44,799446623694	275,767333122059
3,2	0,354788771045	-0,608789487252	0,709577542029	44,799446623694	300,232666877941
3,3	0,597196375764	-0,433888564563	0,674608925464	47,576211618677	324,000000000000
4,0	-0,276393202175	-0,850650808393	0,447213595469	63,434948824903	252,000000005376
4,1	-0,007031451692	-0,862668480450	0,505720922570	59,620779490006	269,533003009215
4,2	0,262865556071	-0,809016994410	0,525731112060	58,282525592500	288,000000000000
4,3	0,512752374340	-0,693780477589	0,505720922570	59,620779490006	306,466996990785
4,4	0,723606797713	-0,525731112196	0,447213595469	63,434948824903	323,999999994624
Triángulo 14					
Punto	x	y	z	ϕ	θ
0,0	0,276393202394	-0,850650808794	-0,447213594570	116,565051117510	288,000000000000
1,0	0,449185983542	-0,862668480645	-0,232454392711	103,441615296263	297,505705906023
1,1	0,143664716221	-0,961938358016	-0,232454392711	103,441615296263	278,494294093977
2,0	0,587785252300	-0,809016994370	0,000000000000	90,000000000000	306,000000000521
2,1	0,308704676369	-0,950095300309	0,044948227099	87,423788321632	288,000000000000
2,2	0,000000000000	-1,000000000000	0,000000000000	90,000000000000	270,000000000000
3,0	0,681640377109	-0,693780477317	0,232454394641	76,558384590009	314,494294099078
3,1	0,433279308821	-0,850358523189	0,298595751122	72,626719806023	297,000000003321
3,2	0,149297874944	-0,942629684420	0,298595751122	72,626719806023	278,999999996679
3,3	-0,143664716238	-0,961938357547	0,232454394641	76,558384590009	261,505705900922
4,0	0,723606797550	-0,525731111695	0,447213596321	63,434948770302	324,000000014459
4,1	0,512752374156	-0,693780477023	0,505720923534	59,620779425992	306,466997003317
4,2	0,262865555879	-0,809016993821	0,525731113062	58,282525525010	288,000000000000
4,3	-0,007031451876	-0,862668479884	0,505720923534	59,620779425992	269,533002996683
4,4	-0,276393202338	-0,850650807892	0,447213596321	63,434948770302	251,999999985541

Triángulo 15					
Punto	x	y	z	ϕ	θ
0,0	0,723606797782	-0,525731112142	0,447213595421	63,434948828000	324,000000000000
1,0	0,681640377192	-0,693780477577	0,232454393623	76,558384649995	314,494294091827
1,1	0,870462904682	-0,433888564561	0,232454393623	76,558384649995	333,505705908173
2,0	0,587785252285	-0,809016994380	0,000000000000	90,000000000000	305,999999999479
2,1	0,808199335254	-0,587191188167	-0,044948226149	92,576211623879	324,000000000000
2,2	0,951056516298	-0,309016994366	0,000000000000	90,000000000000	342,000000000521
3,0	0,449185983431	-0,862668480406	-0,232454393813	103,441615361224	297,505705906732
3,1	0,674848345159	-0,674848345174	-0,298595750226	107,373280140158	314,999999999346
3,2	0,850358523468	-0,433279308889	-0,298595750226	107,373280140158	333,000000000654
3,3	0,959252582208	-0,160622035613	-0,232454393813	103,441615361224	350,494294093268
4,0	0,276393202253	-0,850650808281	-0,447213595633	116,565051185615	288,000000001555
4,1	0,501375246420	-0,702046444735	-0,505720922756	120,379220522324	305,533003006801
4,2	0,688190960168	-0,499999999951	-0,525731112253	121,717474420500	324,000000000000
4,3	0,822619317709	-0,259891912953	-0,505720922756	120,379220522324	342,466996993199
4,4	0,894427190933	0,000000000000	-0,447213595633	116,565051185615	0,000000000000

Triángulo 20					
Punto	x	y	z	ϕ	θ
0,0	0,000000000000	0,000000000000	-1,000000000000	180,000000000000	0,000000000000
1,0	0,273266529661	0,000000000000	-0,961938357571	164,141262749691	0,000000000000
1,1	0,084444002171	-0,259891913553	-0,961938357571	164,141262749691	288,000000112745
2,0	0,525731112788	0,000000000000	-0,850650807938	148,282525543465	0,000000000000
2,1	0,393962573197	-0,286230563870	-0,873421751061	150,858737149632	324,000000000000
2,2	0,162459848775	-0,500000000489	-0,850650807938	148,282525543465	288,000000051823
3,0	0,738175316879	0,000000000000	-0,674608924896	132,423788337240	0,000000000000
3,1	0,644867628093	-0,283981434281	-0,709577541374	135,200553323053	336,232666866315
3,2	0,469357449783	-0,525550470565	-0,709577541374	135,200553323053	311,767333133685
3,3	0,228108718103	-0,702046445170	-0,674608924896	132,423788337240	288,000000029270
4,0	0,894427191359	0,000000000000	-0,447213594781	116,565051131014	0,000000000000
4,1	0,822619318191	-0,259891913303	-0,505720921792	120,379220458310	342,466996980667
4,2	0,688190960669	-0,500000000315	-0,525731111251	121,717474353010	324,000000000000
4,3	0,501375246902	-0,702046445085	-0,505720921792	120,379220458310	305,533003019333
4,4	0,276393202679	-0,850650808591	-0,447213594781	116,565051131014	288,000000021390

ARCOS MEDIOS

Triángulo 1					
Punto	x	y	z	ϕ	θ
0,0	0,000000000000	0,000000000000	1,000000000000	0,000000000000	0,000000000000
1,0	0,221077265891	-0,160622035645	0,961938357782	15,858737206226	324,000000000000
1,1	0,221077265891	0,160622035645	0,961938357782	15,858737206226	36,000000000000
2,0	0,425325404217	-0,309016994344	0,850650808343	31,717474412451	324,000000005376
2,1	0,447213595538	0,000000000000	0,894427190981	26,565051179526	0,000000000000
2,2	0,425325404217	0,309016994344	0,850650808343	31,717474412451	35,999999994624
3,0	0,597196375804	-0,433888564507	0,674608925464	47,576211618677	324,000000005376
3,1	0,670820393291	-0,162459848100	0,723606797715	43,646927111684	346,386177561316
3,2	0,670820393291	0,162459848100	0,723606797715	43,646927111684	13,613822438684
3,3	0,597196375804	0,433888564507	0,674608925464	47,576211618677	35,999999994624
4,0	0,723606797812	-0,525731112060	0,447213595469	63,434948824903	324,000000005376
4,1	0,818273641677	-0,273266528879	0,505720922576	59,620779489594	341,533003012045
4,2	0,850650808388	0,000000000000	0,525731112060	58,282525592500	0,000000000000
4,3	0,818273641677	0,273266528879	0,505720922576	59,620779489594	18,466996987955
4,4	0,723606797812	0,525731112060	0,447213595469	63,434948824903	35,999999994624
Triángulo 6					
Punto	x	y	z	ϕ	θ
0,0	0,894427191465	0,000000000000	-0,447213594570	116,565051117510	0,000000000000
1,0	0,959252582470	0,160622035645	-0,232454392711	103,441615296263	9,505705906023
1,1	0,959252582470	-0,160622035645	-0,232454392711	103,441615296263	350,494294093977
2,0	0,951056516305	0,309016994344	0,000000000000	90,000000000000	17,999999998117
2,1	1,000000000000	0,000000000000	0,000000000000	90,000000000000	0,000000000000
2,2	0,951056516305	-0,309016994344	0,000000000000	90,000000000000	342,000000001883
3,0	0,870462904428	0,433888564507	0,232454394678	76,558384587863	26,494294095646
3,1	0,947213595200	0,162459848100	0,276393203287	73,954942802816	9,732301449771
3,2	0,947213595200	-0,162459848100	0,276393203287	73,954942802816	350,267698550229
3,3	0,870462904428	-0,433888564507	0,232454394678	76,558384587863	333,505705904354
4,0	0,723606797285	0,525731112060	0,447213596321	63,434948770302	36,000000014459
4,1	0,818273641081	0,273266528879	0,505720923540	59,620779425579	18,466997000487
4,2	0,850650807769	0,000000000000	0,525731113062	58,282525525010	0,000000000000
4,3	0,818273641081	-0,273266528879	0,505720923540	59,620779425579	341,533002999513
4,4	0,723606797285	-0,525731112060	0,447213596321	63,434948770302	323,999999985541

Triángulo 7					
Punto	x	y	z	φ	θ
0,0	0,723606797782	0,525731112142	0,447213595421	63,434948828000	36,000000000000
1,0	0,870462904682	0,433888564561	0,232454393623	76,558384649995	26,494294091827
1,1	0,681640377192	0,693780477577	0,232454393623	76,558384649995	45,505705908173
2,0	0,951056516285	0,309016994406	0,000000000000	90,000000000000	18,000000001883
2,1	0,809016994375	0,587785252292	0,000000000000	90,000000000000	36,000000000000
2,2	0,587785252319	0,809016994356	0,000000000000	90,000000000000	53,999999998117
3,0	0,959252582190	0,160622035669	-0,232454393850	103,441615363369	9,505705910164
3,1	0,861803398835	0,425325404167	-0,276393202387	106,045057143478	26,267698552878
3,2	0,670820393229	0,688190960201	-0,276393202387	106,045057143478	45,732301447122
3,3	0,449185983478	0,862668480371	-0,232454393850	103,441615363369	62,494294089836
4,0	0,894427190933	0,000000000000	-0,447213595633	116,565051185615	0,000000000000
4,1	0,822619317693	0,259891912992	-0,505720922762	120,379220522737	17,533003009631
4,2	0,688190960168	0,499999999951	-0,525731112253	121,717474420500	36,000000000000
4,3	0,501375246452	0,702046444707	-0,505720922762	120,379220522737	54,466996990369
4,4	0,276393202253	0,850650808281	-0,447213595633	116,565051185615	71,999999998445
Triángulo 16					
Punto	x	y	z	φ	θ
0,0	0,000000000000	0,000000000000	-1,000000000000	180,000000000000	0,000000000000
1,0	0,084444002171	0,259891913553	-0,961938357571	164,141262749691	71,999999887255
1,1	0,273266529661	0,000000000000	-0,961938357571	164,141262749691	0,000000000000
2,0	0,162459848822	0,500000000474	-0,850650807938	148,282525543465	71,999999942801
2,1	0,361803399594	0,262865556582	-0,894427190555	153,434948765984	36,000000000000
2,2	0,525731112788	0,000000000000	-0,850650807938	148,282525543465	0,000000000000
3,0	0,228108718168	0,702046445149	-0,674608924896	132,423788337240	71,999999965354
3,1	0,447213596100	0,525731112535	-0,723606797077	136,353072835357	49,613822425238
3,2	0,638196601706	0,262865556502	-0,723606797077	136,353072835357	22,386177574762
3,3	0,738175316879	0,000000000000	-0,674608924896	132,423788337240	0,000000000000
4,0	0,276393202679	0,850650808591	-0,447213594781	116,565051131014	71,999999978610
4,1	0,501375246934	0,702046445057	-0,505720921798	120,379220458722	54,466996977837
4,2	0,688190960669	0,500000000315	-0,525731111251	121,717474353010	36,000000000000
4,3	0,822619318175	0,259891913343	-0,505720921798	120,379220458722	17,533003022163
4,4	0,894427191359	0,000000000000	-0,447213594781	116,565051131014	0,000000000000

Triángulo 2					
Punto	**x**	**y**	**z**	**ϕ**	**θ**
0,0	0,000000000000	0,000000000000	1,000000000000	0,000000000000	0,000000000000
1,0	0,221077265891	0,160622035645	0,961938357782	15,858737206226	36,000000000000
1,1	-0,084444001430	0,259891913016	0,961938357782	15,858737206226	108,000000000000
2,0	0,425325404159	0,309016994423	0,850650808343	31,717474412451	36,000000005376
2,1	0,138196601137	0,425325404212	0,894427190981	26,565051179526	72,000000000000
2,2	-0,162459848074	0,500000000029	0,850650808343	31,717474412451	107,999999994624
3,0	0,597196375723	0,433888564619	0,674608925464	47,576211618677	36,000000005376
3,1	0,361803398872	0,587785252337	0,723606797715	43,646927111684	58,386177561316
3,2	0,052786404528	0,688190960270	0,723606797715	43,646927111684	85,613822438684
3,3	-0,228108717518	0,702046444814	0,674608925464	47,576211618677	107,999999994624
4,0	0,723606797713	0,525731112196	0,447213595469	63,434948824903	36,000000005376
4,1	0,512752374303	0,693780477612	0,505720922576	59,620779489594	53,533003012045
4,2	0,262865556071	0,809016994410	0,525731112060	58,282525592500	72,000000000000
4,3	-0,007031451649	0,862668480447	0,505720922576	59,620779489594	90,466996987955
4,4	-0,276393202175	0,850650808393	0,447213595469	63,434948824903	107,999999994624

Triángulo 8					
Punto	**x**	**y**	**z**	**ϕ**	**θ**
0,0	0,276393202394	0,850650808794	-0,447213594570	116,565051117510	72,000000000000
1,0	0,143664716221	0,961938358016	-0,232454392711	103,441615296263	81,505705906023
1,1	0,449185983542	0,862668480645	-0,232454392711	103,441615296263	62,494294093978
2,0	0,000000000000	1,000000000000	0,000000000000	90,000000000000	90,000000000000
2,1	0,309016994375	0,951056516295	0,000000000000	90,000000000000	72,000000000000
2,2	0,587785252266	0,809016994394	0,000000000000	90,000000000000	54,000000001883
3,0	-0,143664716179	0,961938357547	0,232454394678	76,558384587863	98,494294095646
3,1	0,138196601048	0,951056516005	0,276393203287	73,954942802816	81,732301449771
3,2	0,447213595392	0,850650808072	0,276393203287	73,954942802816	62,267698550229
3,3	0,681640377061	0,693780477352	0,232454394678	76,558384587863	45,505705904354
4,0	-0,276393202338	0,850650807892	0,447213596321	63,434948770302	108,000000014459
4,1	-0,007031451833	0,862668479880	0,505720923540	59,620779425579	90,466997000487
4,2	0,262865555879	0,809016993821	0,525731113062	58,282525525010	72,000000000000
4,3	0,512752374119	0,693780477045	0,505720923540	59,620779425579	53,533002999513
4,4	0,723606797550	0,525731111695	0,447213596321	63,434948770302	35,999999985541

Triángulo 9					
Punto	x	y	z	φ	θ
0,0	-0,276393202262	0,850650808390	0,447213595421	63,434948828000	108,000000000000
1,0	-0,143664716152	0,961938357806	0,232454393623	76,558384649995	98,494294091827
1,1	-0,449185983474	0,862668480435	0,232454393623	76,558384649995	117,505705908173
2,0	0,000000000000	1,000000000000	0,000000000000	90,000000000000	90,000000000000
2,1	-0,309016994375	0,951056516295	0,000000000000	90,000000000000	108,000000000000
2,2	-0,587785252266	0,809016994394	0,000000000000	90,000000000000	125,999999998117
3,0	0,143664716111	0,961938357757	-0,232454393850	103,441615363369	81,505705910164
3,1	-0,138196601129	0,951056516255	-0,276393202387	106,045057143478	98,267698552878
3,2	-0,447213595473	0,850650808322	-0,276393202387	106,045057143478	117,732301447122
3,3	-0,681640377130	0,693780477562	-0,232454393850	103,441615363369	134,494294089836
4,0	0,276393202206	0,850650808296	-0,447213595633	116,565051185615	72,000000001555
4,1	0,007031451684	0,862668480338	-0,505720922762	120,379220522737	89,533003009631
4,2	-0,262865556034	0,809016994296	-0,525731112253	121,717474420500	108,000000000000
4,3	-0,512752374268	0,693780477502	-0,505720922762	120,379220522737	126,466996990369
4,4	-0,723606797682	0,525731112100	-0,447213595633	116,565051185615	143,999999998445

Triángulo 17					
Punto	x	y	z	φ	θ
0,0	0,000000000000	0,000000000000	-1,000000000000	180,000000000000	0,000000000000
1,0	-0,221077266174	0,160622036515	-0,961938357571	164,141262749691	143,999999887255
1,1	0,084444001148	0,259891913886	-0,961938357571	164,141262749691	72,000000112745
2,0	-0,425325404409	0,309016995193	-0,850650807938	148,282525543465	143,999999942801
2,1	-0,138196601400	0,425325405021	-0,894427190555	153,434948765984	108,000000000000
2,2	0,162459847824	0,500000000799	-0,850650807938	148,282525543465	72,000000057199
3,0	-0,597196375921	0,433888565229	-0,674608924896	132,423788337240	143,999999965354
3,1	-0,361803399085	0,587785252991	-0,723606797077	136,353072835357	121,613822425238
3,2	-0,052786404741	0,688190960924	-0,723606797077	136,353072835357	94,386177574762
3,3	0,228108717319	0,702046445424	-0,674608924896	132,423788337240	72,000000034646
4,0	-0,723606797845	0,525731112601	-0,447213594781	116,565051131014	143,999999978610
4,1	-0,512752374452	0,693780478069	-0,505720921798	120,379220458722	126,466996977837
4,2	-0,262865556225	0,809016994885	-0,525731111251	121,717474353010	108,000000000000
4,3	0,007031451500	0,862668480904	-0,505720921798	120,379220458722	89,533003022163
4,4	0,276393202044	0,850650808797	-0,447213594781	116,565051131014	72,000000021390

Triángulo 3					
Punto	x	y	z	ϕ	θ
0,0	0,000000000000	0,000000000000	1,000000000000	0,000000000000	0,000000000000
1,0	-0,084444001430	0,259891913016	0,961938357782	15,858737206226	108,000000000000
1,1	-0,273266528921	0,000000000000	0,961938357782	15,858737206226	180,000000000000
2,0	-0,162459848168	0,499999999999	0,850650808343	31,717474412451	108,000000005376
2,1	-0,361803398906	0,262865556082	0,894427190981	26,565051179526	144,000000000000
2,2	-0,525731112134	0,000000000000	0,850650808343	31,717474412451	180,000000000000
3,0	-0,228108717649	0,702046444771	0,674608925464	47,576211618677	108,000000005376
3,1	-0,447213595543	0,525731112130	0,723606797715	43,646927111684	130,386177561316
3,2	-0,638196601149	0,262865556097	0,723606797715	43,646927111684	157,613822438684
3,3	-0,738175316360	0,000000000000	0,674608925464	47,576211618677	180,000000000000
4,0	-0,276393202335	0,850650808341	0,447213595469	63,434948824903	108,000000005376
4,1	-0,501375246545	0,702046444775	0,505720922576	59,620779489594	125,533003012045
4,2	-0,688190960265	0,500000000021	0,525731112060	58,282525592500	144,000000000000
4,3	-0,822619317786	0,259891913060	0,505720922576	59,620779489594	162,466996987955
4,4	-0,894427191015	0,000000000000	0,447213595469	63,434948824903	180,000000000000
Triángulo 10					
Punto	x	y	z	ϕ	θ
0,0	-0,723606798126	0,525731112392	-0,447213594570	116,565051117510	144,000000000000
1,0	-0,870462904861	0,433888564691	-0,232454392711	103,441615296263	153,505705906022
1,1	-0,681640377371	0,693780477707	-0,232454392711	103,441615296263	134,494294093977
2,0	-0,951056516285	0,309016994406	0,000000000000	90,000000000000	161,999999998117
2,1	-0,809016994375	0,587785252292	0,000000000000	90,000000000000	144,000000000000
2,2	-0,587785252319	0,809016994356	0,000000000000	90,000000000000	126,000000001883
3,0	-0,959252582011	0,160622035539	0,232454394678	76,558384587863	170,494294095646
3,1	-0,861803398623	0,425325404013	0,276393203287	73,954942802816	153,732301449771
3,2	-0,670820393017	0,688190960046	0,276393203287	73,954942802816	134,267698550229
3,3	-0,449185983300	0,862668480241	0,232454394678	76,558384587863	117,505705904354
4,0	-0,894427190589	0,000000000000	0,447213596321	63,434948770302	180,000000000000
4,1	-0,822619317304	0,259891912710	0,505720923540	59,620779425579	162,466997000487
4,2	-0,688190959764	0,499999999657	0,525731113062	58,282525525010	144,000000000000
4,3	-0,501375246063	0,702046444424	0,505720923540	59,620779425579	125,533002999513
4,4	-0,276393201908	0,850650808031	0,447213596321	63,434948770302	107,999999985541

Triángulo 11					
Punto	x	y	z	ϕ	θ
0,0	-0,894427191040	0,000000000000	0,447213595421	63,434948828000	180,000000000000
1,0	-0,959252582249	0,160622035645	0,232454393623	76,558384649995	170,494294091827
1,1	-0,959252582249	-0,160622035645	0,232454393623	76,558384649995	189,505705908173
2,0	-0,951056516305	0,309016994344	0,000000000000	90,000000000000	162,000000001883
2,1	-1,000000000000	0,000000000000	0,000000000000	90,000000000000	180,000000000000
2,2	-0,951056516305	-0,309016994344	0,000000000000	90,000000000000	197,999999998117
3,0	-0,870462904649	0,433888564507	-0,232454393850	103,441615363369	153,505705910164
3,1	-0,947213595463	0,162459848100	-0,276393202387	106,045057143478	170,267698552878
3,2	-0,947213595463	-0,162459848100	-0,276393202387	106,045057143478	189,732301447122
3,3	-0,870462904649	-0,433888564507	-0,232454393850	103,441615363369	206,494294089836
4,0	-0,723606797710	0,525731112060	-0,447213595633	116,565051185615	144,000000001555
4,1	-0,818273641562	0,273266528879	-0,505720922762	120,379220522737	161,533003009631
4,2	-0,850650808269	0,000000000000	-0,525731112253	121,717474420500	180,000000000000
4,3	-0,818273641562	-0,273266528879	-0,505720922762	120,379220522737	198,466996990369
4,4	-0,723606797710	-0,525731112060	-0,447213595633	116,565051185615	215,999999998445

Triángulo 18					
Punto	x	y	z	ϕ	θ
0,0	0,000000000000	0,000000000000	-1,000000000000	180,000000000000	0,000000000000
1,0	-0,221077266806	-0,160622035645	-0,961938357571	164,141262749691	215,999999887255
1,1	-0,221077266806	0,160622035645	-0,961938357571	164,141262749691	144,000000112745
2,0	-0,425325405026	-0,309016994344	-0,850650807938	148,282525543465	215,999999942801
2,1	-0,447213596389	0,000000000000	-0,894427190555	153,434948765984	180,000000000000
2,2	-0,425325405026	0,309016994344	-0,850650807938	148,282525543465	144,000000057199
3,0	-0,597196376446	-0,433888564507	-0,674608924896	132,423788337240	215,999999965354
3,1	-0,670820393980	-0,162459848100	-0,723606797077	136,353072835357	193,613822425238
3,2	-0,670820393980	0,162459848100	-0,723606797077	136,353072835357	166,386177574762
3,3	-0,597196376446	0,433888564507	-0,674608924896	132,423788337240	144,000000034646
4,0	-0,723606798237	-0,525731112060	-0,447213594781	116,565051131014	215,999999978610
4,1	-0,818273642158	-0,273266528879	-0,505720921798	120,379220458722	198,466996977837
4,2	-0,850650808888	0,000000000000	-0,525731111251	121,717474353010	180,000000000000
4,3	-0,818273642158	0,273266528879	-0,505720921798	120,379220458722	161,533003022163
4,4	-0,723606798237	0,525731112060	-0,447213594781	116,565051131014	144,000000021390

Triángulo 4					
Punto	x	y	z	ϕ	θ
0,0	0,000000000000	0,000000000000	1,000000000000	0,000000000000	0,000000000000
1,0	-0,273266528921	0,000000000000	0,961938357782	15,858737206226	180,000000000000
1,1	-0,084444001430	-0,259891913016	0,961938357782	15,858737206226	252,000000000000
2,0	-0,525731112134	0,000000000000	0,850650808343	31,717474412451	180,000000000000
2,1	-0,361803398906	-0,262865556082	0,894427190981	26,565051179526	216,000000000000
2,2	-0,162459848168	-0,499999999999	0,850650808343	31,717474412451	251,999999994624
3,0	-0,738175316360	0,000000000000	0,674608925464	47,576211618677	180,000000000000
3,1	-0,638196601149	-0,262865556097	0,723606797715	43,646927111684	202,386177561316
3,2	-0,447213595543	-0,525731112130	0,723606797715	43,646927111684	229,613822438684
3,3	-0,228108717649	-0,702046444771	0,674608925464	47,576211618677	251,999999994624
4,0	-0,894427191015	0,000000000000	0,447213595469	63,434948824903	180,000000000000
4,1	-0,822619317786	-0,259891913060	0,505720922576	59,620779489594	197,533003012045
4,2	-0,688190960265	-0,500000000021	0,525731112060	58,282525592500	216,000000000000
4,3	-0,501375246545	-0,702046444775	0,505720922576	59,620779489594	234,466996987955
4,4	-0,276393202335	-0,850650808341	0,447213595469	63,434948824903	251,999999994624
Triángulo 12					
Punto	x	y	z	ϕ	θ
0,0	-0,723606798126	-0,525731112392	-0,447213594570	116,565051117510	216,000000000000
1,0	-0,681640377371	-0,693780477707	-0,232454392711	103,441615296263	225,505705906022
1,1	-0,870462904861	-0,433888564691	-0,232454392711	103,441615296263	206,494294093977
2,0	-0,587785252319	-0,809016994356	0,000000000000	90,000000000000	233,999999998117
2,1	-0,809016994375	-0,587785252292	0,000000000000	90,000000000000	216,000000000000
2,2	-0,951056516285	-0,309016994406	0,000000000000	90,000000000000	198,000000001883
3,0	-0,449185983300	-0,862668480241	0,232454394678	76,558384587863	242,494294095646
3,1	-0,670820393017	-0,688190960046	0,276393203287	73,954942802816	225,732301449771
3,2	-0,861803398623	-0,425325404013	0,276393203287	73,954942802816	206,267698550229
3,3	-0,959252582011	-0,160622035539	0,232454394678	76,558384587863	189,505705904354
4,0	-0,276393201908	-0,850650808031	0,447213596321	63,434948770302	252,000000014459
4,1	-0,501375246063	-0,702046444424	0,505720923540	59,620779425579	234,466997000487
4,2	-0,688190959764	-0,499999999657	0,525731113062	58,282525525010	216,000000000000
4,3	-0,822619317304	-0,259891912710	0,505720923540	59,620779425579	197,533002999513
4,4	-0,894427190589	0,000000000000	0,447213596321	63,434948770302	180,000000000000

Triángulo 13					
Punto	x	y	z	ϕ	θ
0,0	-0,276393202262	-0,850650808390	0,447213595421	63,434948828000	252,000000000000
1,0	-0,449185983474	-0,862668480435	0,232454393623	76,558384649995	242,494294091827
1,1	-0,143664716152	-0,961938357806	0,232454393623	76,558384649995	261,505705908173
2,0	-0,587785252266	-0,809016994394	0,000000000000	90,000000000000	234,000000001883
2,1	-0,309016994375	-0,951056516295	0,000000000000	90,000000000000	252,000000000000
2,2	0,000000000000	-1,000000000000	0,000000000000	90,000000000000	270,000000000000
3,0	-0,681640377130	-0,693780477562	-0,232454393850	103,441615363369	225,505705910164
3,1	-0,447213595473	-0,850650808322	-0,276393202387	106,045057143478	242,267698552878
3,2	-0,138196601129	-0,951056516255	-0,276393202387	106,045057143478	261,732301447122
3,3	0,143664716111	-0,961938357757	-0,232454393850	103,441615363369	278,494294089836
4,0	-0,723606797682	-0,525731112100	-0,447213595633	116,565051185615	216,000000001555
4,1	-0,512752374268	-0,693780477502	-0,505720922762	120,379220522737	233,533003009631
4,2	-0,262865556034	-0,809016994296	-0,525731112253	121,717474420500	252,000000000000
4,3	0,007031451684	-0,862668480338	-0,505720922762	120,379220522737	270,466996990369
4,4	0,276393202206	-0,850650808296	-0,447213595633	116,565051185615	287,999999998445
Triángulo 19					
Punto	x	y	z	ϕ	θ
0,0	0,000000000000	0,000000000000	-1,000000000000	180,000000000000	0,000000000000
1,0	0,084444001148	-0,259891913886	-0,961938357571	164,141262749691	287,999999887255
1,1	-0,221077266174	-0,160622036515	-0,961938357571	164,141262749691	216,000000112745
2,0	0,162459847824	-0,500000000799	-0,850650807938	148,282525543465	287,999999942801
2,1	-0,138196601400	-0,425325405021	-0,894427190555	153,434948765984	252,000000000000
2,2	-0,425325404409	-0,309016995193	-0,850650807938	148,282525543465	216,000000057199
3,0	0,228108717319	-0,702046445424	-0,674608924896	132,423788337240	287,999999965354
3,1	-0,052786404741	-0,688190960924	-0,723606797077	136,353072835357	265,613822425238
3,2	-0,361803399085	-0,587785252991	-0,723606797077	136,353072835357	238,386177574762
3,3	-0,597196375921	-0,433888565229	-0,674608924896	132,423788337240	216,000000034646
4,0	0,276393202044	-0,850650808797	-0,447213594781	116,565051131014	287,999999978610
4,1	0,007031451500	-0,862668480904	-0,505720921798	120,379220458722	270,466996977837
4,2	-0,262865556225	-0,809016994885	-0,525731111251	121,717474353010	252,000000000000
4,3	-0,512752374452	-0,693780478069	-0,505720921798	120,379220458722	233,533003022163
4,4	-0,723606797845	-0,525731112601	-0,447213594781	116,565051131014	216,000000021390

Triángulo 5					
Punto	x	y	z	ϕ	θ
0,0	0,000000000000	0,000000000000	1,000000000000	0,000000000000	0,000000000000
1,0	-0,084444001430	-0,259891913016	0,961938357782	15,858737206226	252,000000000000
1,1	0,221077265891	-0,160622035645	0,961938357782	15,858737206226	324,000000000000
2,0	-0,162459848074	-0,500000000029	0,850650808343	31,717474412451	252,000000005376
2,1	0,138196601137	-0,425325404212	0,894427190981	26,565051179526	288,000000000000
2,2	0,425325404159	-0,309016994423	0,850650808343	31,717474412451	323,999999994624
3,0	-0,228108717518	-0,702046444814	0,674608925464	47,576211618677	252,000000005376
3,1	0,052786404528	-0,688190960270	0,723606797715	43,646927111684	274,386177561316
3,2	0,361803398872	-0,587785252337	0,723606797715	43,646927111684	301,613822438684
3,3	0,597196375723	-0,433888564619	0,674608925464	47,576211618677	323,999999994624
4,0	-0,276393202175	-0,850650808393	0,447213595469	63,434948824903	252,000000005376
4,1	-0,007031451649	-0,862668480447	0,505720922576	59,620779489594	269,533003012045
4,2	0,262865556071	-0,809016994410	0,525731112060	58,282525592500	288,000000000000
4,3	0,512752374303	-0,693780477612	0,505720922576	59,620779489594	306,466996987955
4,4	0,723606797713	-0,525731112196	0,447213595469	63,434948824903	323,999999994624
Triángulo 14					
Punto	x	y	z	ϕ	θ
0,0	0,276393202394	-0,850650808794	-0,447213594570	116,565051117510	288,000000000000
1,0	0,449185983542	-0,862668480645	-0,232454392711	103,441615296263	297,505705906023
1,1	0,143664716221	-0,961938358016	-0,232454392711	103,441615296263	278,494294093977
2,0	0,587785252266	-0,809016994394	0,000000000000	90,000000000000	305,999999998117
2,1	0,309016994375	-0,951056516295	0,000000000000	90,000000000000	288,000000000000
2,2	0,000000000000	-1,000000000000	0,000000000000	90,000000000000	270,000000000000
3,0	0,681640377061	-0,693780477352	0,232454394678	76,558384587863	314,494294095646
3,1	0,447213595392	-0,850650808072	0,276393203287	73,954942802816	297,732301449771
3,2	0,138196601048	-0,951056516005	0,276393203287	73,954942802816	278,267698550229
3,3	-0,143664716179	-0,961938357547	0,232454394678	76,558384587863	261,505705904354
4,0	0,723606797550	-0,525731111695	0,447213596321	63,434948770302	324,000000014459
4,1	0,512752374119	-0,693780477045	0,505720923540	59,620779425579	306,466997000487
4,2	0,262865555879	-0,809016993821	0,525731113062	58,282525525010	288,000000000000
4,3	-0,007031451833	-0,862668479880	0,505720923540	59,620779425579	269,533002999513
4,4	-0,276393202338	-0,850650807892	0,447213596321	63,434948770302	251,999999985541

Triángulo 15					
Punto	x	y	z	φ	θ
0,0	0,723606797782	-0,525731112142	0,447213595421	63,434948828000	324,000000000000
1,0	0,681640377192	-0,693780477577	0,232454393623	76,558384649995	314,494294091827
1,1	0,870462904682	-0,433888564561	0,232454393623	76,558384649995	333,505705908173
2,0	0,587785252319	-0,809016994356	0,000000000000	90,000000000000	306,000000001883
2,1	0,809016994375	-0,587785252292	0,000000000000	90,000000000000	324,000000000000
2,2	0,951056516285	-0,309016994406	0,000000000000	90,000000000000	341,999999998117
3,0	0,449185983478	-0,862668480371	-0,232454393850	103,441615363369	297,505705910164
3,1	0,670820393229	-0,688190960201	-0,276393202387	106,045057143478	314,267698552878
3,2	0,861803398835	-0,425325404167	-0,276393202387	106,045057143478	333,732301447122
3,3	0,959252582190	-0,160622035669	-0,232454393850	103,441615363369	350,494294089836
4,0	0,276393202253	-0,850650808281	-0,447213595633	116,565051185615	288,000000001555
4,1	0,501375246452	-0,702046444707	-0,505720922762	120,379220522737	305,533003009631
4,2	0,688190960168	-0,499999999951	-0,525731112253	121,717474420500	324,000000000000
4,3	0,822619317693	-0,259891912992	-0,505720922762	120,379220522737	342,466996990369
4,4	0,894427190933	0,000000000000	-0,447213595633	116,565051185615	0,000000000000

Triángulo 20					
Punto	x	y	z	φ	θ
0,0	0,000000000000	0,000000000000	-1,000000000000	180,000000000000	0,000000000000
1,0	0,273266529661	-0,000000000538	-0,961938357571	164,141262749691	359,999999887255
1,1	0,084444002171	-0,259891913553	-0,961938357571	164,141262749691	288,000000112745
2,0	0,525731112788	0,000000000000	-0,850650807938	148,282525543465	0,000000000000
2,1	0,361803399594	-0,262865556582	-0,894427190555	153,434948765984	324,000000000000
2,2	0,162459848822	-0,500000000474	-0,850650807938	148,282525543465	288,000000057199
3,0	0,738175316879	0,000000000000	-0,674608924896	132,423788337240	0,000000000000
3,1	0,638196601706	-0,262865556502	-0,723606797077	136,353072835357	337,613822425238
3,2	0,447213596100	-0,525731112535	-0,723606797077	136,353072835357	310,386177574762
3,3	0,228108718168	-0,702046445149	-0,674608924896	132,423788337240	288,000000034646
4,0	0,894427191359	0,000000000000	-0,447213594781	116,565051131014	0,000000000000
4,1	0,822619318175	-0,259891913343	-0,505720921798	120,379220458722	342,466996977837
4,2	0,688190960669	-0,500000000315	-0,525731111251	121,717474353010	324,000000000000
4,3	0,501375246934	-0,702046445057	-0,505720921798	120,379220458722	305,533003022163
4,4	0,276393202679	-0,850650808591	-0,447213594781	116,565051131014	288,000000021390

DISTRIBUCIÓN DE PUNTOS SOBRE UNA SUPERFICIE ESFÉRICA DE RADIO UNITARIO PARA EL ICOSAEDRO: ESQUEMA II

Antes de empezar con este esquema, es necesario primero renumerar los puntos calculados y después orientar la cara con el vértice (A) sobre el eje Z.

b) Re numeración:

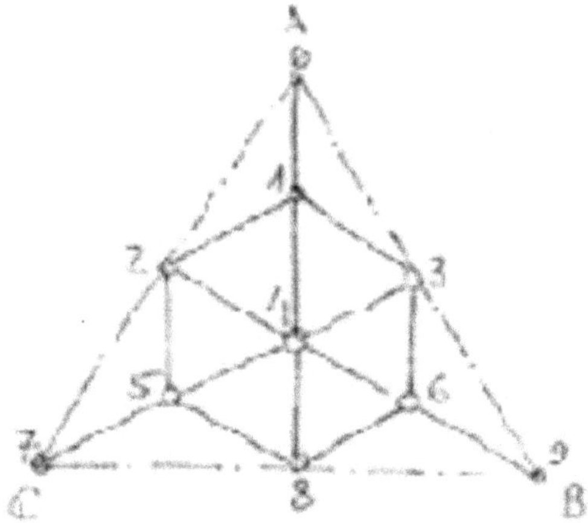

Triángulo 1					
Punto	x	y	z	ϕ	θ
0	0,000000000000	0,850650808332	0,525731112151	58,282525586380	90,000000000000
1	0,000000000000	0,628428289712	0,777867523869	38,934259559255	90,000000000000
2	-0,309016994385	0,500000000014	0,809016994363	36,000000001186	121,717474411580
3	0,309016994385	0,500000000014	0,809016994363	36,000000001186	58,282525588420
4	0,000000000000	0,356822089738	0,934172358976	20,905157445753	90,000000000000
5	-0,268034881889	0,194738740725	0,943522191022	19,348266032293	143,999999993969
6	0,268034881841	0,194738740646	0,943522191052	19,348266027125	36,000000000000
7	-0,525731112109	0,000000000000	0,850650808358	31,717474410801	180,000000000000
8	0,000000000000	0,000000000000	1,000000000000	0,000000000000	0,000000000000
9	0,525731112060	0,000000000000	0,850650808388	31,717474407500	0,000000000000

Antes de empezar con la definición de las lunas, en este esquema, es necesario, orientar primero la cara ABC del icosaedro con el vértice (A) sobre el eje Z.

1st. Rotar la cara respecto del eje Z: +90°

2nd. Rotar la cara respecto del eje Y: + 63,4349488249°

Con la cara posicionada como se definieron las grillas para el método I, el vértice A = (0, 0, 1),

3rd. se rota 180°, respecto del eje Z.

4th. Rotar luego respecto de Y: +116,565051171°

En estos dos pasos se define la segunda cara fundamental de la luna (Triángulo 6).

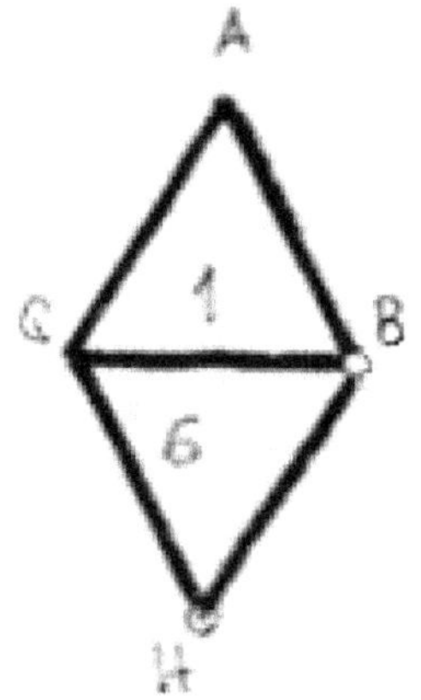

Ahora definiremos la luna (Triángulo 7 y 16) a partir de esta (Triángulo 1 y 6).

5th. Se rota la luna definida (Triángulo 1 y 6), respecto del eje Y: +63,43494888249°.

6th. Y luego rotarla respecto del eje Z: +36°.

Con lo visto hasta aquí, ya es posible realizar los últimos pasos para definir la grilla completa sobre el icosaedro para el esquema II.

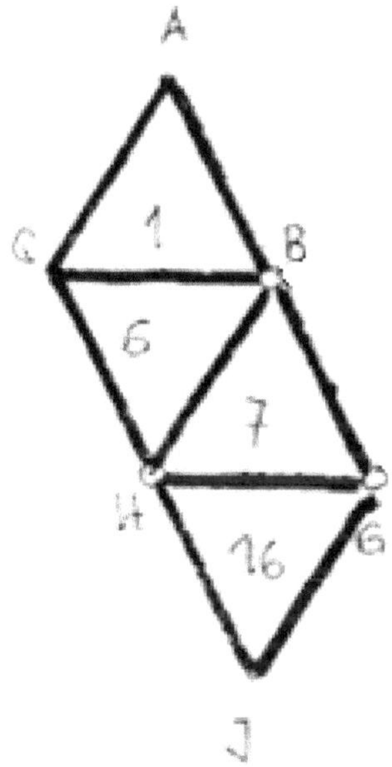

7th. Rotar las dos lunas cuatro veces respecto del eje Z:

a. +72° (Triángulo 2,8,9 y 17)
b. +144° (Triángulo 3,10,11 y 18)
c. +216° (Triángulo 4,12,13 y 19)
d. +288° (Triángulo 5,14,15 y 20)

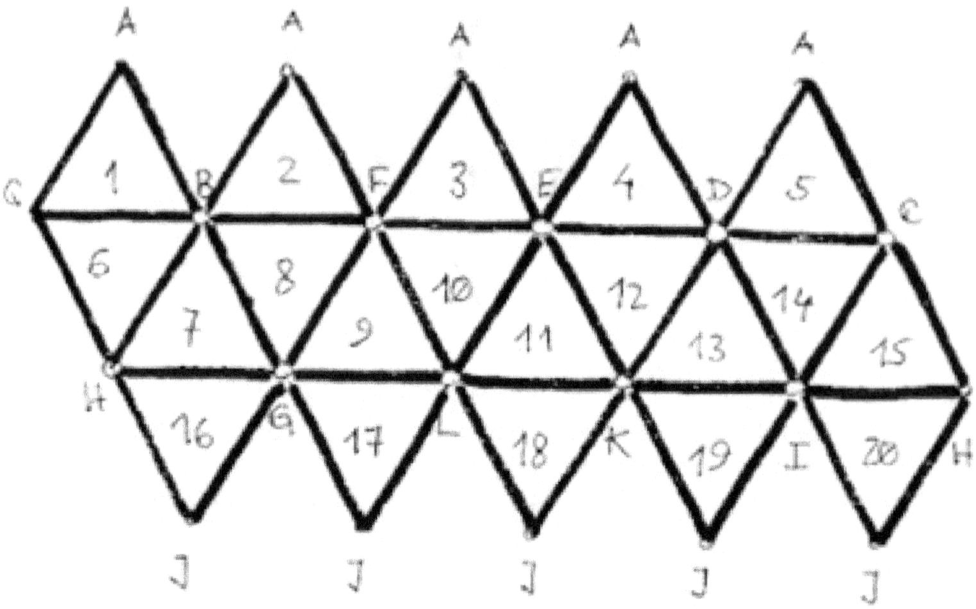

Las tablas de abajo muestran los resultados.

SÓLIDO ORIENTADO CON VÉRTICE A=(0,0,1)

Triángulo 1

Punto	x	y	z	ϕ	θ
0	0,000000000000	0,000000000000	1,000000000000	0,000000000000	0,000000000000
1	0,331309880421	0,000000000000	0,943521999285	19,348299190745	0,000000000000
2	0,425325896495	-0,309016994385	0,850650562189	31,717501239088	324,000031536407
3	0,425325896495	0,309016994385	0,850650562189	31,717501239088	35,999968463593
4	0,607062458164	0,000000000000	0,794654120916	37,377401304247	0,000000000000
5	0,700228082730	-0,268034881889	0,661693232735	48,570863457205	339,054041035465
6	0,700228082797	0,268034881841	0,661693232684	48,570863461090	20,945958959266
7	0,723607056592	-0,525731112109	0,447213176696	63,434975650905	324,000009746604
8	0,850651112633	0,000000000000	0,525730619782	58,282558750000	0,000000000000
9	0,723607056618	0,525731112060	0,447213176712	63,434975649885	35,999990249887

Triángulo 6

Punto	x	y	z	ϕ	θ
0	0,894427449869	0,000000000000	-0,447213077762	116,565018011480	0,000000000000
1	0,992078014319	0,000000000000	-0,125623300004	97,216751984355	0,000000000000
2	0,951056516292	0,309016994385	0,000000000000	90,000000000000	18,000000000596
3	0,951056516292	-0,309016994385	0,000000000000	90,000000000000	341,999999999404
4	0,982246837789	0,000000000000	0,187593042657	79,187649870853	0,000000000000
5	0,904987937995	0,268034881889	0,330384827398	70,707865395067	16,497976912707
6	0,904987937979	-0,268034881841	0,330384827480	70,707865390073	343,502023089837
7	0,723606538903	0,525731112109	0,447214014335	63,434921992934	36,000009745795
8	0,850650504053	0,000000000000	0,525731604485	58,282492425100	0,000000000000
9	0,723606538929	-0,525731112060	0,447214014351	63,434921991914	323,999990257714

Triángulo 7

Punto	x	y	z	ϕ	θ
0	0,723607007170	0,525731264332	0,447213077713	63,434981991620	36,000000003139
1	0,802607973307	0,583128825984	0,125623299951	82,783248018745	36,000000002793
2	0,951056516298	0,309016994365	0,000000000000	90,000000000000	17,999999999404
3	0,587785252284	0,809016994381	0,000000000000	90,000000000000	54,000000000596
4	0,794654384434	0,577350205357	-0,187593042710	100,812350132247	36,000000000000
5	0,889697572202	0,315093788912	-0,330384827447	109,292134607906	19,502023086985
6	0,574603670869	0,748783337931	-0,330384827529	109,292134612900	52,497976910472
7	0,894426981563	0,000000000000	-0,447214014374	116,565078009574	0,000000000000
8	0,688190714029	0,499999821121	-0,525731604531	121,717507578000	36,000000000000
9	0,276392992874	0,850650656159	-0,447214014390	116,565078010594	72,000009743197

Triángulo 16

Punto	x	y	z	ϕ	θ
0	0,000000000000	0,000000000000	-1,000000000000	180,000000000000	0,000000000000
1	0,268035323652	0,194739061581	-0,943521999303	160,651700812355	35,999999991638
2	0,162460246368	0,500000289359	-0,850650562212	148,282498763420	71,999968466542
3	0,525731510382	0,000000000000	-0,850650562212	148,282498763420	0,000000000000
4	0,491123845267	0,356822360104	-0,794654120949	142,622598698853	36,000000000000
5	0,408949468164	0,628428514783	-0,661693232772	131,429136545691	56,945958965513
6	0,724043369538	0,194738965793	-0,661693232722	131,429136541805	15,054041039756
7	0,276393411644	0,850650960473	-0,447213176735	116,565024351603	71,999990254307
8	0,688191206381	0,500000178835	-0,525730619828	121,717441253100	36,000000000000
9	0,894427400374	0,000000000000	-0,447213176751	116,565024352623	0,000000000000

Triángulo 2					
Punto	x	y	z	φ	θ
0	0,000000000000	0,000000000000	1,000000000000	0,000000000000	0,000000000000
1	0,102380383408	0,315094420702	0,943521999285	19,348299190745	72,000000008362
2	0,425325556320	0,309017462595	0,850650562189	31,717501239088	36,000031536407
3	-0,162459695991	0,500000468227	0,850650562189	31,717501239088	107,999968463593
4	0,187592616220	0,577350706635	0,794654120916	37,377401304247	72,000000000000
5	0,471298698518	0,583129147384	0,661693232735	48,570863457205	51,054041035465
6	-0,038533943447	0,748783814611	0,661693232684	48,570863461090	92,945958959266
7	0,723606877727	0,525731358295	0,447213176696	63,434975650905	36,000009746604
8	0,262865650087	0,809017283763	0,525730619782	58,282558750000	72,000000000000
9	-0,276393122200	0,850651054532	0,447213176712	63,434975649885	107,999990249887

Triángulo 8					
Punto	x	y	z	φ	θ
0	0,276393282292	0,850651054536	-0,447213077762	116,565018011480	71,999999996861
1	0,306568966216	0,943522260177	-0,125623300004	97,216751984355	71,999999997207
2	0,000000000000	1,000000000000	0,000000000000	90,000000000000	90,000000000000
3	0,587785252301	0,809016994369	0,000000000000	90,000000000000	53,999999999404
4	0,303530965548	0,934172255690	0,187593042657	79,187649870853	72,000000000000
5	0,024740331529	0,943522009188	0,330384827398	70,707865395067	88,497976912707
6	0,534572973509	0,777867342009	0,330384827480	70,707865390073	55,502023089837
7	-0,276393282229	0,850650562171	0,447214014335	63,434921992934	108,000009745795
8	0,262865462026	0,809016704969	0,525731604485	58,282492425100	72,000000000000
9	0,723606717714	0,525730865983	0,447214014351	63,434921991914	35,999990257715

Triángulo 9					
Punto	x	y	z	φ	θ
0	-0,276393282299	0,850651054559	0,447213077713	63,434981991620	108,000000003139
1	-0,306568966219	0,943522260183	0,125623299951	82,783248018745	108,000000002793
2	0,000000000000	1,000000000000	0,000000000000	90,000000000000	90,000000000000
3	-0,587785252301	0,809016994369	0,000000000000	90,000000000000	126,000000000596
4	-0,303530965545	0,934172255680	-0,187593042710	100,812350132247	108,000000000000
5	-0,024740331524	0,943522009171	-0,330384827447	109,292134607906	91,502023086985
6	-0,534572973504	0,777867341992	-0,330384827529	109,292134612900	124,497976910472
7	0,276393282236	0,850650562148	-0,447214014374	116,565078009574	71,999990253294
8	-0,262865462017	0,809016704942	-0,525731604531	121,717507578000	108,000000000000
9	-0,723606717706	0,525730865960	-0,447214014390	116,565078010594	144,000009743197

Triángulo 17					
Punto	x	y	z	φ	θ
0	0,000000000000	0,000000000000	-1,000000000000	180,000000000000	0,000000000000
1	-0,102380383393	0,315094420654	-0,943521999303	160,651700812355	107,999999991638
2	-0,425325556306	0,309017462552	-0,850650562212	148,282498763420	143,999968466542
3	0,162459696005	0,500000468183	-0,850650562212	148,282498763420	72,000031533459
4	-0,187592616206	0,577350706594	-0,794654120949	142,622598698853	108,000000000000
5	-0,471298698506	0,583129147350	-0,661693232772	131,429136545691	128,945958965513
6	0,038533943458	0,748783814577	-0,661693232722	131,429136541805	87,054041039756
7	-0,723606877720	0,525731358272	-0,447213176735	116,565024351603	143,999990254307
8	-0,262865650079	0,809017283736	-0,525730619828	121,717441253100	108,000000000000
9	0,276393122207	0,850651054509	-0,447213176751	116,565024352623	72,000009749202

Triángulo 3					
Punto	x	y	z	ϕ	θ
0	0,000000000000	0,000000000000	1,000000000000	0,000000000000	0,000000000000
1	-0,268035323693	0,194739061611	0,943521999285	19,348299190745	144,000000008362
2	-0,162460246405	0,500000289386	0,850650562189	31,717501239088	108,000031536407
3	-0,525731510420	0,000000000000	0,850650562189	31,717501239088	180,000000000000
4	-0,491123845301	0,356822360129	0,794654120916	37,377401304247	144,000000000000
5	-0,408949468193	0,628428514804	0,661693232735	48,570863457205	123,054041035465
6	-0,724043369567	0,194738965814	0,661693232684	48,570863461090	164,945958959266
7	-0,276393411663	0,850650960488	0,447213176696	63,434975650905	108,000009746604
8	-0,688191206404	0,500000178852	0,525730619782	58,282558750000	144,000000000000
9	-0,894427400394	0,000000000000	0,447213176712	63,434975649885	180,000000000000

Triángulo 10					
Punto	x	y	z	ϕ	θ
0	-0,723607007151	0,525731264318	-0,447213077762	116,565018011480	143,999999996861
1	-0,802607973302	0,583128825980	-0,125623300004	97,216751984355	143,999999997207
2	-0,951056516298	0,309016994365	0,000000000000	90,000000000000	162,000000000596
3	-0,587785252284	0,809016994381	0,000000000000	90,000000000000	125,999999999404
4	-0,794654384442	0,577350205363	0,187593042657	79,187649870853	144,000000000000
5	-0,889697572217	0,315093788922	0,330384827398	70,707865395067	160,497976912707
6	0,574603670883	0,740703337941	0,330384827480	70,707865390073	127,502023089837
7	-0,894426981582	0,000000000000	0,447214014335	63,434921992934	180,000000000000
8	-0,688190714052	0,499999821137	0,525731604485	58,282492425100	144,000000000000
9	-0,276392992894	0,850650656173	0,447214014351	63,434921991914	107,999990257714

Triángulo 11					
Punto	x	y	z	ϕ	θ
0	-0,894427449893	0,000000000000	0,447213077713	63,434981991620	180,000000000000
1	-0,992078014326	0,000000000000	0,125623299951	82,783248018745	180,000000000000
2	-0,951056516292	0,309016994385	0,000000000000	90,000000000000	161,999999999404
3	-0,951056516292	-0,309016994385	0,000000000000	90,000000000000	198,000000000596
4	-0,982246837779	0,000000000000	-0,187593042710	100,812350132247	180,000000000000
5	-0,904987937977	0,268034881889	-0,330384827447	109,292134607906	163,502023086985
6	-0,904987937961	-0,268034881841	-0,330384827529	109,292134612900	196,497976910472
7	-0,723606538879	0,525731112109	-0,447214014374	116,565078009574	143,999990253294
8	-0,850650504024	0,000000000000	-0,525731604531	121,717507578000	180,000000000000
9	-0,723606538904	-0,525731112060	-0,447214014390	116,565078010594	216,000009743197

Triángulo 18					
Punto	x	y	z	ϕ	θ
0	0,000000000000	0,000000000000	-1,000000000000	179,999966845429	0,000000000000
1	-0,331309880370	0,000000000000	-0,943521999303	160,651700812355	180,000000000000
2	-0,425325896449	-0,309016994385	-0,850650562212	148,282498763420	215,999968466542
3	-0,425325896449	0,309016994385	-0,850650562212	148,282498763420	144,000031533458
4	-0,607062458121	0,000000000000	-0,794654120949	142,622598698853	180,000000000000
5	-0,700228082694	-0,268034881889	-0,661693232772	131,429136545691	200,945958965513
6	-0,700228082761	0,268034881841	-0,661693232722	131,429136541805	159,054041039756
7	-0,723607056568	-0,525731112109	-0,447213176735	116,565024351603	215,999990254307
8	-0,850651112604	0,000000000000	-0,525730619828	121,717441253100	180,000000000000
9	-0,723607056593	0,525731112060	-0,447213176751	116,565024352623	144,000009749202

Triángulo 4					
Punto	**x**	**y**	**z**	**φ**	**θ**
0	0,000000000000	0,000000000000	1,000000000000	0,000000000000	0,000000000000
1	-0,268035323636	-0,194739061689	0,943521999285	19,348299190745	216,000000008362
2	-0,525731510420	0,000000000000	0,850650562189	31,717501239088	180,000000000000
3	-0,162460246405	-0,500000289386	0,850650562189	31,717501239088	251,999968463593
4	-0,491123845301	-0,356822360129	0,794654120916	37,377401304247	216,000000000000
5	-0,724043369542	-0,194738965736	0,661693232735	48,570863457205	195,054041035465
6	-0,408949468275	-0,628428514804	0,661693232684	48,570863461090	236,945958959266
7	-0,894427400402	0,000000000000	0,447213176696	63,434975650905	180,000000000000
8	-0,688191206404	-0,500000178852	0,525730619782	58,282558750000	216,000000000000
9	-0,276393411713	-0,850650960463	0,447213176712	63,434975649885	251,999990249887

Triángulo 12					
Punto	**x**	**y**	**z**	**φ**	**θ**
0	-0,723607007208	-0,525731264239	-0,447213077762	116,565018011480	215,999999996861
1	-0,802607973359	-0,583128825901	-0,125623300004	97,216751984355	215,999999997207
2	-0,587785252284	-0,809016994381	0,000000000000	90,000000000000	234,000000000596
3	-0,951056516298	-0,309016994365	0,000000000000	90,000000000000	197,999999999404
4	-0,794654384442	-0,577350205363	0,187593042657	79,187649870853	216,000000000000
5	-0,574603670868	-0,748783337990	0,330384827398	70,707865395067	232,497976912707
6	-0,889697572176	-0,315093788952	0,330384827480	70,707865390073	199,502023089837
7	-0,276392992844	-0,850650656198	0,447214014335	63,434921992934	252,000009745795
8	-0,688190714052	-0,499999821137	0,525731604485	58,282492425100	216,000000000000
9	-0,894426981574	0,000000000000	0,447214014351	63,434921991914	180,000000000000

Triángulo 13					
Punto	**x**	**y**	**z**	**φ**	**θ**
0	-0,276393282206	-0,850651054589	0,447213077713	63,434981991620	252,000000003139
1	-0,306568966127	-0,943522260213	0,125623299951	82,783248018745	252,000000002793
2	-0,587785252301	-0,809016994369	0,000000000000	90,000000000000	233,999999999404
3	0,000000000000	-1,000000000000	0,000000000000	90,000000000000	270,000000000000
4	-0,303530965545	-0,934172255680	-0,187593042710	100,812350132247	252,000000000000
5	-0,534572973555	-0,777867341992	-0,330384827447	109,292134607906	235,502023086985
6	-0,024740331565	-0,943522009141	-0,330384827529	109,292134612900	268,497976910472
7	-0,723606717745	-0,525730865921	-0,447214014374	116,565078009574	215,999990253294
8	-0,262865462017	-0,809016704942	-0,525731604531	121,717507578000	252,000000000000
9	0,276393282182	-0,850650562157	-0,447214014390	116,565078010594	288,000009743197

Triángulo 19					
Punto	**x**	**y**	**z**	**φ**	**θ**
0	0,000000000000	0,000000000000	-1,000000000000	180,000000000000	0,000000000000
1	-0,102380383485	-0,315094420624	-0,943521999303	160,651700812355	251,999999991638
2	0,162459696005	-0,500000468183	-0,850650562212	148,282498763420	287,999968466542
3	-0,425325556306	-0,309017462552	-0,850650562212	148,282498763420	216,000031533458
4	-0,187592616206	-0,577350706594	-0,794654120949	142,622598698853	252,000000000000
5	0,038533943524	-0,748783814528	-0,661693232772	131,429136545691	272,945958965513
6	-0,471298698481	-0,583129147428	-0,661693232722	131,429136541805	231,054041039756
7	0,276393122262	-0,850651054499	-0,447213176735	116,565024351603	287,999990254307
8	-0,262865650079	-0,809017283736	-0,525730619828	121,717441253100	252,000000000000
9	-0,723606877681	-0,525731358312	-0,447213176751	116,565024352623	216,000009749202

Triángulo 5					
Punto	x	y	z	ϕ	θ
0	0,000000000000	0,000000000000	1,000000000000	0,000000000000	0,000000000000
1	0,102380383500	-0,315094420672	0,943521999285	19,348299190745	288,000000008362
2	-0,162459695991	-0,500000468227	0,850650562189	31,717501239088	252,000031536407
3	0,425325556320	-0,309017462595	0,850650562189	31,717501239088	323,999968463593
4	0,187592616220	-0,577350706635	0,794654120916	37,377401304247	288,000000000000
5	-0,038533943513	-0,748783814562	0,661693232735	48,570863457205	267,054041035465
6	0,471298698492	-0,583129147462	0,661693232684	48,570863461090	308,945958959266
7	-0,276393122254	-0,850651054522	0,447213176696	63,434975650905	252,000009746604
8	0,262865650087	-0,809017283763	0,525730619782	58,282558750000	288,000000000000
9	0,723606877689	-0,525731358335	0,447213176712	63,434975649885	323,999990249886
Triángulo 14					
Punto	x	y	z	ϕ	θ
0	0,276393282198	-0,850651054566	-0,447213077762	116,565018011480	287,999999996861
1	0,306568966124	-0,943522260207	-0,125623300004	97,216751984355	287,999999997207
2	0,587785252301	-0,809016994369	0,000000000000	90,000000000000	306,000000000596
3	0,000000000000	-1,000000000000	0,000000000000	90,000000000000	270,000000000000
4	0,303530965548	-0,934172255690	0,187593042657	79,187649870853	288,000000000000
5	0,534572973560	-0,777867342009	0,330384827398	70,707865395067	304,497976912707
6	0,024740331571	-0,943522009158	0,330384827480	70,707865390073	271,502023089836
7	0,723606717752	-0,525730865944	0,447214014335	63,434921992934	324,000009745795
8	0,262865462026	-0,809016704969	0,525731604485	58,282492425100	288,000000000000
9	-0,276393282174	-0,850650562180	0,447214014351	63,434921991914	251,999990257714
Triángulo 15					
Punto	x	y	z	ϕ	θ
0	0,723607007228	-0,525731264253	0,447213077713	63,434981991620	324,000000003139
1	0,802607973364	-0,583128825905	0,125623299951	82,783248018745	324,000000002793
2	0,587785252284	-0,809016994381	0,000000000000	90,000000000000	305,999999999404
3	0,951056516298	-0,309016994365	0,000000000000	90,000000000000	342,000000000596
4	0,794654384434	-0,577350205357	-0,187593042710	100,812350132247	324,000000000000
5	0,574603670853	-0,748783337979	-0,330384827447	109,292134607906	307,502023086985
6	0,889697572161	-0,315093788941	-0,330384827529	109,292134612900	340,497976910472
7	0,276392992824	-0,850650656183	-0,447214014374	116,565078009574	287,999990253294
8	0,688190714029	-0,499999821121	-0,525731604531	121,717507578000	324,000000000000
9	0,894426981555	0,000000000000	-0,447214014390	116,565078010594	0,000000000000
Triángulo 20					
Punto	x	y	z	ϕ	θ
0	0,000000000000	0,000000000000	-1,000000000000	180,000000000000	0,000000000000
1	0,268035323595	-0,194739061659	-0,943521999303	160,651700812355	323,999999991638
2	0,525731510382	0,000000000000	-0,850650562212	148,282498763420	0,000000000000
3	0,162460246368	-0,500000289359	-0,850650562212	148,282498763420	288,000031533458
4	0,491123845267	-0,356822360104	-0,794654120949	142,622598698853	324,000000000000
5	0,724043369513	-0,194738965715	-0,661693232772	131,429136545691	344,945958965513
6	0,408949468246	-0,628428514783	-0,661693232722	131,429136541805	303,054041039756
7	0,894427400382	0,000000000000	-0,447213176735	116,565024351603	0,000000000000
8	0,688191206381	-0,500000178835	-0,525730619828	121,717441253100	324,000000000000
9	0,276393411693	-0,850650960449	-0,447213176751	116,565024352623	288,000009749202

Como este esquema fue concebido para que el sólido quede apoyado sobre un lado y a su vez que sea perpendicular al plano YZ, lo que se aplica al conjunto de puntos de las tablas de arriba es:

8th. Una rotación de -90° respecto del eje Z.

9th. Y otra rotación respecto del eje X: -58,28255875°.

TRIACON

SÓLIDO ORIENTADO CON LADO CB EN LA CABEZA Y PARALELO AL PLANO XZ

Triángulo 1

Punto	x	y	z	ϕ	θ
0	0,000000000049	0,850650808332	0,525731112151	58,282525586380	89,999999996699
1	0,000000000048	0,628428289712	0,777867523869	38,934259559255	89,999999995591
2	-0,309016994385	0,500000000014	0,809016994363	36,000000001186	121,717474411580
3	0,309016994385	0,500000000014	0,809016994363	36,000000001186	58,282525588420
4	0,000000000000	0,356822089738	0,934172358976	20,905157445753	90,000000000000
5	-0,268034881889	0,194738740725	0,943522191022	19,348266032293	143,999999993969
6	0,268034881841	0,194738740646	0,943522191052	19,348266027125	36,000000000000
7	-0,525731112109	0,000000000000	0,850650808358	31,717474410801	180,000000000000
8	0,000000000000	0,000000000000	1,000000000000	0,000000000000	0,000000000000
9	0,525731112060	0,000000000000	0,850650808388	31,717474407500	0,000000000000

Triángulo 6

Punto	x	y	z	ϕ	θ
0	-0,000000000049	-0,850650199752	0,525732096854	58,282459261480	269,999999996699
1	-0,000000000048	-0,628427389262	0,777868251329	38,934193234355	269,999999995591
2	0,309016994385	-0,499999063505	0,809017573156	35,999943581870	301,717522404811
3	-0,309016994385	-0,499999063505	0,809017573156	35,999943581870	238,282477595189
4	0,000000000000	-0,356821008351	0,934172772028	20,905091120853	270,000000000000
5	0,268034881889	-0,194737648515	0,943522416449	19,348227047567	324,000152804607
6	-0,268034881841	-0,194737648436	0,943522416479	19,348227042399	215,999847189362
7	0,525731112109	0,000000000000	0,850650808358	31,717474410863	0,000000000000
8	0,000000000000	0,000000000000	0,999999999999	0,000066331125	0,000000000000
9	-0,525731112060	0,000000000000	0,850650808388	31,717474407562	180,000000000000

Triángulo 7

Punto	x	y	z	ϕ	θ
0	0,525731264332	0,000000000000	0,850650714279	31,717484663817	0,000000000000
1	0,583128825984	-0,315093987373	0,748783380844	41,514899791589	331,615405057600
2	0,309016994365	-0,500000000058	0,809016994343	36,000000003132	301,717474407659
3	0,809016994381	-0,309017173279	0,499999889422	60,000007315809	339,094831495214
4	0,577350205357	-0,577350372545	0,577350229667	54,735613090687	314,999991704218
5	0,315093788912	-0,748783477117	0,583128809600	54,329091307254	292,821728721506
6	0,748783337931	-0,583128965149	0,315093831804	71,633521574576	322,089660658835
7	-0,000000152153	-0,850650750279	0,525731206083	58,282519259575	269,999989751708
8	0,499999821121	-0,809017104956	0,309016994303	72,000000004316	301,717461742099
9	0,850650656159	-0,525731358373	-0,000000094048	90,000005388567	328,282509002062

Triángulo 16

Punto	x	y	z	ϕ	θ
0	0,000000340147	-0,850651358809	-0,525730221460	121,717414420923	270,000022910671
1	0,194739061581	-0,943522415328	-0,268033859182	105,547303453214	281,661853094417
2	0,500000289359	-0,809017173220	-0,309016057958	107,999943586180	301,717483575763
3	0,000000289343	-0,999999999999	0,000001046963	89,999940013424	270,000016578133
4	0,356822360104	-0,934172255705	0,000001041898	89,999940303650	290,905174028147
5	0,628428514783	-0,777867342037	0,000000926733	89,999946902116	308,934276137407
6	0,194738965793	-0,943521854053	0,268035904548	74,452574905024	281,661854262620
7	0,850650960473	-0,525730865981	0,000000702559	89,999959746327	328,282542167204
8	0,500000178835	-0,809016526161	0,309017930811	71,999943584997	301,717498405627
9	0,000000152192	-0,850650257936	0,525732002709	58,282465602623	270,000010250927

Triángulo 2					
Punto	x	y	z	φ	θ
0	0,000000550500	0,850651018623	0,525730771893	58,282548504553	89,999962920935
1	0,315094420702	0,748783536063	0,583128392521	54,329120723192	67,178231820134
2	0,309017462595	0,500000178854	0,809016704993	36,000028208227	58,282495929793
3	0,500000468227	0,809016883850	0,309016526125	72,000028209413	58,282498092814
4	0,577350706635	0,577350229723	0,577349871210	54,735638244523	44,999976335861
5	0,583129147384	0,315093927773	0,748783155628	41,514919259987	28,384577202132
6	0,748783814611	0,583128558575	0,315093451458	71,633544536497	37,910302293771
7	0,525731358295	0,000000094035	0,850650656207	31,717490992720	0,000010248174
8	0,809017283763	0,309016815523	0,499999642296	60,000023665474	20,905139562427
9	0,850651054532	0,525730713792	-0,000000456355	90,000026147242	31,717447582044
Triángulo 8					
Punto	x	y	z	φ	θ
0	0,850651054536	-0,525730713785	0,000000644559	89,999963069481	328,282552418435
1	0,943522260177	-0,268034292536	0,194739216840	78,770510227244	344,141297013162
2	1,000000000000	0,000000000000	0,000000289387	89,999983419344	0,000000000000
3	0,809016994369	-0,309016236738	0,500000468255	59,999969020513	339,094889377238
4	0,934172255690	0,000000000000	0,356822360145	69,094825969347	0,000000000000
5	0,943522009188	0,268035471194	0,194738810617	78,770533956442	15,858773222992
6	0,777867342009	0,000000000000	0,628428514817	51,065723860102	0,000000000000
7	0,850650562171	0,525731510449	-0,000000152121	90,000008715875	31,717501241044
8	0,809016704969	0,309017752031	0,500000000010	59,999999999323	20,905211106397
9	0,525730865983	0,000000000000	0,850650960472	31,717457832990	0,000000000000
Triángulo 9					
Punto	x	y	z	φ	θ
0	0,850651054559	0,525730713747	-0,000000644591	90,000036932342	31,717447579057
1	0,943522260183	0,268034292492	-0,194739216870	101,229489774509	15,858702984231
2	1,000000000000	0,000000000000	-0,000000289414	90,000016582206	0,000000000000
3	0,809016994369	0,309016236694	-0,500000468282	120,000030981277	20,905110620057
4	0,934172255680	0,000000000000	-0,356822360170	110,905174032203	0,000000000000
5	0,943522009171	-0,268035471239	-0,194738810638	101,229466044787	344,141226774233
6	0,777867341992	0,000000000000	-0,628428514838	128,934276141448	0,000000000000
7	0,850650562148	-0,525731510486	0,000000152107	89,999991284940	328,282498756448
8	0,809016704942	-0,309017752075	-0,500000000027	120,000000001783	339,094788890259
9	0,525730865960	0,000000000000	-0,850650960486	148,282542168560	0,000000000000
Triángulo 17					
Punto	x	y	z	φ	θ
0	0,000000550449	-0,850651018632	-0,525730771879	121,717451494489	270,000037075599
1	0,315094420654	-0,748783536086	-0,583128392517	125,670879276526	292,821768176066
2	0,309017462552	-0,500000178881	-0,809016704993	143,999971791773	301,717504065191
3	0,500000468183	-0,809016883877	-0,309016526125	107,999971790587	301,717501904086
4	0,577350706594	-0,577350229758	-0,577349871216	125,264361755895	315,000023660377
5	0,583129147350	-0,315093927811	-0,748783155638	138,485080740921	331,615422793576
6	0,748783814577	-0,583128558613	-0,315093451468	108,366455464137	322,089697703154
7	0,525731358272	0,000000000000	-0,850650656221	148,282509008830	0,000000000000
8	0,809017283736	-0,309016815567	-0,499999642313	119,999976335632	339,094860434229
9	0,850651054509	-0,525730713829	0,000000000000	90,000000000000	328,282552415448

Triángulo 3					
Punto	x	y	z	φ	θ
0	0,000000340179	0,850651358832	0,525730221423	58,282585581585	89,999977087187
1	0,194739061611	0,943522415334	0,268033859138	74,452696549435	78,338146903913
2	0,500000289386	0,809017173220	0,309016057914	72,000056416457	58,282516422850
3	0,000000289370	0,999999999999	-0,000001047007	90,000059989084	89,999983420317
4	0,356822360129	0,934172255695	-0,000001041945	90,000059699035	69,094825970303
5	0,628428514804	0,777867342020	-0,000000926777	90,000053100437	51,065723861043
6	0,194738965814	0,943521854036	-0,268035904592	105,547425097625	78,338145735950
7	0,850650960488	0,525730865958	-0,000000702596	90,000040255807	31,717457831246
8	0,500000178852	0,809016526134	-0,309017930855	108,000056417640	58,282501592660
9	0,000000152206	0,850650257913	-0,525732002746	121,717534399884	89,999989748115

Triángulo 10					
Punto	x	y	z	φ	θ
0	0,525731264318	0,000000058166	-0,850650714288	148,282515337141	0,000006339113
1	0,583128825980	0,315093987325	-0,748783380867	138,485100210446	28,384594938872
2	0,309016994365	0,500000000014	-0,809016994370	143,999999999506	58,282525590098
3	0,809016994381	0,309017173235	-0,499999889449	119,999992685980	20,905168502080
4	0,577350205363	0,577350372504	-0,577350229701	125,264386911763	45,000008293457
5	0,315093788922	0,748783477083	-0,583128809638	125,670908695429	67,178271276880
6	0,748783337941	0,583128965115	-0,315093831842	108,366478427721	37,910339339154
7	-0,000000152139	0,850650750256	-0,525731206120	121,717480742933	90,000010247334
8	0,499999821137	0,809017104929	-0,309016994347	107,999999998321	58,282538256188
9	0,850650656173	0,525731358350	0,000000094011	89,999994613567	31,717490996388

Triángulo 11					
Punto	x	y	z	φ	θ
0	-0,000000000049	0,850650199723	-0,525732096900	121,717540741620	90,000000003301
1	-0,000000000048	0,628427389220	-0,777868251363	141,065806768745	90,000000004409
2	0,309016994385	0,499999063461	-0,809017573183	144,000056420767	58,282477592946
3	-0,309016994385	0,499999063461	-0,809017573183	144,000056420767	121,717522407054
4	0,000000000000	0,356821008301	-0,934172772048	159,094908882247	90,000000000000
5	0,268034881889	0,194737648464	-0,943522416459	160,651772954255	35,999847188251
6	-0,268034881841	0,194737648385	-0,943522416489	160,651772959423	144,000152817780
7	0,525731112109	0,000000000000	-0,850650808358	148,282525589137	0,000000000000
8	0,000000000000	0,000000000000	-0,999999999999	179,999933668875	0,000000000000
9	-0,525731112060	0,000000000000	-0,850650808388	148,282525592438	180,000000000000

Triángulo 18					
Punto	x	y	z	φ	θ
0	0,000000000049	-0,850650808361	-0,525731112105	121,717474410520	270,000000003301
1	0,000000000048	-0,628428289754	-0,777867523835	141,065740437645	270,000000004409
2	-0,309016994385	-0,500000000057	-0,809016994336	143,999999996177	238,282525590663
3	0,309016994385	-0,500000000057	-0,809016994336	143,999999996177	301,717474409337
4	0,000000000000	-0,356822089789	-0,934172358957	159,094842551147	270,000000000000
5	-0,268034881889	-0,194738740776	-0,943522191012	160,651733965884	216,000000013173
6	0,268034881841	-0,194738740697	-0,943522191042	160,651733971053	323,999999992858
7	-0,525731112109	-0,000000000046	-0,850650808358	148,282525589199	180,000000005016
8	0,000000000000	0,000000000000	-1,000000000000	179,999998792582	180,000000000000
9	0,525731112060	0,000000000000	-0,850650808388	148,282525592500	0,000000000000

Triángulo 4					
Punto	x	y	z	φ	θ
0	-0,000000340258	0,850651358802	0,525730221472	58,282585578284	90,00022918153
1	-0,194739061689	0,943522415305	0,268033859186	74,452696546560	101,66185310103
2	-0,000000289370	0,999999999999	-0,000001047007	90,000059989084	90,00016579683
3	-0,500000289386	0,809017173220	0,309016057914	72,000056416457	121,71748357715O
4	-0,356822360129	0,934172255695	-0,000001041945	90,000059699035	110,905174029697
5	-0,194738965736	0,943521854066	-0,268035904544	105,547425094750	101,661854259134
6	-0,628428514804	0,777867342020	-0,000000926874	90,000053105978	128,934276138957
7	-0,000000152151	0,850650257904	-0,525732002762	121,717534400904	90,00010248195
8	-0,500000178852	0,809016526134	-0,309017930855	108,000056417640	121,717498407340
9	-0,850650960463	0,525730865998	-0,000000702630	90,000040257747	148,282542166084

Triángulo 12					
Punto	x	y	z	φ	θ
0	-0,525731264239	0,000000000000	-0,850650714337	148,282515342481	180,000000000000
1	-0,583128825901	0,315093987355	-0,748783380916	138,485100214626	151,615405055640
2	-0,809016994381	0,309017173235	-0,499999889449	119,999992685980	159,094831497920
3	-0,309016994365	0,500000000014	-0,809016994370	143,999999999506	121,717474409902
4	-0,577350205363	0,577350372504	-0,577350229701	125,264386911763	134,999991706543
5	-0,748783337990	0,583128965037	-0,315093831872	108,366478429525	142,089660666367
6	-0,315093788952	0,748783477131	-0,583128809560	125,670908689911	112,821728723740
7	-0,850650656198	0,525731358310	0,000000094045	89,999994611627	148,282509006282
8	-0,499999821137	0,809017104929	-0,309016994347	107,999999998321	121,717461743812
9	0,000000152084	0,850650750265	-0,525731206105	121,717480741913	89,999989756357

Triángulo 13					
Punto	x	y	z	φ	θ
0	-0,850651054589	0,525730713698	-0,000000644512	90,000036927799	148,282552424243
1	-0,943522260213	0,268034292443	-0,194739216792	101,229489769938	164,141297018963
2	-0,809016994369	0,309016236694	-0,500000468282	120,000030981277	159,094889379943
3	-1,000000000000	0,000000000000	-0,000000289414	90,000016582206	180,000000000000
4	-0,934172255680	0,000000000000	-0,356822360170	110,905174032203	180,000000000000
5	-0,777867341992	0,000000000000	-0,628428514838	128,934276141448	180,000000000000
6	-0,943522009141	-0,268035471287	-0,194738810716	101,229466049358	195,858773228961
7	-0,525730865921	-0,000000890714	-0,850650960510	148,282542171230	180,000097072722
8	-0,809016704942	-0,309017752075	-0,500000000027	120,000000001783	200,905211109741
9	-0,850650562157	-0,525731510471	0,000000152052	89,999991288079	211,717501242532

Triángulo 19					
Punto	x	y	z	φ	θ
0	-0,000000550419	-0,850651018583	-0,525730771958	121,717451499829	269,999962926441
1	-0,315094420624	-0,748783536038	-0,583128392595	125,670879282044	247,178231824554
2	-0,500000468183	-0,809016883877	-0,309016526125	107,999971790587	238,282498095914
3	-0,309017462552	-0,500000178881	-0,809016704993	143,999971791773	238,282495934809
4	-0,577350706594	-0,577350229758	-0,577349871216	125,264361755895	224,999976339623
5	-0,748783814528	-0,583128558691	-0,315093451438	108,366455462333	217,910302302367
6	-0,583129147428	-0,315093927781	-0,748783155590	138,485080736741	208,384577200936
7	-0,850651054499	-0,525730713844	0,000000456396	89,999973850434	211,717447585572
8	-0,809017283736	-0,309016815567	-0,499999642313	119,999976335632	200,905139565771
9	-0,525731358312	0,000000000000	-0,850650656196	148,282509006160	180,000000000000

Triángulo 5					
Punto	x	y	z	ϕ	θ
0	-0,000000550470	0,850651018574	0,525730771972	58,282548499213	90,000037077025
1	-0,315094420672	0,748783536014	0,583128392599	54,329120717674	112,821768179246
2	-0,500000468227	0,809016883850	0,309016526125	72,000028209413	121,717501907186
3	-0,309017462595	0,500000178854	0,809016704993	36,000028208227	121,717504070207
4	-0,577350706635	0,577350229723	0,577349871210	54,735638244523	135,000023664139
5	-0,748783814562	0,583128558653	0,315093451428	71,633544538302	142,089697700709
6	-0,583129147462	0,315093927743	0,748783155579	41,514919264167	151,615422803356
7	-0,850651054522	0,525730713807	-0,000000456410	90,000026150381	148,282552416936
8	-0,809017283763	0,309016815523	0,499999642296	60,000023665474	159,094860437573
9	-0,525731358335	0,000000000000	0,850650656182	31,717490995390	180,000000000000

Triángulo 14					
Punto	x	y	z	ϕ	θ
0	-0,850651054566	-0,525730713736	0,000000644480	89,999963074024	211,717447578264
1	-0,943522260207	-0,268034292488	0,194739216762	78,770510231815	195,858702983643
2	-0,809016994369	-0,309016236738	0,500000468255	59,999969020513	200,905110622762
3	-1,000000000000	0,000000000000	0,000000289387	89,999983419344	180,000000000000
4	-0,934172255690	0,000000000000	0,356822360145	69,094825969347	180,000000000000
5	-0,777867342009	0,000000000000	0,628428514817	51,065723860102	180,000000000000
6	-0,943522009158	0,268035471243	0,194738810695	78,770533951872	164,141226773814
7	-0,525730865944	0,000000000000	0,850650960496	31,717457830320	180,000000000000
8	-0,809016704969	0,309017752031	0,500000000010	59,999999999323	159,094788893603
9	-0,850650562180	0,525731510434	-0,000000152066	90,000008712736	148,282498759976

Triángulo 15					
Punto	x	y	z	ϕ	θ
0	-0,525731264253	0,000000000000	0,850650714328	31,717484658477	180,000000000000
1	-0,583128825905	-0,315093987403	0,748783380892	41,514899787409	208,384594947888
2	-0,809016994381	-0,309017173279	0,499999889422	60,000007315809	200,905168504786
3	-0,309016994365	-0,500000000058	0,809016994343	36,000000003131	238,282525592341
4	-0,577350205357	-0,577350372545	0,577350229667	54,735613090687	225,000008295782
5	-0,748783337979	-0,583128965071	0,315093831834	71,633521572772	217,910339335645
6	-0,315093788941	-0,748783477165	0,583128809522	54,329091312772	247,178271277875
7	-0,850650656183	-0,525731358333	-0,000000094082	90,000005390507	211,717490995268
8	-0,499999821121	-0,809017104956	0,309016994303	72,000000004316	238,282538257901
9	0,000000152098	-0,850650750288	0,525731206068	58,282519260595	270,000010244601

Triángulo 20					
Punto	x	y	z	ϕ	θ
0	-0,000000340226	-0,850651358779	-0,525730221509	121,717414424224	269,999977083989
1	-0,194739061659	-0,943522415298	-0,268033859231	105,547303456090	258,338146900667
2	-0,000000289343	-0,999999999999	0,000001046963	89,999940013424	269,999983421867
3	-0,500000289359	-0,809017173220	-0,309016057958	107,999943586180	238,282516424237
4	-0,356822360104	-0,934172255705	0,000001041898	89,999940303650	249,094825971853
5	-0,194738965715	-0,943521854083	0,268035904499	74,452574907900	258,338145742296
6	-0,628428514783	-0,777867342037	0,000000926830	89,999946896575	231,065723862593
7	-0,000000152137	-0,850650257927	0,525732002724	58,282465601604	269,999989752763
8	-0,500000178835	-0,809016526161	0,309017930811	71,999943584997	238,282501594373
9	-0,850650960449	-0,525730866021	0,000000702593	89,999959744387	211,717457835466

DISTRIBUCIÓN DE PUNTOS SOBRE UNA SUPERFICIE ESFÉRICA DE RADIO UNITARIO PARA EL ICOSAEDRO: ESQUEMA III

Antes de comenzar con el mecanismo general para este esquema, se requiere posicionar la cara, ABC, con el vértice A en la parte superior y para ello hay que rotarla respecto del eje Y: +37,3773681377939°.
Con esta operación se posiciona al esquema III con el vértice A, coincidente con el eje Z positivo.
Se comienza por:

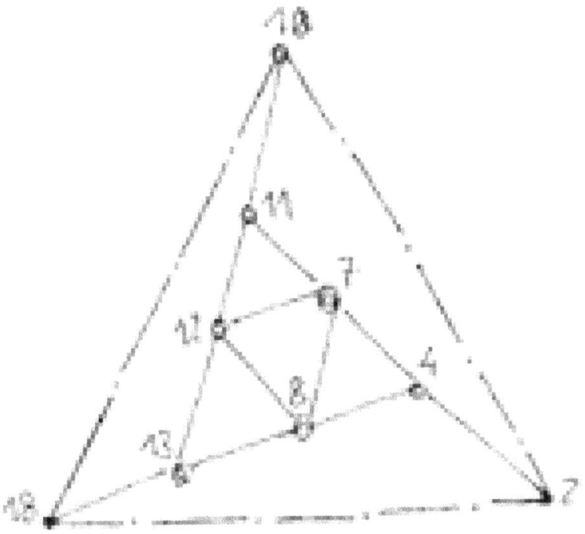

1st. Rotar 180°, respecto del eje Z, la cara ABC.
2nd. Ahora se rota respecto del eje Y: +116,565051171°

En estos dos pasos se define la segunda cara de la luna fundamental (Triángulo 6).

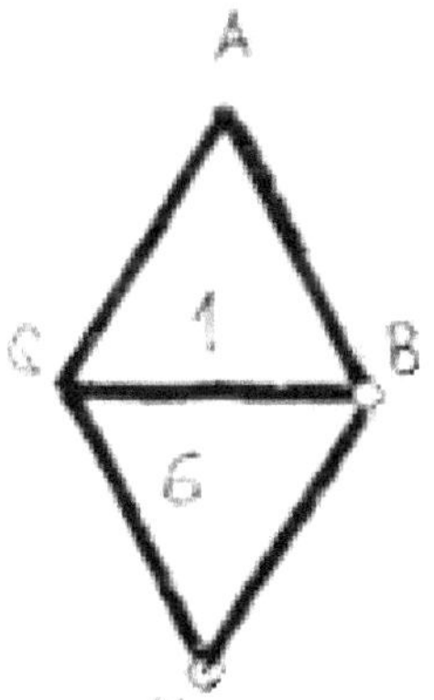

A continuación, se define la segunda luna (Triángulo 7 y 16) a partir de esta (Triángulo 1 y 6).

3rd. Se rota la luna definida, respecto del eje Y: + 63,43494888249°.
4th. Rotar luego respecto del eje Z: 36°.

Con las dos lunas definidas ya es posible realizar los últimos pasos para definir la grilla completa para el icosaedro esquema III.

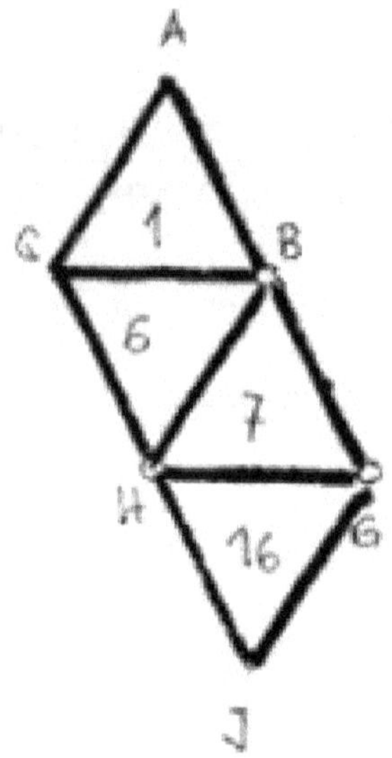

Para conseguirlo:

5th. Rotar las dos lunas cuatro veces respecto del eje Z:

a. +72° (Triángulo 2,8,9 y 17)
b. +144° (Triángulo 3,10,11 y 18)
c. +216° (Triángulo 4,12,13 y 19)
d. +288° (Triángulo 5,14,15 y 20)

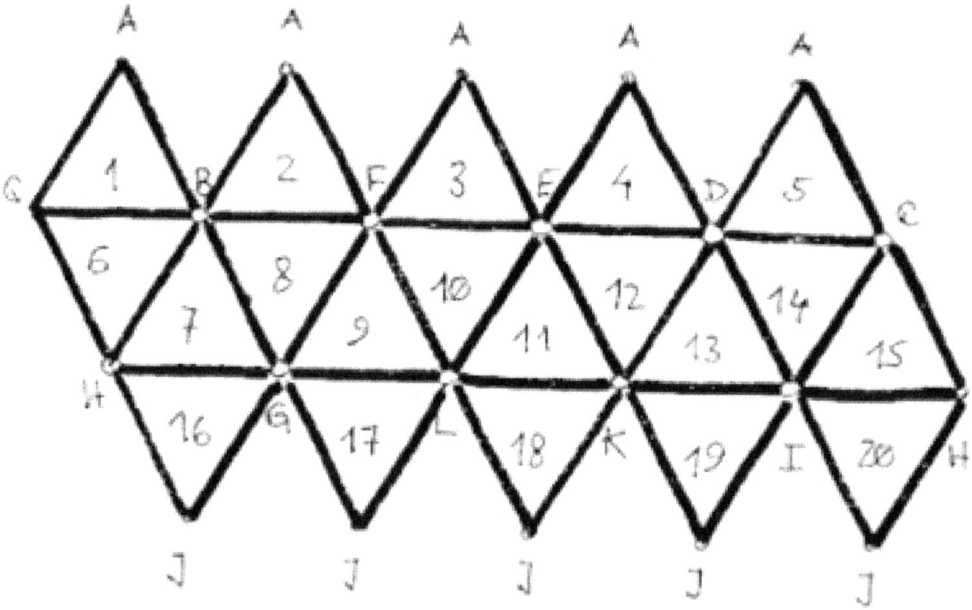

SÓLIDO ORIENTADO CON VÉRTICE A=(0,0,1)					
Triángulo 1					
Punto	x	y	z	φ	θ
1					
2	0,723606797444	0,525731115545	0,447213591967	63,434949049219	36,000000189036
3					
4	0,644940546876	0,374861391653	0,665980951713	48,242374594307	30,166611562276
5					
6					
7	0,479670878131	0,149357698676	0,864643352209	30,157994341424	17,295302257366
8	0,753768526294	0,049785899585	0,655251381510	49,061286219457	3,778858622277
9					
10	0,000000000000	0,000000000000	1,000000000000	0,000000000000	0,000000000000
11	0,257976215291	-0,093715347896	0,961595396158	15,930487824993	340,035370847095
12	0,548195290185	-0,199143598184	0,812295359535	35,679195669963	340,035371053150
13	0,773928657440	-0,281146043689	0,567442803560	55,427903515027	340,035371121836
14					
15					
16					
17					
18	0,723606797489	-0,525731115493	0,447213591955	63,434949050002	323,999999815326
Triángulo 6					
Punto	x	y	z	φ	θ
1					
2	0,723606794438	-0,525731115545	0,447213596831	63,434948737626	323,999999697771
3					
4	0,884097652742	-0,374861391653	0,279016625785	73,798477362327	337,022836490623
5					
6					
7	0,987875862797	-0,149357698676	0,042350413798	87,572774098110	351,402522062332
8	0,923170185368	-0,049785899585	0,381153739388	67,594833746697	356,913070425216
9					
10	0,894427188784	0,000000000000	-0,447213599932	116,565051461014	0,000000000000
11	0,975447539865	0,093715347896	-0,199297592911	101,495887192178	5,487803280082
12	0,971699443446	0,199143598184	0,127051245208	82,700771922252	11,582025947103
13	0,853647690380	0,281146043689	0,438454698717	63,994673661451	18,229127640168
14					
15					
16					
17					
18	0,723606794447	0,525731115493	0,447213596877	63,434948734699	36,000000299215

Triángulo 7					
Punto	x	y	z	ϕ	θ
1					
2	0,276393197538	0,850650809163	-0,447213596871	116,565051264882	72,000000303140
3					
4	0,494912028076	0,822928798241	-0,279016625832	106,201522640528	58,977163509729
5					
6					
7	0,711418108736	0,701491779716	-0,042350413852	92,427225904956	44,597477937688
8	0,717596951099	0,582903459148	-0,381153739438	112,405166256399	39,086929574852
9					
10	0,723606795977	0,525731110831	0,447213599884	63,434948542086	36,000000000000
11	0,844238136287	0,497536369242	0,199297592858	78,504112810907	30,512196719978
12	0,903175033268	0,410040047263	-0,127051245260	97,299228080785	24,417974052817
13	0,855868986928	0,274309595799	-0,438454698763	116,005326341493	17,770872359359
14					
15					
16					
17					
18	0,894427190292	0,000000000000	-0,447213596916	116,565051267809	0,000000000000

Triángulo 16					
Punto	x	y	z	ϕ	θ
1					0
2	0,894427192747	0,000000000000	-0,447213592006	116,565050953289	0,000000000000
3					
4	0,742105860422	0,075817305656	-0,665980951748	131,757625408373	5,833388436333
5					
6					
7	0,475852144674	0,161110551623	-0,864643352235	149,842005661536	18,704697741048
8	0,639074965116	0,402776384533	-0,655251381551	130,938713783636	32,221141377546
9					
10	0,000000000000	0,000000000000	-1,000000000000	180,000000000000	0,000000000000
11	0,153622642866	0,227451923841	-0,961595396172	164,069512177921	55,964629156613
12	0,326445635859	0,483331662173	-0,812295359564	144,320804332951	55,964628948324
13	0,460867938057	0,682355778397	-0,567442803602	124,572096487886	55,964628878894
14					
15					
16					
17					
18	0,276393200036	0,850650810914	-0,447213591994	116,565050952506	72,000000185585

Triángulo 2

Punto	x	y	z	φ	θ
1					
2	-0,276393205602	0,850650809120	0,447213591967	63,434949049219	108,000000189036
3	-0,308906474123	0,485837697830	0,817642049807		122,449113236885
4	-0,157216779893	0,729213450285	0,665980951713	48,242374594307	102,166611562276
5					
6					
7	0,006178840465	0,502348181455	0,864643352209	30,157994341424	89,295302257366
8	0,185578080230	0,732261157762	0,655251381510	49,061286219457	75,778858622277
9					
10	0,000000000000	0,000000000000	1,000000000000	0,000000000000	0,000000000000
11	0,168847626963	0,216390325468	0,961595396158	15,930487824993	52,035370847095
12	0,358798477635	0,459825946773	0,812295359535	35,679195669963	52,035371053150
13	0,506542884464	0,649170987404	0,567442803560	55,427903515027	52,035371121836
14					
15					
16					
17					
18	0,723606800878	0,525731110829	0,447213591955	63,434949050002	35,999999815326

Triángulo 8

Punto	x	y	z	φ	θ
1					
2	0,723606799985	0,525731107911	0,447213596831	63,434948737626	35,999999697771
3					
4	0,629715568623	0,724988293126	0,279016625785	73,798477362327	49,022836490623
5					
6					
7	0,447318042521	0,893371709473	0,042350413798	87,572774098110	63,402522062332
8	0,332624480199	0,862602331392	0,381153739388	67,594833746697	68,913070425216
9					
10	0,276393201565	0,850650806244	-0,447213599932	116,565051461014	72,000000000000
11	0,212301274646	0,956665374226	-0,199297592911	101,495887192178	77,487803280082
12	0,110874824718	0,985679843730	0,127051245208	82,700771922252	83,582025947103
13	-0,003594133345	0,898746103957	0,438454698717	63,994673661451	90,229127640168
14					
15					
16					
17					
18	-0,276393206480	0,850650806254	0,447213596877	63,434948734699	108,000000299215

Triángulo 9					
Punto	x	y	z	ϕ	θ
1					
2	-0,723606799977	0,525731107888	-0,447213596871	116,565051264882	144,000000303140
3	-0,698846468969	0,714274204792	0,037762060038		134,374498548167
4	-0,629715568618	0,724988293112	-0,279016625832	106,201522640528	130,977163509729
5					
6					
7	-0,447318042521	0,893371709470	-0,042350413852	92,427225904956	116,597477937688
8	-0,332624480192	0,862602331372	-0,381153739438	112,405166256399	111,086929574852
9					
10	-0,276393201573	0,850650806267	0,447213599884	63,434948542086	108,000000000000
11	-0,212301274650	0,956665374236	0,199297592858	78,504112810907	102,512196719978
12	-0,110874824716	0,985679843723	-0,127051245260	97,299228080785	96,417974052817
13	0,003594133352	0,898746103935	-0,438454698763	116,005326341493	89,770872359359
14	0,096266990969	0,750675514423	-0,653619873088	130,815084082488	82,692247520087
15					
16					
17					
18	0,276393206487	0,850650806231	-0,447213596916	116,565051267809	71,999999699874

Triángulo 17					
Punto	x	y	z	ϕ	θ
1					
2	0,276393205610	0,850650809097	-0,447213592006	116,565050953289	71,999999810053
3					
4	0,157216779904	0,729213450250	-0,665980951748	131,757625408373	77,833388436333
5					
6					
7	-0,006178840450	0,502348181410	-0,864643352235	149,842005661536	90,704697741048
8	-0,185578080219	0,732261157729	-0,655251381551	130,938713783636	104,22114137546
9					
10	0,000000000000	0,000000000000	-1,000000000000	180,000000000000	0,000000000000
11	-0,168847626947	0,216390325418	-0,961595396172	164,069512177921	127,964629156613
12	-0,358798477621	0,459825946731	-0,812295359564	144,320804332951	127,964628948324
13	-0,506542884454	0,649170987375	-0,567442803602	124,572096487886	127,964628878894
14					
15					
16					
17					
18	-0,723606800871	0,525731110806	-0,447213591994	116,565050952506	144,000000185585

Triángulo 3					
Punto	x	y	z	ϕ	θ
1					
2	-0,894427192766	0,000000000000	0,447213591967	63,434949049219	180,000000000000
3					
4	-0,742105860451	0,075817305677	0,665980951713	48,242374594307	174,166611562276
5					
6					
7	-0,475852144712	0,161110551650	0,864643352209	30,157994341424	161,295302257366
8	-0,639074965145	0,402776384554	0,655251381510	49,061286219457	147,778858622277
9					0,000000000000
10	0,000000000000	0,000000000000	1,000000000000	0,000000000000	0,000000000000
11	-0,153622642908	0,227451923872	0,961595396158	15,930487824993	124,035370847095
12	-0,326445635895	0,483331662199	0,812295359535	35,679195669963	124,035371053150
13	-0,460867938082	0,682355778415	0,567442803560	55,427903515027	124,035371121836
14					
15					
16					
17					
18	-0,276393200056	0,850650810929	0,447213591955	63,434949050002	107,999999815326

Triángulo 10					
Punto	x	y	z	ϕ	θ
1					
2	-0,276393197557	0,850650809177	0,447213596831	63,434948737626	107,999999697771
3					
4	-0,494912028088	0,822928798250	0,279016625785	73,798477362327	121,022836490623
5					
6					
7	-0,711418108738	0,701491779717	0,042350413798	87,572774098110	135,402522062332
8	-0,717596951115	0,582903459160	0,381153739388	67,594833746697	140,913070425216
9					
10	-0,723606795957	0,525731110816	-0,447213599932	116,565051461014	144,000000000000
11	-0,844238136279	0,497536369236	-0,199297592911	101,495887192178	149,487803280082
12	-0,903175033274	0,410040047267	0,127051245208	82,700771922252	155,582025947103
13	-0,855868986947	0,274309595813	0,438454698717	63,994673661451	162,229127640168
14					
15					
16					
17					
18	-0,894427190311	0,000000000000	0,447213596877	63,434948734699	180,000000000000

Triángulo 11					
Punto	x	y	z	ϕ	θ
1					
2	-0,723606794414	-0,525731115545	-0,447213596871	116,565051264882	216,000000303140
3					
4	-0,884097652727	-0,374861391653	-0,279016625832	106,201522640528	202,977163509729
5					
6					
7	-0,987875862795	-0,149357698676	-0,042350413852	92,427225904956	188,597477937688
8	-0,923170185348	-0,049785899585	-0,381153739438	112,405166256399	183,086929574852
9					
10	-0,894427188808	0,000000000000	0,447213599884	63,434948542086	180,000000000000
11	-0,975447539876	0,093715347896	0,199297592858	78,504112810907	174,512196719978
12	-0,971699443439	0,199143598184	-0,127051245260	97,299228080785	168,417974052817
13	-0,853647690356	0,281146043689	-0,438454698763	116,005326341493	161,770872359359
14					
15					
16					
17					
18	-0,723606794423	0,525731115493	-0,447213596916	116,565051267809	143,999999699874

Triángulo 18					
Punto	x	y	z	ϕ	θ
1					
2	-0,723606797420	0,525731115545	-0,447213592006	116,565050953289	143,999999810053
3					
4	-0,644940546840	0,374861391653	-0,665980951748	131,757625408373	149,833388436333
5					
6					
7	-0,479670878084	0,149357698676	-0,864643352235	149,842005661536	162,704697741048
8	-0,753768526259	0,049785899585	-0,655251381551	130,938713783636	176,221141377546
9					
10	0,000000000000	0,000000000000	-1,000000000000	180,000000000000	0,000000000000
11	-0,257976215239	-0,093715347896	-0,961595396172	164,069512177921	199,964629156613
12	-0,548195290141	-0,199143598184	-0,812295359564	144,320804332951	199,964628948324
13	-0,773928657409	-0,281146043689	-0,567442803602	124,572096487886	199,964628878894
14					
15					
16					
17					
18	-0,723606797465	-0,525731115493	-0,447213591994	116,565050952506	216,000000185585

Triángulo 4					
Punto	x	y	z	ϕ	θ
1					
2	-0,276393199989	-0,850650810944	0,447213591967	63,434949049219	252,000000189036
3					
4	-0,301429865117	-0,682355778441	0,665980951713	48,242374594307	246,166611562276
5					
6					
7	-0,300271639517	-0,402776384589	0,864643352209	30,157994341424	233,295302257366
8	-0,580548130049	-0,483331662242	0,655251381510	49,061286219457	219,778858622277
9					
10	0,000000000000	0,000000000000	1,000000000000	0,000000000000	0,000000000000
11	-0,263791641721	-0,075817305709	0,961595396158	15,930487824993	196,035370847095
12	-0,560552976097	-0,161110551695	0,812295359535	35,679195669963	196,035371053150
13	-0,791374934523	-0,227451923924	0,567442803560	55,427903515027	196,035371121836
14					
15					
16					
17					
18	-0,894427192772	0,000000000000	0,447213591955	63,434949050002	180,000000000000

Triángulo 12					
Punto	x	y	z	ϕ	θ
1					
2	-0,894427190334	0,000000000000	0,447213596831	63,434948737626	180,000000000000
3					
4	-0,935588023423	-0,216390325486	0,279016625785	73,798477362327	193,022836490623
5					
6					
7	-0,886998613934	-0,459825946779	0,042350413798	87,572774098110	207,402522062332
8	-0,776123786211	-0,502348181471	0,381153739388	67,594833746697	212,913070425216
9					
10	-0,723606795957	-0,525731110816	-0,447213599932	116,565051461014	216,000000000000
11	-0,734069137465	-0,649170987399	-0,199297592911	101,495887192178	221,487803280082
12	-0,669067693072	-0,732261157770	0,127051245208	82,700771922252	227,582025947103
13	-0,525361990505	-0,729213450305	0,438454698717	63,994673661451	234,229127640168
14					
15					
16					
17					
18	-0,276393197595	-0,850650809141	0,447213596877	63,434948734699	252,000000299215

Triángulo 13					
Punto	x	y	z	ϕ	θ
1					
2	0,276393206539	-0,850650806238	-0,447213596871	116,565051264882	288,000000303140
3					
4	0,083313169859	-0,956665374223	-0,279016625832	106,201522640528	274,977163509728
5					
6					
7	-0,163222817352	-0,985679843733	-0,042350413852	92,427225904956	260,597477937688
8	-0,237926071753	-0,893371709476	-0,381153739438	112,405166256399	255,086929574852
9					
10	-0,276393201573	-0,850650806267	0,447213599884	63,434948542086	252,000000000000
11	-0,390558459236	-0,898746103969	0,199297592858	78,504112810907	246,512196719978
12	-0,489668458179	-0,862602331403	-0,127051245260	97,299228080785	240,417974052817
13	-0,531177420410	-0,724988293132	-0,438454698763	116,005326341493	233,770872359359
14					
15					
16					
17					
18	-0,723606799931	-0,525731107912	-0,447213596916	116,565051267809	215,999999699874

Triángulo 19					
Punto	x	y	z	ϕ	θ
1					
2	-0,723606800906	-0,525731110747	-0,447213592006	116,565050953289	215,999999810053
3					
4	-0,555811958574	-0,497536369139	-0,665980951748	131,757625408373	221,833388436333
5					
6					
7	-0,290274065619	-0,410040047147	-0,864643352235	149,842005661536	234,704697741048
8	-0,280276488658	-0,701491779625	-0,655251381551	130,938713783636	248,221141377546
9					
10	0,000000000000	0,000000000000	-1,000000000000	180,000000000000	0,000000000000
11	0,009409557640	-0,274309595686	-0,961595396172	164,069512177921	271,964629156613
12	0,019995155841	-0,582903459051	-0,812295359564	144,320804332951	271,964628948324
13	0,028228669308	-0,822928798178	-0,567442803602	124,572096487886	271,964628878894
14					
15					
16					
17					
18	0,276393205547	-0,850650809124	-0,447213591994	116,565050952506	288,000000185585

Triángulo 5

Punto	x	y	z	ϕ	θ
1					
2	0,723606800914	-0,525731110770	0,447213591967	63,434949049219	324,000000189036
3					
4	0,555811958585	-0,497536369173	0,665980951713	48,242374594307	318,166611562276
5					
6					
7	0,290274065633	-0,410040047192	0,864643352209	30,157994341424	305,295302257366
8	0,280276488669	-0,701491779659	0,655251381510	49,061286219457	291,778858622277
9					
10	0,000000000000	0,000000000000	1,000000000000	0,000000000000	0,000000000000
11	-0,009409557624	-0,274309595735	0,961595396158	15,930487824993	268,035370847095
12	-0,019995155828	-0,582903459093	0,812295359535	35,679195669963	268,035371053150
13	-0,028228669299	-0,822928798207	0,567442803560	55,427903515027	268,035371121836
14					
15					
16					
17					
18	-0,276393205540	-0,850650809147	0,447213591955	63,434949050002	251,999999815326

Triángulo 14

Punto	x	y	z	ϕ	θ
1					
2	-0,276393206531	-0,850650806261	0,447213596831	63,434948737626	251,999999697771
3					
4	-0,083313169854	-0,956665374237	0,279016625785	73,798477362327	265,022836490623
5					
6					
7	0,163222817353	-0,985679843736	0,042350413798	87,572774098110	279,402522062332
8	0,237926071760	-0,893371709496	0,381153739388	67,594833746697	284,913070425216
9					
10	0,276393201565	-0,850650806244	-0,447213599932	116,565051461014	288,000000000000
11	0,390558459233	-0,898746103959	-0,199297592911	101,495887192178	293,487803280082
12	0,489668458181	-0,862602331410	0,127051245208	82,700771922252	299,582025947103
13	0,531177420417	-0,724988293155	0,438454698717	63,994673661451	306,229127640168
14					
15					
16					
17					
18	0,723606799938	-0,525731107935	0,447213596877	63,434948734699	324,000000299215

Triángulo 15					
Punto	x	y	z	ϕ	θ
1					0,000000000000
2	0,894427190315	0,000000000000	-0,447213596871	116,565051264882	0,000000000000
3					
4	0,935588023410	-0,216390325477	-0,279016625832	106,201522640528	346,977163509728
5					
6					
7	0,886998613932	-0,459825946777	-0,042350413852	92,427225904956	332,597477937688
8	0,776123786194	-0,502348181459	-0,381153739438	112,405166256399	327,086929574852
9					
10	0,723606795977	-0,525731110831	0,447213599884	63,434948542086	324,000000000000
11	0,734069137474	-0,649170987405	0,199297592858	78,504112810907	318,512196719978
12	0,669067693066	-0,732261157766	-0,127051245260	97,299228080785	312,417974052817
13	0,525361990486	-0,729213450291	-0,438454698763	116,005326341493	305,770872359359
14					
15					
16					
17					
18	0,276393197575	-0,850650809126	-0,447213596916	116,565051267809	287,999999699874

Triángulo 20					
Punto	x	y	z	ϕ	θ
1					0,000000000000
2	0,276393199970	-0,850650810930	-0,447213592006	116,565050953289	287,999999810053
3					
4	0,301429865087	-0,682355778420	-0,665980951748	131,757625408373	293,833388436333
5					
6					
7	0,300271639479	-0,402776384561	-0,864643352235	149,842005661536	306,704697741048
8	0,580548130021	-0,483331662221	-0,655251381551	130,938713783636	320,221141377546
9					
10	0,000000000000	0,000000000000	-1,000000000000	180,000000000000	0,000000000000
11	0,263791641679	-0,075817305678	-0,961595396172	164,069512177921	343,964629156613
12	0,560552976061	-0,161110551669	-0,812295359564	144,320804332951	343,964628948324
13	0,791374934498	-0,227451923906	-0,567442803602	124,572096487886	343,964628878894
14					
15					
16					
17					
18	0,894427192753	0,000000000000	-0,447213591994	116,565050952506	0,000000000000

Como el esquema III fue concebido para que el sólido quede apoyado sobre una cara y a su vez que sea perpendicular al plano XZ, se debe:

6th. Rotar el conjunto, obtenido arriba, respecto del eje Y: -37,3773681377939°.

ASIMÉTRICO

SÓLIDO ORIENTADO CON CARA ABC PERPENDICULA A EJE Z					
Triángulo 1					
Punto	x	y	z	ϕ	θ
1					
2	0,303531001045	0,525731115545	0,794654469284	37,377368424538	60,000000002979
3					
4	0,108213162669	0,374861391653	0,920743638845	22,964959897107	73,897886250993
5					
6					
7	-0,143719512545	0,149357698676	0,978282668537	11,962721297591	133,897886245035
8	0,201207317554	0,049785899585	0,978282668540	11,962721296893	13,897886256951
9					
10	-0,607062002133	0,000000000000	0,794654469293	37,377368423708	180,000000000000
11	-0,378746069387	-0,093715347896	0,920743638856	22,964959895563	193,897886246524
12	-0,057487805009	-0,199143598184	0,978282668546	11,962721295149	253,897886248014
13	0,270532906718	-0,281146043689	0,920743638860	22,964959894945	313,897886252483
14					
15					
16					
17					
18	0,303531001088	-0,525731115493	0,794654469301	37,377368422878	300,000000002979
Triángulo 6					
Punto	x	y	z	ϕ	θ
1					
2	0,303530995703	-0,525731115545	0,794654471324	37,377368231963	299,999999560398
3					
4	0,533171763350	-0,374861391653	0,758423897180	40,674551528832	324,889786941086
5					
6					
7	0,759310645647	-0,149357698676	0,633355840940	50,701853342626	348,871892225089
8	0,502217365875	-0,049785899585	0,863307061025	30,310047653884	354,338641511149
9					
10	0,982246947316	0,000000000000	0,187592469168	79,187683323220	0,000000000000
11	0,896129745052	0,093715347896	0,433784409128	64,292030861508	5,970169880650
12	0,695037325702	0,199143598184	0,690843645975	46,303072089598	15,988181310149
13	0,412185769439	0,281146043689	0,866637059899	29,929834941573	34,297341463081
14					
15					
16					
17					
18	0,303530995682	0,525731115493	0,794654471366	37,377368228010	60,000000438843

Triángulo 7					
Punto	x	y	z	φ	θ
1					
2	0,491123470266	0,850650809163	-0,187592478059	100,812317195405	60,000000171248
3					
4	0,562664446916	0,822928798241	0,078720475111	85,484977600776	55,638254042826
5					
6					
7	0,591040908654	0,701491779716	0,398220952850	66,532991335354	49,884234051890
8	0,801625577187	0,582903459148	0,132740315326	82,372026499628	36,022840391545
9					
10	0,303530995072	0,525731110831	0,794654474684	37,377367914876	60,000000268681
11	0,549891615755	0,497536369242	0,670877613431	47,865164389699	42,138476148505
12	0,794840062293	0,410040047263	0,447321400130	63,428042798007	27,288187621067
13	0,946289303721	0,274309595799	0,171145550091	80,145569569532	16,165774936360
14					
15					
16					
17					
18	0,982246946683	0,000000000000	0,187592472481	79,187683130015	0,000000000000

Triángulo 16					
Punto	x	y	z	φ	θ
1					
2	0,982246945653	0,000000000000	0,187592477873	79,187682815495	0,000000000000
3					
4	0,994009468230	0,075817305656	-0,078720475308	94,515022410571	4,361745953826
5					
6					
7	0,903030156039	0,161110551623	-0,398220953039	113,467008676482	10,115765943334
8	0,905621992165	0,402776384533	-0,132740315542	97,627973512889	23,977159605360
9					
10	0,607061994924	0,000000000000	-0,794654474799	142,622632096023	0,000000000000
11	0,705824942832	0,227451923841	-0,670877613591	132,134835622605	17,861523846183
12	0,752525128585	0,483331662173	-0,447321400326	116,571957214565	32,711812376313
13	0,710703730327	0,682355778397	-0,171145550301	99,854430442689	43,834225061244
14					
15					
16					
17					
18	0,491123469292	0,850650810914	-0,187592472668	100,812316880885	60,000000271576

Triángulo 2					
Punto	x	y	z	φ	θ
1					
2	-0,491123473699	0,850650809120	0,187592469267	79,187683317461	120,000000003370
3					
4	-0,529224744554	0,729213450285	0,433784409213	64,292030856099	125,970169884536
5					
6					
7	-0,519982077885	0,502348181455	0,690843646036	46,303072084769	135,988181315549
8	-0,250307761541	0,732261157762	0,633355841013	50,701853337268	108,871892228253
9					
10	-0,607061999392	0,000000000000	0,794654471386	37,377368226146	180,000000000000
11	-0,449572500713	0,216390325468	0,866637059931	29,929834937846	154,297341472727
12	-0,207992829146	0,459825946773	0,863307061073	30,310047648455	114,338641515191
13	0,058053606388	0,649170987404	0,758423897236	40,674551523975	84,889786941151
14					
15					
16					
17					
18	0,303531003781	0,525731110829	0,794654471359	37,377368228701	59,999999556765

Triángulo 8					
Punto	x	y	z	φ	θ
1					
2	0,303531000110	0,525731107911	0,794654474691	37,377367914180	59,999999719099
3					
4	0,331025902527	0,724988293126	0,603998200897	52,843212419740	65,458806337568
5					
6					
7	0,329753956216	0,893371709473	0,305203730439	72,229578766341	69,740306109073
8	0,032937580152	0,862602331392	0,504809205236	59,681312198231	87,813282109669
9					
10	0,491123475326	0,850650806244	-0,187592478048	100,812317194709	59,999999830562
11	0,289692152360	0,956665374226	-0,029492687530	91,690051588754	73,152926301113
12	0,010979192545	0,985679843730	0,168269732858	80,312767115176	89,361825865471
13	-0,269025279645	0,098746103957	0,346238125476	69,742606120787	106,664230355014
14					
15					
16					
17					
18	-0,491123477376	0,850650806254	0,187592472636	79,187683120933	120,000000272748

Triángulo 9					
Punto	x	y	z	φ	θ
1					
2	-0,303531000081	0,525731107888	-0,794654474718	142,622632088328	120,000000279559
3					
4	-0,331025902494	0,724988293112	-0,603998200932	127,156787582790	114,541193660719
5					
6					
7	-0,329753956183	0,893371709470	-0,305203730481	107,770421236189	110,259693889109
8	-0,032937580116	0,862602331372	-0,504809205271	120,318687804147	92,186717888034
9					
10	-0,491123475302	0,850650806267	0,187592478005	79,187682807799	120,000000167582
11	-0,289692152330	0,956665374236	0,029492687486	88,309948413766	106,847073697104
12	-0,010979192511	0,985679843723	-0,168269732899	99,687232887178	90,638174132580
13	0,269025279679	0,898746103935	-0,346238125508	110,257393881183	73,335769642610
14					
15					
16					
17					
18	0,491123477406	0,850650806231	-0,187592472663	100,812316880617	59,999999725080

Triángulo 17					
Punto	x	y	z	φ	θ
1					
2	0,491123473728	0,850650809097	-0,187592469294	100,812316684089	59,999999994458
3					
4	0,529224744584	0,729213450250	-0,433784409234	115,707969145234	54,029830112639
5					
6					
7	0,519982077912	0,502348181410	-0,690843646047	133,696927916170	44,011818680415
8	0,250307761575	0,732261157729	-0,633355841038	129,298146664639	71,128107768595
9					
10	0,607061999406	0,000000000000	-0,794654471376	142,622631772896	0,000000000000
11	0,449572500735	0,216390325418	-0,866637059933	150,070165062307	25,702658521095
12	0,207992829175	0,459825946731	-0,863307061088	149,689952353285	65,661358479874
13	-0,058053606355	0,649170987375	-0,758423897263	139,325448478444	95,110213056191
14					
15					
16					
17					
18	-0,303531003751	0,525731110806	-0,794654471385	142,622631773807	120,000000441893

Triángulo 3					
Punto	x	y	z	ϕ	θ
1					
2	-0,982246945645	0,000000000000	-0,187592477916	100,812317187013	180,000000000000
3					
4	-0,994009468232	0,075817305677	0,078720475263	85,484977592040	175,638254044969
5					
6					
7	-0,903030156054	0,161110551650	0,398220952995	66,532991326242	169,884234055133
8	-0,905621992163	0,402776384554	0,132740315493	82,372026489991	156,022840393493
9					
10	-0,607061994959	0,000000000000	0,794654474773	37,377367906485	180,000000000000
11	-0,705824942857	0,227451923872	0,670877613554	47,865164380226	162,138476152160
12	-0,752525128595	0,483331662199	0,447321400281	63,428042788328	147,288187622650
13	-0,710703730321	0,682355778415	0,171145550253	80,145569560123	136,165774937770
14					
15					
16					
17					
18	-0,491123469284	0,850650810929	0,187592472625	79,187683121623	119,999999727594

Triángulo 10					
Punto	x	y	z	ϕ	θ
1					
2	-0,491123470258	0,850650809177	0,187592478017	79,187682807103	119,999999827922
3					
4	-0,562664446897	0,822928798250	-0,078720475156	94,515022401835	124,361745955969
5					
6					
7	-0,591040908623	0,701491779717	-0,398220952893	113,467008667369	130,115765946576
8	-0,801625577170	0,582903459160	-0,132740315376	97,627973503252	143,977159607308
9					
10	-0,303530995027	0,525731110816	-0,794654474710	142,622632087632	119,999999728317
11	-0,549891615716	0,497536369236	-0,670877613468	132,134835613132	137,861523849838
12	-0,794840062266	0,410040047267	-0,447321400175	116,571957204885	152,711812377895
13	-0,946289303708	0,274309595813	-0,171145550139	99,854430433280	163,834225062654
14					
15					
16					
17					
18	-0,982246946675	0,000000000000	-0,187592472524	100,812316872493	180,000000000000

Triángulo 11					
Punto	x	y	z	φ	θ
1					
2	-0,303530995660	-0,525731115545	-0,794654471341	142,622631769587	240,000000443116
3					
4	-0,533171763309	-0,374861391653	-0,758423897209	139,325448473704	215,110213060988
5					
6					
7	-0,759310645613	-0,149357698676	-0,633355840981	129,298146660416	191,128107775401
8	-0,502217365829	-0,049785899585	-0,863307061052	149,689952349201	185,661358489374
9					
10	-0,982246947306	0,000000000000	-0,187592469222	100,812316679880	180,000000000000
11	-0,896129745028	0,093715347896	-0,433784409176	115,707969141575	174,029830119195
12	-0,695037325664	0,199143598184	-0,690843646012	133,696927913383	164,011818689035
13	-0,412185769392	0,281146043689	-0,866637059921	150,070165060988	145,702658533885
14					
15					
16					
17					
18	-0,303530995639	0,525731115493	-0,794654471383	142,622631773540	119,999999557643

Triángulo 18					
Punto	x	y	z	φ	θ
1					
2	-0,303531001002	0,525731115545	-0,794654469300	142,622631577012	119,999999993507
3					
4	-0,108213162619	0,374861391653	-0,920743638851	157,035040103752	106,102113741979
5					
6					
7	0,143719512598	0,149357698676	-0,978282668529	168,037278700260	46,102113744422
8	-0,201207317501	0,049785899585	-0,978282668551	168,037278706116	166,102113739535
9					
10	0,607062002176	0,000000000000	-0,794654469260	142,622631573192	0,000000000000
11	0,378746069437	-0,093715347896	-0,920743638835	157,035040101428	346,102113755233
12	0,057487805062	-0,199143598184	-0,978282668543	168,037278703991	286,102113766043
13	-0,270532906668	-0,281146043689	-0,920743638874	157,035040107205	226,102113752789
14					
15					
16					
17					
18	-0,303531001045	-0,525731115493	-0,794654469318	142,622631578672	240,000000000535

Triángulo 4					
Punto	x	y	z	φ	θ
1					
2	-0,491123469238	-0,850650810944	0,187592472675	79,187683118696	240,000000275150
3					
4	-0,643824317694	-0,682355778441	0,346238125535	69,742606117199	226,664230359005
5					
6					
7	-0,763504322347	-0,402776384589	0,504809205319	59,681312192723	207,813282114613
8	-0,859113380903	-0,483331662242	0,168269732952	80,312767109716	209,361825868275
9					
10	-0,607061994959	0,000000000000	0,794654474773	37,377367906485	180,000000000000
11	-0,793371230475	-0,075817305709	0,603998200998	52,843212412458	185,458806341288
12	-0,938559573490	-0,161110551695	0,305203730553	72,229578759496	189,740306111924
13	-0,973342593177	-0,227451923924	-0,029492687415	91,690051582194	193,152926302907
14					
15					
16					
17					
18	-0,982246945643	0,000000000000	-0,187592477929	100,812317187796	180,000000000000

Triángulo 12					
Punto	x	y	z	φ	θ
1					
2	-0,982246946665	0,000000000000	-0,187592472574	100,812316875420	180,000000000000
3					
4	-0,912849597434	-0,216390325486	-0,346238125428	110,257393876292	193,335769641008
5					
6					
7	-0,730566742329	-0,459825946779	-0,504809205216	120,318687800488	212,186717884530
8	-0,848134188430	-0,502348181471	-0,168269732835	99,687232883490	210,638174131006
9					
10	-0,303530995027	-0,525731110816	-0,794654474710	142,622632087632	240,000000271683
11	-0,462345328098	-0,649170987399	-0,603998200912	127,156787581362	234,541193655867
12	-0,608805617371	-0,732261157770	-0,305203730447	107,770421234130	230,259693886616
13	-0,683650440852	-0,729213450305	0,029492687529	88,309948411303	226,847073696445
14					
15					
16					
17					
18	-0,491123470316	-0,850650809141	0,187592478030	79,187682806320	240,000000168106

Triángulo 13					
Punto	x	y	z	ϕ	θ
1					
2	0,491123477419	-0,850650806238	-0,187592472595	100,812316876665	300,000000275389
3					
4	0,235585573431	-0,956665374223	-0,171145550202	99,854430436904	283,834225066003
5					
6					
7	-0,103996414938	-0,985679843733	-0,132740315420	97,627973505839	263,977159610944
8	0,042314933671	-0,893371709476	-0,447321400221	116,571957207834	272,711812380550
9					
10	-0,491123475302	-0,850650806267	0,187592478005	79,187682807799	239,999999832417
11	-0,431345021286	-0,898746103969	-0,078720475177	94,515022403026	244,361745959518
12	-0,311989247429	-0,862602331403	-0,398220952922	113,467008669148	250,115765948953
13	-0,155933327188	-0,724988293132	-0,670877613498	132,134835615455	257,861523850854
14					
15					
16					
17					
18	-0,303531000016	-0,525731107912	-0,794654474726	142,622632089111	239,999999726868

Triángulo 19					
Punto	x	y	z	ϕ	θ
1					
2	-0,303531003772	-0,525731110747	-0,794654471416	142,622631776734	239,999999553666
3					
4	-0,037386731342	-0,497536369139	-0,866637059964	150,070165065949	265,702658529871
5					
6					
7	0,294224536667	-0,410040047147	-0,863307061108	149,689952355526	305,661358491794
8	0,175055247787	-0,701491779625	-0,690843646089	133,696927919437	284,011818689081
9					
10	0,607061999406	0,000000000000	-0,794654471376	142,622631772896	0,000000000000
11	0,591225369690	-0,274309595686	-0,758423897270	139,325448479037	335,110213067271
12	0,509002884093	-0,582903459051	-0,633355841065	129,298146666627	311,128107778152
13	0,366905000513	-0,822928798178	-0,433784409273	115,707969147751	294,029830120621
14					
15					
16					
17					
18	0,491123473671	-0,850650809124	-0,187592469322	100,812316685749	300,000000001859

Triángulo 5					
Punto	x	y	z	φ	θ
1					
2	-0,148064096891	-0,880838833429	0,449666512802	63,277710227713	260,458102694525
3					
4	-0,361221566251	-0,743997141894	0,562127416987	55,796949145844	244,102744228616
5					
6					
7	-0,585311339670	-0,496599435097	0,640936530957	50,138310246600	220,312485545916
8	-0,624797568545	-0,699307365616	0,347271085372	69,679506941444	228,220741256204
9					
10	-0,607061996429	0,000000000000	0,794654473650	37,377368012457	180,000000000000
11	-0,740549343286	-0,190785381861	0,644350532107	49,883001951538	194,446780013955
12	-0,826313915939	-0,405415855516	0,390951782734	66,986264928129	206,134035902201
13	-0,814876928204	-0,572356155980	0,091564308512	84,746392994218	215,083573841560
14					
15					
16					
17					
18	-0,899050711227	-0,419908129444	-0,124036210314	97,125101559730	205,035266238154

Triángulo 14					
Punto	x	y	z	φ	θ
1					
2	-0,899050713161	-0,419908126679	-0,124036205655	97,125101290714	205,035266046238
3					
4	-0,745096501059	-0,630293288486	-0,218086163247	102,596648980892	220,228605688425
5					
6					
7	-0,476515287366	-0,822422838315	-0,310731163427	108,103299308936	239,911815201025
8	-0,588532219387	-0,807915164435	0,030048524400	88,278087181820	233,928236212561
9					
10	-0,040090542711	-0,803905832127	-0,593403877184	126,398931572753	267,145041842331
11	-0,151880280328	-0,917808545837	-0,366824009079	111,519878527080	260,603763554044
12	-0,273388501336	-0,960656482073	-0,048967854639	92,806773869818	254,114437749579
13	-0,362737287039	-0,890499775338	0,274648522143	74,058930521137	247,836905451058
14					
15					
16					
17					
18	-0,148064098864	-0,880838830712	0,449666517473	63,277709928074	260,458102540808

Triángulo 15					
Punto	x	y	z	ϕ	θ
1					
2	0,782764746654	-0,621321331114	0,035201632033	87,982678277149	321,559129810043
3					
4	0,584737026216	-0,805572225287	0,095582425255	84,515157129337	305,974600096768
5					
6					
7	0,278911243922	-0,946932116499	0,159775106813	80,806157137532	286,411913617888
8	0,397734025575	-0,900499925144	-0,175805374536	100,125529326150	293,830153601880
9					
10	-0,148064104553	-0,880838830043	0,449666516912	63,277709964097	260,458102173858
11	-0,059723628958	-0,976901799308	0,205173006639	78,160373122443	266,501533531571
12	0,055366908979	-0,991518068415	-0,117585821408	96,752793861735	273,196108293217
13	0,163944486354	-0,889499361949	-0,426512708471	115,246450550784	280,443041132093
14					
15					
16					
17					
18	-0,040090548413	-0,803905831428	-0,593403877745	126,398931612682	267,145041434432

Triángulo 20					
Punto	x	y	z	ϕ	θ
1					
2	-0,040090551020	-0,803905834389	-0,593403873559	126,398931314651	267,145041259560
3					
4	0,199927532882	-0,700236448298	-0,685345094147	133,262752893353	285,934802806397
5					
6					
7	0,474197420540	-0,498319291827	-0,725820011950	136,537105967159	313,579152338082
8	0,462829415645	-0,750962319373	-0,471003744036	118,099471476112	301,646155084967
9					
10	0,607061997471	0,000000004968	-0,794654472854	142,622631912393	0,000000468854
11	0,692686171857	-0,237783477478	-0,680914741473	132,915165587246	341,053814443214
12	0,724605449683	-0,505286048977	-0,468650137095	117,946709637405	325,110942889006
13	0,671287411501	-0,713350443950	-0,201256938458	101,610470996386	313,259983091656
14					
15					
16					
17					
18	0,782764744075	-0,621321334128	0,035201636199	87,982678038311	321,559129582766

CAPÍTULO 10

DIMENSIÓN DE LOS CONECTORES

Para el armado de una estructura geodésica es necesario dar forma a los conectores, los que se encargan de unir los puntos de las grillas calculados y también los encargados de definir el esqueleto del proyecto (la parte estructural encargada de soportar las cargas o solicitaciones externas e internas, en caso de que existan).
Un conector para formar parte de una estructura geodésica requiere de una *longitud* y de sus *ángulos característicos*; axiales (AAx), de cara (ACar) y de la sección transversal del perfil (Astp).
Aquí una vez más ayuda el uso del cálculo vectorial para determinar el valor de estas magnitudes.

LONGITUD

Se utiliza para su determinación la fórmula que define la distancia entre dos puntos.
Por ejemplo, si se desea calcular la longitud de un lado cualquiera del solido elegido, (conector AB), se aplicará formula siguiente:

$$\left\|\overrightarrow{AB}\right\| = \sqrt{(Bx - Ax)^2 + (By - Ay)^2 + (Bz - Az)^2}.$$

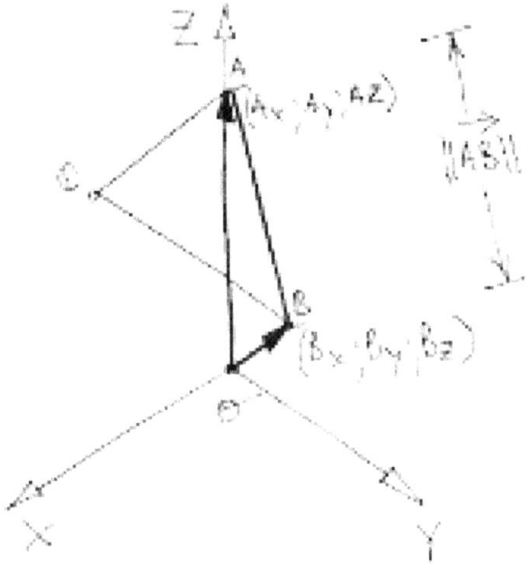

Otra manera, es a través del uso de las coordenadas esféricas de cada punto[35]:

$$\left\|\overrightarrow{BC}\right\| = \sqrt{2 - 2\left(\cos\phi_B * \cos\phi_C + \left[\cos\left(\theta_C - \theta_B\right) * \sin\phi_B * \sin\phi_C\right]\right)}$$

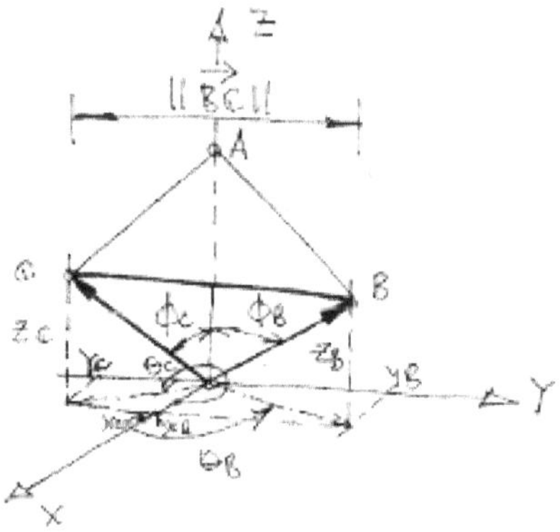

Con cualquiera de las dos fórmulas se llega al mismo resultado.
Tener en cuenta que: ***el valor real de la longitud de los conectores será el valor calculado con estas ecuaciones, multiplicadas por el radio se le asigne a la estructura que se está diseñando***.

ÁNGULOS

Los ángulos son los encargados de dar la forma final a la estructura geodésica. Aquí están calculados cuidadosamente, pero en la práctica es común redondearlos a valores enteros de fácil manipulación para el trabajo de corte de los materiales empleados para la construcción de la estructura, según la calidad con que midan los instrumentos de cada constructor.

Una estructura bien concebida admite una tolerancia en esta magnitud de: (±1°).

También se puede decir que son independiente de la dimensión de la estructura. Y que por facilidad de sus cálculos, se utilizan vectores unitarios con direcciones específicas que guardan relación directa con los miembros estructurales que se están dimensionando.

De este modo su determinación se reduce a calcular el producto vectorial escalar de dos vectores unitarios.

(a) ángulos de sección transversal del perfil (Astp):

(i) Vectores utilizados: vector unitario punto base altura $\left(\overrightarrow{V_{pbh}}\right)$ y vector unitario altura $\left(\overrightarrow{V_{hj}}\right)$

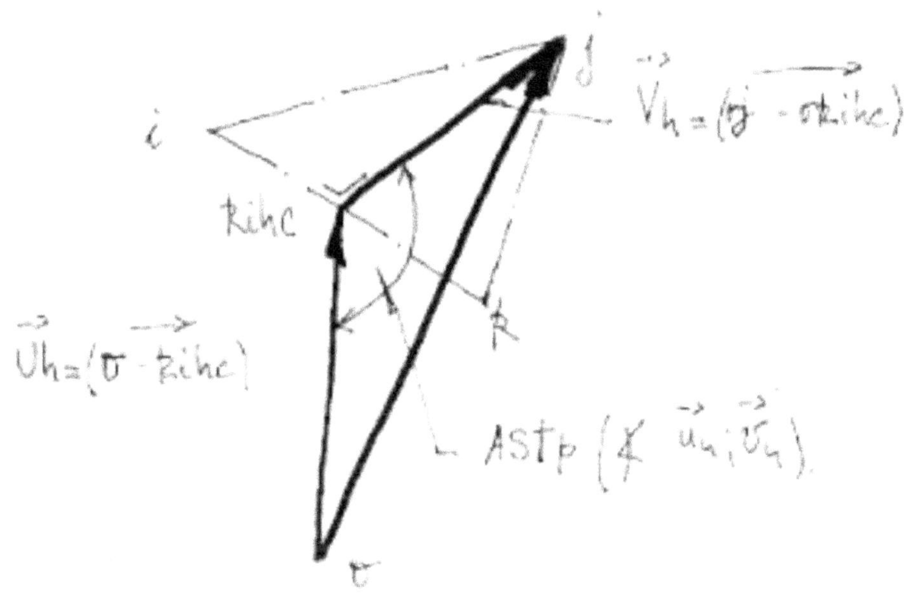

$$\vec{U_h} = \overrightarrow{\sigma - kihc} = \vec{\sigma i} + \frac{\vec{\sigma j}\cdot\vec{ik}}{|\vec{ik}|^2}\,\vec{ik} \;;\quad \vec{u_h} = \frac{\vec{U_h}}{|\vec{U_h}|}$$

$$\vec{V_h} = \vec{\sigma j} - \vec{U_h} \;;\quad \vec{v_h} = \frac{\vec{V_h}}{|\vec{V_h}|}$$

(b) ángulos de cara (ACar)

(i) Vectores utilizados: vectores unitarios cada uno con la dirección de un conector.

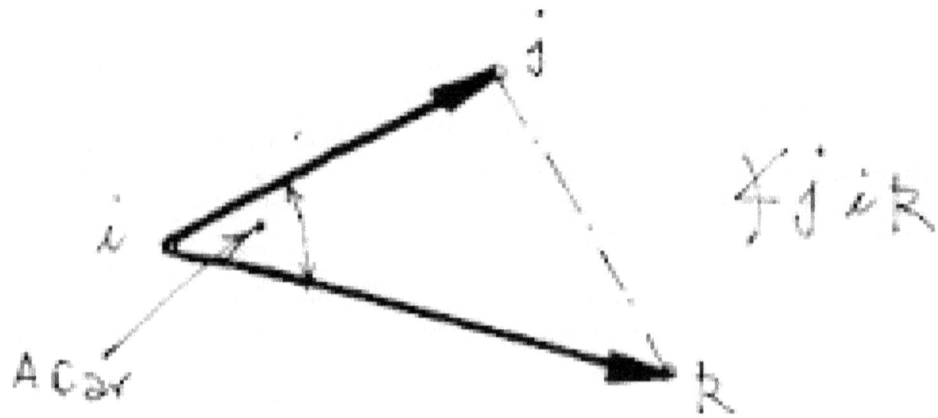
j
i
∡jik
k

(c) ángulos axial (AAx)

(i) Vectores utilizados: radio vector unitario y vector unitario con dirección del conector analizado

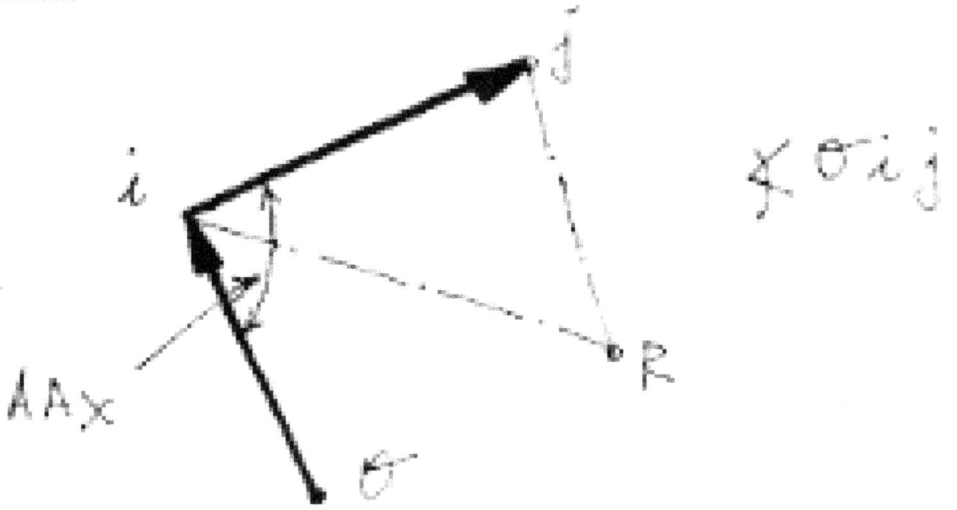

CAPÍTULO 11

DOMO

INSTRUCCIÓN GENERAL PARA SU CONSTRUCCIÓN

Cada diseñador o constructor, armará sus instructivos o procedimiento de cálculo y su posterior confección en documentos para su construcción.
Independientemente de esa situación, hay algo que es común para todos y abajo se resume en una secuencia de pasos mínimos necesarios:

(1) Elegir un sólido.
(2) Seleccionar una de sus caras.
(3) Definir una frecuencia.
(4) Seleccionar un método de subdivisión para conferirle una grilla.
(5) Calcular los puntos de la grilla.
(6) Calcular longitud de los conectores.
(7) Calcular los ángulos característicos: de la sección transversal del perfil, de cara y axial.
(8) Confeccionar la ***cascara***. Con esto se logra definir la cantidad y tipo de conectores por cara del solido elegido, a través de una tabla.

CASCARONES O CÁSCARAS

A continuación se detallan las tablas con las dimensiones esenciales para la construcción de una estructura geodesia, a partir de la definición de lo que se denomina un cascarón o cáscara según cada método asociado a un sólido platónico desarrollado en este texto. En función de esto, las tablas a continuación se presentan en el mismo orden que se calcularan las grillas por sólido y esquema.

Para facilitar la lectura de las tablas se muestran en forma genérica los cascarones para los tres esquemas. En donde se ve las nomenclaturas adoptadas.

NOMENCLATURA

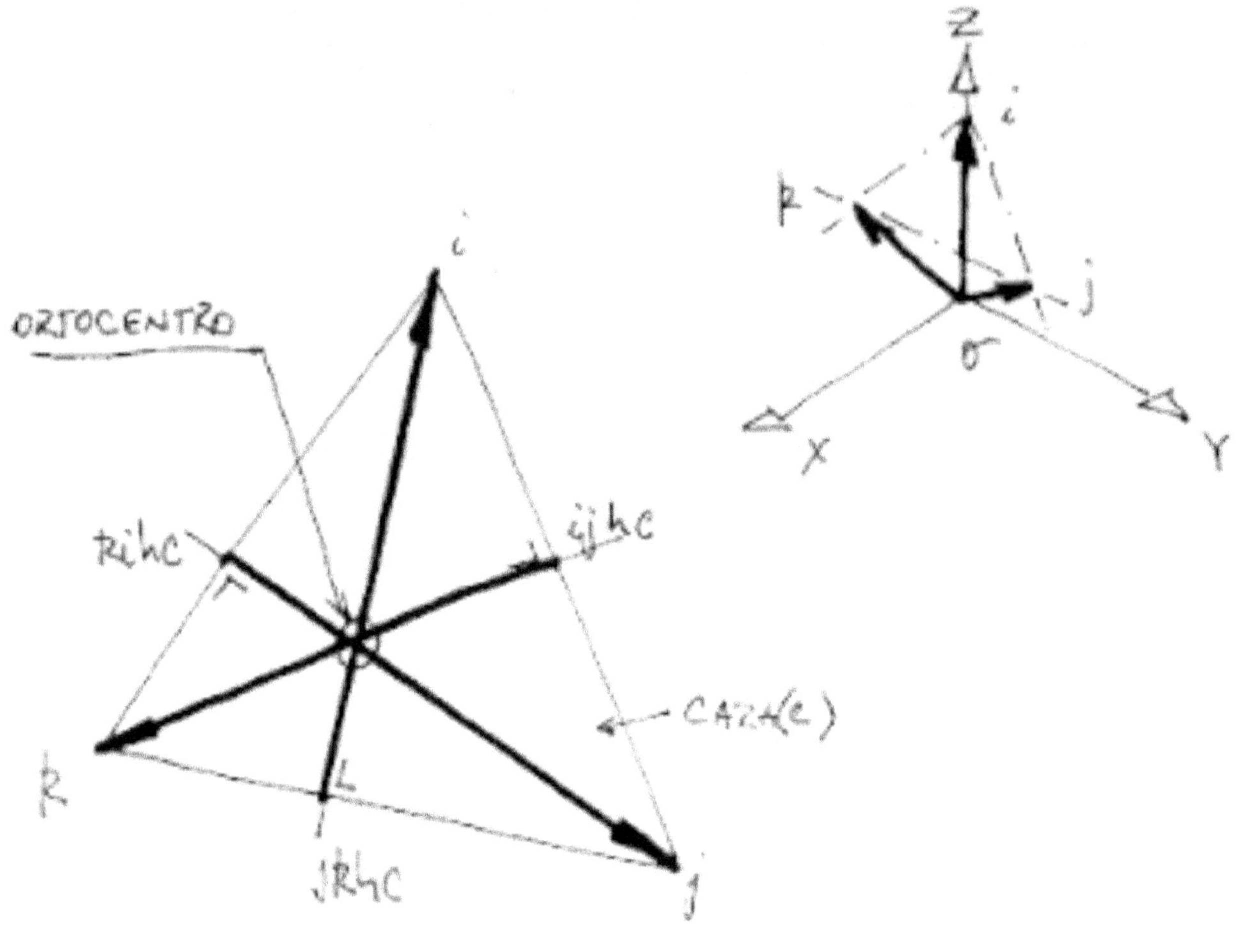

LADO	AAx	ACar	AStp
i-j	oiij	ijk	o-jkhc-oi
j-k	ojjk	jki	o-kihc-oj
k-i	okk	kij	o-ijhc-ok

CASCARÓN ESQUEMA I

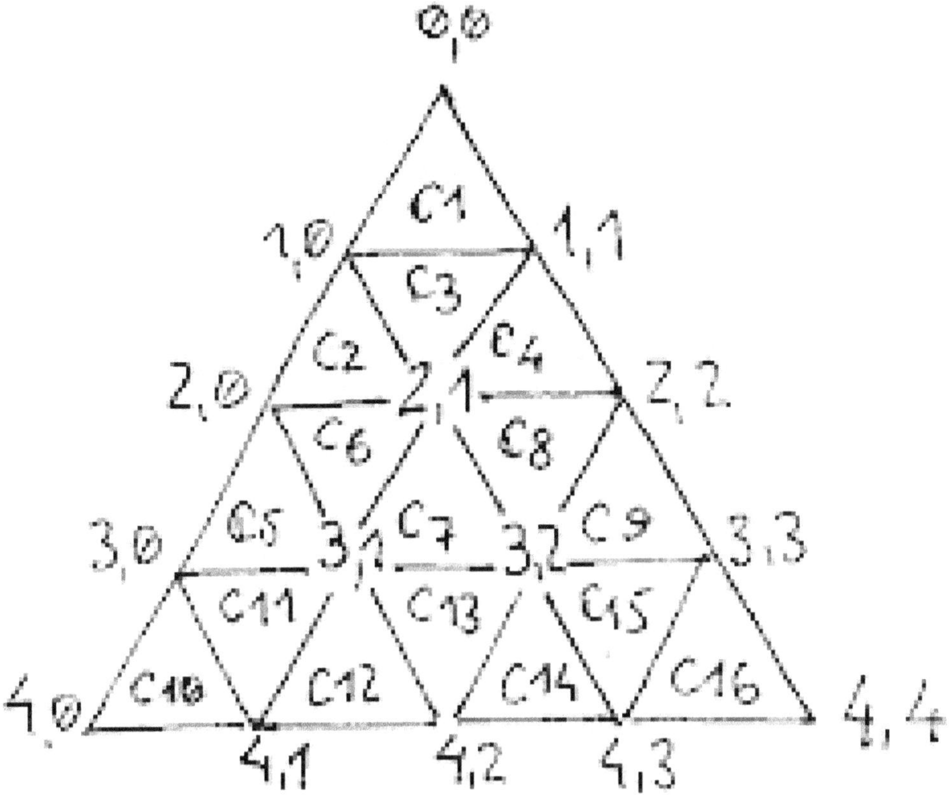

CASCARÓN ESQUEMA II (TRIARON)

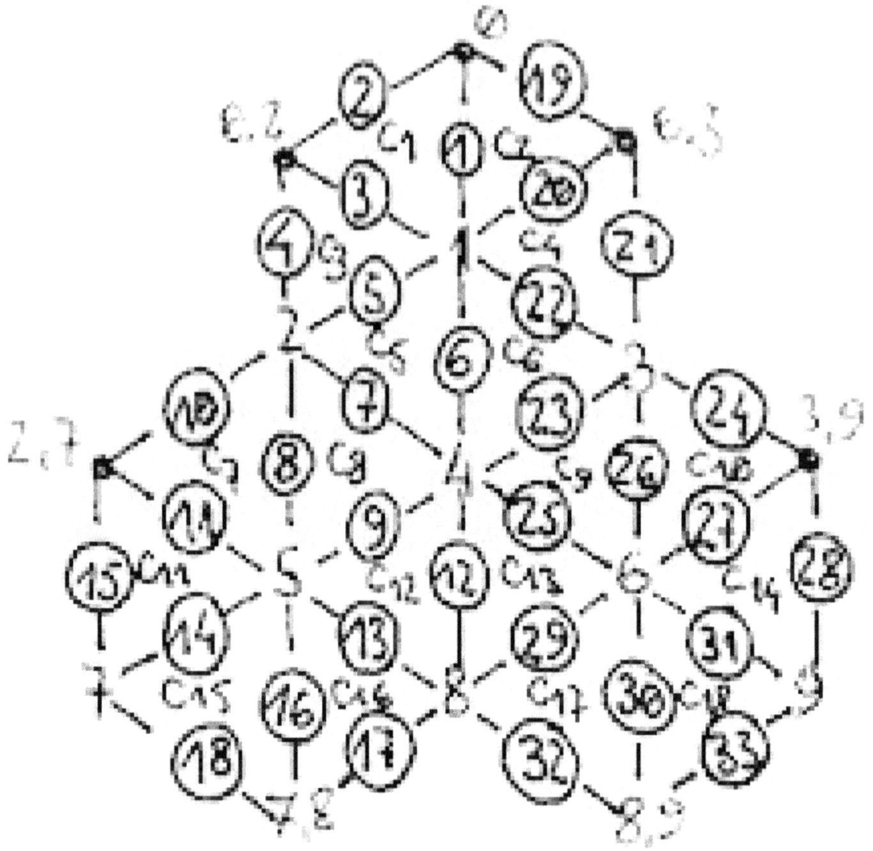

Con este cascarón así definido, no es posible, aplicando las rotaciones antes mencionadas cubrir toda la superficie del sólido con todos los conectores necesarios. De todos modos es muy potente porque, sí muestra todas las dimensiones de los conectores necesarios y los ángulos fundamentales que los vinculan. Ese fue el motivo por el cual se eligió.

Abajo, junto a las tablas correspondientes a este esquema, para salvar esta particularidad se dejan las lunas que sí permiten cubrir al octaedro e icosaedro y el arreglo particular que hay que tener en cuenta con el tetraedro.

CASCARÓN ESQUEMA III (ASIMÉTRICO)[36]

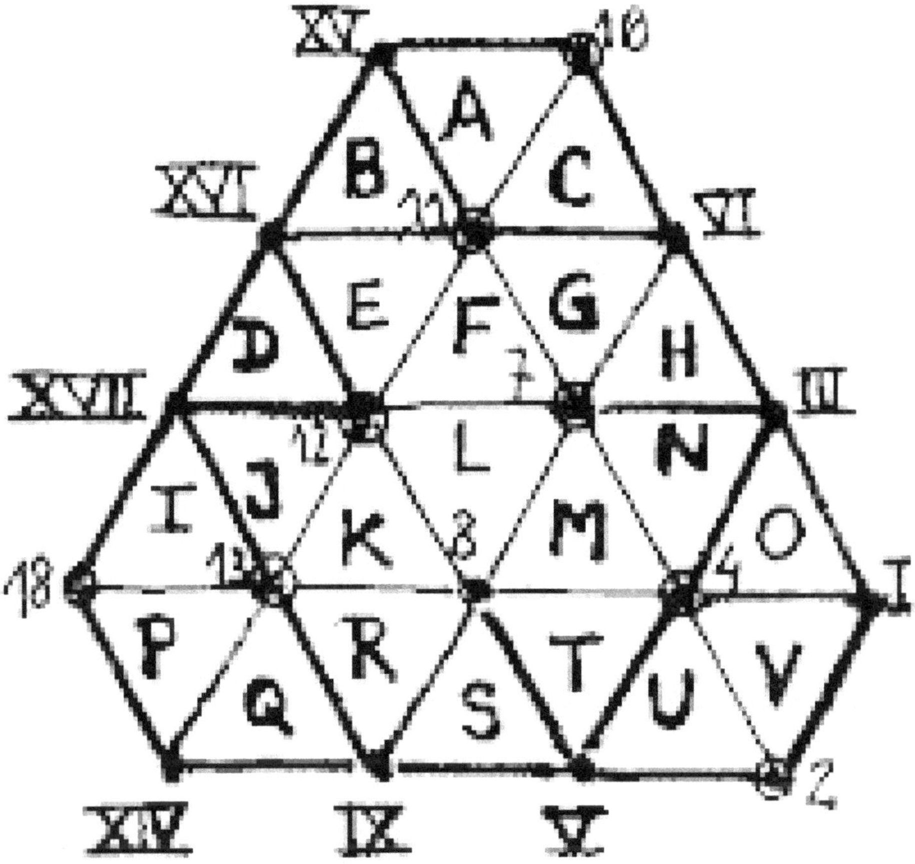

Observación: En las tablas para los esquema II y III, se verán algunos puntos con la nomenclatura; **P (número) T (número)**; esto significa que ese punto no pertenece a la misma cara que los restantes y su significado es, por ejemplo: **P1T3**, indica **Punto Nº 1** del **Triángulo Nº 3**, correspondiente a las tablas calculadas en la definición de las lunas para cada sólido en particular.

CASCARONES-CONSTRUCCIÓN GEODÉSICA DE LOS SÓLIDOS PLATÓNICOS-TETRAEDRO _FRECUENCIA:4.

CASCARÓN ESQUEMA I

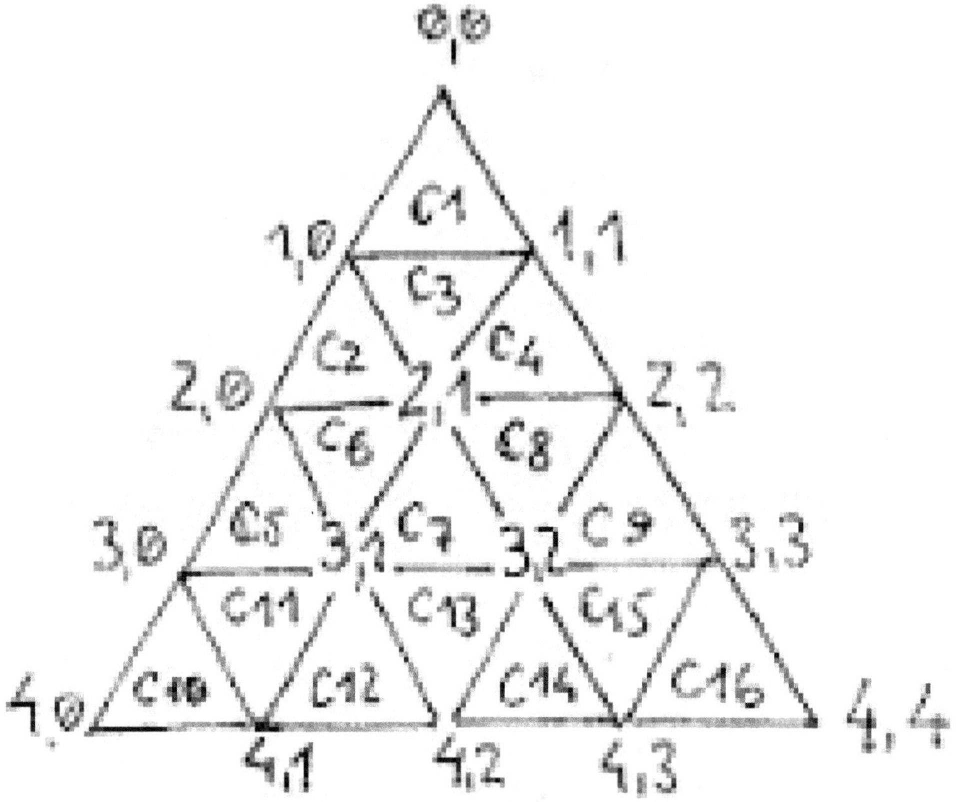

TETRAEDRO ESQUEMA I, CLASE ALTERNATIVO (CHORD FACTOR), FRECUENCIA 4													
Ítems	Lados		Cara	Ítems	Lados	Ángulos							
	Designación	Longitud			Designación	Designación	Astp	Bisel perfil	Designación	Acar	Designación	AAx	Bisel axial
1	0,0-1,0	0,338203957452		1	0,0-1,0	0-0010h-11	74,51115526	15,48884474	100011	117,200570380162	000-0010	80,264389682755	9,735610317245
2	0,0-1,1	0,338203957452	1	2	0,0-1,1	0-0011h-10	74,51115526	15,48884474	001011	31,399714809919	010-1011	73,221345119040	16,778654880960
3	1,0-1,1	0,577350269190		3	1,0-1,1	0-1011h-00	98,91445189	-8,91445189			000-0011	80,264389682755	9,735610317245
4	1,0-2,0	0,605810893055		4	1,0-2,0	0-1021hc2-20	73,33913827	16,66086173	102120	52,100913322975	010-1020	72,367805158623	17,632194841377
5	1,0-2,1	0,517638090205	2	5	1,0-2,1	0-1020h-21	76,19905417	13,80094583	201021	85,503528675438	020-2021	67,500000000000	22,500000000000
6	1,1-2,1	0,517638090205		8	2,0-2,1	0-2021hc2-10	88,13790129	1,86209871			010-1021	75,000000000000	15,000000000000
7	1,1-2,2	0,605810893055		3	1,0-1,1	0-1011hc3-21	82,92885130	7,07114870	211011	56,104664449837	010-1011	73,221345119040	16,778654880960
8	2,0-2,1	0,765366864730	3	5	1,0-2,1	0-1021hc3-11	79,65125820	10,34874180	102111	67,790671100327	021-1021	75,000000000000	15,000000000000
9	2,1-2,2	0,765366864730		6	1,1-2,1	0-1121h-10	79,65125820	10,34874180			011-1121	75,000000000000	15,000000000000
10	2,0-3,0	0,605810893055		10	2,0-3,0	0-2031hc5-30	88,13790129	1,86209871	302031	42,395558001587	020-2030	72,367805158623	17,632194841377
11	2,0-3,1	0,765366864730	5	11	2,0-3,1	0-2030h-31	76,19905417	13,80094583	203031	85,503528675438	031-3031	75,000000000000	15,000000000000
12	2,1-3,1	1,000000000000		16	3,0-3,1	0-3031hc5-20	73,33913827	16,66086173			020-2031	67,500000000000	22,500000000000
13	2,1-3,2	1,000000000000		8	2,0-2,1	0-2131hc6-20	85,09680372	4,90319628	312021	81,578941881851	020-2021	67,500000000000	22,500000000000
14	2,2-3,2	0,765366864730	6	11	2,0-3,1	0-2031hc6-21	69,94041655	20,05958345	203121	49,210529059075	020-2031	67,500000000000	22,500000000000
15	2,2-3,3	0,605810893055		12	2,1-3,1	0-2021hc6-31	69,94041655	20,05958345			021-2131	60,000000000000	30,000000000000
16	3,0-3,1	0,517638090205		12	2,1-3,1	0-2132hc7-31	70,52877937	19,47122063	312132	60,000000000000	021-2131	60,000000000000	30,000000000000
17	3,1-3,2	1,000000000000	7	13	2,1-3,2	0-2131hc7-32	70,52877937	19,47122063	213132	60,000000000000	031-3132	60,000000000000	30,000000000000
18	3,2-3,3	0,517638090205		17	3,1-3,2	0-3132hc7-21	70,52877936	19,47122064			021-2132	60,000000000000	30,000000000000
19	3,0-4,0	0,338203957452		19	3,0-4,0	0-3041hc10-40	98,91445189	-8,91445189	403041	31,399714809919	030-3040	80,264389682755	9,735610317245
20	3,0-4,1	0,577350269190	10	20	3,0-4,1	0-3040h-41	74,51115526	15,48884474	304041	117,200570380162	040-4041	80,264389682755	9,735610317245
21	3,1-4,1	0,517638090205		27	4,0-4,1	0-4041ht1-30	74,51115526	15,48884474			030-3041	73,221345119040	16,778654880960
22	3,1-4,2	0,765366864730		16	3,0-3,1	0-3141hc11-30	79,65125820	10,34874180	413031	56,104664449837	030-3031	75,000000000000	15,000000000000
23	3,2-4,2	0,765366864730	11	20	3,0-4,1	0-3041hc11-31	82,92885130	7,07114870	304131	56,104664449837	030-3041	73,221345119040	16,778654880960
24	3,2-4,3	0,517638090205		21	3,1-4,1	0-3031hc11-41	79,65125820	10,34874180			031-3141	75,000000000000	15,000000000000
25	3,3-4,3	0,577350269190		21	3,1-4,1	0-3142hc12-41	88,13790129	1,86209871	413142	52,100913322976	031-3142	75,000000000000	15,000000000000
26	3,3-4,4	0,338203957452	12	22	3,1-4,2	0-3141hc12-42	73,33913827	16.66086173	314142	85,503528675438	031-3141	75,000000000000	15,000000000000
27	4,0-4,1	0,338203957452		28	4,1-4,2	0-4142ht1-31	76,19905417	13,80094583			041-4142	72,367805158623	17,632194841377
28	4,1-4,2	0,605810893055		17	3,1-3,2	0-3242hc13-31	69,94041655	20,05958345	423132	49,210529059075	031-3132	60,000000000000	30,000000000000
29	4,2-4,3	0,605810893055	13	22	3,1-4,2	0-3142hc13-32	69,94041655	20,05958345	314232	81,578941881851	042-3142	67,500000000000	22,500000000000
30	4,3-4,4	0,338203957452		23	3,2-4,2	0-3132hc13-42	85,09680372	4,90319628			042-3242	67,500000000000	22,500000000000

TETRAEDRO ESQUEMA I, 2CP (ARCOS IGUALES), FRECUENCIA 4

Ítems	Lados		Cara	Ítems	Lados		Ángulos							
	Designación	Longitud			Designación	Longitud	Designación	Astp	Bisel perfil	Designación	Acar	Designación	AAx	Bisel axial
1	0,0-1,0	0,473130354056	1	1	0,0-1,0	0,473130354056	0-0010h-11	69,74118422	20,25881578	100011	114,585796096174	000-0010	76,316097424311	13,683902575689
2	0,0-1,1	0,473130354056		2	0,0-1,1	0,473130354056	0-0011h-10	69,74118422	20,25881578	001011	32,707101951913	010-1011	66,539758578165	23,460241421835
3	1,0-1,1	0,796225216787		3	1,0-1,1	0,796225216787	0-1011h-00	101,45304918	-11,45304918			000-0011	76,316097424311	13,683902575689
4	1,0-2,0	0,473130354033	2	4	1,0-2,0	0,473130354033	0-1021hc2-20	83,50365361	6,49634639	102120	31,477719932283	010-1020	76,316097425000	13,683902575000
5	1,0-2,1	0,880485734473		5	1,0-2,1	0,880485734473	0-1020h-21	66,58204538	23,41795462	201021	72,175619327549	020-2021	64,449999991329	25,550000008671
6	1,1-2,1	0,880485734473		8	2,0-2,1	0,862587205829	0-2021hc2-10	83,50365361	6,49634639			010-1021	63,880621953479	26,119378046521
7	1,1-2,2	0,473130354033	3	3	1,0-1,1	0,796225216787	0-1011hc3-21	71,45466733	18,54533267	211011	63,118218629942	010-1011	66,539758578165	23,460241421835
8	2,0-2,1	0,862587205829		5	1,0-2,1	0,880485734473	0-1021hc3-11	75,66633391	14,33366609	102111	53,763982740186	021-1021	63,880621953479	26,119378046521
9	2,1-2,2	0,862587205829		6	1,1-2,1	0,880485734473	0-1121h-10	75,66633391	14,33366609			011-1121	63,880621953479	26,119378046521
10	2,0-3,0	0,473130354033	5	10	2,0-3,0	0,473130354033	0-2031hc5-30	101,21095261	-11,21095261	302031	44,498139096980	020-2030	76,316097425000	13,683902575000
11	2,0-3,1	1,000000000242		11	2,0-3,1	1,000000000242	0-2030h-31	64,10569056	25,89430944	203031	108,912670596923	031-3031	68,257103097961	21,742896102340
12	2,1-3,1	0,759822609534		16	3,0-3,1	0,740884549811	0-3031hc5-20	69,29680259	20,70319741			020-2031	59,999999992010	30,000000007990
13	2,1-3,2	0,759822609534	6	8	2,0-2,1	0,862587205829	0-2131hc6-20	68,20572135	21,79427865	312021	47,176954700036	020-2021	64,449999991329	25,550000008671
14	2,2-3,2	1,000000000242		11	2,0-3,1	1,000000000242	0-2031hc6-21	81,67398802	8,32601198	203121	56,767007822548	020-2031	59,999999992010	30,000000007990
15	2,2-3,3	0,473130354033		12	2,1-3,1	0,759822609534	0-2021hc6-31	72,41038215	17,58961785			021-2131	67,702777708605	22,297222291395
16	3,0-3,1	0,740884549811	7	12	2,1-3,1	0,759822609534	0-2132hc7-31	77,54816202	12,45183798	312132	55,540029349348	021-2131	67,702777708605	22,297222291395
17	3,1-3,2	0,707106780959		13	2,1-3,2	0,759822609534	0-2131hc7-32	77,54816202	12,45183798	213132	62,228885325326	031-3132	69,295188852308	20,704811047692
18	3,2-3,3	0,740884549811		17	3,1-3,2	0,707106780959	0-3132hc7-21	74,96677205	15,03322795			021-2132	67,702777708605	22,297222291395
19	3,0-4,0	0,473130354595	10	19	3,0-4,0	0,473130354595	0-3041hc10-40	101,45304919	-11,45304919	403041	32,707101939524	030-3040	76,316097408443	13,683902591557
20	3,0-4,1	0,796225217483		20	3,0-4,1	0,796225217483	0-3040h-41	69,74118420	20,25881580	304041	114,585796100006	040-4041	76,316097416377	13,683902583623
21	3,1-4,1	0,369801859190		27	4,0-4,1	0,473130354325	0-4041ht1-30	69,74118420	20,25881580			030-3041	66,539758556418	23,460241443582
22	3,1-4,2	0,517638090144	11	16	3,0-3,1	0,740884549811	0-3141hc11-30	69,00065509	20,99934491	413031	27,540331364785	030-3031	68,257103097960	21,742896102140
23	3,2-4,2	0,517638090144		20	3,0-4,1	0,796225217483	0-3041hc11-31	87,73186892	2,26813108	304131	67,672381258368	030-3041	66,539758556418	23,460241443582
24	3,2-4,3	0,369801859190		21	3,1-4,1	0,369801859190	0-3031hc11-41	81,22707513	8,77292487			031-3141	79,344643567383	10,655356432617
25	3,3-4,3	0,796225217483	12	21	3,1-4,1	0,369801859190	0-3142hc12-41	85,79656285	4,20343715	413142	61,810934758804	031-3142	68,257103097661	21,742896102340
26	3,3-4,4	0,473130354597		22	3,1-4,2	0,517638090144	0-3141hc12-42	78,60334748	11,39665252	314142	74,645718143359	031-3141	79,344643567383	10,655356432617
27	4,0-4,1	0,473130354325		28	4,1-4,2	0,473130354033	0-4142ht1-31	82,57765600	7,42234400			041-4142	76,316097425000	13,683902575000
28	4,1-4,2	0,473130354033	13	17	3,1-3,2	0,707106780959	0-3242hc13-31	75,87267796	14,12732204	423132	46,930480369086	031-3132	69,295188852308	20,704811047692
29	4,2-4,3	0,473130354033		22	3,1-4,2	0,517638090144	0-3142hc13-32	75,87267796	14,12732204	314232	86,193034261841	042-3142	75,000000001806	14,999999998194
30	4,3-4,4	0,473130354325		23	3,2-4,2	0,517638090144	0-3132hc13-42	88,54591668	1,45408332			042-3242	75,000000001806	14,999999998194

TETRAEDRO ESQUEMA I, 3CP (ARCOS IGUALES), FRECUENCIA 4

Ítems	Lados		Cara	Ítems	Lados		Ángulos							
	Designación	Longitud			Designación	Longitud	Designación	Astp	Bisel perfil	Designación	Acar	Designación	AAx	Bisel axial
1	0,0-1,0	0,473130354056	1	1	0,0-1,0	0,473130354056	0-0010h-11	69,74118422	20,25881578	100011	114,585796096174	000-0010	76,316097424311	13,683902575689
2	0,0-1,1	0,473130354056		2	0,0-1,1	0,473130354056	0-0011h-10	69,74118422	20,25881578	001011	32,707101951913	010-1011	66,539758578165	23,460241421835
3	1,0-1,1	0,796225216787		3	1,0-1,1	0,796225216787	0-1011h-00	101,45304918	-11,45304918			000-0011	76,316097424311	13,683902575689
4	1,0-2,0	0,473130354033	2	4	1,0-2,0	0,473130354033	0-1021hc2-20	77,16458057	12,83541943	102120	37,436611450375	010-1020	76,316097425000	13,683902575000
5	1,0-2,1	0,641346462980		5	1,0-2,1	0,641346462980	0-1020h-21	71,86505680	18,13494320	201021	87,075207097014	020-2021	67,129152161767	22,870847838233
6	1,1-2,1	0,641346462980		8	2,0-2,1	0,777310399093	0-2021hc2-10	88,77554833	1,22445167			010-1021	71,296356050180	18,703643949820
7	1,1-2,2	0,473130354033	3	3	1,0-1,1	0,796225216787	0-1011hc3-21	84,13058672	5,86941328	211011	51,629441448501	010-1011	66,539758578165	23,460241421835
8	2,0-2,1	0,777310399093		5	1,0-2,1	0,641346462980	0-1021hc3-11	74,71269491	15,28730509	102111	76,741117102997	021-1021	71,296356050180	18,703643949820
9	2,1-2,2	0,777310399093		6	1,1-2,1	0,641346462980	0-1121h-10	74,71269491	15,28730509			011-1121	71,296356050180	18,703643949820
10	2,0-3,0	0,473130354033	5	10	2,0-3,0	0,473130354033	0-2031hc5-30	92,42217145	-2,42217145	302031	55,488181475026	020-2030	76,316097425000	13,683902575000
11	2,0-3,1	0,777310399140		11	2,0-3,1	0,777310399140	0-2030h-31	69,54498286	20,45501714	203031	87,075207077996	031-3031	71,296356043460	18,703643956540
12	2,1-3,1	0,759431782932		16	3,0-3,1	0,641346463202	0-3031hc5-20	74,85456137	15,14543863			020-2031	67,129152160306	22,870847839694
13	2,1-3,2	0,759431782932	6	8	2,0-2,1	0,777310399093	0-2131hc6-20	76,15334264	13,84665736	312021	58,484036753245	020-2021	67,129152161767	22,870847838233
14	2,2-3,2	0,777310399140		11	2,0-3,1	0,777310399140	0-2031hc6-21	76,23233763	13,76766237	203121	60,757981620283	020-2031	67,129152160306	22,870847839694
15	2,2-3,3	0,473130354033		12	2,1-3,1	0,759431782932	0-2021hc6-31	72,63037264	17,36962736			021-2131	67,683914565007	22,316085434993
16	3,0-3,1	0,641346463202	7	12	2,1-3,1	0,759431782932	0-2132hc7-31	76,26656887	13,73343113	312132	60,000000006961	021-2131	67,683914565007	22,316085434993
17	3,1-3,2	0,759431783012		13	2,1-3,2	0,759431782932	0-2131hc7-32	76,26656887	13,73343113	213132	59,999999996520	031-3132	67,683914562532	22,316085437468
18	3,2-3,3	0,641346463202		17	3,1-3,2	0,759431783012	0-3132hc7-21	72,90792631	17,09207369			021-2132	67,683914565007	22,316085434993
19	3,0-4,0	0,473130354595	10	19	3,0-4,0	0,473130354595	0-3041hc10-40	101,45304919	-11,45304919	403041	32,707101939534	030-3040	76,316097408443	13,683902591557
20	3,0-4,1	0,796225217483		20	3,0-4,1	0,796225217483	0-3040h-41	69,74118420	20,25881580	304041	114,585796100006	040-4041	76,316097416377	13,683902583623
21	3,1-4,1	0,641346463657		27	4,0-4,1	0,473130354325	0-4041ht1-30	69,74118420	20,25881580			030-3041	66,539758556418	23,460241443582
22	3,1-4,2	0,777310399669	11	16	3,0-3,1	0,641346463202	0-3141hc11-30	72,96080434	17,03919566	413031	51,629441466293	030-3031	71,296356043460	18,703643956540
23	3,2-4,2	0,777310399669		20	3,0-4,1	0,796225217483	0-3041hc11-31	85,89425073	4,10574927	304131	51,629441414967	030-3041	66,539758556418	23,460241443582
24	3,2-4,3	0,641346463657		21	3,1-4,1	0,641346463657	0-3031hc11-41	76,52890146	13,47109854			031-3141	71,296356029702	18,703643970298
25	3,3-4,3	0,796225217483	12	21	3,1-4,1	0,641346463657	0-3142hc12-41	88,53628101	1,46371899	413142	37,436611418095	031-3142	71,296356043460	18,703643956540
26	3,3-4,4	0,473130354595		22	3,1-4,2	0,777310399669	0-3141hc12-42	77,51538902	12,48461098	314142	87,075207102648	031-3141	71,296356029702	18,703643970298
27	4,0-4,1	0,473130354325		28	4,1-4,2	0,473130354033	0-4142ht1-31	74,38545680	15,61454320			041-4142	76,316097425000	13,683902575000
28	4,1-4,2	0,473130354033	13	17	3,1-3,2	0,759431783012	0-3242hc13-31	75,78431799	14,21568201	423132	60,757981642800	031-3132	67,683914562532	22,316085437468
29	4,2-4,3	0,473130354033		22	3,1-4,2	0,777310399669	0-3142hc13-32	75,78431799	14,21568201	314232	58,484036714400	042-3142	67,129152143860	22,870847856140
30	4,3-4,4	0,473130354325		23	3,2-4,2	0,777310399669	0-3132hc13-42	79,79526963	10,20473037			042-3242	67,129152143860	22,870847856140

TETRAEDRO ESQUEMA I, ARCOS MEDIOS (ARCOS IGUALES), FRECUENCIA 4

Ítems	Lados		Cara	Ítems	Lados		Ángulos							
	Designación	Longitud			Designación	Longitud	Designación	Astp	Bisel perfil	Designación	Acar	Designación	AAx	Bisel axial
1	0,0-1,0	0,473130354056	1	1	0,0-1,0	0,473130354056	0-0010h-11	69,74118422	20,25881578	100011	114,585796096174	000-0010	76,316097424311	13,683902575689
2	0,0-1,1	0,473130354056		2	0,0-1,1	0,473130354056	0-0011h-10	69,74118422	20,25881578	001011	32,707101951913	010-1011	66,539758578165	23,460241421835
3	1,0-1,1	0,796225216787		3	1,0-1,1	0,796225216787	0-1011h-00	101,45304918	-11,45304918			000-0011	76,316097424311	13,683902575689
4	1,0-2,0	0,473130354302	2	4	1,0-2,0	0,473130354302	0-1021hc2-20	74,04429982	15,95570018	102120	37,649446136828	010-1020	76,316097417066	13,683902582934
5	1,0-2,1	0,533266440115		5	1,0-2,1	0,533266440115	0-1020h-21	72,54000114	17,45110886	201021	98,841706365026	020-2021	67,500000000000	22,500000000000
6	1,1-2,1	0,533266440115		8	2,0-2,1	0,765366864730	0-2021hc2-10	93,69088202	-3,69088202			010-1021	74,535978387083	15,464021612917
7	1,1-2,2	0,473130354302	3	3	1,0-1,1	0,796225216787	0-1011hc3-21	92,87193862	-2,87193862	211011	41,707183109771	010-1011	66,539758578165	23,460241421835
8	2,0-2,1	0,765366864730		5	1,0-2,1	0,533266440115	0-1021hc3-11	72,90885844	17,09114156	102111	96,585633780458	021-1021	74,535978387083	15,464021612917
9	2,1-2,2	0,765366864730		6	1,1-2,1	0,533266440115	0-1121h-10	72,90885844	17,09114156			011-1121	74,535978387083	15,464021612917
10	2,0-3,0	0,473130354179	5	10	2,0-3,0	0,473130354179	0-2031hc5-30	93,69088203	-3,69088203	302031	43,508847512639	020-2030	76,316097420689	13,683902579311
11	2,0-3,1	0,765366864730		11	2,0-3,1	0,765366864730	0-2030h-31	72,54889114	17,45110886	203031	98,841706362842	031-3031	74,535978385214	15,464021614786
12	2,1-3,1	1,000000000000		16	3,0-3,1	0,533266440178	0-3031hc5-20	74,04429982	15,95570018			020-2031	67,500000000000	22,500000000000
13	2,1-3,2	1,000000000000	6	8	2,0-2,1	0,765366864730	0-2131hc6-20	85,09680372	4,90319628	312021	81,578941881851	020-2021	67,500000000000	22,500000000000
14	2,2-3,2	0,765366864730		11	2,0-3,1	0,765366864730	0-2031hc6-21	69,94041655	20,05958345	203121	49,210529059075	020-2031	67,500000000000	22,500000000000
15	2,2-3,3	0,473130354179		12	2,1-3,1	1,000000000000	0-2021hc6-31	69,94041655	20,05958345			021-2131	60,000000000000	30,000000000000
16	3,0-3,1	0,533266440178	7	12	2,1-3,1	1,000000000000	0-2132hc7-31	70,52877937	19,47122063	312132	60,000000000000	021-2131	60,000000000000	30,000000000000
17	3,1-3,2	1,000000000000		13	2,1-3,2	1,000000000000	0-2131hc7-32	70,52877937	19,47122063	213132	60,000000000000	031-3132	60,000000000000	30,000000000000
18	3,2-3,3	0,533266440178		17	3,1-3,2	1,000000000000	0-3132hc7-21	70,52877936	19,47122064			021-2132	60,000000000000	30,000000000000
19	3,0-4,0	0,473130354179	10	19	3,0-4,0	0,473130354179	0-3041hc10-40	101,45304919	-11,45304919	403041	32,707101949143	030-3040	76,316097420689	13,683902579311
20	3,0-4,1	0,796225217018		20	3,0-4,1	0,796225217018	0-3040hc10-41	69,74118421	20,25881579	304041	114,585796101714	040-4041	76,316097420689	13,683902579311
21	3,1-4,1	0,533266440178		27	4,0-4,1	0,473130354179	0-4041hc10-30	69,74118421	20,25881579			030-3041	66,539758570936	23,460241429065
22	3,1-4,2	0,765366864730	11	16	3,0-3,1	0,533266440178	0-3141hc11-30	72,90885843	17,09114157	413031	41,707183098661	030-3031	74,535978385214	15,464021614786
23	3,2-4,2	0,765366864730		20	3,0-4,1	0,796225217018	0-3041hc11-31	92,87193863	-2,87193863	304131	41,707183098661	030-3041	66,539758570936	23,460241429065
24	3,2-4,3	0,533266440178		21	3,1-4,1	0,533266440178	0-3031hc11-41	72,90885843	17,09114157			031-3141	74,535978385214	15,464021614786
25	3,3-4,3	0,796225217018	12	21	3,1-4,1	0,533266440178	0-3142hc12-41	93,69088202	-3,69088202	413142	37,649446124519	031-3142	74,535978385214	15,464021614786
26	3,3-4,4	0,473130354179		22	3,1-4,2	0,765366864730	0-3141hc12-42	74,04429982	15,95570018	314142	98,841706362842	031-3141	74,535978385214	15,464021614786
27	4,0-4,1	0,473130354179		28	4,1-4,2	0,473130354179	0-4142ht1-31	72,54889114	17,45110886			041-4142	76,316097420689	13,683902579311
28	4,1-4,2	0,473130354179	13	17	3,1-3,2	1,000000000000	0-3242hc13-31	69,94041655	20,05958345	423132	49,210529059075	031-3132	60,000000000000	30,000000000000
29	4,2-4,3	0,473130354179		22	3,1-4,2	0,765366864730	0-3142hc13-32	69,94041655	20,05958345	314232	81,578941881851	042-3142	67,500000000000	22,500000000000
30	4,3-4,4	0,473130354179		23	3,2-4,2	0,765366864730	0-3132hc13-42	85,09680372	4,90319628			042-3242	67,500000000000	22,500000000000

CASCARÓN ESQUEMA II (TRIACON)

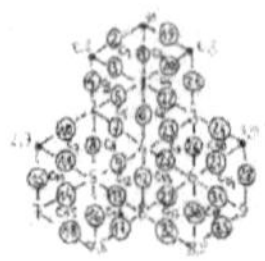

SÓLIDO ORIENTADO CON VÉRTICE A=(0,0,1)					
CÁSCARA PARA TETRAEDRO ESQUEMA II, TRIACON, FRECUENCIA 4					
Punto	x	y	z	ϕ	θ
0	0,000000000000	0,000000000000	1,000000000000	0,000000000000	0,000000000000
1	0,719254596679	0,000000000000	0,694746590604	79,271416878391	0,000000000000
2	0,408248290466	-0,707106781187	0,577350269188	54,735610317245	300,000000000150
P1T3=0,2	-0,359627298340	-0,622892752513	0,694746590604	45,992972804609	240,000000000000
4	0,942809041583	0,000000000000	0,333333333329	54,735610317245	0,000000000000
5	0,926885514180	-0,359627298338	0,107477671600	45,992972804364	338,793976887006
P6T3=2,7	-0,151996380835	-0,982520050849	0,107477671600	83,830065299984	261,206023112994
7	0,471404520790	-0,816496580928	-0,333333333335	54,735610317245	299,999999999925
8	0,816496580925	0,000000000000	-0,577350269193	0,000000000000	0,000000000000
P6T4=7,8	0,207630916960	-0,359627298338	-0,909701933939	155,464193455977	299,999999935031
3	0,408248290466	0,707106781187	0,577350269188	90,000000000000	59,999999999850
P1T2=0,3	-0,359627298340	0,622892752513	0,694746590604	45,992972804609	120,000000000000
P5T2=3,9	-0,151996380835	0,982520050849	0,107477671600	83,830065299984	98,793976887007
P5T4=8,9	0,207630916960	0,359627298338	-0,909701933939	155,464193455977	60,000000064969
6	0,926885514180	0,359627298338	0,107477671600	45,992972804364	21,206023112994
9	0,471404520790	0,816496580928	-0,333333333335	54,735610317245	60,000000000075

$\nu = 4$

- TETRAEDRO:

(1) PARTE SUPERIOR, MULTIPLICAR POR TRES (—)

(2) SUMAR LA PARTE INFERIOR (-·-)

Y ASÍ QUEDA TODO EL SÓLIDO ESFÉRICO CUBIERTO

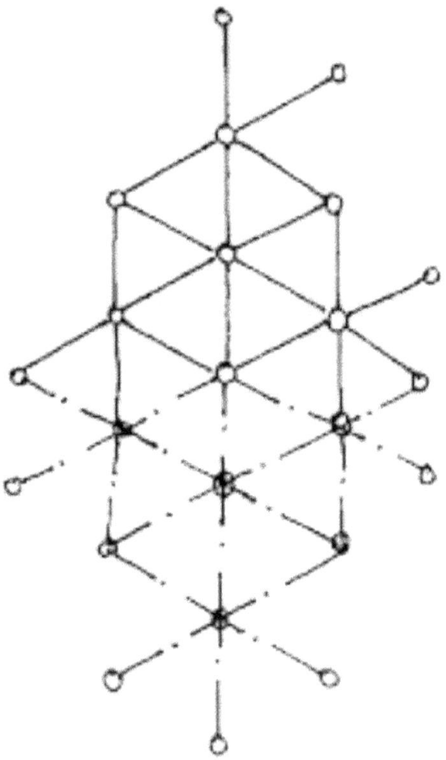

TETRAEDRO ESQUEMA II, TRIACON, FRECUENCIA 4														
Ítems	Lados		Cara	Ítems	Lados		Ángulos							
	Designación	Longitud			Designación	Longitud	Designación	Astp	Bisel perfil	Designación	Acar	Designación	AAx	Bisel axial
1	0-1	0,781349357709	1	1	0-1	0,781349357709	0-01hc1-0,2	61,48510662	28,51489338	100,2	105,727349361725	00-01	67,003513597695	22,996486402305
2	0-0,2	0,781349357709		2	0-0,2	0,781349357709	0-10,2hc1-0	104,56874740	-14,56874740	010,2	37,136325319137	00-00,2	67,003513597695	22,996486402305
3	0,2-1	1,245785505026		3	0,2-1	1,245785505026	0-00,2hc1-1	61,48510662	28,51489338			00,2-0,21	51,472312313570	38,527687686430
4	0,2-2	0,781349357709	3	3	0,2-1	0,781349357709	0-10,2hc3-2	102,55325814	-12,55325814	0,212	37,136325319137	01-12	51,472312313570	38,527687686430
5	1-2	0,781349357705		4	0,2-2	0,781349357705	0-12hc3-0,2	61,66650725	28,33349275	10,22	37,136325319016	02-20,2	67,003513597818	22,996486402182
6	1-4	0,424966036725		5	1-2	0,781349357705	0-0,22hc3-1	62,15560723	27,84439277			00,2-021	51,472312313570	38,527687686430
7	2-4	0,919401686762	5	5	1-2	1,245785505026	0-14hc5-2	66,22492726	23,77507274	214	94,681098053439	01-14	77,732096719427	12,267903280573
8	2-5	0,781349357705		6	1-4	0,781349357705	0-24hc5-1	92,34915628	-2,34915628	124	27,430892558359	04-42	62,632194841377	27,367805158623
9	4-5	0,424966036725		7	2-4	0,424966036725	0-12hc5-4	76,00801389	13,99198611			02-21	67,003513597818	22,996486402182
10	2-2,7	0,781349357709	7	8	2-5	0,781349357709	0-25hc7-2,7	62,03579138	27,96420862	2,725	105,727349361629	02-25	67,003513597818	22,996486402182
11	2,7-5	1,245785505022		10	2-2,7	1,245785505022	0-2,75hc7-2	102,95695484	-12,95695484	22,75	37,136325319091	05-52,7	51,472312313729	38,527687686271
12	4-8	0,919401686762		11	2,7-5	1,245785505433	0-2,72hc7-5	62,03579138	27,96420862			02,7-2,72	67,003513597712	22,996486402288
13	5-8	0,781349357705	8	7	2-4	0,781349357705	0-25hc8-4	76,00801389	13,99198611	245	57,888009388201	02-24	62,632194841377	27,367805158623
14	5-7	0,781349357705		8	2-5	1,245785505022	0-45hc8-2	66,22492726	23,77507274	452	94,681098053439	04-45	77,732096719427	12,267903280573
15	2,7-7	0,781349357703		9	4-5	0,919401686762	0-24hc8-5	92,03704305	-2,03704305			05-52	67,003513597818	22,996486402182
16	5-7,8	1,245785505433	11	11	2,7-5	0,919401686762	0-2,75hc11-7	102,87800694	-12,87800694	2,757	37,136325318870	05-57	67,003513597818	22,996486402182
17	7,8-8	0,781349358178		14	5-7	0,781349357705	0-57hc11-2,7	61,43913338	28,50086662	52,77	37,136325318979	07-72,7	67,003513597880	22,996486402121
18	7-7,8	0,781349357978		15	2,7-7	0,781349358178	0-72,7hc11-5	62,61249809	27,38750191			02,7-2,75	51,472312313729	38,527687686271
19	*0-0,3*	0,919401686764	12	9	4-5	0,919401686764	0-48hc12-5	92,34915628	-2,34915628	485	27,430892558359	04-48	62,632194841377	27,367805158623
20	*0,3-1*	1,245785505026		12	4-8	1,245785505026	0-85hc12-4	76,00801389	13,99198611	548	57,888009388201	08-85	67,003513597818	22,996486402182
21	*0,3-3*	0,781349357709		13	5-8	1,245785505022	0-54hc12-8	66,22492726	23,77507274			05-54	77,732096719427	12,267903280573
22	*1-3*	0,781349357705	15	14	5-7	1,245785505433	0-57,8hc15-7	105,29055500	-15,29055500	577,8	105,727349385492	05-57,8	51,472312298661	38,527687701339
23	*3-4*	0,919401686762		16	5-7,8	1,245785505026	0-7,87hc15-5	61,77221387	28,22778613	757,8	37,136325314838	07,8-7,87	67,003513589318	22,996486410682
24	*3-3,9*	0,781349357709		18	7-7,8	0,781349357709	0-75hc15-7,8	61,25807086	28,74192914			07-75	67,003513597818	22,996486402182
25	*4-6*	0,424966036725	16	13	5-8	0,781349357709	0-58hc16-7,8	62,03579137	27,96420863	587,8	105,727349366131	05-58	67,003513597818	22,996486402182
26	*3-6*	0,781349357705		16	5-7,8	0,781349357705	0-87,8hc16-5	62,03579138	27,96420862	7,858	37,136325330070	08-87,8	67,003513583096	22,996486416904
27	*6-9,3*	1,245785505022		17	7,8-8	0,781349357703	0-7,85hc16-8	102,95695485	-12,95695485			07,8-7,85	51,472312298661	38,527687701339
28	*9-9,3*	0,781349357703												
29	*6-8*	0,781349357705												
30	*6-8,9*	1,245785505433												
31	*6-9*	0,781349357705												
32	8-8,9	0,781349358178												
33	8,9-9	0,781349357978												

CASCARÓN ESQUEMA III (ASIMETRICO)

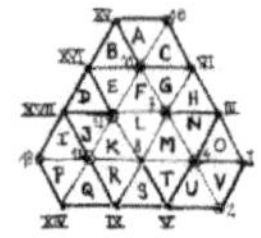

CARA ORIENTADA CON VÉRTICE A=(0,0,1)					
CÁSCARA PARA TETRAEDRO ESQUEMA III, ASIMÉTRICO, FRECUENCIA 4					
Punto	x	y	z	φ	θ
1=P13T2	0,175411603828	0,911465430358	-0,372104203825	111,845447643181	79,106605352727
2	0,471404520746	0,816496580963	-0,333333333311	109,471220633130	60,000000003464
3=P12T2	0,171184196990	0,889499179996	0,423659272868	64,934170774998	79,106605351805
4	0,584705346140	0,810191493714	-0,041344911519	92,369564351165	54,182474360141
5=P13T4	0,584705346264	0,607643620212	-0,537483849864	122,512517314668	46,102113747288
6=P11T2	0,058470534623	0,303821810087	0,950932965196	18,022893908123	79,106605349039
7	0,599144689456	0,444749590068	0,665750285941	48,260088944582	36,586775560750
8	0,941513083497	0,148249863437	-0,302613766366	107,614659827474	8,948275571077
9=P8T4	0,599144689543	-0,148249863437	-0,786795792428	141,887073495202	346,102113743202
10	0,000000000000	0,000000000000	1,000000000000	0,000000000000	0,000000000000
11	0,233882138447	-0,202547873400	0,950932965196	18,022893908123	319,106605349039
12	0,684736788027	-0,592999453318	0,423659272868	64,934170774998	319,106605351805
13	0,701646415448	-0,607643620212	-0,372104203825	111,845447643181	319,106605352727
14=P4T4	0,233882138455	-0,810191493714	-0,537483849827	122,512517312148	286,102113749313
15=P11T3	-0,292352673070	-0,101273936687	0,950932965196	18,022893908123	199,106605349039
16=P7T3	0,085592098594	-0,741249316646	0,665750285941	48,260088944582	276,586775560750
17=P4T3	0,409293742416	-0,911465430343	-0,041344911519	92,369564351165	294,182474360141
18	0,471404520787	-0,816496580920	-0,333333333360	109,471220636103	300,000000000012

TETRAEDRO ESQUEMA III, ASIMÉTRICO, FRECUENCIA 4														
Ítems	Lados		Cara	Ítems	Lados		Ángulos							
	Designación	Longitud			Designación	Longitud	Designación	Astp	Bisel perfil	Designación	Acar	Designación	AAx	Bisel axial
1	1-2	0,313263578511	A	25	10-11	0,313263578510	0-1011ha-15	98,35793150	-8,35793150	151011	117,593773362507	010-1011	80,988553045326	9,011446954674
2	1-3	0,796077821549		26	10-15	0,313263578463	0-1015ha-11	75,49852965	14,50147035	101115	31,203113316114	010-1015	80,988553046704	9,011446953296
3	1-4	0,535891301652		28	11-15	0,535891301581	0-1115ha-10	75,49852965	14,50147035			011-1115	74,457942399410	15,542057600590
4	2-4	0,313263578510	B	28	11-15	0,535891301581	0-1115hb-16	72,60828252	17,39171748	151116	85,995059190562	011-1115	74,457942399410	15,542057600590
5	2-5	0,313263578615		29	11-16	0,627310402769	0-1116hb-15	75,55739243	14,44260757	111516	51,820405123282	011-1116	71,720351391646	18,279648608354
6	3-4	0,627310402747		37	15-16	0,796077821528	0-1516hb-11	88,26378140	1,73621860			015-1516	66,544361566563	23,455638433438
7	3-6	0,796077821528	C	15	6-10	0,313263578495	0-106hc-11	75,49852965	14,50147035	11106	117,593773352938	010-1011	80,988553045326	9,011446954674
8	3-7	0,662993544059		16	6-11	0,535891301581	0-116hc-10	98,35793150	-8,35793150	10116	31,203113322653	010-610	80,988553045785	9,011446954215
9	4-5	0,535891301668		25	10-11	0,313263578510	0-1011hc-6	75,49852965	14,50147035			06-611	74,457942399410	15,542057600590
10	4-7	0,796077821476	D	31	12-16	0,662993544059	0-1216hd-17	75,45657691	14,54342309	161217	76,134350385208	012-1216	70,640351341099	19,359648658901
11	4-8	0,796077821476		32	12-17	0,627310402747	0-1217hd-16	74,07171368	15,92828632	121617	49,910484596587	012-1217	71,720351392297	18,279648607703
12	5-8	0,627310402621		38	16-17	0,796077821476	0-1617hd-12	83,85481315	6,14518685			017-1617	66,544361568197	23,455638431803
13	5-9	0,796077821549	E	27	11-12	0,796077821528	0-1112he-16	83,85481315	6,14518685	121116	53,955165014548	011-1112	66,544361566563	23,455638433438
14	6-7	0,627310402769		29	11-16	0,627310402769	0-1116he-12	74,07171368	15,92828632	111216	49,910484595765	011-1116	71,720351391646	18,279648608354
15	6-10	0,313263578495		31	12-16	0,662993544059	0-1216he-11	75,45657691	14,54342309			012-1216	70,640351341099	19,359648658901
16	6-11	0,535891301581	F	18	7-11	0,796077821528	0-711hf-12	68,20854092	21,79145908	11712	47,821310144614	07-711	66,544361566563	23,455638433438
17	7-8	1,069044967684		19	7-12	1,069044967715	0-712hf-11	86,41737719	3,58262281	71112	84,357379710773	07-712	57,688466760361	32,311533239639
18	7-11	0,796077821528		27	11-12	0,796077821528	0-1112hf-7	68,20854092	21,79145908			011-1112	66,544361566563	23,455638433438
19	7-12	1,069044967715	G	14	6-7	0,627310402769	0-711hg-6	88,26378140	1,73621860	1176	42,184535686156	06-67	71,720351391646	18,279648608354
20	8-9	0,662993544144		16	6-11	0,535891301581	0-67hg-11	75,55739243	14,44260757	7116	51,820405123281	06-611	74,457942399410	15,542057600590
21	8-12	1,069044967727		18	7-11	0,796077821528	0-116hg-7	72,60822520	17,39177480			07-711	66,544361566563	23,455638433438
22	8-13	0,796077821549	H	7	3-6	0,796077821528	0-36hh-7	83,85481315	6,14518685	673	76,134350389687	03-36	66,544361566563	23,455638433438
23	9-13	0,627310402621		8	3-7	0,662993544059	0-37hh-6	75,45657691	14,54342309	763	53,955165014548	03-37	70,640351341099	19,359648658901
24	9-14	0,796077821476		14	6-7	0,627310402769	0-67hh-3	74,07171368	15,92828632			06-67	71,720351391646	18,279648608354
25	10-11	0,313263578510	I	34	13-17	0,535891301652	0-1718hi-13	75,49852965	14,50147035	171318	31,203113323948	013-1317	74,457942397289	15,542057602711
26	10-15	0,313263578463		35	13-18	0,313263578557	0-1317hi-18	98,35793150	-8,35793150	131718	31,203113325728	013-1318	80,988553043987	9,011446956013
27	11-12	0,796077821528		39	17-18	0,313263578540	0-1318hi-17	75,49852965	14,50147035			017-1718	80,988553044454	9,011446955546
28	11-15	0,535891301581	J	30	12-13	0,796077821549	0-1217hj-13	75,55739243	14,44260757	131217	42,184535691639	012-1213	66,544361565909	23,455638434091
29	11-16	0,627310402769		32	12-17	0,627310402747	0-1317hj-12	72,60828253	17,39171747	121317	51,820405118773	012-1217	71,720351392297	18,279648607703
30	12-13	0,796077821549		34	13-17	0,535891301652	0-1213hj-17	88,26378139	1,73621861			013-1317	74,457942397289	15,542057602711

TETRAEDRO ESQUEMA III, ASIMÉTRICO, FRECUENCIA 4														
Ítems	Lados		Cara	Ítems	Lados		Ángulos							
	Designación	Longitud			Designación	Longitud	Designación	Astp	Bisel perfil	Designación	Acar	Designación	AAx	Bisel axial
31	12-16	0,662993544059	K	21	8-12	1,069044967727	0-812hk-13	86,41737719	3,58262281	12813	47,821310145385	08-812	57,688466759947	32,311533240054
32	12-17	0,627310402747		22	8-13	0,796077821549	0-1213hk-8	68,20854092	21,79145908	81213	47,821310145385	08-813	66,544361565909	23,455638434091
33	13-14	0,535891301668		30	12-13	0,796077821549	0-813hk-12	68,20854092	21,79145908			012-1213	66,544361565909	23,455638434091
34	13-17	0,535891301652	L	17	7-8	1,069044967684	0-78hl-12	68,58328596	21,41671404	8712	60,000000001702	07-78	57,688466761397	32,311533238603
35	13-18	0,313263578557		19	7-12	1,069044967715	0-712hl-8	68,58328597	21,41671403	7812	60,000000000568	07-712	57,688466760361	32,311533239639
36	14-18	0,313263578488		21	8-12	1,069044967727	0-812hl-7	68,58328597	21,41671403			08-812	57,688466759947	32,311533240054
37	15-16	0,796077821528	M	10	4-7	0,796077821476	0-47hm-8	68,20854092	21,79145908	748	84,357379714631	04-47	66,544361568197	23,455638431803
38	16-17	0,796077821476		11	4-8	0,796077821476	0-48hm-7	68,20854092	21,79145908	478	47,821310142685	04-48	66,544361568197	23,455638431803
39	17-18	0,313263578540		17	7-8	1,069044967684	0-78hm-4	86,41737719	3,58262281			07-78	57,688466761397	32,311533238603
			N	6	3-4	0,627310402747	0-34hn-7	74,07171368	15,92828632	743	53,955165018205	03-34	71,720351392297	18,279648607703
				8	3-7	0,662993544059	0-37hn-4	75,45657691	14,54342309	473	49,910484596587	03-37	70,640351341099	19,359648658901
				10	4-7	0,796077821476	0-47hn-3	83,85481315	6,14518685			04-47	66,544361568197	23,455638431803
			O	2	1-3	0,796077821549	0-13ho-4	88,26378139	1,73621861	413	51,820405118773	01-13	66,544361565909	23,455638434091
				3	1-4	0,535891301652	0-14ho-3	72,60828253	17,39171747	143	85,995059189588	01-14	74,457942397289	15,542057602711
				6	3-4	0,627310402747	0-34ho-1	75,55739243	14,44260757			03-34	71,720351392297	18,279648607703
			P	33	13-14	0,535891301668	0-1314hp-18	98,35793151	-8,35793151	181314	31,203113310487	013-1314	74,457942396835	15,542057603165
				35	13-18	0,313263578557	0-1318hp-14	75,49852965	14,50147035	131814	117,593773371465	013-1318	80,988553043987	9,011446956013
				36	14-18	0,313263578488	0-1418hp-13	75,49852965	14,50147035			014-1418	80,988553045967	9,011446954033
			Q	23	9-13	0,627310402621	0-1314hq-9	72,60828253	17,39171747	14139	85,995059191095	013-1314	74,457942396835	15,542057603165
				24	9-14	0,796077821476	0-913hq-14	75,55739243	14,44260757	13149	51,820405110914	09-913	71,720351396115	18,279648603885
				33	13-14	0,535891301668	0-914hq-13	88,26378140	1,73621860			09-914	66,544361568197	23,455638431803
			R	20	8-9	0,662993544144	0-813hr-9	83,85481315	6,14518685	1389	49,910484579670	08-813	66,544361565909	23,455638434091
				22	8-13	0,796077821549	0-89hr-13	75,45657691	14,54342309	8139	53,955165024618	08-89	70,640351338517	19,359648661483
				23	9-13	0,627310402621	0-913hr-8	74,07171368	15,92828632			09-913	71,720351396115	18,279648603885
			S	12	5-8	0,627310402621	0-58hs-9	74,07171368	15,92828632	985	76,134350395712	05-58	71,720351396115	18,279648603885
				13	5-9	0,796077821549	0-59hs-8	83,85481315	6,14518685	895	49,910484579670	05-59	66,544361565909	23,455638434091
				20	8-9	0,662993544144	0-89hs-5	75,45657691	14,54342309			08-89	70,640351338517	19,359648661483
			T	9	4-5	0,535891301668	0-45ht-8	72,60828253	17,39171747	845	51,820405110914	04-45	74,457942396836	15,542057603165
				11	4-8	0,796077821476	0-48ht-5	88,26378140	1,73621860	485	42,184535697992	04-48	66,544361568197	23,455638431803
				12	5-8	0,627310402621	0-58ht-4	75,55739242	14,44260758			05-58	71,720351396115	18,279648603885
			U	4	2-4	0,313263578510	0-24hu-5	75,49852964	14,50147036	425	117,593773347162	02-24	80,988553045326	9,011446954674
				5	2-5	0,313263578615	0-25hu-4	75,49852965	14,50147035	245	31,203113332208	02-25	80,988553042295	9,011446957705
				9	4-5	0,535891301668	0-45hu-2	98,35793152	-8,35793152			4-45	74,457942396836	15,542057603165
			V	1	1-2	0,313263578511	0-12hv-4	75,49852965	14,50147035	421	117,593773373112	01-12	80,988553045305	9,011446954696
				3	1-4	0,535891301652	0-14hv-2	98,35793151	-8,35793151	241	31,203113313484	01-14	74,457942397289	15,542057602711
				4	2-4	0,313263578510	0-24hv-1	75,49852965	14,50147035			02-24	80,988553045326	9,011446954674

CASCARONES-CONSTRUCCIÓN GEODÉSICA DE LOS SÓLIDOS PLATÓNICOS-OCTAEDRO _FRECUENCIA 4

CASCARÓN ESQUEMA I

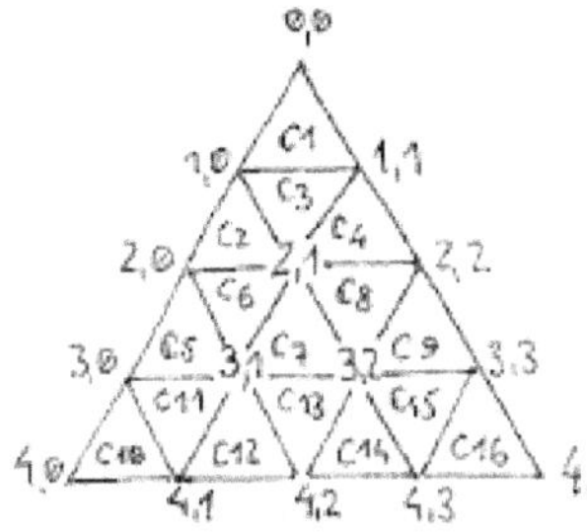

OCTAEDRO ESQUEMA I, CLASE ALTERNATIVO (CUERDAS IGUALES), FRECUENCIA 4															
Ítems	Lados		Cara	Ítems	Lados		Ángulos								
	Designación	Longitud			Designación	Longitud	Designación	Astp	Bisel perfil	Designación	Acar	Designación	AAx	Bisel axial
1	0,0-1,0	0,320364486014	1	1	0,0-1,0	0,320364486014	0-0010h-11	81,00638996	8,99361004	100011	88,529723423443	000-0010	80,782525588539	9,217474411461
2	0,0-1,1	0,320364486014		2	0,0-1,1	0,320364486014	0-0011h-10	81,00638996	8,99361004	001011	45,735138288279	010-1011	77,079033618416	12,920966381584
3	1,0-1,1	0,447213595500		3	1,0-1,1	0,447213595500	0-1011h-00	89,66261941	0,33738059			000-0011	80,782525588539	9,217474411461
4	1,0-2,0	0,459505841095	2	4	1,0-2,0	0,459505841095	0-1021hc2-20	84,50266947	5,49733053	102120	56,705832793839	010-1020	76,717474411461	13,282525588539
5	1,0-2,1	0,438871019515		5	1,0-2,1	0,438871019515	0-1020h-21	81,11300267	8,88699733	201021	70,323479970478	020-2021	75,000000000000	15,000000000000
6	1,1-2,1	0,438871019515		8	2,0-2,1	0,517638090205	0-2021hc2-10	80,25311786	9,74688214			010-1021	77,324120059797	12,675879940203
7	1,1-2,2	0,459505841095	3	3	1,0-1,1	0,447213595500	0-1011hc3-21	82,77298604	7,22701396	211011	59,369163803900	010-1011	77,079033618416	12,920966381584
8	2,0-2,1	0,517638090205		5	1,0-2,1	0,438871019515	0-1021hc3-11	82,34694011	7,65305989	102111	61,261672392200	021-1021	77,324120059797	12,675879940203
9	2,1-2,2	0,517638090205		6	1,1-2,1	0,438871019515	0-1121h-10	82,34694011	7,65305989			011-1121	77,324120059797	12,675879940203
10	2,0-3,0	0,459505841095	5	10	2,0-3,0	0,459505841095	0-2031hc5-30	84,50266947	5,49733053	302031	52,970687235683	020-2030	76,717474411461	13,282525588539
11	2,0-3,1	0,517638090205		11	2,0-3,1	0,517638090205	0-2030h-31	81,11300267	8,88699733	203031	70,323479970478	031-3031	77,324120059797	12,675879940203
12	2,1-3,1	0,577350269190		16	3,0-3,1	0,438871019515	0-3031hc5-20	80,25311786	9,74688214			020-2031	75,000000000000	15,000000000000
13	2,1-3,2	0,577350269190	6	8	2,0-2,1	0,517638090205	0-2131hc6-20	82,92885130	7,07114870	312021	67,790671100327	020-2021	75,000000000000	15,000000000000
14	2,2-3,2	0,517638090205		11	2,0-3,1	0,517638090205	0-2031hc6-21	79,65125820	10,34874180	203121	56,104664449837	020-2031	75,000000000000	15,000000000000
15	2,2-3,3	0,459505841095		12	2,1-3,1	0,577350269190	0-2021hc6-31	79,65125820	10,34874180			021-2131	73,221345119040	16,778654880960
16	3,0-3,1	0,438871019515	7	12	2,1-3,1	0,577350269190	0-2132hc7-31	79,97501214	10,02498786	312132	60,000000000000	021-2131	73,221345119040	16,778654880960
17	3,1-3,2	0,577350269190		13	2,1-3,2	0,577350269190	0-2131hc7-32	79,97501214	10,02498786	213132	60,000000000000	031-3132	73,221345119040	16,778654880960
18	3,2-3,3	0,438871019515		17	3,1-3,2	0,577350269190	0-3132hc7-21	79,97501214	10,02498786			021-2132	73,221345119040	16,778654880960
19	3,0-4,0	0,320364486014	10	19	3,0-4,0	0,320364486014	0-3041hc10-40	89,66261941	0,33738059	403041	45,735138288279	030-3040	80,782525588539	9,217474411461
20	3,0-4,1	0,447213595500		20	3,0-4,1	0,447213595500	0-3040hc10-41	81,00638996	8,99361004	304041	88,529723423443	040-4041	80,782525588539	9,217474411461
21	3,1-4,1	0,438871019515		27	4,0-4,1	0,320364486014	0-4041hc10-30	81,00638996	8,99361004			030-3041	77,079033618416	12,920966381584
22	3,1-4,2	0,517638090205	11	16	3,0-3,1	0,438871019515	0-3141hc11-30	82,34694011	7,65305989	313041	59,369163803900	030-3031	77,324120059797	12,675879940203
23	3,2-4,2	0,517638090205		20	3,0-4,1	0,447213595500	0-3041hc11-31	82,77298604	7,22701396	304131	59,369163803900	030-3041	77,079033618416	12,920966381584
24	3,2-4,3	0,438871019515		21	3,1-4,1	0,438871019515	0-3031hc11-41	82,34694011	7,65305989			031-3141	77,324120059797	12,675879940203
25	3,3-4,3	0,447213595500	12	21	3,1-4,1	0,438871019515	0-3142hc12-41	84,50266947	5,49733053	413142	56,705832793839	031-3142	77,324120059797	12,675879940203
26	3,3-4,4	0,320364486014		22	3,1-4,2	0,517638090205	0-3141hc12-42	80,25311786	9,74688214	314142	70,323479970478	031-3141	77,324120059797	12,675879940203
27	4,0-4,1	0,320364486014		28	4,1-4,2	0,459505841095	0-4142ht1-31	81,11300267	8,88699733			041-4142	76,717474411461	13,282525588539
28	4,1-4,2	0,459505841095	13	17	3,1-3,2	0,577350269190	0-3242hc13-31	79,65125820	10,34874180	423132	56,104664449837	031-3132	73,221345119040	16,778654880960
29	4,2-4,3	0,459505841095		22	3,1-4,2	0,517638090205	0-3142hc13-32	79,65125820	10,34874180	314232	67,790671100327	042-3142	75,000000000000	15,000000000000
30	4,3-4,4	0,320364486014		23	3,2-4,2	0,517638090205	0-3132hc13-42	80,25311786	9,74688214			042-3242	75,000000000000	15,000000000000

OCTAEDRO ESQUEMA I, 2CP (ARCOS IGUALES), FRECUENCIA 4															
Ítems	Lados		Cara	Ítems	Lados		Ángulos								
	Designación	Longitud			Designación	Longitud	Designación	Astp	Bisel perfil	Designación	Acar	Designación	AAx	Bisel axial
1	0,0-1,0	0,390180644032	1	1	0,0-1,0	0,390180644032	0-0010h-11	79,14484627	10,85515373	100011	87,818782410999	000-0010	78,750000000000	11,250000000000
2	0,0-1,1	0,390180644032		2	0,0-1,1	0,390180644032	0-0011h-10	79,14484627	10,85515373	001011	46,090608794501	010-1011	74,300142595041	15,699857404960
3	1,0-1,1	0,541196100146		3	1,0-1,1	0,541196100146	0-1011h-00	89,38655170	0,61344830			000-0011		
4	1,0-2,0	0,390180644032	2	4	1,0-2,0	0,390180644032	0-1021hc2-20	84,45770615	5,54229385	102120	41,571734258932	010-1020	78,750000000000	11,250000000000
5	1,0-2,1	0,557452780743		5	1,0-2,1	0,557452780743	0-1020h-21	77,04403702	12,95596298	201021	66,981743312398	020-2021	74,300142595041	15,699857404960
6	1,1-2,1	0,557452780743		8	2,0-2,1	0,541196100146	0-2021hc2-10	83,21979800	6,78020200			010-1021		
7	1,1-2,2	0,390180644032	3	3	1,0-1,1	0,541196100146	0-1011hc3-21	79,91569027	10,08430973	211011	60,960086466289	010-1011	74,300142595041	15,699857404960
8	2,0-2,1	0,541196100146		5	1,0-2,1	0,557452780743	0-1021hc3-11	80,72820647	9,27179353	102111	58,079827067422	021-1021	73,815793588612	16,184206411388
9	2,1-2,2	0,541196100146		6	1,1-2,1	0,557452780743	0-1121h-10	80,72820647	9,27179353			011-1121		
10	2,0-3,0	0,390180644032	5	10	2,0-3,0	0,390180644032	0-2031hc5-30	89,11896212	0,88103788	302031	53,216425318134	020-2030	78,750000000000	11,250000000000
11	2,0-3,1	0,612339905496		11	2,0-3,1	0,612339905496	0-2030h-31	78,26404435	11,73595565	203031	87,254852323175	031-3031	75,788960432997	14,211039567003
12	2,1-3,1	0,485338831102		16	3,0-3,1	0,490988341889	0-3031hc5-20	79,37625228	10,62374772			020-2031		
13	2,1-3,2	0,485338831102	6	8	2,0-2,1	0,541196100146	0-2131hc6-20	77,61799084	12,38200916	312021	49,289277033600	020-2021	74,300142595041	15,699857404960
14	2,2-3,2	0,612339905496		11	2,0-3,1	0,612339905496	0-2031hc6-21	84,36814525	5,63185475	203121	57,698873458169	020-2031	72,171435087634	17,828564912366
15	2,2-3,3	0,390180644032		12	2,1-3,1	0,485338831102	0-2021hc6-31	79,85541400	10,14458600			021-2131		
16	3,0-3,1	0,490988341889	7	12	2,1-3,1	0,485338831102	0-2132hc7-31	81,90984285	8,09015715	312132	58,726006677761	021-2131	75,955854843407	14,044145156593
17	3,1-3,2	0,475963149478		13	2,1-3,2	0,485338831102	0-2131hc7-32	81,90984285	8,09015715	213132	60,636996661119	031-3132	76,232558167584	13,767441832416
18	3,2-3,3	0,490988341889		17	3,1-3,2	0,475963149478	0-3132hc7-21	81,44128286	8,55871714			021-2132		
19	3,0-4,0	0,390180644032	10	19	3,0-4,0	0,390180644032	0-3041hc10-40	89,38655170	0,61344830	403041	46,090608794501	030-3040	78,750000000000	11,250000000000
20	3,0-4,1	0,541196100146		20	3,0-4,1	0,541196100146	0-3040hc10-41	79,14484627	10,85515373	304041	87,818782410999	040-4041	78,750000000000	11,250000000000
21	3,1-4,1	0,366568586677		27	4,0-4,1	0,390180644032	0-4041hc10-30	79,14484627	10,85515373			030-3041		
22	3,1-4,2	0,421674955575	11	16	3,0-3,1	0,490988341889	0-3141hc11-30	77,75528781	12,24471219	413031	41,244926362722	030-3031	75,788960432997	14,211039567003
23	3,2-4,2	0,421674955575		20	3,0-4,1	0,541196100146	0-3041hc11-31	86,22257920	3,77742080	304131	62,012510106084	030-3041	74,300142595041	15,699857404960
24	3,2-4,3	0,366568586677		21	3,1-4,1	0,366568586677	0-3031hc11-41	82,37283730	7,62716270			031-3141		
25	3,3-4,3	0,541196100146	12	21	3,1-4,1	0,366568586677	0-3142hc12-41	84,91208738	5,08791262	413142	58,844278183815	031-3142	75,788960432997	14,211039567003
26	3,3-4,4	0,390180644032		22	3,1-4,2	0,421674955575	0-3141hc12-42	82,07855630	7,92144370	314142	67,644133214392	031-3141	79,438880627056	10,561119372944
27	4,0-4,1	0,390180644032		28	4,1-4,2	0,390180644032	0-4142ht1-31	83,10429572	6,89570428			041-4142		
28	4,1-4,2	0,390180644032	13	17	3,1-3,2	0,475963149478	0-3242hc13-31	81,53541934	8,46458066	423132	55,641300730194	031-3132	76,232558167584	13,767441832416
29	4,2-4,3	0,390180644032		22	3,1-4,2	0,421674955575	0-3142hc13-32	81,53541934	8,46458066	314232	68,717398539612	042-3142	77,828564912366	12,171435087634
30	4,3-4,4	0,390180644032		23	3,2-4,2	0,421674955575	0-3132hc13-42	84,52312264	5,47687736			042-3242		

OCTAEDRO ESQUEMA I, 3CP (ARCOS IGUALES), FRECUENCIA 4														
Ítems	Lados		Cara	Ítems	Lados		Ángulos							
	Designación	Longitud			Designación	Longitud	Designación	Astp	Bisel perfil	Designación	Acar	Designación	AAx	Bisel axial
1	0,0-1,0	0,390180644032		1	0,0-1,0	0,390180644032	0-0010h-11	79,14484627	10,85515373	100011	87,818782410999	000-0010	78,750000000000	11,250000000000
2	0,0-1,1	0,390180644032	1	2	0,0-1,1	0,390180644032	0-0011h-10	79,14484627	10,85515373	001011	46,090608794501	010-1011	74,300142595041	15,699857404960
3	1,0-1,1	0,541196100146		3	1,0-1,1	0,541196100146	0-1011h-00	89,38658517	0,61341483			000-0011	78,750000000000	11,250000000000
4	1,0-2,0	0,390180644032		4	1,0-2,0	0,390180644032	0-1021hc2-20	81,97192473	8,02807527	102120	46,196366172861	010-1020	78,750000000000	11,250000000000
5	1,0-2,1	0,466088099614	2	5	1,0-2,1	0,466088099614	0-1020h-21	79,02912803	10,97087197	201021	74,247929646418	020-2021	74,920273773082	15,079726226918
6	1,1-2,1	0,466088099614		8	2,0-2,1	0,520325731110	0-2021hc2-10	85,65038157	4,34961843			010-1021	76,523645798142	13,476354201858
7	1,1-2,2	0,390180644032		3	1,0-1,1	0,541196100146	0-1011hc3-21	84,44013231	5,55986769	211011	54,509163037160	010-1011	74,300142595041	15,699857404960
8	2,0-2,1	0,520325731110	3	5	1,0-2,1	0,466088099614	0-1021hc3-11	80,19587750	9,80412250	102111	70,981673925681	021-1021	76,523645798142	13,476354201858
9	2,1-2,2	0,520325731110		6	1,1-2,1	0,466088099614	0-1121h-10	80,19587750	9,80412250			011-1121	76,523645798142	13,476354201858
10	2,0-3,0	0,390180644032		10	2,0-3,0	0,390180644032	0-2031hc5-30	85,65038157	4,34961843	302031	59,555704180721	020-2030	78,750000000000	11,250000000000
11	2,0-3,1	0,520325731110	5	11	2,0-3,1	0,520325731110	0-2030h-31	79,02912803	10,97087197	203031	74,247929646418	031-3031	76,523645798142	13,476354201858
12	2,1-3,1	0,483775622593		16	3,0-3,1	0,466088099614	0-3031hc5-20	81,97192473	8,02807527			020-2031	74,920273773082	15,079726226918
13	2,1-3,2	0,483775622593		8	2,0-2,1	0,520325731110	0-2131hc6-20	80,09910279	9,90089721	312021	55,404610147020	020-2021	74,920273773082	15,079726226918
14	2,2-3,2	0,520325731110	6	11	2,0-3,1	0,520325731110	0-2031hc6-21	81,87233063	8,12766937	203121	62,297694926490	020-2031	74,920273773082	15,079726226918
15	2,2-3,3	0,390180644032		12	2,1-3,1	0,483775622593	0-2021hc6-31	81,87233063	8,12766937			021-2131	76,002012662862	13,997987337138
16	3,0-3,1	0,466088099614		12	2,1-3,1	0,483775622593	0-2132hc7-31	81,72479024	8,27520976	312132	60,000000000000	021-2131	76,002012662862	13,997987337138
17	3,1-3,2	0,483775622593	7	13	2,1-3,2	0,483775622593	0-2131hc7-32	81,72479024	8,27520976	213132	60,000000000000	031-3132	76,002012662862	13,997987337138
18	3,2-3,3	0,466088099614		17	3,1-3,2	0,483775622593	0-3132hc7-21	81,72479024	8,27520976			021-2132	76,002012662862	13,997987337138
19	3,0-4,0	0,390180644032		19	3,0-4,0	0,390180644032	0-3041hc10-40	89,38658517	0,61341483	403041	46,090608794501	030-3040	78,750000000000	11,250000000000
20	3,0-4,1	0,541196100146	10	20	3,0-4,1	0,541196100146	0-3040hc10-41	79,14484627	10,85515373	304041	87,818782410999	040-4041	78,750000000000	11,250000000000
21	3,1-4,1	0,466088099614		27	4,0-4,1	0,390180644032	0-4041hc10-30	79,14484627	10,85515373			030-3041	74,300142595041	15,699857404960
22	3,1-4,2	0,520325731110		16	3,0-3,1	0,466088099614	0-3141hc11-30	80,19558775	9,80441225	413031	54,509163037160	030-3031	76,523645798142	13,476354201858
23	3,2-4,2	0,520325731110	11	20	3,0-4,1	0,541196100146	0-3041hc11-31	84,44013231	5,55986769	304131	54,509163037160	030-3041	74,300142595041	15,699857404960
24	3,2-4,3	0,466088099614		21	3,1-4,1	0,466088099614	0-3031hc11-41	80,19558775	9,80441225			031-3141	76,523645798142	13,476354201858
25	3,3-4,3	0,541196100146		21	3,1-4,1	0,466088099614	0-3142hc12-41	85,65038157	4,34961843	413142	46,196366172861	031-3142	76,523645798142	13,476354201858
26	3,3-4,4	0,390180644032	12	22	3,1-4,2	0,520325731110	0-3141hc12-42	81,97192473	8,02807527	314142	74,247929646418	031-3141	76,523645798142	13,476354201858
27	4,0-4,1	0,390180644032		28	4,1-4,2	0,390180644032	0-4142ht1-31	79,02912803	10,97087197			041-4142	78,750000000000	11,250000000000
28	4,1-4,2	0,390180644032		17	3,1-3,2	0,483775622593	0-3242hc13-31	81,87233063	8,12766937	423132	62,297694926490	031-3132	76,002012662862	13,997987337138
29	4,2-4,3	0,390180644032	13	22	3,1-4,2	0,520325731110	0-3142hc13-32	81,87233063	8,12766937	314232	55,404610147020	042-3142	74,920273773082	15,079726226918
30	4,3-4,4	0,390180644032		23	3,2-4,2	0,520325731110	0-3132hc13-42	80,09910279	9,90089721			042-3242	74,920273773082	15,079726226918

OCTAEDRO ESQUEMA I, ARCOS MEDIOS (EQUAL ARC), FRECUENCIA 4														
Ítems	Lados		Cara	Ítems	Lados		Ángulos							
	Designación	Longitud			Designación	Longitud	Designación	Astp	Bisel perfil	Designación	Acar	Designación	AAx	Bisel axial
1	0,0-1,0	0,390180644032		1	0,0-1,0	0,390180644032	0-0010h-11	79,14484627	10,85515373	100011	87,818782410999	000-0010	78,750000000000	11,250000000000
2	0,0-1,1	0,390180644032	1	2	0,0-1,1	0,390180644032	0-0011h-10	79,14484627	10,85515373	001011	46,090608794501	010-1011	74,300142595041	15,699857404960
3	1,0-1,1	0,541196100146		3	1,0-1,1	0,541196100146	0-1011h-00	89,38658517	0,61341483			000-0011	78,750000000000	11,250000000000
4	1,0-2,0	0,390180644032		4	1,0-2,0	0,390180644032	0-1021hc2-20	80,81446371	9,18553629	102120	47,718275420035	010-1020	78,750000000000	11,250000000000
5	1,0-2,1	0,422908177855	2	5	1,0-2,1	0,422908177855	0-1020h-21	79,64963130	10,35036870	201021	78,969567311986	020-2021	75,000000000000	15,000000000000
6	1,1-2,1	0,422908177855		8	2,0-2,1	0,517638090205	0-2021hc2-10	87,00703858	2,99296142			010-1021	77,792420811868	12,207579188132
7	1,1-2,2	0,390180644032		3	1,0-1,1	0,541196100146	0-1011hc3-21	87,03162992	2,96837008	211011	50,219320204211	010-1011	74,300142595041	15,699857404960
8	2,0-2,1	0,517638090205	3	5	1,0-2,1	0,422908177855	0-1021hc3-11	79,72112926	10,27887074	102111	79,561359591579	021-1021	77,792420811868	12,207579188132
9	2,1-2,2	0,517638090205		6	1,1-2,1	0,422908177855	0-1121h-10	79,72112926	10,27887074			011-1121	77,792420811868	12,207579188132
10	2,0-3,0	0,390180644032		10	2,0-3,0	0,390180644032	0-2031hc5-30	87,00703858	2,99296142	302031	53,312157273294	020-2030	78,750000000000	11,250000000000
11	2,0-3,1	0,517638090205	5	11	2,0-3,1	0,517638090205	0-2030h-31	79,64963130	10,35036870	203031	78,969567307610	031-3031	77,792420810827	12,207579189173
12	2,1-3,1	0,577350269229		16	3,0-3,1	0,422908177891	0-3031hc5-20	80,81446371	9,18553629			020-2031	75,000000000000	15,000000000000
13	2,1-3,2	0,577350269229		8	2,0-2,1	0,517638090205	0-2131hc6-20	82,92885130	7,07114870	312021	67,790671105562	020-2021	75,000000000000	15,000000000000
14	2,2-3,2	0,517638090205	6	11	2,0-3,1	0,517638090205	0-2031hc6-21	79,65125820	10,34874180	203121	56,104664447219	020-2031	75,000000000000	15,000000000000
15	2,2-3,3	0,390180644032		12	2,1-3,1	0,577350269229	0-2021hc6-31	79,65125820	10,34874180			021-2131	73,221345117865	16,778654882135
16	3,0-3,1	0,422908177891		12	2,1-3,1	0,577350269229	0-2132hc7-31	79,97501214	10,02498786	312132	59,999999995502	021-2131	73,221345117865	16,778654882135
17	3,1-3,2	0,577350269190	7	13	2,1-3,2	0,577350269229	0-2131hc7-32	79,97501214	10,02498786	213132	60,000000002249	031-3132	73,221345119040	16,778654880960
18	3,2-3,3	0,422908177891		17	3,1-3,2	0,577350269190	0-3132hc7-21	79,97501214	10,02498786			021-2132	73,221345117865	16,778654882135
19	3,0-4,0	0,390180644032		19	3,0-4,0	0,390180644032	0-3041hc10-40	89,38658517	0,61341483	403041	46,090608794501	030-3040	78,750000000000	11,250000000000
20	3,0-4,1	0,541196100146	10	20	3,0-4,1	0,541196100146	0-3040hc10-41	79,14484627	10,85515373	304041	87,818782410999	040-4041	78,750000000000	11,250000000000
21	3,1-4,1	0,422908177891		27	4,0-4,1	0,390180644032	0-4041hc10-30	79,14484627	10,85515373			030-3041	74,300142595041	15,699857404960
22	3,1-4,2	0,517638090205		16	3,0-3,1	0,422908177891	0-3141hc11-30	79,72112926	10,27887074	413031	50,219320208218	030-3031	77,792420810827	12,207579189173
23	3,2-4,2	0,517638090205	11	20	3,0-4,1	0,541196100146	0-3041hc11-31	87,03162992	2,96837008	304131	50,219320208218	030-3041	74,300142595041	15,699857404960
24	3,2-4,3	0,422908177891		21	3,1-4,1	0,422908177891	0-3031hc11-41	79,72112926	10,27887074			031-3141	77,792420810827	12,207579189173
25	3,3-4,3	0,541196100146		21	3,1-4,1	0,422908177891	0-3142hc12-41	87,00703858	2,99296142	413142	47,718275419097	031-3142	77,792420810827	12,207579189173
26	3,3-4,4	0,390180644032	12	22	3,1-4,2	0,517638090205	0-3141hc12-42	80,81446371	9,18553629	314142	78,969567307610	031-3141	77,792420810827	12,207579189173
27	4,0-4,1	0,390180644032		28	4,1-4,2	0,390180644032	0-4142ht1-31	79,64963130	10,35036870			041-4142	78,750000000000	11,250000000000
28	4,1-4,2	0,390180644032		17	3,1-3,2	0,577350269190	0-3242hc13-31	79,65125820	10,34874180	423132	56,104664449837	031-3132	73,221345119040	16,778654880960
29	4,2-4,3	0,390180644032	13	22	3,1-4,2	0,517638090205	0-3142hc13-32	79,65125820	10,34874180	314232	67,790671100327	042-3142	75,000000000000	15,000000000000
30	4,3-4,4	0,390180644032		23	3,2-4,2	0,517638090205	0-3132hc13-42	82,92885130	7,07114870			042-3242	75,000000000000	15,000000000000

CASCARÓN ESQUEMA II (TRIACON)

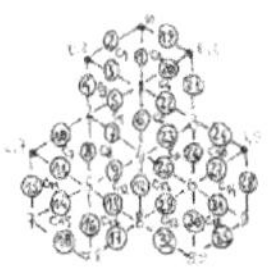

SÓLIDO ORIENTADO CON VÉRTICE A=(0,0,1)					
CÁSCARA PARA OCTAEDRO ESQUEMA II, TRIACON, FRECUENCIA 4					
Punto	x	y	z	ϕ	θ
0	0,000000000000	0,000000000000	1,000000000000	0,000000853774	0,000000000000
P1T4=0,2	0,000000000000	-0,505449465124	0,862856209461	30,361193404822	270,000000000000
P1T2=0,3	0,000000000000	0,505449465124	0,862856209461	30,361193404822	90,000000000000
1	0,505449465124	0,000000000000	0,862856209461	30,361193404822	0,000000000000
2	0,500000000000	-0,500000000000	0,707106781187	45,000000000000	315,000000000000
P6T4=2,7	0,357406744337	-0,862856209461	0,357406744337	69,058979527756	292,500000000000
3	0,500000000000	0,500000000000	0,707106781187	45,000000000000	45,000000000000
P5T2=3,9	0,357406744337	0,862856209461	0,357406744337	69,058979527756	67,500000000000
4	0,816496580928	0,000000000000	0,577350269190	54,735610317245	0,000000000000
5	0,862856209461	-0,357406744337	0,357406744337	69,058979527756	337,500000000000
6	0,862856209461	0,357406744337	0,357406744337	69,058979527756	22,500000000000
7	0,707106781187	-0,707106781187	0,000000000000	90,000000000000	315,000000000000
P6T5=7,8	0,862856209461	-0,357406744337	-0,357406744337	110,941020472244	337,500000000000
8	1,000000000000	0,000000000000	0,000000000000	90,000000000000	0,000000000000
P5T5=8,9	0,862856209461	0,357406744337	-0,357406744337	110,941020472244	22,500000000000
9	0,707106781187	0,707106781187	0,000000000000	90,000000000000	45,000000000000

$\nu = 4$

- OCTAEDRO: ESTO MULTIPLICADO POR CUATRO, CUBRE TODO EL SÓLIDO ESFÉRICO

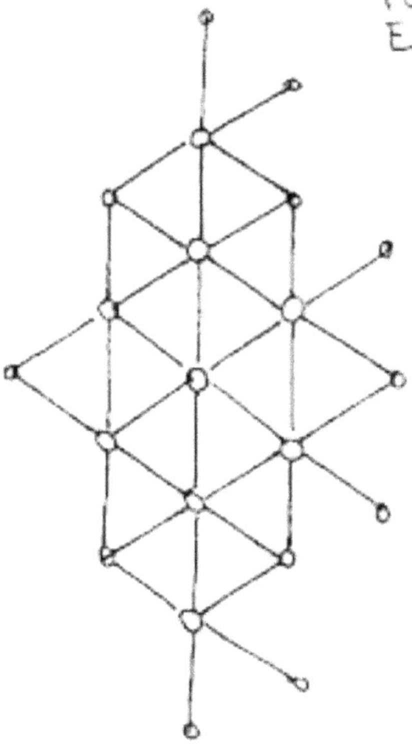

OCTAEDRO ESQUEMA II, TRIACON, FRECUENCIA 4														
Ítems	Lados		Cara	Ítems	Lados		Ángulos							
	Designación	Longitud			Designación	Longitud	Designación	Astp	Bisel perfil	Designación	Acar	Designación	AAx	Bisel axial
1	0-1	0,523724718796		1	0-1	0,523724718796	0-01hc1-0,2	75,72054799	14,27945201	100,2	86,068034273466	00-01	74,819403297589	15,180596702411
2	0-0,2	0,523724718796	1	2	0-0,2	0,523724718796	0-10,2hc1-0	88,49276145	1,50723855	010,2	46,965982863267	00-00,2	74,819403297589	15,180596702411
3	0,2-1	0,714813488673		3	0,2-1	0,714813488673	0-00,2hc1-1	75,72054799	14,27945201			00,2-0,21	69,058979527756	20,941020472244
4	0,2-2	0,523724718796		3	0,2-1	0,523724718796	0-10,2hc3-2	88,49276145	1,50723855	0,212	46,965982863267	01-12	74,819403297589	15,180596702411
5	1-2	0,523724718796	3	4	0,2-2	0,523724718796	0-12hc3-0,2	75,72054799	14,27945201	10,22	46,965982863267	02-20,2	74,819403297589	15,180596702411
6	1-4	0,422213157279		5	1-2	0,523724718796	0-0,22hc3-1	75,72054799	14,27945201			00,2-021	69,058979527756	20,941020472244
7	2-4	0,605810893055		5	1-2	0,714813488673	0-14hc5-2	76,75967343	13,24032657	214	78,846862157412	01-14	77,812791543788	12,187208456212
8	2-5	0,523724718796	5	6	1-4	0,523724718796	0-24hc5-1	86,41967452	3,58032548	124	43,139443099605	04-42	72,367805158623	17,632194841377
9	4-5	0,422213157279		7	2-4	0,422213157279	0-12hc5-4	80,41112407	9,58887593			02-21	74,819403297589	15,180596702411
10	2-2,7	0,523724718796		8	2-5	0,523724718796	0-25hc7-2,7	75,72054799	14,27945201	2,725	86,068034273466	02-25	74,819403297589	15,180596702411
11	2,7-5	0,714813488673	7	10	2-2,7	0,714813488673	0-2,75hc7-2	88,49276145	1,50723855	22,75	46,965982863267	05-52,7	69,058979527756	20,941020472244
12	4-8	0,605810893055		11	2,7-5	0,714813488673	0-2,72hc7-5	75,72054799	14,27945201			02,7-2,72	74,819403297589	15,180596702411
13	5-8	0,523724718796		7	2-4	0,523724718796	0-25hc8-4	80,41112407	9,58887593	245	58,013694742983	02-24	72,367805158623	17,632194841377
14	5-7	0,523724718796	8	8	2-5	0,714813488673	0-45hc8-2	76,75967343	13,24032657	452	78,846862157412	04-45	77,812791543788	12,187208456212
15	2,7-7	0,523724718796		9	4-5	0,605810893055	0-24hc8-5	86,41967452	3,58032548			05-52	74,819403297589	15,180596702411
16	5-7,8	0,714813488673		11	2,7-5	0,605810893055	0-2,75hc11-7	88,49276145	1,50723855	2,757	46,965982863267	05-57	74,819403297589	15,180596702411
17	7,8-8	0,523724718796	11	14	5-7	0,523724718796	0-57hc11-2,7	75,72054799	14,27945201	52,77	46,965982863267	07-72,7	74,819403297589	15,180596702411
18	7-7,8	0,523724718796		15	2,7-7	0,523724718796	0-72,7hc11-5	75,72054799	14,27945201			02,7-2,75	69,058979527756	20,941020472244
19	*0-0,3*	0,765366864730		9	4-5	0,765366864730	0-48hc12-5	86,41967452	3,58032548	485	43,139443099605	04-48	72,367805158623	17,632194841377
20	*0,3-1*	0,714813488673	12	12	4-8	0,714813488673	0-85hc12-4	80,41112407	9,58887593	548	58,013694742984	08-85	74,819403297589	15,180596702411
21	*0,3-3*	0,523724718796		13	5-8	0,714813488673	0-54hc12-8	76,75967343	13,24032657			05-54	77,812791543788	12,187208456212
22	*1-3*	0,523724718796		14	5-7	0,714813488673	0-57,8hc15-7	88,49276145	1,50723855	577,8	86,068034273466	05-57,8	69,058979527756	20,941020472244
23	*3-4*	0,605810893055	15	16	5-7,8	0,714813488673	0-7,87hc15-5	75,72054799	14,27945201	757,8	46,965982863267	07,8-7,87	74,819403297589	15,180596702411
24	*3-3,9*	0,523724718796		18	7-7,8	0,523724718796	0-75hc15-7,8	75,72054799	14,27945201			07-75	74,819403297589	15,180596702411
25	*4-6*	0,422213157279		13	5-8	0,523724718796	0-58hc16-7,8	75,72054799	14,27945201	587,8	86,068034273466	05-58	74,819403297589	15,180596702411
26	*3-6*	0,523724718796	16	16	5-7,8	0,523724718796	0-87,8hc16-5	75,72054799	14,27945201	7,858	46,965982863267	08-87,8	74,819403297589	15,180596702411
27	*6-9,3*	0,714813488673		17	7,8-8	0,523724718796	0-7,85hc16-8	88,49276145	1,50723855			07,8-7,85	69,058979527756	20,941020472244
28	*9-9,3*	0,523724718796												
29	*6-8*	0,523724718796												
30	*6-8,9*	0,714813488673												
31	*6-9*	0,523724718796												
32	*8-8,9*	0,523724718796												
33	*8,9-9*	0,523724718796												

CASCARÓN ESQUEMA III (ASIMETRICO)

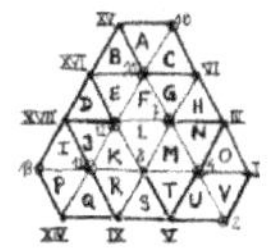

CARA ORIENTADA CON VÉRTICE A=(0,0,1)					
CÁSCARA PARA OCTAEDRO ESQUEMA III, ASIMÉTRICO, FRECUENCIA 4					
Punto	**x**	**y**	**z**	**ϕ**	**θ**
1=P13T2	0,444749589878	0,889499180042	0,104828483764	83,982715130672	63,434948830270
2	0,707106781220	0,707106781153	0,000000000000	90,000000000000	44,999999997255
3=P12T2	0,350823207606	0,701646415504	0,620173672946	51,671181898544	63,434948832453
4	0,741249316681	0,592999453263	0,314485451095	71,670246251214	38,659808250245
5=P13T5	0,889499180042	0,444749589878	-0,104828483764	96,017284869329	26,565051169730
6=P11T2	0,148249863291	0,296499726790	0,943456353017	19,359648666831	63,434948839004
7	0,613940613562	0,263117405766	0,744208407505	41,908847884364	23,198590509956
8	0,964763821212	0,087705801968	0,248069469265	75,636697320810	5,194428910082
9=P8T5	0,964763821212	-0,087705801968	-0,248069469265	104,363302679190	354,805571089918
10	0,000000000000	0,000000000000	1,000000000000	0,000000000000	0,000000000000
11	0,296499726790	-0,148249863291	0,943456353017	19,359648666831	333,434948839003
12	0,701646415504	-0,350823207606	0,620173672946	51,671181898544	333,434948832453
13	0,889499180042	-0,444749589878	0,104828483764	83,982715130672	333,434948830270
14=P4T5	0,741249316681	-0,592999453263	-0,314485451095	108,329753748786	321,340191749755
15=P11T4	-0,148249863291	-0,296499726790	0,943456353017	19,359648666831	243,434948839003
16=P7T4	0,263117405766	-0,613940613562	0,744208407505	41,908847884364	293,198590509956
17=P4T4	0,592999453263	-0,741249316681	0,314485451095	71,670246251214	308,659808250245
18	0,707106781277	-0,707106781096	0,000000000000	90,000000000000	315,000000007332

OCTAEDRO ESQUEMA III, ASIMÉTRICO, FRECUENCIA 4														
Ítems	Lados		Cara	Ítems	Lados		Ángulos							
	Designación	Longitud			Designación	Longitud	Designación	Astp	Bisel perfil	Designación	Acar	Designación	AAx	Bisel axial
1	1-2	0,336284543251	A	25	10-11	0,336284543048	0-1011ha-15	80,57778770	9,42221230	151011	88,379927975457	010-1011	80,320175669771	9,679824330229
2	1-3	0,556499317559		26	10-15	0,336284543212	0-1015ha-11	80,57778770	9,42221230	101115	45,810036026685	010-1015	80,320175664991	9,679824335009
3	1-4	0,468807231092		28	11-15	0,468807231071	0-1115ha-10	89,60925878	0,39074122			011-1115	76,443529431376	13,556470568624
4	2-4	0,336284543142	B	28	11-15	0,468807231071	0-1115hb-16	79,17180502	10,82819498	151116	69,360157962415	011-1115	76,443529431376	13,556470568624
5	2-5	0,336284543162		29	11-16	0,507623874572	0-1116hb-15	80,82478688	9,17521312	111516	58,608186252679	011-1116	75,296801737104	14,703198262896
6	3-4	0,507623874567		37	15-16	0,556499317553	0-1516hb-11	83,73951920	6,26048080			015-1516	73,844233384144	16,155766615857
7	3-6	0,556499317553	C	15	6-10	0,336284543103	0-106hc-11	80,57778770	9,42221230	11106	88,379927993618	010-1011	80,320175669771	9,679824330229
8	3-7	0,526234811730		16	6-11	0,468807231071	0-116hc-10	89,60925878	0,39074122	10116	45,810036007996	010-610	80,320175668178	9,679824331822
9	4-5	0,468807231116		25	10-11	0,336284543048	0-1011hc-6	80,57778770	9,42221230			06-611	76,443529431376	13,556470568624
10	4-7	0,556499317535	D	31	12-16	0,526234811730	0-1216hd-17	80,60470418	9,39529582	161217	65,103365491156	012-1216	74,744881292614	15,255118707386
11	4-8	0,556499317535		32	12-17	0,507623874567	0-1217hd-16	79,74611385	10,25388615	121617	55,832980237869	012-1217	75,296801737272	14,703198262728
12	5-8	0,507623874486		38	16-17	0,556499317535	0-1617hd-12	82,27450659	7,72549341			017-1617	73,844233384662	16,155766615339
13	5-9	0,556499317559	E	27	11-12	0,556499317553	0-1112he-16	82,27450659	7,72549341	121116	59,063654269463	011-1112	73,844233384144	16,155766615857
14	6-7	0,507623874572		29	11-16	0,507623874572	0-1116he-12	80,60470418	9,39529582	111216	55,832980237480	011-1116	75,296801737104	14,703198262896
15	6-10	0,336284543103		31	12-16	0,526234811730	0-1216he-11	79,74611385	10,25388615			012-1216	74,744881292614	15,255118707386
16	6-11	0,468807231071	F	18	7-11	0,556499317553	0-711hf-12	78,50151656	11,49848344	11712	55,372088899073	07-711	73,844233384144	16,155766615857
17	7-8	0,632455531884		19	7-12	0,632455531890	0-712hf-11	82,74705421	7,25294579	71112	69,255822201854	07-712	71,565051181407	18,434948818594
18	7-11	0,556499317553		27	11-12	0,556499317553	0-1112hf-7	78,50151691	11,49848309			011-1112	73,844233384144	16,155766615857
19	7-12	0,632455531890	G	14	6-7	0,507623874572	0-711hg-6	83,73951930	6,26048070	1176	52,031655784906	06-67	75,296801737104	14,703198262896
20	8-9	0,526234811772		16	6-11	0,468807231071	0-67hg-11	80,82478666	9,17521334	7116	58,608186252679	06-611	76,443529431376	13,556470568624
21	8-12	0,632455531893		18	7-11	0,556499317553	0-116hg-7	79,17180536	10,82819464			07-711	73,844233384144	16,155766615857
22	8-13	0,556499317559	H	7	3-6	0,556499317553	0-36hh-7	82,27450711	7,72549289	673	65,103365493057	03-36	73,844233384144	16,155766615857
23	9-13	0,507623874486		8	3-7	0,526234811730	0-37hh-6	80,60470391	9,39529609	763	59,063654269463	03-37	74,744881292614	15,255118707386
24	9-14	0,556499317535		14	6-7	0,507623874572	0-67hh-3	79,74611369	10,25388631			06-67	75,296801737104	14,703198262896
25	10-11	0,336284543048	I	34	13-17	0,468807231092	0-1718hi-13	80,57778770	9,42221230	171318	45,810036021379	013-1317	76,443529430775	13,556470569225
26	10-15	0,336284543212		35	13-18	0,336284543087	0-1317hi-18	89,60925878	0,39074122	131718	45,810036002161	013-1318	80,320175668638	9,679824331362
27	11-12	0,556499317553		39	17-18	0,336284543196	0-1318hi-17	80,57778770	9,42221230			017-1718	80,320175665451	9,679824334549
28	11-15	0,468807231071	J	30	12-13	0,556499317559	0-1217hj-13	80,82478688	9,17521312	131217	52,031655787169	012-1213	73,844233383936	16,155766616064
29	11-16	0,507623874572		32	12-17	0,507623874567	0-1317hj-12	79,17180502	10,82819498	121317	58,608186250441	012-1217	75,296801737272	14,703198262728
30	12-13	0,556499317559		34	13-17	0,468807231092	0-1213hj-17	83,73951920	6,26048080			013-1317	76,443529430775	13,556470569225

OCTAEDRO ESQUEMA III, ASIMÉTRICO, FRECUENCIA 4														
Ítems	Lados		Cara	Ítems	Lados		Ángulos							
	Designación	Longitud			Designación	Longitud	Designación	Astp	Bisel perfil	Designación	Acar	Designación	AAx	Bisel axial
31	12-16	0,526234811730	K	21	8-12	0,632455531893	0-812hk-13	82,74705428	7,25294572	12813	55,372088899408	08-812	71,565051181330	18,434948818670
32	12-17	0,507623874567		22	8-13	0,556499317559	0-1213hk-8	78,50151681	11,49848319	81213	55,372088899408	08-813	73,844233383936	16,155766616064
33	13-14	0,468807231116		30	12-13	0,556499317559	0-813hk-12	78,50151673	11,49848327			012-1213	73,844233383936	16,155766616064
34	13-17	0,468807231092	L	17	7-8	0,632455531884	0-78hl-12	78,90419659	11,09580341	8712	60,000000000596	07-78	71,565051181598	18,434948818402
35	13-18	0,336284543087		19	7-12	0,632455531890	0-712hl-8	78,90419667	11,09580333	7812	60,000000000199	07-712	71,565051181407	18,434948818594
36	14-18	0,336284543117		21	8-12	0,632455531893	0-812hl-7	78,90419682	11,09580318			08-812	71,565051181330	18,434948818670
37	15-16	0,556499317553	M	10	4-7	0,556499317535	0-47hm-8	78,50151649	11,49848351	748	69,255822203532	04-47	73,844233384662	16,155766615339
38	16-17	0,556499317535		11	4-8	0,556499317535	0-48hm-7	78,50151705	11,49848295	478	55,372088898234	04-48	73,844233384662	16,155766615339
39	17-18	0,336284543196		17	7-8	0,632455531884	0-78hm-4	82,74705419	7,25294581			07-78	71,565051181598	18,434948818402
			N	6	3-4	0,507623874567	0-34hn-7	79,74611430	10,25388570	743	59,063654270975	03-34	75,296801737272	14,703198262728
				8	3-7	0,526234811730	0-37hn-4	80,60470397	9,39529603	473	55,832980237869	03-37	74,744881292614	15,255118707386
				10	4-7	0,556499317535	0-47hn-3	82,27450647	7,72549353			04-47	73,844233384662	16,155766615339
			O	2	1-3	0,556499317559	0-13ho-4	83,73951920	6,26048080	413	58,608186250441	01-13	73,844233383936	16,155766616064
				3	1-4	0,468807231092	0-14ho-3	79,17180502	10,82819498	143	69,360157962391	01-14	76,443529430775	13,556470569225
				6	3-4	0,507623874567	0-34ho-1	80,82478688	9,17521312			03-34	75,296801737272	14,703198262728
			P	33	13-14	0,468807231116	0-1314hp-18	89,60925878	0,39074122	181314	45,810036004883	013-1314	76,443529430056	13,556470569944
				35	13-18	0,336284543087	0-1318hp-14	80,57778770	9,42221230	131814	88,379927995470	013-1318	80,320175668638	9,679824331362
				36	14-18	0,336284543117	0-1418hp-13	80,57778770	9,42221230			014-1418	80,320175667770	9,679824332230
			Q	23	9-13	0,507623874486	0-1314hq-9	79,17180502	10,82819498	14139	69,360157964224	013-1314	76,443529430056	13,556470569944
				24	9-14	0,556499317535	0-913hq-14	80,82478688	9,17521312	13149	58,608186240694	09-913	75,296801739671	14,703198260329
				33	13-14	0,468807231116	0-914hq-13	83,73951920	6,26048080			09-914	73,844233384662	16,155766615339
			R	20	8-9	0,526234811772	0-813hr-9	82,27450654	7,72549346	1389	55,832980224501	08-813	73,844233383936	16,155766616064
				22	8-13	0,556499317559	0-89hr-13	80,60470422	9,39529578	8139	59,063654278803	08-89	74,744881291352	15,255118708648
				23	9-13	0,507623874486	0-913hr-8	79,74611389	10,25388611			09-913	75,296801739671	14,703198260329
			S	12	5-8	0,507623874486	0-58hs-9	79,74611390	10,25388610	985	65,103365496696	05-58	75,296801739671	14,703198260329
				13	5-9	0,556499317559	0-59hs-8	82,27450655	7,72549345	895	55,832980224501	05-59	73,844233383936	16,155766616064
				20	8-9	0,526234811772	0-89hs-5	80,60470414	9,39529586			08-89	74,744881291352	15,255118708648
			T	9	4-5	0,468807231116	0-45ht-8	79,17180495	10,82819505	845	58,608186240694	04-45	76,443529430056	13,556470569944
				11	4-8	0,556499317535	0-48ht-5	83,73951921	6,26048079	485	52,031655795082	04-48	73,844233384662	16,155766615339
				12	5-8	0,507623874486	0-58ht-4	80,82478688	9,17521312			05-58	75,296801739671	14,703198260329
			U	4	2-4	0,336284543142	0-24hu-5	80,57778770	9,42221230	425	88,379927978938	02-24	80,320175667044	9,679824332956
				5	2-5	0,336284543162	0-25hu-4	80,57778770	9,42221230	245	45,810036012287	02-25	80,320175666462	9,679824333538
				9	4-5	0,468807231116	0-45hu-2	89,60925878	0,39074122			04-45	76,443529430056	13,556470569944
			V	1	1-2	0,336284543251	0-12hv-4	80,57778770	9,42221230	421	88,379927958298	01-12	80,320175663858	9,679824336142
				3	1-4	0,468807231092	0-14hv-2	89,60925878	0,39074122	241	45,810036030460	01-14	76,443529430775	13,556470569225
				4	2-4	0,336284543142	0-24hv-1	80,57778770	9,42221230			02-24	80,320175667044	9,679824332956

CASCARONES-CONSTRUCCIÓN GEODÉSICA DE LOS SÓLIDOS PLATÓNICOS-ICOSAEDRO_FRECUENCIA 4

CASCARÓN ESQUEMA I

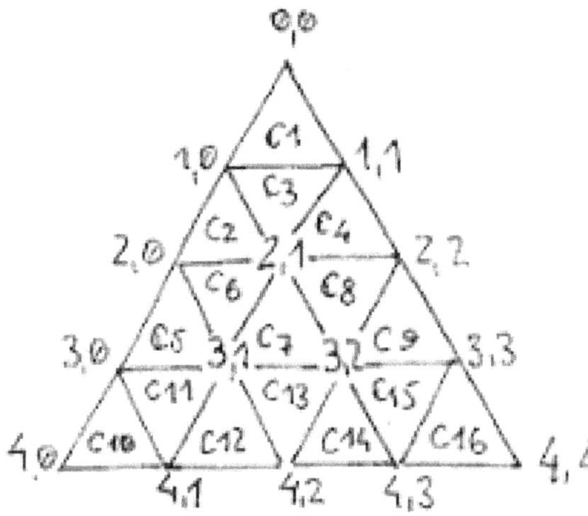

ICOSAEDRO ESQUEMA I, CLASE ALTERNATIVO (CUERDAS IGUALES), FRECUENCIA 4															
Ítems	Lados		Cara	Ítems	Lados		Ángulos								
	Designación	Longitud			Designación	Longitud	Designación	Astp	Bisel perfil	Designación	Acar	Designación	AAx	Bisel axial
1	0,0-1,0	0,253184595790		1	0,0-1,0	0,253184595790	0-0010h-11	84,75057033	5,24942967	100011	71,331606892702	000-0010	82,727281719344	7,272718280656
2	0,0-1,1	0,253184595790	1	2	0,0-1,1	0,253184595790	0-0011h-10	84,75057033	5,24942967	001011	54,334196553649	010-1011	81,510920437447	8,489079562553
3	1,0-1,1	0,295241808813		3	1,0-1,1	0,295241808813	0-1011h-00	87,10942414	2,89057586			000-0011	82,727281719344	7,272718280656
4	1,0-2,0	0,298588133666		4	1,0-2,0	0,298588133666	0-1021hc2-20	84,56499715	5,43500285	102120	58,796875144960	010-1020	81,413981074431	8,586018925569
5	1,0-2,1	0,294530833752	2	5	1,0-2,1	0,294530833752	0-1020h-21	84,75380554	5,24619446	201021	63,668770317843	020-2021	81,000000000942	8,999999999058
6	1,1-2,1	0,294530833752		8	2,0-2,1	0,312868930048	0-2021hc2-10	85,45692214	4,54307786			010-1021	81,531513443383	8,468486556617
7	1,1-2,2	0,298588133666		3	1,0-1,1	0,295241808813	0-1011hc3-21	85,08837702	4,91162298	211011	59,920115857468	010-1011	81,510920437447	8,489079562553
8	2,0-2,1	0,312868930048	3	5	1,0-2,1	0,294530833752	0-1021hc3-11	85,05278482	4,94721518	102111	60,159768285064	021-1021	81,531513443383	8,468486556617
9	2,1-2,2	0,312868930048		6	1,1-2,1	0,294530833752	0-1121h-10	85,05263118	4,94736882			011-1121	81,531513443383	8,468486556617
10	2,0-3,0	0,298588133666		10	2,0-3,0	0,298588133666	0-2031hc5-30	85,50424027	4,49575973	302031	57,534354522986	020-2030	81,413981074431	8,586018925569
11	2,0-3,1	0,312868930093	5	11	2,0-3,1	0,312868930093	0-2030h-31	84,75380554	5,24619446	203031	63,668770333130	031-3031	81,531513444633	8,468486555368
12	2,1-3,1	0,324919696240		16	3,0-3,1	0,294530833709	0-3031hc5-20	84,56499715	5,43500285			020-2031	80,999999999640	9,000000000360
13	2,1-3,2	0,324919696240		8	2,0-2,1	0,312868930048	0-2131hc6-20	85,09680766	4,90319234	312021	62,565051180744	020-2021	81,000000000942	8,999999999058
14	2,2-3,2	0,312868930093	6	11	2,0-3,1	0,312868930093	0-2031hc6-21	84,47813190	5,52186810	203121	58,717474402866	020-2031	80,999999999640	9,000000000360
15	2,2-3,3	0,298588133666		12	2,1-3,1	0,324919696240	0-2021hc6-31	84,47813190	5,52186810			021-2131	80,650296457231	9,349703542769
16	3,0-3,1	0,294530833709		12	2,1-3,1	0,324919696240	0-2132hc7-31	84,54527964	5,45472036	312132	59,999999990262	021-2131	80,650296457231	9,349703542769
17	3,1-3,2	0,324919696192	7	13	2,1-3,2	0,324919696240	0-2131hc7-32	84,54527964	5,45472036	213132	60,000000004869	031-3132	80,650296458620	9,349703541380
18	3,2-3,3	0,294530833709		17	3,1-3,2	0,324919696192	0-3132hc7-21	84,54527964	5,45472036			021-2132	80,650296457231	9,349703542769
19	3,0-4,0	0,253184595790		19	3,0-4,0	0,253184595790	0-3041hc10-40	87,10942414	2,89057586	403041	54,334196541092	030-3040	82,727281719344	7,272718280656
20	3,0-4,1	0,295241808849	10	20	3,0-4,1	0,295241808849	0-3040h-41	84,75057033	5,24942967	304041	71,331606907837	040-4041	82,727281720258	7,272718279742
21	3,1-4,1	0,294530833736		27	4,0-4,1	0,253184595759	0-4041ht1-30	84,75057033	5,24942967			030-3041	81,510920436408	8,489079563592
22	3,1-4,2	0,312868930076		16	3,0-3,1	0,294530833709	0-3141hc11-30	84,75057033	5,24942967	413031	59,920115854782	030-3031	81,531513444633	8,468486555368
23	3,2-4,2	0,312868930076	11	20	3,0-4,1	0,295241808849	0-3041hc11-31	85,08837702	4,91162298	304131	59,920115845487	030-3041	81,510920436408	8,489079563592
24	3,2-4,3	0,294530833736		21	3,1-4,1	0,294530833736	0-3031hc11-41	85,05278481	4,94721519			031-3141	81,531513443831	8,468486556169
25	3,3-4,3	0,295241808849		21	3,1-4,1	0,294530833736	0-3142hc12-41	85,50424027	4,49575973	413142	58,796875131520	031-3142	81,000000000137	8,999999999863
26	3,3-4,4	0,253184595790	12	22	3,1-4,2	0,312868930076	0-3141hc12-42	84,56499715	5,43500285	314142	63,668770332550	031-3141	81,531513443831	8,468486558169
27	4,0-4,1	0,253184595759		28	4,1-4,2	0,298588133612	0-4142ht1-31	84,75380554	5,24619446			041-4142	81,413981075992	8,586018924008
28	4,1-4,2	0,298588133612		17	3,1-3,2	0,324919696192	0-3242hc13-31	84,48813190	5,51186810	423132	58,717474415342	031-3132	80,650296458620	9,349703541380
29	4,2-4,3	0,298588133612	13	22	3,1-4,2	0,312868930076	0-3142hc13-32	84,47813190	5,52186810	314232	62,565051169317	042-3142	81,000000000137	8,999999999863
30	4,3-4,4	0,253184595759		23	3,2-4,2	0,312868930076	0-3132hc13-42	85,09680765	4,90319235			042-3242	81,000000000137	8,999999999863

ICOSAEDRO ESQUEMA I, 2CP (ARCOS IGUALES), FRECUENCIA 4

Ítems	Lados		Cara	Ítems	Lados		Ángulos							
	Designación	Longitud			Designación	Longitud	Designación	Astp	Bisel perfil	Designación	Acar	Designación	AAx	Bisel axial
1	0,0-1,0	0,275904484264		1	0,0-1,0	0,275904484264	0-0010h-11	84,28349682	5,71650318	100011	71,205975321305	000-0010	82,070631396887	7,929368603113
2	0,0-1,1	0,275904484264	1	2	0,0-1,1	0,275904484264	0-0011h-10	84,28349682	5,71650318	001011	54,397012339348	010-1011	80,756996772765	9,243003227235
3	1,0-1,1	0,321244071290		3	1,0-1,1	0,321244071290	0-1011h-00	86,82530278	3,17469722			000-0011	82,070631396887	7,929368603113
4	1,0-2,0	0,275904484264		4	1,0-2,0	0,275904484264	0-1021hc2-20	84,75216372	5,24783628	102120	51,151997279343	010-1020	82,070631396887	7,929368603113
5	1,0-2,1	0,323002569554	2	5	1,0-2,1	0,323002569554	0-1020h-21	84,34003061	5,65996939	201021	63,098370226398	020-2021	80,911311384223	9,088688615777
6	1,1-2,1	0,323002569554		8	2,0-2,1	0,315926256107	0-2021hc2-10	86,27884165	3,72115835			010-1021	80,705953097973	9,294046902027
7	1,1-2,2	0,275904484264		3	1,0-1,1	0,321244071290	0-1011hc3-21	86,32066092	3,67933908	211011	60,179930652117	010-1011	80,756996772765	9,243003227235
8	2,0-2,1	0,315926256107	3	5	1,0-2,1	0,323002569554	0-1021hc3-11	84,37138362	5,62861638	102111	59,640138695766	021-1021	80,705953097973	9,294046902027
9	2,1-2,2	0,315926256107		6	1,1-2,1	0,323002569554	0-1121hc3-10	84,37138362	5,62861638			011-1121	80,705953097973	9,294046902027
10	2,0-3,0	0,275904484264		10	2,0-3,0	0,275904484264	0-2031hc5-30	86,75567475	3,24432525	302031	57,551148000732	020-2030	82,070631396887	7,929368603113
11	2,0-3,1	0,338733863917	5	11	2,0-3,1	0,338733863917	0-2030h-31	83,45580333	6,54419667	203031	71,768150344782	031-3031	81,345368274849	8,654631725151
12	2,1-3,1	0,299672037741		16	3,0-3,1	0,300956115949	0-3031hc5-20	84,45801217	5,54198783			020-2031	80,248986806860	9,751013193140
13	2,1-3,2	0,299672037741		8	2,0-2,1	0,315926256107	0-2131hc6-20	84,86811209	5,13188791	312021	54,348948638556	020-2021	80,911311384223	9,088688615777
14	2,2-3,2	0,338733863917	6	11	2,0-3,1	0,338733863917	0-2031hc6-21	84,86811209	5,13188791	203121	58,943190445309	020-2031	80,248986806860	9,751013193140
15	2,2-3,3	0,275904484264		12	2,1-3,1	0,299672037741	0-2021hc6-31	83,63491233	6,36508767			021-2131	81,382576264761	8,617423735239
16	3,0-3,1	0,300956115949		12	2,1-3,1	0,299672037741	0-2132hc7-31	85,16310080	4,83689920	312132	59,762526742875	021-2131	81,382576264761	8,617423735239
17	3,1-3,2	0,298595750107	7	13	2,1-3,2	0,299672037741	0-2131hc7-32	85,16310080	4,83689920	213132	60,118736628563	031-3132	81,413760406342	8,586239593658
18	3,2-3,3	0,300956115949		17	3,1-3,2	0,298595750107	0-3132hc7-21	83,29933361	6,70066639			021-2132	81,382576264761	8,617423735239
19	3,0-4,0	0,275904484264		19	3,0-4,0	0,275904484264	0-3041hc10-40	86,82530279	3,17469721	403041	54,397012317448	030-3040	82,070631396887	7,929368603113
20	3,0-4,1	0,321244071314	10	20	3,0-4,1	0,321244071314	0-3040h-41	84,28349681	5,71650319	304041	71,205975340281	040-4041	82,070631399363	7,929368600637
21	3,1-4,1	0,271539112655		27	4,0-4,1	0,275904484178	0-4041ht1-30	84,28349681	5,71650319			030-3041	80,756996772055	9,243003227945
22	3,1-4,2	0,286950242875		16	3,0-3,1	0,300956115949	0-3141hc11-30	83,77187898	6,22812102	413031	51,625231794566	030-3031	81,345368274849	8,654631725151
23	3,2-4,2	0,286950242875	11	20	3,0-4,1	0,321244071314	0-3041hc11-31	86,23980125	3,76019875	304131	60,330766514665	030-3041	80,756996772055	9,243003227945
24	3,2-4,3	0,271539112655		21	3,1-4,1	0,271539112655	0-3031hc11-41	85,03165422	4,96834578			031-3141	82,196878054480	7,803121945520
25	3,3-4,3	0,321244071314		21	3,1-4,1	0,271539112655	0-3142hc12-41	85,80367605	4,19632395	413142	59,133324831659	031-3142	81,345368274849	8,654631725151
26	3,3-4,4	0,275904484264	12	22	3,1-4,2	0,286950242875	0-3141hc12-42	85,02055199	4,97944801	314142	63,218046881171	031-3141	82,196878054480	7,803121945520
27	4,0-4,1	0,275904484178		28	4,1-4,2	0,275904484264	0-4142ht1-31	85,22520809	4,77479191			041-4142	82,070631396887	7,929368603113
28	4,1-4,2	0,275904484264		17	3,1-3,2	0,298595750107	0-3242hc13-31	84,93305939	5,06694061	423132	58,648169201284	031-3132	81,413760406342	8,586239593658
29	4,2-4,3	0,275904484264	13	22	3,1-4,2	0,286950242875	0-3142hc13-32	84,93305939	5,06694061	314232	62,703661597432	042-3142	81,751013191716	8,248986808284
30	4,3-4,4	0,275904484178		23	3,2-4,2	0,286950242875	0-3132hc13-42	85,53100581	4,46899419			042-3242	81,751013191716	8,248986808284

ICOSAEDRO ESQUEMA I, 3CP (ARCOS IGUALES), FRECUENCIA 4

Ítems	Lados		Cara	Ítems	Lados		Ángulos							
	Designación	Longitud			Designación	Longitud	Designación	Astp	Bisel perfil	Designación	Acar	Designación	AAx	Bisel axial
1	0,0-1,0	0,275904484264		1	0,0-1,0	0,275904484264	0-0010h-11	84,28349682	5,71650318	100011	71,205975321305	000-0010	82,070631396887	7,929368603113
2	0,0-1,1	0,275904484264	1	2	0,0-1,1	0,275904484264	0-0011h-10	84,28349682	5,71650318	001011	54,397012339348	010-1011	80,756996772765	9,243003227235
3	1,0-1,1	0,321244071290		3	1,0-1,1	0,321244071290	0-1011h-00	86,82530278	3,17469722			000-0011	82,070631396887	7,929368603113
4	1,0-2,0	0,275904484264		4	1,0-2,0	0,275904484264	0-1021hc2-20	85,08375750	4,91624250	102120	53,615659486033	010-1020	82,070631396887	7,929368603113
5	1,0-2,1	0,297790444008	2	5	1,0-2,1	0,297790444008	0-1020h-21	84,11022663	5,88977337	201021	66,051362866417	020-2021	80,990099506172	9,009900493828
6	1,1-2,1	0,297790444008		8	2,0-2,1	0,313210263021	0-2021hc2-10	85,96238228	4,03761772			010-1021	81,437091506880	8,562908493120
7	1,1-2,2	0,275904484264		3	1,0-1,1	0,321244071290	0-1011hc3-21	85,70401166	4,29598834	211011	57,358597038782	010-1011	80,756996772765	9,243003227235
8	2,0-2,1	0,313210263021	3	5	1,0-2,1	0,297790444008	0-1021hc3-11	84,46694695	5,53305305	102111	65,282805922437	021-1021	81,437091506880	8,562908493120
9	2,1-2,2	0,313210263021		6	1,1-2,1	0,297790444008	0-1121h-10	84,46694695	5,53305305			011-1121	81,437091506880	8,562908493120
10	2,0-3,0	0,275904484264		10	2,0-3,0	0,275904484264	0-2031hc5-30	85,96238228	4,03761772	302031	60,332977645266	020-2030	82,070631396887	7,929368603113
11	2,0-3,1	0,313210263028	5	11	2,0-3,1	0,313210263028	0-2030h-31	84,11022663	5,88977337	203031	66,051362868951	031-3031	81,437091507048	8,562908492952
12	2,1-3,1	0,299381459279		16	3,0-3,1	0,297790444003	0-3031hc5-20	85,08307575	4,91692425			020-2031	80,990099505965	9,009900494035
13	2,1-3,2	0,299381459279		8	2,0-2,1	0,313210263021	0-2131hc6-20	84,37923991	5,62076009	312021	57,099817099268	020-2021	80,990099506172	9,009900493828
14	2,2-3,2	0,313210263028	6	11	2,0-3,1	0,313210263028	0-2031hc6-21	85,05135841	4,94864159	203121	61,450091449162	020-2031	80,990099505965	9,009900494035
15	2,2-3,3	0,275904484264		12	2,1-3,1	0,299381459279	0-2021hc6-31	85,05135841	4,94864159			021-2131	81,390995679815	8,609004320185
16	3,0-3,1	0,297790444003		12	2,1-3,1	0,299381459279	0-2132hc7-31	84,98544363	5,01455637	312132	59,999999998981	021-2131	81,390995679815	8,609004320185
17	3,1-3,2	0,299381459274	7	13	2,1-3,2	0,299381459279	0-2131hc7-32	84,98544363	5,01455637	213132	60,000000000509	031-3132	81,390995679949	8,609004320051
18	3,2-3,3	0,297790444003		17	3,1-3,2	0,299381459274	0-3132hc7-21	84,98544363	5,01455637			021-2132	81,390995679816	8,609004320185
19	3,0-4,0	0,275904484264		19	3,0-4,0	0,275904484264	0-3041hc10-40	86,82530279	3,17469721	403041	54,397012317448	030-3040	82,070631396887	7,929368603113
20	3,0-4,1	0,321244071314	10	20	3,0-4,1	0,321244071314	0-3040h-41	84,28349681	5,71650319	304041	71,205975340281	040-4041	82,070631399363	7,929368600637
21	3,1-4,1	0,297790444028		27	4,0-4,1	0,275904484178	0-4041ht1-30	84,28349681	5,71650319			030-3041	80,756996772055	9,243003227945
22	3,1-4,2	0,313210263045		16	3,0-3,1	0,297790444003	0-3141hc11-30	84,46694695	5,53305305	413031	57,358597040742	030-3031	81,437091507048	8,562908492952
23	3,2-4,2	0,313210263045	11	20	3,0-4,1	0,321244071314	0-3041hc11-31	85,70401166	4,29598834	304131	57,358597032981	030-3041	80,756996772055	9,243003227945
24	3,2-4,3	0,297790444028		21	3,1-4,1	0,297790444028	0-3031hc11-41	84,46694695	5,53305305			031-3141	81,437091506300	8,562908493701
25	3,3-4,3	0,321244071314		21	3,1-4,1	0,297790444028	0-3142hc12-41	85,96238228	4,03761772	413142	53,615659481803	031-3142	81,437091507048	8,562908492952
26	3,3-4,4	0,275904484264	12	22	3,1-4,2	0,313210263045	0-3141hc12-42	85,08307575	4,91692425	314142	66,051362869350	031-3141	81,437091506300	8,562908493701
27	4,0-4,1	0,275904484178		28	4,1-4,2	0,275904484264	0-4142ht1-31	84,11022663	5,88977337			041-4142	82,070631396887	7,929368603113
28	4,1-4,2	0,275904484264		17	3,1-3,2	0,299381459274	0-3242hc13-31	85,05135841	4,94864159	423132	61,450091452895	031-3132	81,390995679949	8,609004320051
29	4,2-4,3	0,275904484264	13	22	3,1-4,2	0,313210263045	0-3142hc13-32	84,37923991	5,62076009	314232	57,099817094211	042-3142	80,990099505472	9,009900494528
30	4,3-4,4	0,275904484178		23	3,2-4,2	0,313210263045	0-3132hc13-42	85,05135841	4,94864159			042-3242	80,990099505472	9,009900494528

ICOSAEDRO ESQUEMA I, ARCOS MEDIOS (ARCOS IGUALES), FRECUENCIA 4

Ítems	Lados		Cara	Ítems	Lados		Ángulos							
	Designación	Longitud			Designación	Longitud	Designación	Astp	Bisel perfil	Designación	Acar	Designación	AAx	Bisel axial
1	0,0-1,0	0,275904484264		1	0,0-1,0	0,275904484264	0-0010h-11	84,28349682	5,71650318	100011	71,205975321305	000-0010	82,070631396887	7,929368603113
2	0,0-1,1	0,275904484264	1	2	0,0-1,1	0,275904484264	0-0011h-10	84,28349682	5,71650318	001011	54,397012339348	010-1011	80,756996772765	9,243003227235
3	1,0-1,1	0,321244071290		3	1,0-1,1	0,321244071290	0-1011h-00	86,85302780	3,14697220			000-0011	82,070631396887	7,929368603113
4	1,0-2,0	0,275904484264		4	1,0-2,0	0,275904484264	0-1021hc2-20	84,75216372	5,24783628	102120	54,686212320194	010-1020	82,070631396887	7,929368603113
5	1,0-2,1	0,285473003214	2	5	1,0-2,1	0,285473003214	0-1020h-21	84,34003061	5,65996939	201021	67,717010260547	020-2021	81,000000000942	8,999999999058
6	1,1-2,1	0,285473003214		8	2,0-2,1	0,312868930048	0-2021hc2-10	86,27884164	3,72115836			010-1021	81,793773102608	8,206226897392
7	1,1-2,2	0,275904484264		3	1,0-1,1	0,321244071290	0-1011hc3-21	86,32066092	3,67933908	211011	55,760580360605	010-1011	80,756996772765	9,243003227235
8	2,0-2,1	0,312868930048	3	5	1,0-2,1	0,285473003214	0-1021hc3-11	84,37138362	5,62861638	102111	68,478839278791	021-1021	81,793773102608	8,206226897392
9	2,1-2,2	0,312868930048		6	1,1-2,1	0,285473003214	0-1121h-10	84,37138362	5,62861638			011-1121	81,793773102608	8,206226897392
10	2,0-3,0	0,275904484264		10	2,0-3,0	0,275904484264	0-2031hc5-30	86,27884165	3,72115835	302031	57,596777399769	020-2030	82,070631396887	7,929368603113
11	2,0-3,1	0,312868930084	5	11	2,0-3,1	0,312868930084	0-2030h-31	84,34003061	5,65996939	203031	67,717010278841	031-3031	81,793773104515	8,206226895485
12	2,1-3,1	0,324919696235		16	3,0-3,1	0,285473003148	0-3031hc5-20	84,75216372	5,24783628			020-2031	80,999999999889	9,000000000111
13	2,1-3,2	0,324919696235		8	2,0-2,1	0,312868930048	0-2131hc6-20	85,09680766	4,90319234	312021	62,565051180768	020-2021	81,000000000942	8,999999999058
14	2,2-3,2	0,312868930084	6	11	2,0-3,1	0,312868930084	0-2031hc6-21	84,47813190	5,52186810	203121	58,717474404146	020-2031	80,999999999889	9,000000000111
15	2,2-3,3	0,275904484264		12	2,1-3,1	0,324919696235	0-2021hc6-31	84,47813190	5,52186810			021-2131	80,650296457357	9,349703542643
16	3,0-3,1	0,285473003148		12	2,1-3,1	0,324919696235	0-2132hc7-31	84,54527964	5,45472036	312132	59,999999992912	021-2131	80,650296457357	9,349703542643
17	3,1-3,2	0,324919696200	7	13	2,1-3,2	0,324919696235	0-2131hc7-32	84,54527964	5,45472036	213132	60,000000003544	031-3132	80,650296458368	9,349703541632
18	3,2-3,3	0,285473003148		17	3,1-3,2	0,324919696200	0-3132hc7-21	84,54527964	5,45472036			021-2132	80,650296457357	9,349703542643
19	3,0-4,0	0,275904484264		19	3,0-4,0	0,275904484264	0-3041hc10-40	86,82530278	3,17469722	403041	54,397012330870	030-3040	82,070631396887	7,929368603113
20	3,0-4,1	0,321244071283	10	20	3,0-4,1	0,321244071283	0-3040h-41	84,28349682	5,71650318	304041	71,205975325848	040-4041	82,070631398125	7,929368601875
21	3,1-4,1	0,285473003189		27	4,0-4,1	0,275904484221	0-4041ht1-30	84,28349682	5,71650318			030-3041	80,756996772972	9,243003227028
22	3,1-4,2	0,312868930084		16	3,0-3,1	0,285473003148	0-3141hc11-30	84,37138362	5,62861638	413031	55,760580361369	030-3031	81,793773104515	8,206226895485
23	3,2-4,2	0,312868930084	11	20	3,0-4,1	0,321244071283	0-3041hc11-31	86,32066092	3,67933908	304131	55,760580349207	030-3041	80,756996772972	9,243003227028
24	3,2-4,3	0,285473003189		21	3,1-4,1	0,285473003189	0-3031hc11-41	84,37138362	5,62861638			031-3141	81,793773103321	8,206226896679
25	3,3-4,3	0,321244071283		21	3,1-4,1	0,285473003189	0-3142hc12-41	86,27884165	3,72115835	413142	54,686212308717	031-3142	81,793773104515	8,206226895485
26	3,3-4,4	0,275904484264	12	22	3,1-4,2	0,312868930084	0-3141hc12-42	84,75216372	5,24783628	314142	67,717010278617	031-3141	81,793773103321	8,206226896679
27	4,0-4,1	0,275904484221		28	4,1-4,2	0,275904484221	0-4142ht1-31	84,34003061	5,65996939			041-4142	82,070631398125	7,929368601875
28	4,1-4,2	0,275904484221		17	3,1-3,2	0,324919696200	0-3242hc13-31	84,47813190	5,52186810	423132	58,717474415366	031-3132	80,650296458368	9,349703541632
29	4,2-4,3	0,275904484221	13	22	3,1-4,2	0,312868930084	0-3142hc13-32	84,47813190	5,52186810	314232	62,565051169269	042-3142	80,999999999889	9,000000000111
30	4,3-4,4	0,275904484221		23	3,2-4,2	0,312868930084	0-3132hc13-42	85,09680766	4,90319234			042-3242	80,999999999889	9,000000000111

CASCARÓN ESQUEMA II (TRIACON)

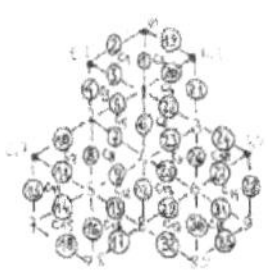

SÓLIDO ORIENTADO CON VÉRTICE A=(0,0,1)					
CÁSCARA PARA ICOSAEDRO ESQUEMA II, TRIACON, FRECUENCIA 4					
Punto	x	y	z	φ	θ
0	0,000000578814	0,000000000000	1,000000000000	0,000033165562	0,000000000000
P1T5=0,2	0,102380383500	-0,315094420672	0,943521999285	19,348299190745	288,00000008362
P1T2=0,3	0,102380383408	0,315094420702	0,943521999285	19,348299190745	72,00000008362
1	0,331309880421	0,000000000000	0,943521999285	19,348299190745	0,000000000000
2	0,425325896495	-0,309016994385	0,850650562189	31,717501239088	324,000031536407
P6T5=2,7	0,471298698492	-0,583129147462	0,661693232684	48,570863461090	308,945958959266
3	0,425325896495	0,309016994385	0,850650562189	31,717501239088	35,999968463593
P6T2=3,9	0,471298698518	0,583129147384	0,661693232735	48,570863457205	51,054041035465
4	0,607062458164	0,000000000000	0,794654120916	37,377401304247	0,000000000000
5	0,700228082730	-0,268034881889	0,661693232735	48,570863457205	339,054041035465
6	0,700228082797	0,268034881841	0,661693232684	48,570863461090	20,945958959266
7	0,723607056592	-0,525731112109	0,447213176696	63,434975650905	324,000009746604
PP6T6=7,8	0,904987937979	-0,268034881841	0,330384827480	70,707865390073	343,502023089837
8	0,850651112633	0,000000000000	0,525730619782	58,282558750000	0,000000000000
P5T6=8,9	0,904987937995	0,268034881889	0,330384827398	70,707865395067	16,497976912707
9	0,723607056618	0,525731112060	0,447213176712	63,434975649885	35,999990249887

ν = 4

- ICOSAEDRO: ESTO MULTIPLICADO POR VEINTE, CUBRE TODO EL SÓLIDO ESFÉRICO

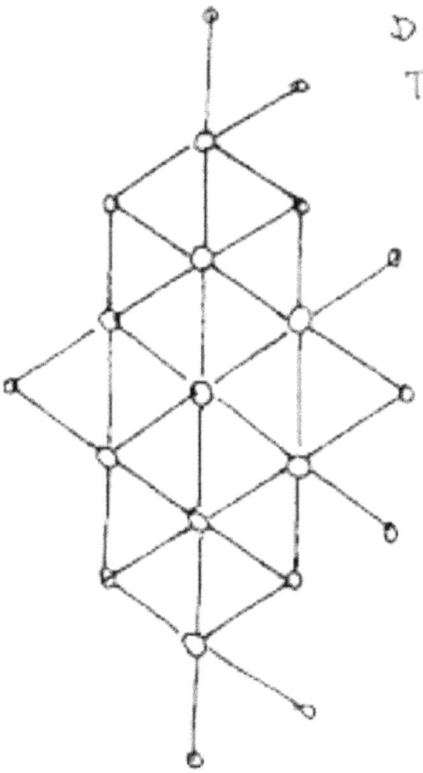

ICOSAEDRO ESQUEMA II, TRIACON, FRECUENCIA 4														
Ítems	Lados		Cara	Ítems	Lados		Ángulos							
	Designación	Longitud			Designación	Longitud	Designación	Astp	Bisel perfil	Designación	Acar	Designación	AAx	Bisel axial
1	0-1	0,336088705397		1	0-1	0,336088705397	0-01hc1-0,2	83,05103130	6,94896870	100,2	70,820534171285	00-01	80,325866986437	9,674133013563
2	0-0,2	0,336089099661	1	2	0-0,2	0,336089099661	0-10,2hc1-0	86,04004663	3,95995337	010,2	54,589780185579	00-00,2	80,325855528676	9,674144471324
3	0,2-1	0,389478123261		3	0,2-1	0,389478123261	0-00,2hc1-1	83,05104530	6,94895470			00,2-0,1		
4	0,2-2	0,336089040735		3	0,2-1	0,336089040735	0-10,2hc3-2	86,04004898	3,95995102	0,212	54,589685643135	01-12	78,770519293690	11,229480706310
5	1-2	0,336088705442	3	4	0,2-2	0,336088705442	0-12hc3-0,2	83,05103096	6,94896904	10,22	54,589769546996	02-20,2	80,325866985145	9,674133014855
6	1-4	0,313370594252		5	1-2	0,336088705397	0-0,22hc3-1	83,05104476	6,94895524			00,2-021		
7	2-4	0,362843329966		5	1-2	0,389478123261	0-14hc5-2	83,16435384	6,83564616	214	67,825603407566	01-14	80,325855528676	9,674144471324
8	2-5	0,336088705397	5	6	1-4	0,336088705442	0-24hc5-1	85,68878355	4,31121645	124	53,108746151137	04-42	80,325857241133	9,674142758867
9	4-5	0,313370594179		7	2-4	0,313370594252	0-12hc5-4	84,14379464	5,85620536			02-21		
10	2-2,7	0,336089040824		8	2-5	0,336089040824	0-25hc7-2,7	83,05103608	6,94896392	2,725	70,820501202196	02-25	78,770519293690	11,229480706310
11	2,7-5	0,389477931550	7	10	2-2,7	0,389477931550	0-2,75hc7-2	86,04004200	3,95995800	22,75	54,589709182085	05-52,7	80,985448943249	9,014551056751
12	4-8	0,362843329893		11	2,7-5	0,389476389161	0-2,72hc7-5	83,05104989	6,94895011			02,7-2,72		
13	5-8	0,336088705486		7	2-4	0,336088705397	0-25hc8-4	84,14379464	5,85620536	245	59,065650437978	02-24	80,325866985145	9,674133014855
14	5-7	0,336088705443	8	8	2-5	0,389477931550	0-45hc8-2	83,16435384	6,83564616	452	67,825603421282	04-45	79,547421274999	10,452578725001
15	2,7-7	0,336088881765		9	4-5	0,362843329893	0-24hc8-5	85,68878355	4,31121645			05-52		
16	5-7,8	0,389476389161		11	2,7-5	0,362843329893	0-2,75hc11-7	86,04004412	3,95995588	2,757	54,589760903286	05-57	80,325866985145	9,674133014855
17	7,8-8	0,336088034661	11	14	5-7	0,336088705486	0-57hc11-2,7	83,05103861	6,94896139	52,77	54,589718622329	07-72,7	80,325866986437	9,674133013563
18	7-7,8	0,336088134881		15	2,7-7	0,336088034661	0-72,7hc11-5	83,05103463	6,94896537			02,7-2,75		
19	*0-0,3*	0,336089099661		9	4-5	0,336089099661	0-48hc12-5	85,68878355	4,31121645	485	53,108746141464	04-48	78,770524893006	11,229475106995
20	*0,3-1*	0,389478123339	12	12	4-8	0,389478123339	0-85hc12-4	84,14379464	5,85620536	548	59,065650464179	08-85	80,325857238554	9,674142761446
21	*0,3-3*	0,336089040824		13	5-8	0,389477931550	0-54hc12-8	83,16435384	6,83564616			05-54		
22	*1-3*	0,336088705442		14	5-7	0,389476389161	0-57,8hc15-7	86,04001005	3,95998995	577,8	70,820288374733	05-57,8	79,547421274999	10,452578725001
23	*3-4*	0,362843329966	15	16	5-7,8	0,389478123339	0-7,87hc15-5	83,05106708	6,94893292	757,8	54,589787403289	07,8-7,87	80,985448945374	9,014551054626
24	*3-3,9*	0,336089040735		18	7-7,8	0,336089040824	0-75hc15-7,8	83,05109262	6,94890738			07-75		
25	*4-6*	0,313370594179		13	5-8	0,336089040824	0-58hc16-7,8	83,05109292	6,94890708	587,8	70,820300515962	05-58	80,985448943249	9,014551056751
26	*3-6*	0,336088705486	16	16	5-7,8	0,336088705442	0-87,8hc16-5	83,05106552	6,94893448	7,858	54,589769311345	08-87,8	80,325866986437	9,674133013563
27	*6-9,3*	0,389477931550		17	7,8-8	0,336088881782	0-7,85hc16-8	86,04001350	3,95998650			07,8-7,85		
28	*9-9,3*	0,336088881782												
29	*6-8*	0,336088705397												
30	*6-8,9*	0,389476389161												
31	*6-9*	0,336088705397												
32	8-8,9	0,336088034750												
33	8,9-9	0,336088134835												

CASCARÓN ESQUEMA III (ASIMETRICO)

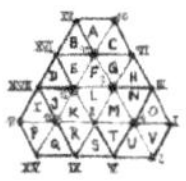

CARA ORIENTADA CON VÉRTICE A=(0,0,1)					
CÁSCARA PARA ICOSAEDRO ESQUEMA III, ASIMÉTRICO, FRECUENCIA 4					
Punto	x	y	z	ϕ	θ
1=P13T2	0,506542884464	0,649170987404	0,567442803560	55,427903515027	52,035371121836
2	0,723606797444	0,525731115545	0,447213591967	63,434949049219	36,000000189036
3=P12T2	0,358798477635	0,459825946773	0,812295359535	35,679195669963	52,035371053150
4	0,644940546876	0,374861391653	0,665980951713	48,242374594307	30,166611562276
5=P13T6	0,853647690380	0,281146043689	0,438454698717	63,994673661451	18,229127640168
6=P11T2	0,168847626963	0,216390325468	0,961595396158	15,930487824993	52,035370847095
7	0,479670878131	0,149357698676	0,864643352209	30,157994341424	17,295302257366
8	0,753768526294	0,049785899585	0,655251381510	49,061286219457	3,778858622277
9=P8T6	0,923170185368	-0,049785899585	0,381153739388	67,594833746697	356,913070425216
10	0,000000000000	0,000000000000	1,000000000000	0,000000000000	0,000000000000
11	0,257976215291	-0,093715347896	0,961595396158	15,930487824993	340,035370847095
12	0,548195290185	-0,199143598184	0,812295359535	35,679195669963	340,035371053150
13	0,773928657440	-0,281146043689	0,567442803560	55,427903515027	340,035371121836
14=P4T6	0,884097652742	-0,374861391653	0,279016625785	73,798477362327	337,022836490623
15=P11T5	-0,009409557624	-0,274309595735	0,961595396158	15,930487824993	268,035370847095
16=P7T5	0,290274065633	-0,410040047192	0,864643352209	30,157994341424	305,295302257366
17=P4T5	0,555811958585	-0,497536369173	0,665980951713	48,242374594307	318,166611562276
18	0,723606797489	-0,525731115493	0,447213591955	63,434949050002	323,999999815326

ICOSAEDRO ESQUEMA III, ASIMÉTRICO, FRECUENCIA 4														
Ítems	Lados		Cara	Ítems	Lados		Ángulos							
	Designación	Longitud			Designación	Longitud	Designación	Astp	Bisel perfil	Designación	Acar	Designación	AAx	Bisel axial
1	1-2	0,277144741251		25	10-11	0,277144746041	0-1011ha-15	84,25802694	5,74197306	151011	71,198803154584	010-1011	82,034755953138	7,965244046862
2	1-3	0,342976279542	A	26	10-15	0,277144741226	0-1015ha-11	84,25802694	5,74197306	101115	54,400597727572	010-1015	82,034756092405	7,965243907595
3	1-4	0,322659935418		28	11-15	0,322659935396	0-1115ha-10	86,80961235	3,19038765			011-1115	80,715899272587	9,284100727413
4	2-4	0,277144746037		28	11-15	0,322659935396	0-1115hb-16	83,91788927	6,08211073	151116	63,122357405778	011-1115	80,715899272587	9,284100727413
5	2-5	0,277144744531	B	29	11-16	0,332421667987	0-1116hb-15	84,37779473	5,62220527	111516	59,828483703035	011-1116	80,432418504081	9,567581495919
6	3-4	0,332421667995		37	15-16	0,342976279540	0-1516hb-11	84,93880057	5,06119943			015-1516	80,125646077515	9,874353922485
7	3-6	0,342976279540		15	6-10	0,277144744436	0-106hc-11	84,25802694	5,74197306	11106	71,198802679544	010-1011	82,034755953138	7,965244046862
8	3-7	0,337255070556	C	16	6-11	0,322659935396	0-116hc-10	86,80961235	3,19038765	10116	54,400598428516	010-610	82,034755999560	7,965244000440
9	4-5	0,322659935529		25	10-11	0,277144746041	0-1011hc-6	84,25802694	5,74197306			06-611	80,715899272587	9,284100727413
10	4-7	0,342976279536		31	12-16	0,337255070556	0-1216hd-17	84,30636489	5,69363511	161217	61,609553902891	012-1216	80,291969355537	9,708030644463
11	4-8	0,342976279536	D	32	12-17	0,332421667995	0-1217hd-16	84,07179055	5,92820945	121617	58,501680001567	012-1217	80,432418503856	9,567581496144
12	5-8	0,332421668019		38	16-17	0,342976279536	0-1617hd-12	84,60169003	5,39830997			017-1617	80,125646077632	9,874353922368
13	5-9	0,342976279542		27	11-12	0,342976279540	0-1112he-16	84,60169001	5,39830999	121116	59,888766095849	011-1112	80,125646077515	9,874353922485
14	6-7	0,332421667987	E	29	11-16	0,332421667987	0-1116he-12	84,30636487	5,69363513	111216	58,501679999681	011-1116	80,432418504081	9,567581495919
15	6-10	0,277144744436		31	12-16	0,337255070556	0-1216he-11	84,07179057	5,92820943			012-1216	80,291969355537	9,708030644463
16	6-11	0,322659935396		18	7-11	0,342976279540	0-711hf-12	83,86335055	6,13664945	11712	58,441007591331	07-711	80,125646077515	9,874353922485
17	7-8	0,359011227257	F	19	7-12	0,359011227258	0-712hf-11	84,69255094	5,30744906	71112	63,117984817339	07-712	79,659035470234	10,340964529766
18	7-11	0,342976279540		27	11-12	0,342976279540	0-1112hf-7	83,86335055	6,13664945			011-1112	80,125646077515	9,874353922485
19	7-12	0,359011227258		14	6-7	0,332421667987	0-711hg-06	84,93880057	5,06119943	1176	57,049158891188	06-67	80,432418504081	9,567581495919
20	8-9	0,337255070686	G	16	6-11	0,322659935396	0-67hg-11	84,37779473	5,62220527	7116	59,828483703034	06-611	80,715899272587	9,284100727413
21	8-12	0,359011227258		18	7-11	0,342976279540	0-116hg-7	83,91788927	6,08211073			07-711	80,125646077515	9,874353922485
22	8-13	0,342976279542		7	3-6	0,342976279540	0-36hh-7	84,60169001	5,39830999	673	61,609553904470	03-36	80,125646077515	9,874353922485
23	9-13	0,332421668019	H	8	3-7	0,337255070556	0-37hh-6	84,30636487	5,69363513	763	59,888766095849	03-37	80,291969355537	9,708030644463
24	9-14	0,342976279536		14	6-7	0,332421667987	0-67hh-3	84,07179057	5,92820943			06-67	80,432418504081	9,567581495919
25	10-11	0,277144746041		34	13-17	0,322659935418	0-1718hi-13	84,25802696	5,74197304	171318	54,400598429234	013-1317	80,715899271950	9,284100728050
26	10-15	0,277144741226	I	35	13-18	0,277144746047	0-1317hi-18	86,80961231	3,19038769	131718	54,400598889242	013-1318	82,034755952957	7,965244047043
27	11-12	0,342976279540		39	17-18	0,277144744454	0-1318hi-17	84,25802696	5,74197304			017-1718	82,034755999037	7,965244000963
28	11-15	0,322659935396		30	12-13	0,342976279542	0-1217hj-13	84,37779474	5,62220526	131217	57,049158894594	012-1213	80,125646077468	9,874353922532
29	11-16	0,332421667987	J	32	12-17	0,332421667995	0-1317hj-12	83,91788924	6,08211076	121317	59,828483702426	012-1217	80,432418503856	9,567581496144
30	12-13	0,342976279542		34	13-17	0,322659935418	0-1213hj-17	84,93880063	5,06119937			013-1317	80,715899271950	9,284100728050

ICOSAEDRO ESQUEMA III, ASIMÉTRICO, FRECUENCIA 4														
Ítems	Lados		Cara	Ítems	Lados		Ángulos							
	Designación	Longitud			Designación	Longitud	Designación	Astp	Bisel perfil	Designación	Acar	Designación	AAx	Bisel axial
31	12-16	0,337255070556		21	8-12	0,359011227258	0-812hk-13	84,69255094	5,30744906	12813	58,441007591451	08-812	79,659035470220	10,340964529780
32	12-17	0,332421667995	K	22	8-13	0,342976279542	0-1213hk-8	83,86335055	6,13664945	81213	58,441007591451	08-813	80,125646077468	9,874353922532
33	13-14	0,322659935529		30	12-13	0,342976279542	0-813hk-12	83,86335055	6,13664945			012-1213	80,125646077468	9,874353922532
34	13-17	0,322659935418		17	7-8	0,359011227257	0-78hl-12	83,95273720	6,04726280	8712	60,000000000192	07-78	79,659035470267	10,340964529733
35	13-18	0,277144746047	L	19	7-12	0,359011227258	0-712hl-8	83,95273720	6,04726280	7812	60,000000000064	07-712	79,659035470234	10,340964529766
36	14-18	0,277144741282		21	8-12	0,359011227258	0-812hl-7	83,95273720	6,04726280			08-812	79,659035470220	10,340964529780
37	15-16	0,342976279540		10	4-7	0,342976279536	0-47hm-8	83,86335055	6,13664945	748	63,117984817941	04-47	80,125646077632	9,874353922368
38	16-17	0,342976279536	M	11	4-8	0,342976279536	0-48hm-7	83,86335055	6,13664945	478	58,441007591029	04-48	80,125646077632	9,874353922368
39	17-18	0,277144744454		17	7-8	0,359011227257	0-78hm-4	84,69255094	5,30744906			07-78	79,659035470267	10,340964529733
				6	3-4	0,332421667995	0-34hn-7	84,07179055	5,92820945	743	59,888766095541	03-34	80,432418503856	9,567581496144
			N	8	3-7	0,337255070556	0-37hn-4	84,30636489	5,69363511	473	58,501680001567	03-37	80,291969355537	9,708030644463
				10	4-7	0,342976279536	0-47hn-3	84,60169003	5,39830997			04-47	80,125646077632	9,874353922368
				2	1-3	0,342976279542	0-13ho-4	84,93880063	5,06119937	413	59,828483702426	01-13	80,125646077468	9,874353922532
			O	3	1-4	0,322659935418	0-14ho-3	83,91788924	6,08211076	143	63,122357402980	01-14	80,715899271950	9,284100728050
				6	3-4	0,332421667995	0-34ho-1	84,37779474	5,62220526			03-34	80,125646077632	9,874353922368
				33	13-14	0,322659935529	0-1314hp-18	86,80961229	3,19038771	181314	54,400597722438	013-1314	80,125646077468	9,874353922532
			P	35	13-18	0,277144746047	0-1318hp-14	84,25802715	5,74197285	131814	71,198803179284	013-1318	82,034755952957	7,965244047043
				36	14-18	0,277144741282	0-1418hp-13	84,25802696	5,74197304			014-1418	82,034756090778	7,965243909222
				23	9-13	0,332421668019	0-1314hq-9	83,91788921	6,08211079	14139	63,122357387598	013-1314	80,125646077468	9,874353922532
			Q	24	9-14	0,342976279536	0-913hq-14	84,37779473	5,62220527	13149	59,828483697814	09-913	80,432418503153	9,567581496847
				33	13-14	0,322659935529	0-914hq-13	84,93880078	5,06119922			09-914	80,125646077632	9,874353922368
				20	8-9	0,337255070686	0-813hr-9	84,60169020	5,39830980	1389	58,501679993700	08-813	80,125646077468	9,874353922532
			R	22	8-13	0,342976279542	0-89hr-13	84,30636482	5,69363518	8139	59,888766118295	08-89	80,291969351741	9,708030648259
				23	9-13	0,332421668019	0-913hr-8	84,07179057	5,92820943			09-913	80,432418503153	9,567581496847
				12	5-8	0,332421668019	0-58hs-9	84,07179057	5,92820943	985	61,609553888005	05-58	80,432418503153	9,567581496847
			S	13	5-9	0,342976279542	0-59hs-8	84,60169020	5,39830980	895	58,501679993700	05-59	80,125646077468	9,874353922532
				20	8-9	0,337255070686	0-89hs-5	84,30636482	5,69363518			08-89	80,291969351741	9,708030648259
				9	4-5	0,322659935529	0-45ht-8	83,91788921	6,08211079	845	59,828483697814	04-45	80,715899268712	9,284100731288
			T	11	4-8	0,342976279536	0-48ht-5	84,93880078	5,06119922	485	57,049158914588	04-48	80,125646077632	9,874353922368
				12	5-8	0,332421668019	0-58ht-4	84,37779473	5,62220527			05-58	80,432418503153	9,567581496847
				4	2-4	0,277144746037	0-24hu-5	84,25802710	5,74197290	425	71,198802699983	02-24	82,034755953248	7,965244046752
			U	5	2-5	0,277144744531	0-25hu-4	84,25802704	5,74197296	245	54,400598432570	02-25	82,034755996811	7,965244003190
				9	4-5	0,322659935529	0-45hu-2	86,80961220	3,19038780			4-45	80,715899268712	9,284100731288
				1	1-2	0,277144741251	0-12hv-4	84,25802692	5,74197308	421	71,198803156990	01-12	82,034756091674	7,965243908326
			V	3	1-4	0,322659935418	0-14hv-2	86,80961235	3,19038765	241	54,400597730563	01-14	80,715899271950	9,284100728050
				4	2-4	0,277144746037	0-24hv-1	84,25802703	5,74197297			02-24	82,034755953248	7,965244046752

CAPÍTULO 12

PLANO DE USO[37]

El *Plano de uso*, es el plano donde la estructura se apoya en el suelo. De él hacia abajo estarán los cimientos y hacia arriba el diseño pensado como módulo habitacional.

Desde el punto de vista del diseño y cálculo, cuando se define el *plano de uso*, ocurre una situación que requiere un análisis detallado.

Dado que un *plano de uso* puede seleccionarse para que coincida con una circunferencia máxima o bien con una circunferencia mínima, es importante resaltar aquí (independientemente de la elección que se haga), que todos los puntos en ese plano tienen el mismo valor de: colatitud (ϕ_{pu}).

Como el diseño de estas estructuras nace de una grilla, donde los puntos se definen a partir de su posición sobre la superficie de un sólido platónico, que al ser normalizados tomarán valores de colatitud y acimut específicos; que no todos coincidirán con el plano seleccionado, entonces, se deberá recalcular los valores del largo de los conectores, como los ángulos característicos de aquellos miembros que no se apoyen sobre tal plano de uso seleccionado.

La solución que más se adopta es:

1st. Definir la colatitud (ϕ_{pu}), que definirá la posición exacta del plano de uso,

2nd. Los puntos de la grilla que no posean ese valor de colatitud, cambiarlo al valor de (ϕ_{pu}).

3rd. Calcular la nuevas magnitudes, longitud y ángulos característicos, para todos los conectores con extremo, donde ($\phi \neq \phi_{pu}$) y requieran apoyarse sobre el plano de uso.

Al realizar este cambio en el valor de colatitud (ϕ), los puntos que naturalmente no están contenidos en el plano de uso, cambiaran su dimensión (largo, sección transversal y ángulos característicos). Y la verdad que este cambio hace que la estructura sufra una fuerte distorsión, que requiere de análisis detallados y puntuales.

El plano de uso siempre obliga a soluciones de compromiso. Aquí aparecen conectores de diferentes características que no se ven en otra parte del diseño.

De todos modos esto no es una limitación, ni problema, ni cualquier otra cosa que se pueda imaginar, sólo es una situación que requiere cálculos adicionales; que como se observa en todo el texto, son muy simples de realizar.

También cabe observar que al comenzar con cambios de las magnitudes angulares de los puntos que se quiere llevar al plano de uso, el trabajo inicial en este caso, se hace con coordenadas esféricas.

Una vez reacondicionado todos los puntos necesarios en términos de colatitud y acimut (este ángulo no se modifica, mantiene su valor), se hace la conversión, pasando al sistema de coordenadas rectangulares y después se avanza con el tratamiento y definición de los parámetros característicos, a través del uso de vectores, como se trabajó en todo el texto.

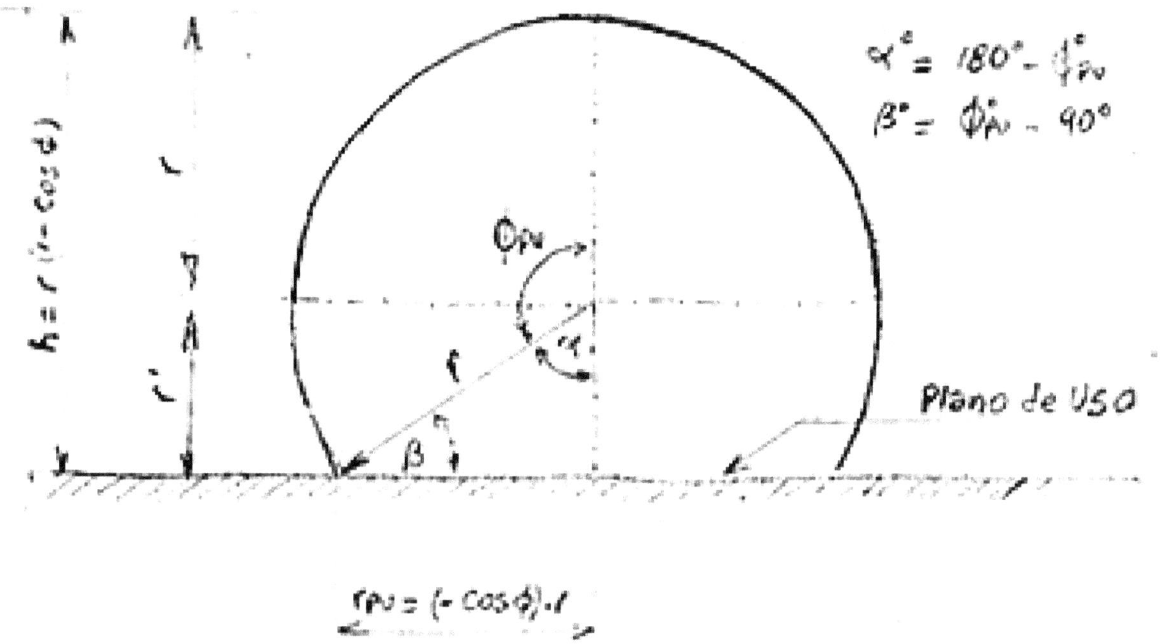

A continuación se muestran algunos ejemplos sobre una elección genérica del plano de uso

ELECCIÓN PLANO DE USO APLICADO AL TETRAEDRO

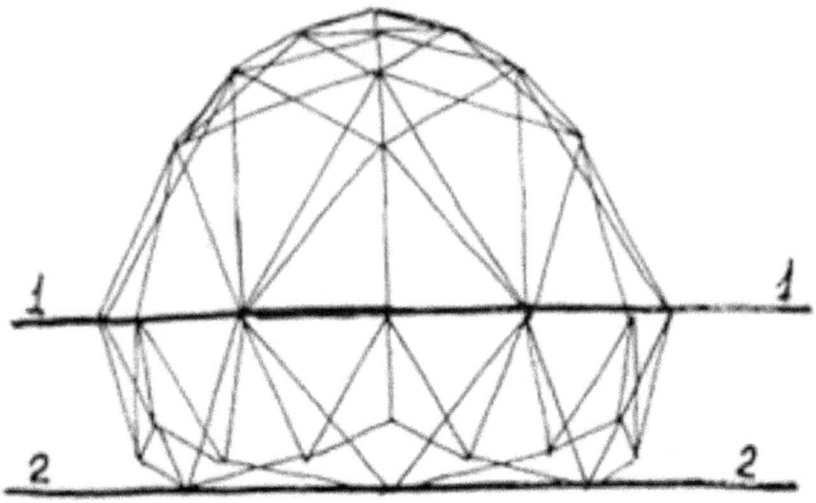

Si la elección sería el plano 1-1, no es necesario variar ningún conector. Ahora bien si se elige el plano 2-2, la situación es otra: los conectores (3,0-4,0); (3,0-4,1); (3,1-4,1); (3,2-4,3); (3,3-4,3); (3,3-4,4); (4,0-4,1); (4,1-4,2); (4,2-4,3); (4,3-4,4); deben modificarse. Y este cambio ocurre en el resto de las caras que apoyen en el plano de uso.

Triángulo 1						Triángulo 1					
Punto	x	y	z	ϕ	θ	Punto	xspe	yspe	zspe	ϕ	θ
0,0	0,000000000000	0,000000000000	1,000000000000	0,000000000000	0,000000000000	0,0	-0,000000000048	0,000000000000	1,000000000000	0	0
1,0	0,166666666621	-0,288675134595	0,942809041590	19,471220633113	299,999999993253	1,0	0,166666666621	-0,288675134595	0,942809041590	19,471220633113	300
1,1	0,166666666621	0,288675134595	0,942809041590	19,471220633113	60,000000006747	1,1	0,166666666621	0,288675134595	0,942809041590	19,471220633113	60
2,0	0,408248290436	-0,707106781187	0,577350269209	54,735610315868	299,999999998313	2,0	0,408248290436	-0,707106781187	0,577350269209	54,735610315868	300
2,1	0,577350269150	0,000000000000	0,816496580955	35,264389680000	0,000000000000	2,1	0,577350269150	0,000000000000	0,816496580955	35,264389680000	0
2,2	0,408248290436	0,707106781187	0,577350269209	54,735610315868	60,000000001687	2,2	0,408248290436	0,707106781187	0,577350269209	54,735610315868	60
3,0	0,500000000000	-0,866025403784	0,000000000024	89,999999998623	300,000000000000	3,0	0,500000000000	-0,866025403784	0,000000000024	90	300
3,1	0,866025403784	-0,500000000000	0,000000000000	90,000000000000	330,000000000000	3,1	0,866025403784	-0,500000000000	0,000000000042	90	330
3,2	0,866025403784	0,500000000000	0,000000000000	90,000000000000	30,000000000000	3,2	0,866025403784	0,500000000000	0,000000000042	90	30
3,3	0,500000000000	0,866025403784	0,000000000000	90,000000000000	60,000000000000	3,3	0,500000000000	0,866025403784	0,000000000024	90	60
4,0	0,471404520807	-0,816496580928	-0,333333333311	109,471220633113	300,000000000843	**4,0**	***0,408248290488***	***-0,707106781205***	***-0,577350269150***	**125,264389680000**	***300***
4,1	0,666666666689	-0,577350269190	-0,471404520759	118,125505699973	319,106605351833	**4,1**	***0,617213399878***	***-0,534522483833***	***-0,577350269150***	**125,264389680000**	**319,106605351833**
4,2	0,816496580955	0,000000000000	-0,577350269150	125,264389680000	0,000000000000	4,2	0,816496580955	0,000000000000	-0,577350269150	125,264389680000	0
4,3	0,666666666689	0,577350269190	-0,471404520759	118,125505699973	40,893394648167	**4,3**	**0,617213399878**	**0,534522483833**	-0,577350269150	**125,264389680000**	**40,893394648167**
4,4	0,471404520807	0,816496580928	-0,333333333311	109,471220633113	59,999999999157	**4,4**	**0,408248290488**	**0,707106781205**	***-0,577350269150***	**125,264389680000**	***60***

Barra		Long. Modificada	Long. Original	Variación Long (%)
19	3,0-4,0	0,605810893032	0,338203957452	79,125903078557
20	3,0-4,1	0,675992973605	0,577350269190	17,085417584348
21	3,1-4,1	0,629628897458	0,517638090205	21,634962606465
22	3,1-4,2	0,765366864730	0,765366864730	0,000000000000
23	3,2-4,2	0,765366864730	0,765366864730	0,000000000000
24	3,2-4,3	0,629628897458	0,517638090205	21,634962606465
25	3,3-4,3	0,675992973605	0,577350269190	17,085417584348
26	3,3-4,4	0,605810893032	0,338203957452	79,125903078557
27	4,0-4,1	0,271019845476	0,338203957452	-19,864969198410
28	4,1-4,2	0,570463032968	0,605810893055	-5,834801006843
29	4,2-4,3	0,570463032968	0,605810893055	-5,834801006843
30	4,3-4,4	0,271019845476	0,338203957452	-19,864969198411

En la última tabla, la última columna muestra el cambio de la longitud de los conectores modificados en comparación con las longitudes de cálculo original, en términos de porcentaje. Aquí un valor positivo indica aumento de la dimensión, cero indica que no hay cambio y un valor negativo, es un acortamiento.

ELECCIÓN PLANO DE USO APLICADO AL OCTAEDRO

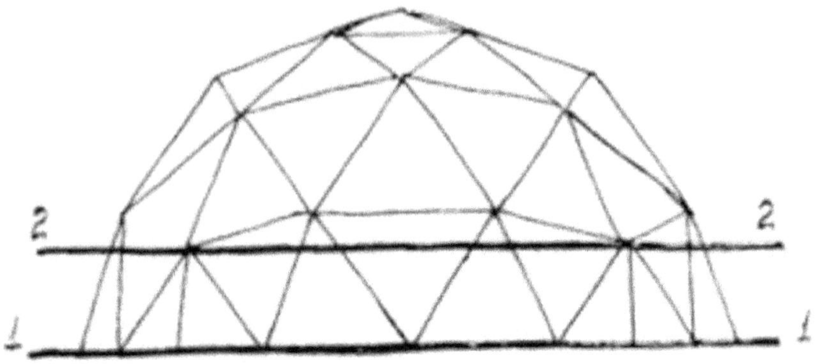

Ahora bien si se elige el plano 1-1, no es necesario variar ningún conector.
Si la elección sería el plano 2-2, es necesario cambiar la longitud de los conectores (2,0-3,1); (2,1-3,1); (2,1-3,2); (2,2-3,2); (3,0-3,1); (3,1-3,2); (3,2-3,3). Y este cambio ocurre en el resto de las caras que apoyen en el plano de uso.

Triángulo 1					
Punto	x	y	z	ϕ	θ
0,0	0,000000000000	0,000000000000	1,000000000000	0,000000000000	0,000000000000
1,0	0,223606797750	-0,223606797750	0,948683298051	18,434948822922	315,000000000000
1,1	0,223606797750	0,223606797750	0,948683298051	18,434948822922	45,000000000000
2,0	0,500000000000	-0,500000000000	0,707106781187	45,000000000000	315,000000000000
2,1	0,577350269190	0,000000000000	0,816496580928	35,264389682755	0,000000000000
2,2	0,500000000000	0,500000000000	0,707106781187	45,000000000000	45,000000000000
3,0	**0,670820393250**	**-0,670820393250**	**0,316227766017**	**71,565051177078**	**315,000000000000**
3,1	0,866025403784	-0,288675134595	0,408248290464	65,905157447889	341,565051177078
3,2	0,866025403784	0,288675134595	0,408248290464	65,905157447889	18,434948822922
3,3	**0,670820393250**	**0,670820393250**	**0,316227766017**	**71,565051177078**	**45,000000000000**
4,0	0,707106781187	-0,707106781187	0,000000000000	90,000000000000	315,000000000000
4,1	0,894427191000	-0,447213595500	0,000000000000	90,000000000000	333,434948822922
4,2	1,000000000000	0,000000000000	0,000000000000	90,000000000000	0,000000000000
4,3	0,894427191000	0,447213595500	0,000000000000	90,000000000000	26,565051177078
4,4	0,707106781187	0,707106781187	0,000000000000	90,000000000000	45,000000000000

Triángulo 1					
Punto	x	y	z	ϕ	θ
0,0	0,000000000000	0,000000000000	1,000000000000	0,000000000000	0,000000000000
1,0	0,223606797750	-0,223606797750	0,948683298051	18,434948822922	315,000000000000
1,1	0,223606797750	0,223606797750	0,948683298051	18,434948822922	45,000000000000
2,0	0,500000000000	-0,500000000000	0,707106781187	45,000000000000	315,000000000000
2,1	0,577350269190	0,000000000000	0,816496580928	35,264389682755	0,000000000000
2,2	0,500000000000	0,500000000000	0,707106781187	45,000000000000	45,000000000000
3,0	0,670820393250	-0,670820393250	0,316227766017	71,565051177078	315,000000000000
3,1	**0,900000000000**	**-0,300000000000**	**0,316227766017**	**71,565051177078**	**341,565051177078**
3,2	**0,900000000000**	**0,300000000000**	**0,316227766017**	**71,565051177078**	**18,434948822922**
3,3	0,670820393250	0,670820393250	0,316227766017	71,565051177078	45,000000000000

Barra		Long. Modificada	Long. Original	Variación Long (%)
11	2,0-3,1	0,593958251479	0,517638090205	14,743922968221
12	2,1-3,1	0,666612133076	0,577350269190	15,460608342978
13	2,1-3,2	0,666612133076	0,577350269190	15,460608342978
14	2,2-3,2	0,593958251479	0,517638090205	14,743922968221
15	2,2-3,3	0,459505841095	0,459505841095	0,000000000000
16	3,0-3,1	0,435925516803	0,438871019515	-0,671154526161
17	3,1-3,2	0,600000000000	0,577350269190	3,923048454133
18	3,2-3,3	0,435925516803	0,438871019515	-0,671154526161

En la última tabla, la última columna muestra el cambio de la longitud de los conectores modificados en comparación con las longitudes de cálculo original, en términos de porcentaje. Aquí un valor positivo indica aumento de la dimensión, cero indica que no hay cambio y un valor negativo, es para un acortamiento.

ELECCIÓN PLANO DE USO APLICADO AL ICOSAEDRO

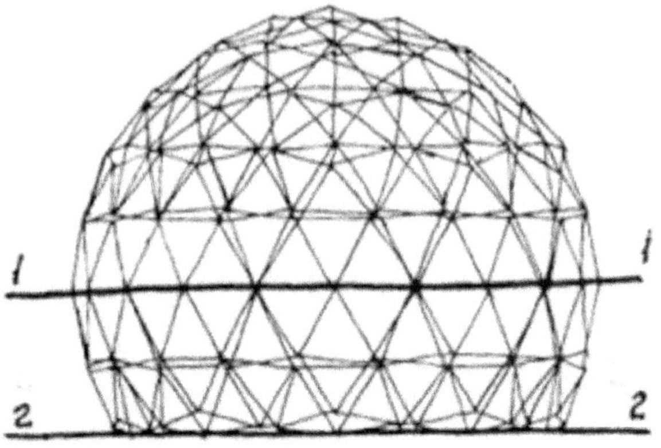

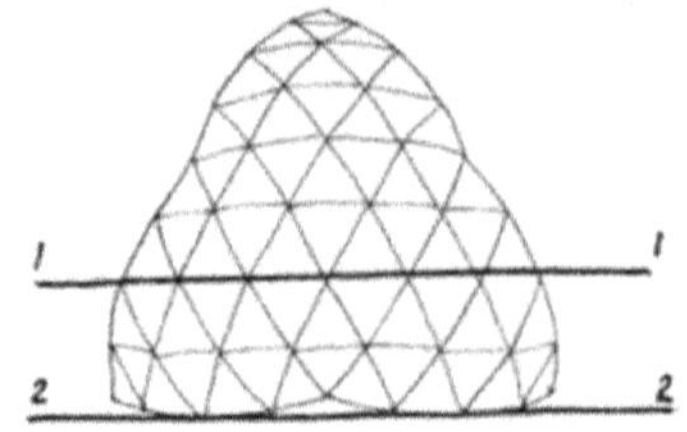

Si la elección sería el plano 1-1, no es necesario variar ningún conector.
Ahora bien si se elige el plano 2-2, la situación es otra: los conectores (3,0-4,0); (3,0-4,1); (3,1-4,1); (3,2-4,3); (3,3-4,3); (3,3-4,4); (4,0-4,1); (4,1-4,2); (4,2-4,3); (4,3-4,4). Y este cambio ocurre en el resto de las caras que apoyen en el plano de uso.

Triángulo 7: ORIGINAL					
Punto	xspe	yspe	zspe	ϕ	θ
0,0	0,723606797782	0,525731112142	0,447213595421	63,434948828000	36,000000000000
1,0	0,860695915158	0,442862713296	0,251147683250	75,454563445112	27,227644882773
1,1	0,687157134077	0,681718354076	0,251147683250	75,454563445112	44,772355117227
2,0	0,951056516285	0,309016994406	-0,000000000125	90,000000007158	18,000000001883
2,1	0,809016994375	0,587785252292	-0,000000000131	90,000000007526	36,000000000000
2,2	0,587785252319	0,809016994356	-0,000000000125	90,000000007158	53,999999998117
3,0	0,956625793948	0,147620904450	-0,251147683489	104,545436569018	8,772355120398
3,1	0,861803398832	0,425325404170	-0,276393202394	106,045057143918	26,267698553119
3,2	0,670820393231	0,688190960196	-0,276393202394	106,045057143918	45,732301446881
3,3	0,436009450706	0,864187826791	-0,251147683489	104,545436569018	63,227644879602
4,0	0,894427190933	0,000000000024	-0,447213595633	116,565051185615	0,000000001555
4,1	0,831051952232	0,238855640799	-0,502295366840	120,151976795987	16,035371257163
4,2	**0,688190960168**	**0,499999999951**	**-0,525731112253**	**121,717474420500**	**36,000000000000**
4,3	0,483974390084	0,716566922341	-0,502295366840	120,151976795987	55,964628742837
4,4	0,276393202253	0,850650808281	-0,447213595633	116,565051185615	71,999999998445

Triángulo 7: MODIFICADO PARA PLANO DE USO					
Punto	xspe	yspe	zspe	ϕ	θ
0,0	0,723606797782	0,525731112142	0,447213595421	63,434948828000	36,000000000000
1,0	0,860695915158	0,442862713296	0,251147683250	75,454563445112	27,227644882773
1,1	0,687157134077	0,681718354076	0,251147683250	75,454563445112	44,772355117227
2,0	0,951056516285	0,309016994406	-0,000000000125	90,000000007158	18,000000001883
2,1	0,809016994375	0,587785252292	-0,000000000131	90,000000007526	36,000000000000
2,2	0,587785252319	0,809016994356	-0,000000000125	90,000000007158	53,999999998117
3,0	0,956625793948	0,147620904450	-0,251147683489	104,545436569018	8,772355120398
3,1	0,861803398832	0,425325404170	-0,276393202394	106,045057143918	26,267698553119
3,2	0,670820393231	0,688190960196	-0,276393202394	106,045057143918	45,732301446881
3,3	0,436009450706	0,864187826791	-0,251147683489	104,545436569018	63,227644879602
4,0	0,850650808269	0,000000000023	-0,525731112253	**121,717474420500**	0,000000001555
4,1	0,817553133237	0,234975896515	-0,525731112253	**121,717474420500**	16,035371257163
4,2	0,688190960168	0,499999999951	-0,525731112253	121,717474420500	36,000000000000
4,3	0,476113169528	0,704927689491	-0,525731112253	**121,717474420500**	55,964628742837
4,4	0,262865556056	0,809016994289	-0,525731112253	**121,717474420500**	71,999999998445

Barra		Long. Modificada	Long. Original	Variación Long (%)
19	3,0-4,0	0,329269932374	0,253184595790	30,051329286523
20	3,0-4,1	0,319950244488	0,295241808849	8,368880997856
21	3,1-4,1	0,316797118615	0,294530833736	7,559916425837
22	3,1-4,2	0,312868930076	0,312868930076	0,000000000000
23	3,2-4,2	0,312868930076	0,312868930076	0,000000000000
24	3,2-4,3	0,316797118615	0,294530833736	7,559916425837
25	3,3-4,3	0,319950244488	0,295241808849	8,368880997856
26	3,3-4,4	0,329269932374	0,253184595790	30,051329286523
27	4,0-4,1	0,237295444593	0,253184595759	-6,275717966902
28	4,1-4,2	0,294910744503	0,298588133612	-1,231592516546
29	4,2-4,3	0,294910744503	0,298588133612	-1,231592516546
30	4,3-4,4	0,237295444593	0,253184595759	-6,275717966902

En la última tabla, la última columna muestra el cambio de la longitud de los conectores modificados en comparación con las longitudes de cálculo original, en términos de porcentaje. Aquí un valor positivo indica aumento de la dimensión, cero indica que no hay cambio y un valor negativo, es para un acortamiento.

CAPÍTULO 13

SISTEMAS DE CONEXIÓN

La conexión es el modo en el cual se vinculan los miembros estructurales en un nudo para darle su forma y estabilidad a la estructura en su conjunto.
Existen infinidad de soluciones en el mercado e internet da fe de lo que se comenta.
Por lo general, el diseño de un conector o unión está en función del material con que se construye la estructura diseñada siendo muy distinto, en algunos casos, un tipo de conector cuando la estructura es metálica a cuando es de madera, por ejemplo.
A modo de presentación de un tipo de conexión para estas estructuras diseñadas en madera y muy difundida se muestra la Good Karma, que es una conexión sin conectores (no se conoce su origen y tampoco es autoría de quien escribe).

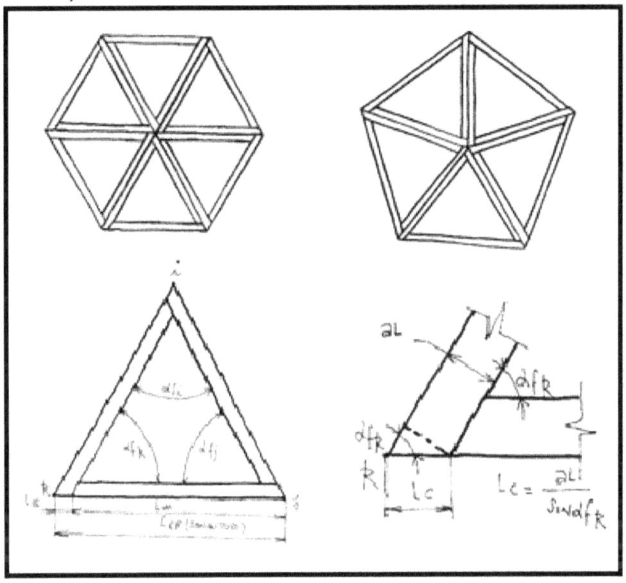

De aquí se observa que **Lm**, es la longitud a cortar a los miembros estructurales con este tipo de conexión, siendo su expresión de cálculo:

$$Lm = L_{CF} - \left(\frac{\mathbf{a}L}{\sin \alpha_{fk}}\right)$$

aL: ancho del miembro calculado (lado menor).

α_{fk}: es el (ACar) correspondiente.

Cabe aclarar que la elección del sistema de conexión es tan personal como el diseño de la estructura en sí, depende de muchos factores que contempla el diseñador, según condiciones impuestas por el proyecto.

REFERENCIAS

1. NASA CR-1734, ADVANCED STRUCTURAL GEOMETRY STUDIES PART I – POLYHEDRAL SUBDIVISION CONCEPTS FOR STRUCTURAL APPLICATIONS, Joseph D. Clinton, September 1971.
2. Divided Spheres Geodesics and the Orderly Subdivision of the Sphere, Edward S. Popko, 2012.
3. DOMEBOOK 2, Pacific Domes, August 1971.
4. Polyhedra, a visual approach, Anthony Pugh, 1976.
5. Space Structures Their Harmony and Counterpoint, Arthur L. Loeb, November 1991.
6. geodesic math and how to use it, Hugh Kernner, 1976.
7. Álgebra lineal segunda edición Stanley I. Grossman, 1988. (Obra original Elementary linear Algebra Third edition, Stanley I. Grossman, 1987).
8. A GEOMETRIC ANALYSIS OF THE PLATONIC SOLIDS AND OTHER SEMI-REGULAR POLYHEDRA WITH INTRODUCTION TO PHI RATIO FOR TEACHERS, RESEARCHES AND GENERALLY CURIOUS, KENNETH J.M MACLEAN, 2006, 2007. Book # 1 in the Geometric Explorations Series.
9. mathNE WS Volume 111, Issue 6 Friday, December 4th, 2009Dot Product Finds Arc Midpoint, Alex Akulov, Oleksandr G. Akulov.

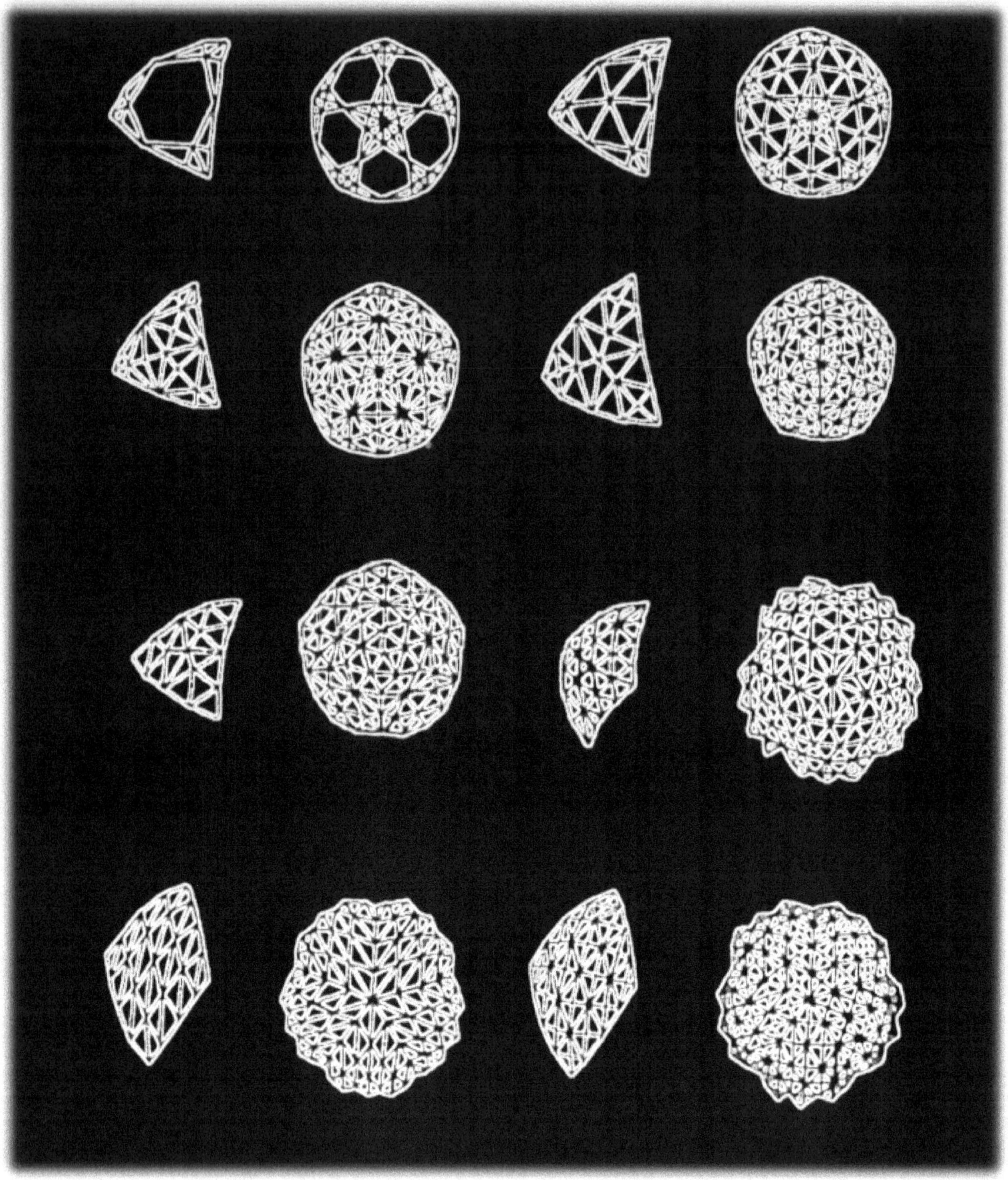

CON EL MATERIAL DESARROLLADO EN ESTE LIBRO, USTED PUEDE DISEÑAR ESTRUCTURAS COMO LAS DE ESTA IMAGEN

---

[1] NASA CR-1734, ADVANCED STRUCTURAL GEOMETRY STUDIES PART I –POLYHEDRAL SUBDIVISION CONCEPTS FOR STRUCTURAL APPLICATIONS, Joseph D. Clinton, September 1971.

Divided Spheres Geodesics and the Orderly Subdivision of the Sphere, Edward S. Popko, 2012.

[2] DOMEBOOK 2, Pacific Domes, August 1971.

[3] NASA CR-1734, ADVANCED STRUCTURAL GEOMETRY STUDIES PART I –POLYHEDRAL SUBDIVISION CONCEPTS FOR STRUCTURAL APPLICATIONS, Joseph D. Clinton, September 1971.

[4] Divided Spheres Geodesics and the Orderly Subdivision of the Sphere, Edward S. Popko, 2012.

[5] Divided Spheres Geodesics and the Orderly Subdivision of the Sphere, Edward S. Popko, 2012.

[6] Polyhedra, a visual approach, Anthony Pugh, 1976.

[7] Divided Spheres Geodesics and the Orderly Subdivision of the Sphere, Edward S. Popko, 2012.

[8] Polyhedra, a visual approach, Anthony Pugh, 1976.

[9] DOMEBOOK 2, Pacific Domes, August 1971.

[10] Divided Spheres Geodesics and the Orderly Subdivision of the Sphere, Edward S. Popko, 2012.

[11] Divided Spheres Geodesics and the Orderly Subdivision of the Sphere, Edward S. Popko, 2012.

[12] Space Structures Their Harmony and Counterpoint, Arthur L. Loeb, November 1991.

[13] Divided Spheres Geodesics and the Orderly Subdivision of the Sphere, Edward S. Popko, 2012.

[14] Divided Spheres Geodesics and the Orderly Subdivision of the Sphere, Edward S. Popko, 2012.

[15] Space Structures Their Harmony and Counterpoint, Arthur L. Loeb, November 1991.

[16] Divided Spheres Geodesics and the Orderly Subdivision of the Sphere, Edward S. Popko, 2012.

[17] DOMEBOOK 2, Pacific Domes, August 1971.

[18] Álgebra lineal segunda edición Stanley I. Grossman, 1988. (Obra original Elementary linear Algebra Third edition, Stanley I. Grossman, 1987).

[19] A GEOMETRIC ANALYSIS OF THE PLATONIC SOLIDS AND OTHER SEMI-REGULAR POLYHEDRA WITH INTRODUCTION TO PHI RATIO FOR TEACHERS, RESEARCHES AND GENERALLY CURIOUS, KENNETH J.M MACLEAN, 2006, 2007. Book # 1 in the Geometric Explorations Series.

[20] A GEOMETRIC ANALYSIS OF THE PLATONIC SOLIDS AND OTHER SEMI-REGULAR POLYHEDRA WITH INTRODUCTION TO PHI RATIO FOR TEACHERS, RESEARCHES AND GENERALLY CURIOUS, KENNETH J.M MACLEAN, 2006, 2007. Book # 1 in the Geometric Explorations Series.

[21] A GEOMETRIC ANALYSIS OF THE PLATONIC SOLIDS AND OTHER SEMI-REGULAR POLYHEDRA WITH INTRODUCTION TO PHI RATIO FOR TEACHERS, RESEARCHES AND GENERALLY CURIOUS, KENNETH J.M MACLEAN, 2006, 2007. Book # 1 in the Geometric Explorations Series.

[22] Divided Spheres Geodesics and the Orderly Subdivision of the Sphere, Edward S. Popko, 2012.

[23] Divided Spheres Geodesics and the Orderly Subdivision of the Sphere, Edward S. Popko, 2012.

DOMEBOOK 2, Pacific Domes, August 1971.

[24] Divided Spheres Geodesics and the Orderly Subdivision of the Sphere, Edward S. Popko, 2012.

[25] Divided Spheres Geodesics and the Orderly Subdivision of the Sphere, Edward S. Popko, 2012.

[26] Divided Spheres Geodesics and the Orderly Subdivision of the Sphere, Edward S. Popko, 2012.

[27] Divided Spheres Geodesics and the Orderly Subdivision of the Sphere, Edward S. Popko, 2012.

[28] Divided Spheres Geodesics and the Orderly Subdivision of the Sphere, Edward S. Popko, 2012.

[29] *math*NE WS Volume 111, Issue 6 Friday, December 4th, 2009 Dot Product Finds Arc Midpoint, Alex Akulov, Oleksandr G. Akulov

[30] Divided Spheres Geodesics and the Orderly Subdivision of the Sphere, Edward S. Popko, 2012.

(Desarrollado por Duncan Stuart en 1952)

[31] Divided Spheres Geodesics and the Orderly Subdivision of the Sphere, Edward S. Popko, 2012.

[32] Divided Spheres Geodesics and the Orderly Subdivision of the Sphere, Edward S. Popko, 2012.

[33] Divided Spheres Geodesics and the Orderly Subdivision of the Sphere, Edward S. Popko, 2012.

[34] Divided Spheres Geodesics and the Orderly Subdivision of the Sphere, Edward S. Popko, 2012.

[35] geodesic math and how to use it, Hugh Kernner, 1976.

[36] Divided Spheres Geodesics and the Orderly Subdivision of the Sphere, Edward S. Popko, 2012.

[37] geodesic math and how to use it, Hugh Kernner, 1976.

www.ingramcontent.com/pod-product-compliance
Lightning Source LLC
LaVergne TN
LVHW082027051026
849532LV00011B/3290
9788409638505